复杂形态钢结构工程实践系列丛书

复杂异型钢结构设计方法与工程实例

王钢　陈桥生　赵才其　陈明　王雄　编著

本书数字资源

北京
冶金工业出版社
2024

内 容 提 要

本书以复杂异型钢结构设计为出发点，主要总结了该类结构在设计过程中常用的分析方法，并结合多个复杂空间和高层钢结构设计实例展开详细介绍。本书不仅涉及多款常用的钢结构分析设计软件，同时详细展示了各类结构的结果分析过程，编者将多年复杂钢结构设计经验进行了总结与分析。

本书可供高等院校研究人员、在校学生及结构工程师等相关从业人员阅读参考。

图书在版编目(CIP)数据

复杂异型钢结构设计方法与工程实例/王钢等编著.—北京：冶金工业出版社,2024.8.—（复杂形态钢结构工程实践系列丛书）.—ISBN 978-7-5024-9888-7

Ⅰ.TU391.04

中国国家版本馆 CIP 数据核字第 2024WZ0161 号

复杂异型钢结构设计方法与工程实例

出版发行	冶金工业出版社	**电　　话**	(010)64027926
地　　址	北京市东城区嵩祝院北巷 39 号	**邮　　编**	100009
网　　址	www.mip1953.com	**电子信箱**	service@mip1953.com

责任编辑　于昕蕾　美术编辑　彭子赫　版式设计　郑小利

责任校对　王永欣　责任印制　禹　蕊

北京博海升彩色印刷有限公司印刷

2024 年 8 月第 1 版，2024 年 8 月第 1 次印刷

710mm×1000mm　1/16；23.25 印张；452 千字；353 页

定价 168.00 元

投稿电话　(010)64027932　投稿信箱　tougao@cnmip.com.cn

营销中心电话　(010)64044283

冶金工业出版社天猫旗舰店　yjgycbs.tmall.com

（本书如有印装质量问题，本社营销中心负责退换）

复杂形态钢结构工程实践系列丛书

编写指导委员会

主　任　陈桥生

副主任　赵才其　王　钢

委　员　王　雄　白文化　周海兵　贺若恒　尹重凯

刘　威　樊继华　张志杰　郭小康　苏云才

李建平　颜　鹏

《复杂异型钢结构设计方法与工程实例》

编写委员会

主　　编　王　钢

副 主 编　陈桥生　赵才其　陈　明　王　雄

参编人员　苏云才　李建平　周海兵　贺若恒

谢明典　樊继华　尹重凯　白文化

刘　威　张志杰　郭小康　颜　鹏

前言

近年来随着业主和建筑师对建筑审美要求的提高，复杂形态的建筑结构越来越多地被用于民用、商业及工业建筑领域。在复杂形态的建筑结构中，异型钢结构通常为首选的结构形式。然而，目前关于复杂异型钢结构的设计方法和实践方面的专业书籍较少。本书的编写者及所属工作单位均在复杂形态钢结构领域具有丰富的实践经验，并取得了丰富的工程实践成果。为了填补该复杂异型钢结构设计方法及实践部分的空白，编写者团队结合近年来完成的工程实践项目，完成了本书的编写工作。

本书针对复杂异型钢结构的设计方法和近几年的工程实践展开详细的介绍。本书共分为4篇，其中第1篇为复杂异型钢结构设计方法，第2篇为空间异型钢结构设计实例，第3篇为高层异型钢结构设计实例，第4篇为复杂钢结构专项分析实例。主要内容涉及的复杂形态钢结构类型有：空间桁架结构、空间网壳结构、空间柔性结构、高层框架支撑结构、高层框架剪力墙结构、高层框架核心筒结构、基础隔震框架结构及高层钢板筒仓结构等。涉及的复杂形态钢结构分析方法有：等效弹性分析、非线性稳定分析、弹塑性时程分析、抗连续倒塌分析、关键构件和节点分析、风洞及风振响应分析、火灾升温及防火分析、多点激励地震响应分析及施工全过程分析等。

本书由陈桥生和赵才其组织，王钢负责工程实例的结构分析与编写工作，苏云才、李建平、周海兵、刘威、王雄、陈明、贺若恒及张志杰等提供了相关的工程资料并参与了部分实例的编写与校核工作。

为最大程度地保证本书内容的丰富与完整，编者在编著本书的过程中引用了一些同行的相关成果，在此表示由衷的感谢。

由于编者水平有限且时间紧张，本书难免存在不足之处，敬请读者批评指正。

本书编写委员会

2023年11月

目 录

第1篇 复杂异型钢结构设计方法

第2篇　空间异型钢结构设计实例

第3篇　高层异型钢结构设计实例

第4篇 复杂钢结构专项分析实例

第 I 篇

复杂异型钢结构设计方法

Design
Method
Complex
ular Steel
uctures

1　复杂异型钢构件的计算方法

1.1　构件分类

随着国民经济及旅游业的飞速发展，越来越多的异型建筑得到建筑师及业主的青睐。与其他建筑结构材料相比，钢材具有自重轻、易连接、材料性能稳定等优点，因此钢结构成为异型建筑的首选结构形式。这些异型钢结构的共同特点是：体量大、造型复杂、形状极不规则。例如：已建成的海南省南山海上观音像是典型的高层异型钢结构（图 1-1（a）），其高 108 m，为世界最高的露天观音像，雕像内部采用空间异型钢结构与钢筋混凝土筒体组合结构。南通体育会展中心是典型的空间异型钢结构（图 1-1（b）），表皮外形上由倾斜、旋转曲面以及部分直立面构成，采用了大量的空间倾斜构件，造型比较复杂。

异型钢结构由杆件、节点和支座构成，如图 1-2 所示。与常规钢结构相比，异型钢结构的杆件受力复杂，节点由多根构件汇交而成，支座布置极不规则：

（1）杆件的位置及方向往往由异型结构外形决定，导致每根杆件受力均不一致，且无明显规律可循。因此，需要根据每根杆件的实际受力状态进行计算与设计。

（2）节点负责传递多根杆件的荷载，其受力复杂程度远超常规钢结构节点。设计时，需要按照“强节点、弱杆件”的原理进行计算与设计，同时也应尽量满足施工便利的需求。

(a)

(b)

图 1-1　异型钢结构工程实例

（a）高层异型钢结构——南海观音像；（b）空间异型钢结构——南通体育会展中心

（3）异型钢结构应根据建筑造型及场地条件进行支座布置，其分布并不规则，且上部结构传递至每个支座的反力也不相同。在支座选型及计算时，应充分考虑每个支座的受力特点。

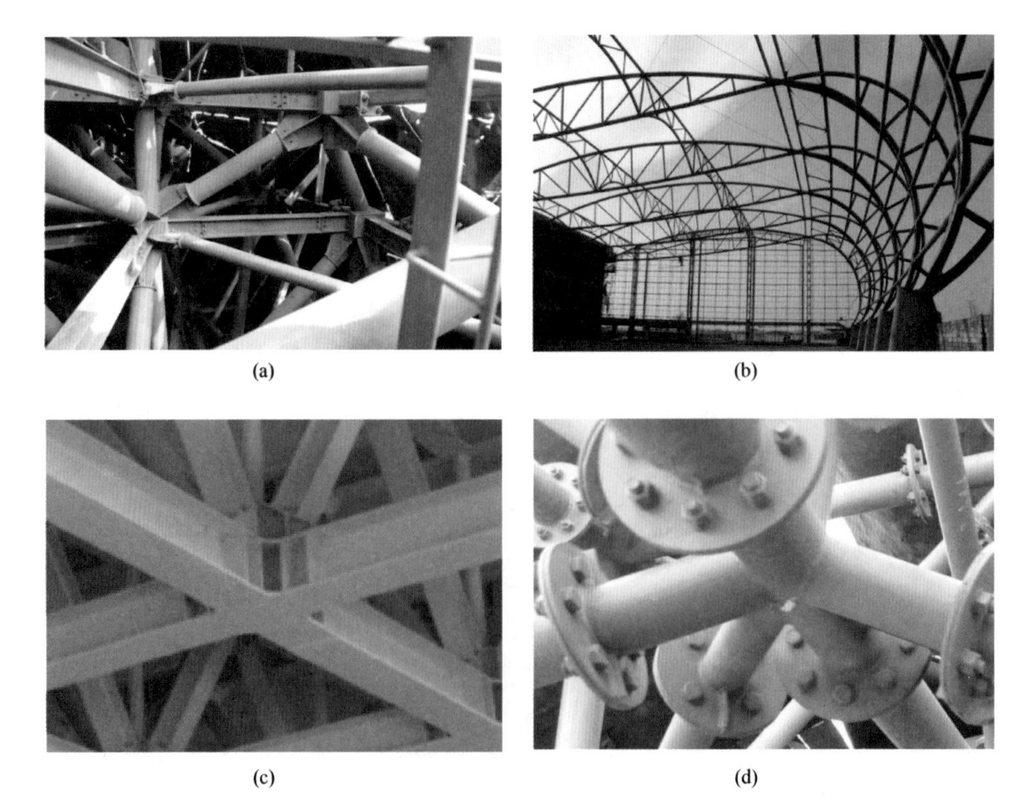

(a)　(b)

(c)　(d)

(e)

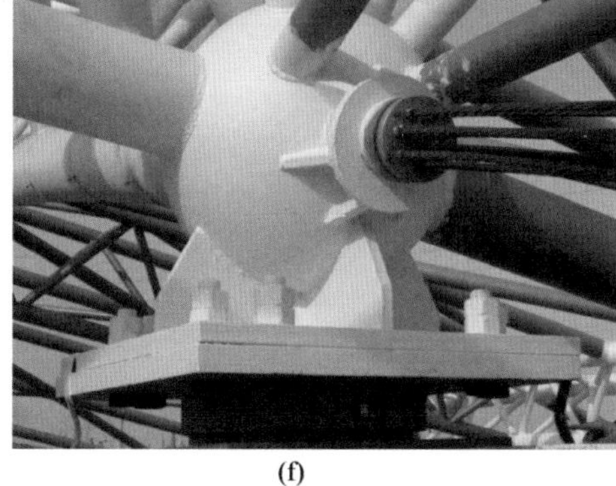
(f)

图 1-2　异型钢结构组成

（a）杆件示意图一；（b）杆件示意图二；（c）节点示意图一；
（d）节点示意图二；（e）支座示意图一；（f）支座示意图二

1.2　杆件计算

1.2.1　受弯杆件

复杂异型钢结构中，杆件仅在弯矩作用平面内弯曲，随着弯矩逐渐增加达到某一数值时，梁将突然发生侧向弯曲和扭转并丧失继续承载的能力，如图 1-3 所示。承受弯矩的杆件优先选择工字型截面，对于可能同时承受扭矩作用的杆件优先采用箱型截面。

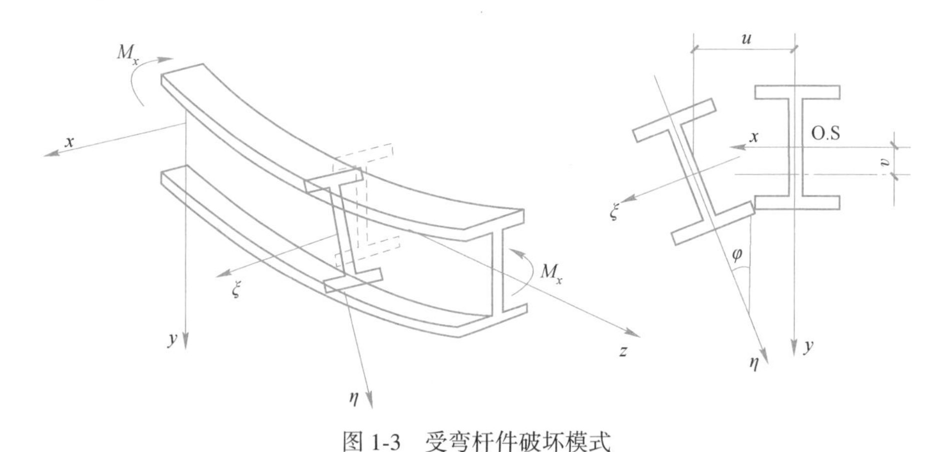

图 1-3　受弯杆件破坏模式

《钢结构设计标准》（GB 50017—2017）规定，受弯杆件的截面宽厚比等级及限值见表 1-1。

表 1-1　受弯杆件的截面宽厚比等级及限值

截面宽厚比等级	工字型截面		箱型截面
	翼缘 b/t	腹板 h_0/t_w	腹板间翼缘 b_0/t
S1 级	$9\varepsilon_k$	$65\varepsilon_k$	$25\varepsilon_k$
S2 级	$11\varepsilon_k$	$72\varepsilon_k$	$32\varepsilon_k$
S3 级	$13\varepsilon_k$	$93\varepsilon_k$	$37\varepsilon_k$
S4 级	$15\varepsilon_k$	$124\varepsilon_k$	$42\varepsilon_k$
S5 级	20	250	—

根据截面承载力和塑性转动能力，《钢结构设计标准》（GB 50017—2017）将杆件截面分为 5 个级别：（1）S1 级塑性截面：杆件全截面可达塑性状态，并实现全截面塑性转动，具有极好的转动能力，延性最佳。（2）S2 级塑性截面：杆件也可达全截面塑性状态，但可发生局部屈曲，因此其转动能力较 S1 级较差，转动能力有限。（3）S3 级弹塑性截面：杆件翼缘部分可屈服进入塑性状态，腹板可有 1/4 高度范围进入塑性状态。（4）S4 级弹性截面：仅有杆件翼缘边缘小范围屈服，但由于翼缘局部屈曲而不能进入塑性状态。（5）S5 级薄壁截面：在杆件翼缘边缘达到屈服应力之前，腹板可能已经局部失稳，延性非常差。在选择杆件截面等级时应根据杆件的重要性进行选择，但截面等级不宜采用 S5 级。这是因为复杂异型钢结构杆件受力极其复杂，若采用延性能力极差的截面等级，结构极容易发生不可预估的破坏。

在完成截面等级的选择后，应该进行强度及稳定性验算。受弯杆件进行强度计算时，应进行正应力、剪应力的验算：

$$\frac{M_x}{\gamma_x W_{nx}} + \frac{M_y}{\gamma_y W_{ny}} \leqslant f \tag{1-1}$$

$$\tau = \frac{VS}{It_w} \leqslant f_v \tag{1-2}$$

当杆件上翼缘受有沿腹板平面作用的集中荷载，且该荷载处又未设置支承加劲肋时，应进行局部压应力计算：

$$\sigma_c = \frac{\psi F}{t_w l_z} \leqslant f \tag{1-3}$$

$$l_z = 3.25\sqrt[3]{\frac{I_R + I_F}{t_w}} \tag{1-4}$$

在杆件的腹板计算高度边缘处，若同时承受较大的正应力、剪应力和局部压应力，或同时承受较大的正应力和剪应力时，应进行折算应力验算：

$$\sqrt{\sigma^2 + \sigma_c^2 - \sigma\sigma_c + 3\tau^2} \leqslant \beta_1 f \tag{1-5}$$

$$\sigma = \frac{M}{I_n} y_1 \tag{1-6}$$

杆件在承受弯矩时，应根据下式进行整体稳定性验算：

$$\frac{M_x}{\varphi_b W_x f} + \frac{M_y}{\gamma_y W_y f} \leqslant 1.0 \tag{1-7}$$

式中 M_x，M_y——同一截面处绕 x 轴和 y 轴的弯矩设计值，N·mm；

W_{nx}，W_{ny}——对 x 轴和 y 轴的净截面模量，mm^3，当截面板件宽厚比等级为 S1 级、S2 级、S3 级或 S4 级时，应取全截面模量，当截面板件宽厚比等级为 S5 级时，应取有效截面模量，均匀受压翼缘有效外伸宽度与其厚度之比可取 $15\varepsilon_k$，腹板有效截面可按《钢结构设计标准》（GB 50017—2017）第 8.4.2 条的规定采用；

γ_x，γ_y——截面塑性发展系数；

f——钢材的抗弯、抗压、抗拉强度设计值，N/mm^2；

V——计算截面沿腹板平面作用的剪力设计值，N；

S——计算剪应力处以上（或以下）毛截面对中和轴的面积矩，mm^3；

I——构件的毛截面惯性矩，mm^4；

t_w——构件的腹板厚度，mm；

f_v——钢材的抗剪强度设计值，N/mm^2；

F——集中荷载设计值，N，对动力荷载应考虑动力系数；

ψ——集中荷载的增大系数；对重级工作制吊车梁，$\psi = 1.35$；对其他梁，$\psi = 1.0$；

l_z——集中荷载在腹板计算高度上边缘的假定分布长度，mm；

I_R——轨道绕自身形心轴的惯性矩，mm^4；

I_F——安装轨道的上翼缘绕翼缘中面的惯性矩，mm^4；

σ，τ，σ_c——腹板计算高度边缘同一点上同时产生的正应力、剪应力和局部压应力，N/mm^2；

I_n——杆件净截面惯性矩，mm^4；

y_1——所计算点至梁中和轴的距离，mm；

β_1——强度增大系数：当 σ 与 σ_c 异号时，取 1.2；当 σ 与 σ_c 同号时，取 1.1；

φ_b——梁的整体稳定性系数，应按《钢结构设计标准》（GB 50017—2017）中附录 C 确定。

γ_x、γ_y 值按下列规定采用：

（1）对工字型和箱型截面，当截面板件宽厚比等级为 S4 或 S5 级时，截面塑性发展系数应取为1.0，当截面板件宽厚比等级为S1级、S2级及S3级时，截面塑性发展系数应按下列规定取值：

1）工字型截面（x轴为强轴，y轴为弱轴）：$\gamma_x=1.05$，$\gamma_y=1.2$；

2）箱形截面：$\gamma_x=\gamma_y=1.05$。

（2）其他截面根据其受压板件的内力分布情况确定其截面板件宽厚比等级，当截面板件宽厚比等级不满足S3级要求时，截面塑性发展系数取1.0，满足S3级要求时，可按《钢结构设计标准》（GB 50017—2017）表8.1.1采用。

（3）对需要计算疲劳的梁，取$\gamma_x=\gamma_y=1.05$。

1.2.2 轴心受力杆件

在复杂异型钢结构中，轴心受力杆件根据受力状态不同可分为轴心受压和受拉两类。其中，受拉杆件往往出现强度破坏，而受压杆件会伴随侧向变形而发生失稳破坏，如图1-4所示。

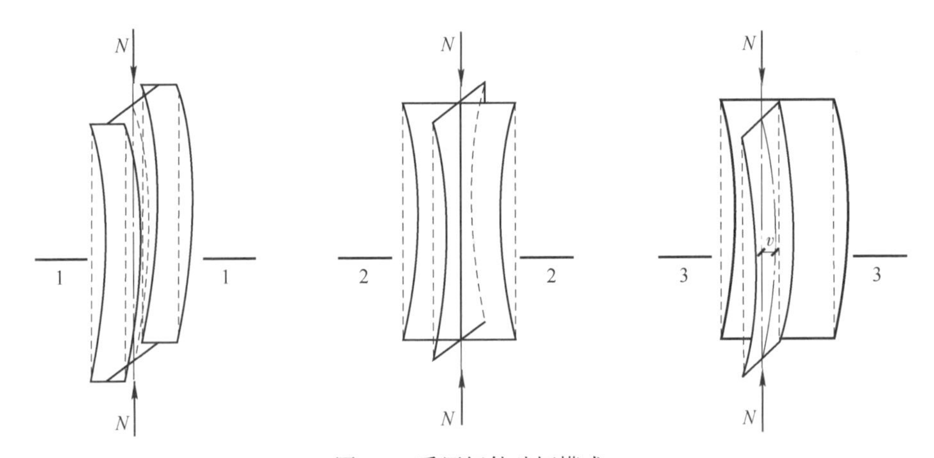

图1-4 受压杆件破坏模式

轴心受拉和受压杆件均需进行强度和刚度的计算，轴心受压杆件还需进行稳定性验算。其中，拉压杆件的强度计算公式为：

$$\sigma=\frac{N}{A}\leqslant\frac{f_{\mathrm{y}}}{\gamma_{\mathrm{R}}}=f \tag{1-8}$$

$$\sigma=\frac{N}{A_{\mathrm{n}}}\leqslant\frac{f_{\mathrm{u}}}{\gamma_{\mathrm{Ru}}}\approx 0.7f_{\mathrm{u}} \tag{1-9}$$

采用高强度螺栓摩擦型连接的轴心受拉杆件，在计算净截面强度时，应考虑截面上每个螺栓所传之力的一部分已由摩擦力在孔前传走，净截面上所受内力应扣除该部分传走的力。此时，其截面强度计算除应满足毛截面强度式（1-8）外，其净截面强度应按下式计算：

$$\sigma = \left(1 - 0.5\frac{n_1}{n}\right)\frac{N}{A_n} \leqslant 0.7f_u \tag{1-10}$$

轴心受压杆件的稳定性计算公式为：

$$\sigma = \frac{N}{\varphi Af} \leqslant 1.0 \tag{1-11}$$

式中 N——所计算截面处的拉力设计值，N；

A——杆件的毛截面面积，mm^2；

A_n——杆件的净截面面积，当构件多个截面有孔时，取最不利的截面，mm^2；

f——钢材抗拉强度设计值，N/mm^2；

f_u——钢材抗拉强度最小值，N/mm^2；

γ_R——钢材的抗力分项系数；

γ_{Ru}——净截面断裂的抗力分项系数，考虑断裂的后果比屈服严重，使 $\gamma_R/\gamma_{Ru}=0.8$；

n——在节点或拼接处，构件一端连接的高强度螺栓数目；

n_1——所计算截面（最外列螺栓处）高强度螺栓数目；

φ——轴心受压构件的稳定系数，按《钢结构设计标准》（GB 50017—2017）规定取值。

构件容许长细比的规定，主要是为了避免构件柔度太大，在自重作用下产生过大挠度和在运输、安装过程中造成弯曲，以及在动力荷载作用下发生较大振动。受压构件的容许长细比要比受拉构件严格，原因是细长构件的初弯曲容易受压增大，有损构件的稳定承载能力，即刚度不足对受压构件产生的不利影响远比受拉构件严重。对于复杂异型钢结构，主要受压杆件的容许长细比取为 $150(235/f_y)^{1/2}$，一般的支撑压杆取为 $200(235/f_y)^{1/2}$，受拉杆件的容许长细比为 $250(235/f_y)^{1/2}$。受力较为复杂部位的受拉杆件，其容许长细比宜按受压杆件取值。杆件长细比的计算方法可参考《钢结构设计标准》（GB 50017—2017），或通过分析软件进行计算。

若轴向受力杆件为中心支撑，该杆件的宽厚比应该满足《建筑抗震设计规范》（GB 50011—2016）和《高层民用建筑钢结构技术规程》（JGJ 99—2015）的相关规定，宽厚比限值见表 1-2。当按照《钢结构设计标准》（GB 50017—2017）进行抗震性能化设计时，支撑截面的宽厚比限值见表 1-3。中心支撑的应按压杆设计，其长细比限值为 $120(235/f_y)^{1/2}$。

表 1-2 支撑杆件宽厚比限值

杆件部位	一级	二级	三级	四级
翼缘外伸部位	8	9	10	13
工字型腹板	25	26	27	33

续表 1-2

杆件部位	一级	二级	三级	四级
箱型壁板	18	20	25	30
圆管外径与壁厚比值	38	40	40	42

表 1-3　支撑截面宽厚比等级与限值

截面宽厚比等级	H 形截面		箱型截面	角钢	圆钢管
	翼缘 b/t	腹板 h_0/t_w	壁板间翼缘 b_0/t	角钢肢宽厚比 w/t	径厚比 D/t
BS1 级	$8\varepsilon_k$	$30\varepsilon_k$	$25\varepsilon_k$	$8\varepsilon_k$	$40\varepsilon_k^2$
BS2 级	$9\varepsilon_k$	$35\varepsilon_k$	$28\varepsilon_k$	$9\varepsilon_k$	$56\varepsilon_k^2$
BS5 级	$10\varepsilon_k$	$42\varepsilon_k$	$32\varepsilon_k$	$10\varepsilon_k$	$72\varepsilon_k^2$

中心支撑在多遇地震效应组合作用下，其抗压承载力应按照以下公式计算：

$$\frac{N}{\varphi A_{br}} \leqslant \frac{\psi f}{\gamma_{RE}} \tag{1-12}$$

$$\varphi = \frac{1}{1 + 0.35\lambda_n} \tag{1-13}$$

$$\lambda_n = (\lambda/\pi)\sqrt{f_y/E} \tag{1-14}$$

式中　N——支撑杆件的轴压力设计值，N；

A_{br}——支撑杆件的毛截面面积，mm^2；

φ——支撑杆件的稳定系数，按《钢结构设计标准》（GB 50017—2017）规定取值；

ψ——循环荷载时的强度降低系数；

λ，λ_n——支撑杆件的长细比和正则长细比；

E——钢材弹性模量，MPa；

f，f_y——支撑杆件的抗压强度设计值和屈服强度，N/mm^2；

γ_{RE}——支撑杆件屈曲稳定承载力抗震调整系数，取 0.8。

1.2.3　拉弯和压弯杆件

在复杂异型钢结构中，竖向杆件往往同时承受弯矩和轴力的作用，具体可分为拉弯和压弯两类杆件。其中压弯杆件与受压杆件一样，应考虑失稳问题，如图 1-5 所示。

拉弯构件应进行强度和刚度的计算，压弯构件应进行强度、整体稳定（弯矩作用平面内稳定、弯矩作用平面外稳定）、局部稳定和刚度的计算。拉弯和压弯构件的刚度计算也属于正常使用极限状态要求，其构件长细比也应满足轴心受力构件容许长细比的规定。同时承受拉弯和压弯杆件的强度计算公式为：

非圆形截面：

$$\frac{N}{A} \pm \frac{M_x}{\gamma_x W_{nx}} \pm \frac{M_y}{\gamma_y W_{ny}} \leqslant \frac{f}{\gamma_{RE}} \tag{1-15}$$

圆形截面：

$$\frac{N}{A_n} \pm \frac{\sqrt{M_x^2 + M_y^2}}{\gamma_m W_n} \leqslant f \tag{1-16}$$

式中 N——拉弯或压弯杆件的轴压力设计值，N；

M_x，M_y——拉弯或压弯杆件的 x 轴和 y 轴弯矩设计值，N · mm；

γ_x，γ_y——截面塑性发展系数，按《钢结构设计标准》（GB 50017—2017）规定取值；

γ_m——圆形杆件的截面塑性发展系数，按《钢结构设计标准》（GB 50017—2017）规定取值；

A_n——杆件的净截面面积，mm²；

W_{nx}，W_{ny}——对 x 轴和 y 轴的净截面模量，mm³；

W_n——圆形杆件的净截面模量；

γ_{RE}——杆件承载力抗震调整系数，取 0.75~0.8。

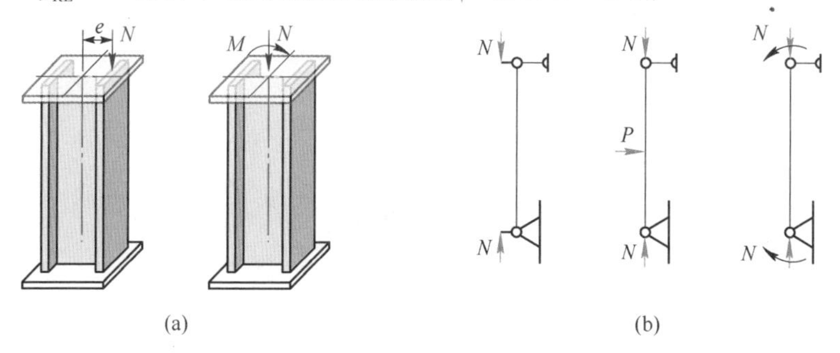

图 1-5 压弯杆件受力机理

（a）压弯杆件；（b）受力简图

压弯杆件绕两个主轴方向有两种可能的失稳形式，即平面内失稳和平面外失稳，压弯杆件的平面内外稳定计算公式分别为：

$$\frac{N}{\varphi_x A} + \frac{\beta_{mx} M_x}{\gamma_x W_x \left(1 - 0.8 \frac{N}{N'_{Ex}}\right)} + \eta \frac{\beta_{ty} M_y}{\varphi_{by} W_y} \leqslant \frac{f}{\gamma_{RE}} \tag{1-17}$$

$$\frac{N}{\varphi_y A} + \eta \frac{\beta_{tx} M_x}{\varphi_{bx} W_x} + \frac{\beta_{my} M_y}{\gamma_y W_y \left(1 - 0.8 \frac{N}{N'_{Ey}}\right)} \leqslant \frac{f}{\gamma_{RE}} \tag{1-18}$$

式中 φ_x，φ_y——对强轴 x-x 和弱轴 y-y 的轴心受压杆件整体稳定系数；

φ_{bx}，φ_{by}——均匀受弯杆件的整体稳定系数，按《钢结构设计标准》（GB 50017—2017）规定取值；

N'_{Ex}，N'_{Ey}——考虑抗力分项系数的欧拉临界力，N；

W_x，W_y——对 x 轴和 y 轴的毛截面模量，mm^3；

β——等效弯矩系数；

γ_{RE}——杆件承载力抗震调整系数，取 0.8。

1.2.4　钢板剪力墙

抗侧力结构在建筑中起到抵抗风荷载和地震荷载等水平荷载的作用，是保证整个结构安全可靠的关键。目前，在多高层钢结构建筑中使用的抗侧力结构主要有支撑和钢板剪力墙两类。钢板剪力墙结构单元由内嵌钢板及边缘构件（梁、柱）组成，其内嵌钢板与框架的连接一般由鱼尾板过渡，即预先将鱼尾板与框架焊接，内嵌钢板再与鱼尾板焊接或栓接。常见的钢板剪力墙如图 1-6 所示。

(a)

(b)

图 1-6　钢板剪力墙实物图

（a）类型一；（b）类型二

钢板剪力墙的墙板宽度和高度之比在 0.8～2.5 之间，各类钢板剪力墙的适用最大高度见表 1-4。

表 1-4　各类钢板剪力墙的适用最大高度　（m）

<table>
<tr><th rowspan="3">剪力墙类型</th><th rowspan="3">非抗震设计</th><th colspan="6">抗震设防烈度</th></tr>
<tr><th rowspan="2">6 度</th><th colspan="2">7 度</th><th colspan="2">8 度</th><th>9 度</th></tr>
<tr><th>0.10g</th><th>0.15g</th><th>0.20g</th><th>0.30g</th><th>0.40g</th></tr>
<tr><td>非加劲钢板剪力墙</td><td rowspan="3">240</td><td colspan="2" rowspan="3">200</td><td rowspan="3">200</td><td rowspan="3">180</td><td rowspan="3">150</td><td rowspan="3">120</td></tr>
<tr><td>加劲钢板剪力墙</td></tr>
<tr><td>防屈曲钢板剪力墙</td></tr>
</table>

续表 1-4

剪力墙类型	非抗震设计	抗震设防烈度					
		6 度	7 度		8 度		9 度
			0.10g	0.15g	0.20g	0.30g	0.40g
钢板组合剪力墙	360	300		260	240	220	180
开缝钢板剪力墙	110	110		90	90	70	50

各类钢板剪力墙的变形限值，在风荷载和多遇地震作用下的抗震变形验算时，钢板剪力墙的弹性层间位移角限值宜满足以下要求：

（1）加劲钢板剪力墙、防屈曲钢板剪力墙和开缝钢板剪力墙：1/250；

（2）非加劲钢板剪力墙：1/350；

（3）钢板组合剪力墙：1/400。

在罕遇地震作用下的抗震弹塑性变形验算时，钢板剪力墙的弹塑性层间位移角限值宜满足以下要求：

（1）非加劲钢板剪力墙、加劲钢板剪力墙、防屈曲钢板剪力墙和开缝钢板剪力墙：1/50；

（2）钢板组合剪力墙：1/80。

1.3 连接计算

1.3.1 连接分类

较为规则的钢结构节点数量大但种类少，且由于结构体系成熟，因此节点可进行分类计算。在复杂异型钢结构中，节点的形式往往是由汇交杆件的数量及位置确定，从而无法依据常规节点分类进行节点计算。因此，复杂异型钢结构的节点连接计算主要从其连接做法上进行计算，即根据实际受力情况进行焊缝或螺栓连接计算，并根据计算结果来指导节点的构造做法。需要特别指出的是，对于特别不规则的节点应采用有限元分析的方法进行补充验算。目前，在复杂异型钢结构中最常用的连接方式为焊接和高强度螺栓连接。

焊接（图 1-7）是通过电弧产生的热量，使焊条和焊件局部熔化。经冷却凝结成焊缝，从而使焊件连接成一体。其优点是：不削弱构件截面、用料经济、构造简单、制造加工方便、连接的刚度大、密封性能好、可实现自动化作业及生产效率高。其缺点是焊缝附近钢材因焊接高温作用形成热影响区，导致局部材质变脆。焊接过程中钢材受到不均匀的高温和冷却，使结构产生焊接残余应力和残余变形，对结构的承载力、刚度和使用性能有一定影响。此外，焊接钢结构由于刚度大，局部裂缝一经发生很容易扩展到整体，尤其是在低温下易发生脆断。

图1-7　钢结构焊接

高强度螺栓连接（图1-8）构造简单，力学性能好，摩擦剪切变形小，弹性好，可拆卸和可更换，耐疲劳。它的优点是动态载荷下不松动，是一种很有前途的连接方法，承压型承载力高于摩擦型，连接紧凑；它的缺点是摩擦面的处理，因为安装工艺略微复杂，造价自然也高，承压型连接的剪切变形大，不利于使用在承受动力荷载的结构当中。

图1-8　高强度螺栓连接

1.3.2　焊缝连接

1.3.2.1　对接焊缝的计算

（1）对接焊缝垂直轴心受力时，对接焊缝的计算公式为：

$$\sigma = \frac{N}{l_w h_e} \leqslant f_t^w \quad 或 \quad f_c^w \tag{1-19}$$

式中　l_w——焊缝计算长度；

h_e——连接件的较小厚度。

（2）对接焊缝斜向布置并承受轴向力时，该类对接焊缝的计算公式为：

$$\sigma = \frac{N\sin\theta}{l_w h_e} \leqslant f_t^w \quad 或 \quad f_c^w \tag{1-20}$$

$$\tau = \frac{N\cos\theta}{l_w h_e} \leqslant f_v^w \tag{1-21}$$

式中 l_w——斜焊缝计算长度；

h_e——连接件的较小厚度。

当 $\tan\theta \leqslant 1.5$ 且 $b \geqslant 50$ mm 时可不进行计算。

（3）当同时承受弯矩和剪力作用时，对接焊缝的计算公式为：

$$\sigma = \frac{6M}{l_w^2 h_e} \leqslant f_t^w \quad 或 \quad f_c^w \tag{1-22}$$

$$\tau = \frac{VS_w}{I_w h_e} \leqslant f_v^w \tag{1-23}$$

（4）轴力、弯矩及剪力同时作用于对接焊缝时，该焊缝的计算公式为：

$$\sigma = \frac{N}{A_w} + \frac{M}{W_w} \leqslant f_t^w \quad 或 \quad f_c^w \tag{1-24}$$

$$\tau = \frac{VS_w}{I_w h_e} \leqslant f_v^w \tag{1-25}$$

$$\sqrt{\sigma_1^2 + 3\tau_1^2} \leqslant 1.1 f_t^w \tag{1-26}$$

$$\sigma_1 = \frac{\sigma h_0}{h} \qquad \tau_1 = \frac{VS_{w1}}{t_w I_w} \tag{1-27}$$

式中 S_w——焊缝计算截面的毛截面积矩；

S_{w1}——焊缝计算截面在点“1”处的毛截面积矩；

A_w——焊缝截面面积；

I_w——焊缝计算截面的惯性矩。

1.3.2.2 角焊缝的计算

（1）当角焊缝轴心受拉或轴心受压时：

承受动力荷载时：

$$\tau_f = \frac{N}{h_e \sum l_w} \leqslant f_f^w$$

承受静力荷载和间接承受动力荷载时：

$$\tau_f = \frac{N}{h_e\left(\sum l_{w1} + \sum \beta_{f\theta} l_{w2} + \sum \beta_f l_{w3}\right)} \leqslant f_f^w$$

式中 h_e——角焊接计算厚度；

β_f——正面角焊接的强度设计值增大系数。

当正面角焊缝长度较小时，为化简计算，可忽略正面角焊缝及斜焊缝的 $\beta_f = \beta_{f\theta} = 1$。

（2）角焊缝承受拉力、剪力和弯矩共同作用时：

$$\tau_V^A = \frac{V}{h_e \sum l_w}$$

$$\sigma_N^A = \frac{N}{h_e \sum l_w}$$

$$\sigma_M^A = \frac{M}{W_w}$$

$$\sqrt{\left(\frac{\sigma_N^A + \sigma_M^A}{\beta_f}\right)^2 + \tau_V^{A2}} \leqslant f_f^w$$

式中　β_f——直接承受动力荷载时，$\beta_f = 1$。

（3）角焊缝承受轴心力、扭矩和剪力共同作用：

A 点焊缝强度验算：

$$\sqrt{\left(\frac{\tau_V + \sigma_M}{\beta_f}\right)^2 + (\tau_N + \tau_M)^2} \leqslant f_f^w$$

$$\tau_V = \frac{V}{h_e \sum l_w}$$

$$\tau_N = \frac{N}{h_e \sum l_w}$$

$$\sigma_M = \frac{M_{rx}}{I_x + I_y}$$

$$\tau_M = \frac{M_{ry}}{I_x + I_y}$$

式中　I_x，I_y——分别为焊缝有效截面对 x 轴和 y 轴的惯性矩。

（4）角焊缝弯矩和剪力共同作用：

翼缘上边缘焊缝验算：

$$\sigma_{fA} = \frac{M}{W_f} \leqslant \beta_f f_f^w$$

腹板最高点焊缝验算：

$$\sqrt{\left(\frac{\sigma_{fB}}{\beta_f}\right)^2 + \tau_f^2} \leqslant f_f^w$$

$$\sigma_{fB} = \frac{M}{I_f} \times \frac{h_2}{2} \qquad \tau_f = \frac{V}{2h_{e2}l_{w2}}$$

式中　$2h_{e2}l_{w2}$——腹板焊缝有效面积之和。

1.3.3　高强螺栓连接

1.3.3.1　连接构造

我国主要有两种高强度螺栓连接副：高强度大六角螺栓连接副、扭剪型高强度螺栓连接副。这两种高强度螺栓的性能都是可靠的，在设计中可以通用。高强度大六角螺栓有 8.8S 和 10.9S 两种性能等级，扭剪型高强度螺栓只有 10.9S 一种性能等级。

在抗剪连接中，根据受力特性不同可分为：（1）高强度螺栓摩擦型连接。通过连接的板层间的抗滑力来传递剪力，按板层间出现滑移作为其承载力的极限状态。这种螺栓也称为摩擦型高强度螺栓，适用于重要结构、承受动力荷载和需要验算疲劳的结构，其孔径有标准孔、扩大孔、长圆孔等。（2）高强度螺栓承压型连接。以荷载标准值作用下，连接板层间出现滑移作为正常使用极限状态，以荷载设计值作用下连接的破坏（螺栓剪切破坏或板件挤压破坏）作为其承载力极限状态。其计算方法和构造要求与普通螺栓基本相同，可用于允许产生少量滑移的静载结构或间接承受动力荷载的构件。当允许在某一方向产生较大滑移时，也可以采用长圆孔。高强度螺栓的施工要求和施工质量验收要求见《钢结构高强度螺栓连接技术规程》（JGJ 82—2011）。

高强度螺栓摩擦型连接可与焊缝共同受力，形成混合连接。高强度螺栓摩擦型连接可与焊缝形成混合连接，应注意：（1）焊缝的破坏强度应高于高强度螺栓连接的抗滑移极限强度，其比值宜控制在 1~3 之间。（2）不能用于需要验算疲劳的连接中。（3）其施工顺序，应根据板件厚度、施焊时能否反变形措施等具体条件分析决定，一般采用先栓后焊的方式。此时高强度螺栓的强度应计及焊接影响，做一定的折减。当采取先焊后栓且板层间又不夹紧时，宜采用大直径螺栓，并需将螺栓的抗剪承载力设计值乘以折减系数。

1.3.3.2　摩擦型高强度螺栓

受剪时：

$$N_v^b = 0.9kn_f\mu P$$

受拉时：

$$N_t^b = 0.8P$$

同时受剪受拉时：

$$\frac{N_v}{N_v^b} + \frac{N_t}{N_t^b} \leqslant 1.0$$

式中　N_v^b，N_t^b——一个高强度螺栓的抗剪、抗拉承载力设计值；

k——孔型系数，标准孔取 1.0，大圆孔取 0.85，内力与槽孔长向垂直时取 0.7，内力与槽孔长向平行时取 0.6；

n_f——传力摩擦面数量；

μ——摩擦面的抗滑移系数，按表 1-5 取值；

P——一个高强度螺栓的预拉力设计值，按表 1-6 取值；

N_v，N_t——分别为某个高强度螺栓所承受的剪力和拉力。

表 1-5　钢材摩擦面的抗滑移系数 μ

连接处构件接触面的处理方法	构件的钢材牌号		
	Q23 钢	Q345 钢或 Q390 钢	Q420 钢或 Q460 钢
喷硬质石英砂或铸钢棱角砂	0.45	0.45	0.45
抛丸（喷砂）	0.40	0.40	0.40
钢丝刷清除浮锈或未经处理的干净轧制面	0.30	0.35	—

注：1. 钢丝刷除锈方向应与受力方向垂直；
2. 当连接构件采用不同钢材牌号时，μ 按相应较低强度者取值；
3. 采用其他方法处理时，其处理工艺及抗滑移系数值均需经试验确定。

表 1-6　一个高强度螺栓的预拉力设计值 P　　（kN）

螺栓的承载性能等级	螺栓公称直径/mm					
	M16	M20	M22	M24	M27	M30
8.8 级	80	125	150	175	230	280
10.9 级	100	155	190	225	290	355

1.3.3.3　承压型高强度螺栓

受剪时：

$$N_v^b = n_v \frac{\pi d^2}{4} f_v^b$$

受拉时：

$$N_c^b = d \sum t f_c^b$$

同时受剪受拉时：

$$\sqrt{\left(\frac{N_v}{N_v^b}\right)^2 + \left(\frac{N_t}{N_t^b}\right)^2} \leqslant 1.0$$

式中　f_v^b，f_c^b——螺栓的抗剪和承压强度设计值；

N_v，N_t——某个普通螺栓或锚栓所承受的剪力和拉力；

N_v^b，N_t^b，N_c^b——一个普通螺栓的抗剪、抗拉和承压承载力设计值；

n_v——受剪面数目；

d——螺杆直径；

$\sum t$——在不同受力方向中一个受力方向承压构件总厚度的较小值。

1.4　节点分析

1.4.1　空间结构节点

节点形式一：焊接板节点

焊接钢板节点（图 1-9）由十字节点板和盖板组成，适用于连接型钢杆件。焊接钢板节点十字节点板与盖板所用钢材应与网架杆件钢材一致。焊接钢板节点的构造应符合下列要求：（1）杆件重心线在节点处宜交于一点，否则应考虑其偏心影响；（2）杆件重心线在节点处宜交于一点，否则应考虑其偏心影响。

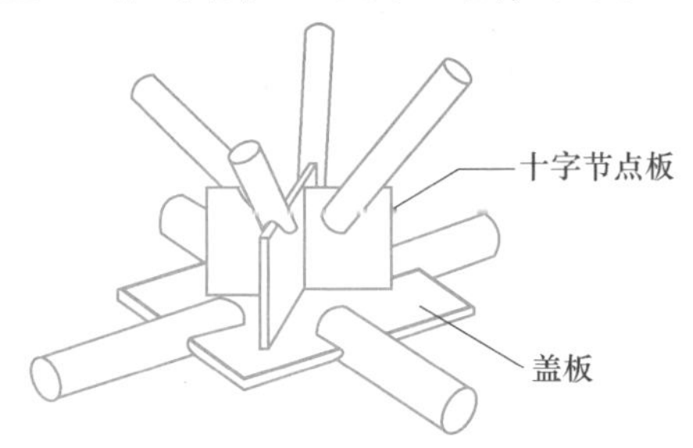

图 1-9　焊接钢板节点

节点形式二：焊接空心球节点

焊接空心球节点（图 1-10）是通过将构件直接焊接到闭合的球形壳体上形成的节点。其中受压为主的空心球节点的破坏机理一般属于壳体稳定问题，以受拉为主的空心球节点的破坏机理则属于强度破坏问题。

图 1-10　焊接空心球节点

节点形式三：螺栓球节点

螺栓球节点（图 1-11）的连接构造原理是：先将置有螺栓的锥头或封板焊在钢管杆件的两端，在伸出锥头或封板的螺杆上套有长形六角套筒（或称长形六角无纹螺母），并以销子或紧固螺钉将螺栓与套筒连在一起，拼装时直接拧动长形六角套筒，通过销钉或紧固螺钉带动螺栓转动，从而使螺栓旋入球体，直至螺栓头与封板或锥头贴紧为止，各汇交杆件均按此连接后即形成节点，螺栓拧紧程度靠销钉来控制。

图 1-11　螺栓球节点

节点形式四：相贯节点

相贯节点（图 1-12）的构造形式为构件直接汇交于节点，该类节点具有连接简单和节省材料的优势，但是构件端部加工较复杂，节点处受力状态较复杂。有两种相贯结合方式：（1）弦杆完整，腹杆端部加工成相贯面后，吻合焊接在弦杆的管壁上；（2）弦杆和腹杆均加工出相贯面后焊接到一起。

图 1-12　相贯节点

节点形式五：铸钢节点

铸钢节点（图 1-13）由多根杆件自由汇交而成，该类节点常用于复杂异型钢结构。因其良好的加工、复杂多样的建筑造型等性能，目前在一些大跨度空间管桁架钢结构中开始被推广使用，特别是在处理复杂的交汇节点上，铸钢节点有着得天独厚的优势。由于铸钢节点适合于造型复杂的节点，并且可以避免节点处因反复焊接产生很大的初应力，被广泛用于体育场馆、展览馆等城市标志性建筑。

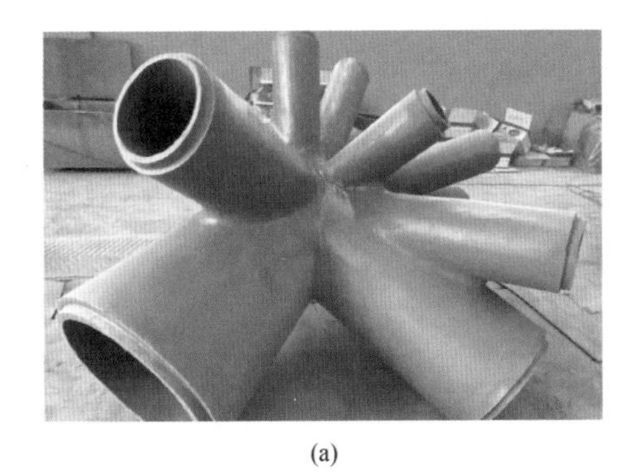
(a)

(b)

图 1-13　铸钢节点
（a）形式一；（b）形式二

1.4.2　高层结构节点

节点形式一：梁-柱节点

高层钢结构的梁-柱节点往往采用柱贯通而梁打断的形式，同时为了保证弯矩的传递，需同时将梁翼缘和腹板与柱进行紧密连接，如图 1-14 所示。

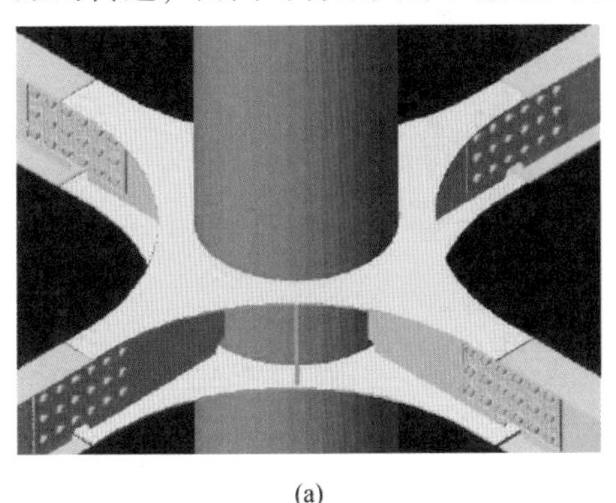
(a)

(b)

图 1-14　梁-柱节点
（a）形式一；（b）形式二

节点形式二：梁-梁节点

高层钢结构梁-梁节点通常为主梁与次梁连接，依据主梁贯通、次梁打断的原则进行连接。该类节点需要注意梁截面高度差的过渡措施和次梁是否为铰接连接，如图1-15所示。

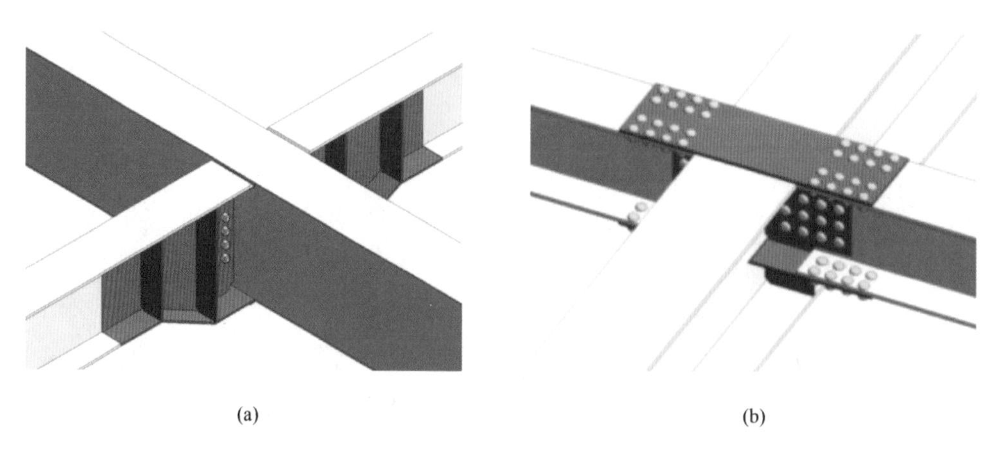

(a)　(b)

图1-15　梁-梁节点
（a）形式一；（b）形式二

节点形式三：柱-柱节点

高层钢结构柱-柱节点通常被用于柱沿建筑高度方向的拼接，如图1-16所示。柱拼接节点的位置应远离柱顶和柱底等受力较大的位置，并应保证节点可以传递全部的轴力、弯矩及剪力，同时实现柱截面沿建筑高度的逐渐变化与过渡。

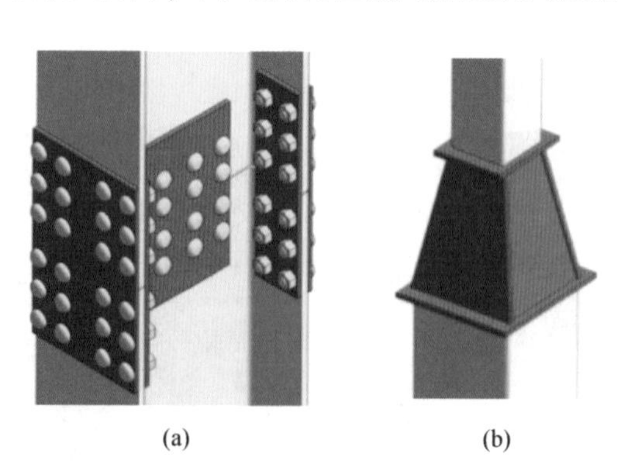

(a)　(b)

图1-16　柱-柱节点
（a）形式一；（b）形式二

节点形式四：支撑节点

高层钢结构支撑节点需要保证支撑与主体结构的有效连接，即同时连接柱、梁及支撑，如图1-17所示。支撑节点的关键点在于各支撑中心线与梁柱节点的偏心距控制，且应保证支撑节点不先于支撑杆件屈服破坏。

(a)

(b)

图 1-17　支撑节点
(a) 形式一；(b) 形式二

1.4.3　节点数值分析

在复杂异型钢结构中，杆件布置极不规则且多根杆件汇交一处，从而形成较为复杂的钢结构节点。该类节点往往无法使用常规钢结构节点的计算方法进行承载力验算及节点设计。因此，数值分析成为复杂异型钢结构节点的重要分析手段。复杂钢节点有限元分析主要分为以下 3 个步骤：

第一步：从结构分析软件中提取节点线模型。

复杂异型钢结构的整体分析模型通常可直接导出整体结构的线模型，然后截取分析节点的线模型，建议节点域杆件截取长度取截面长边尺寸的 2~4 倍，当杆件重叠区域较大时可适当取大的长度值，如图 1-18 所示。

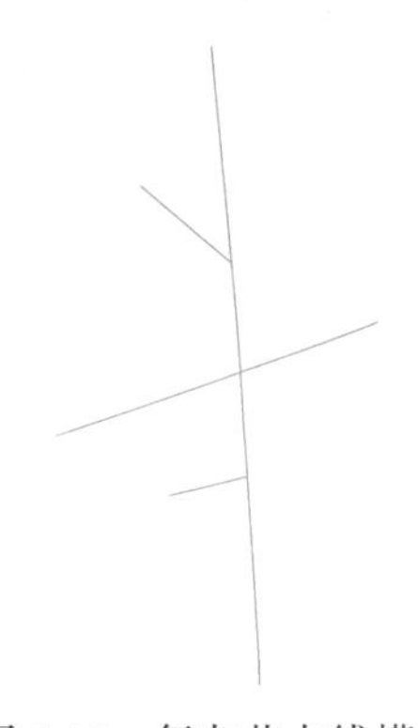

图 1-18　复杂节点线模型

第二步：使用 RHINO 或 CAD 建立几何模型。

将提取出的节点线模型导入 RHINO 或 CAD，然后使用软件的拉伸等命令生成杆件截面，然后使用交集、并集或差集的命令删除多余的部分，最终形成复杂节点的膜单元模型或实体模型，如图 1-19 所示。

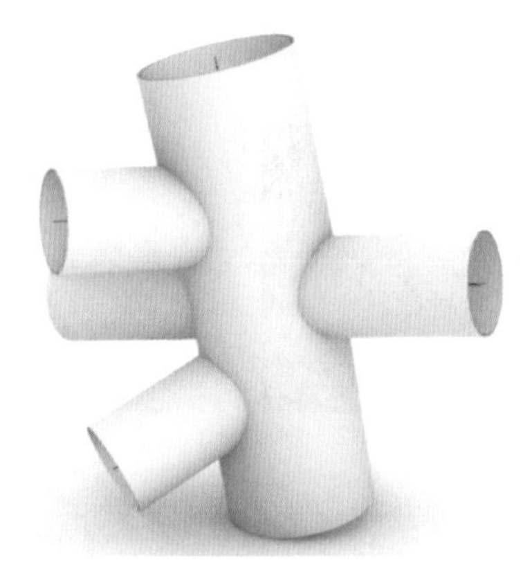

图 1-19　复杂节点模型

第三步：导入有限元软件进行节点受力分析。

将 RHINO 或 CAD 建成的复杂节点模型导入 ABAQUS 或 ANSYS，进行属性定义、网格划分、接触属性及边界条件设置，然后进行数值分析并提取计算结果，如图 1-20 所示。

图 1-20　复杂节点有限元模型

2　复杂异型钢结构稳定设计方法

2.1　引言

常规钢结构可分为两类，分别为高层钢结构和空间钢结构。高层钢结构（图2-1（a））进行结构设计时，可采用抗震性能化设计方法或直接分析设计法，且无须开展稳定性分析验算。空间钢结构（图2-1（b））进行结构分析时，需要特别关注其整体结构的稳定性，而地震对于该类结构往往不起控制作用。稳定性是钢结构建筑设计中常见的问题之一。为了保证建筑的安全性和使用寿命，需要在设计过程中对稳定性进行分析和计算。钢结构建筑中的稳定性问题，是指施加于杆件上的压力超过其承受力，导致结构整体发生塑性变形或失稳的情况。对于复

(a)

(b)

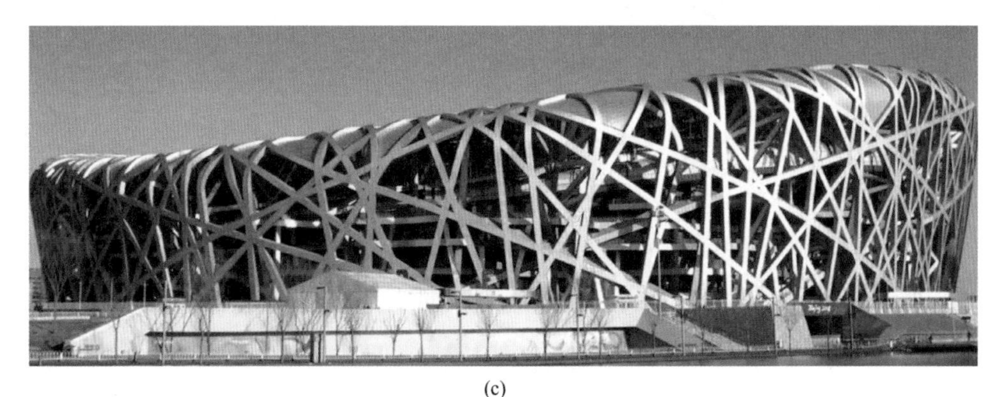

(c)

图2-1　钢结构分类

（a）高层钢结构；（b）空间钢结构；（c）复杂异型钢结构

杂形态钢结构而言，稳定性问题非常普遍，因为在外部荷载作用下，杆件的受力状态极为复杂，即使在较小偏差的情况下依然可能出现失稳的状况。

对于复杂异型钢结构（图 2-1（c））而言，通常无法简单地归类为高层钢结构或者空间钢结构，更多的情况是该类结构同时具有高层结构和空间结构的体系特征，因此在进行该类结构设计时应多方面分析其结构设计指标，从而确保整体结构的安全性。本章将结合现行国家标准来详细介绍复杂异型钢结构的稳定设计方法。

2.2　空间结构稳定分析

2.2.1　特征值屈曲分析

特征值屈曲分析（图 2-2）是基于理想无缺陷结构，即完全按照图纸进行建模、无安装制造偏差的结构，且分析时不考虑几何非线性、材料非线性。通常情况下对结构静力分析时，均已知外部荷载作用，结构位移的求解可用以下矩阵方程表述：

$$[K_e]\{u_0\} = \{P_0\}$$

式中，$\{u_0\}$ 为结构施加荷载 $\{P_0\}$ 后的位移结果；$[K_e]$ 为结构初始刚度矩阵。

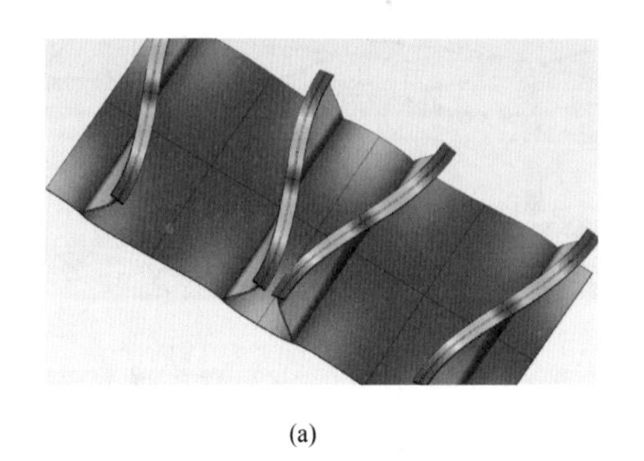

(a)

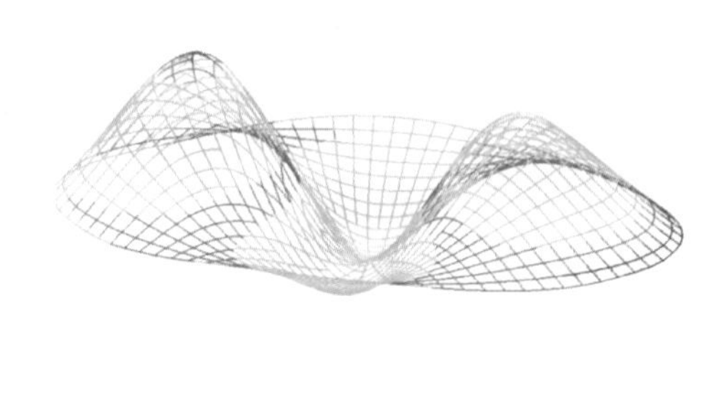

(b)

图 2-2　特征值屈曲分析

（a）局部构件；（b）整体屈曲

随着荷载的不断增大，结构的稳定性逐渐减弱，即刚度越来越差。由于屈曲前结构的位移响应 $\{u_0\}$ 很小，可以在方程中忽略其影响，则可以得到增量平衡方程：

$$[[K_e] + [K_\sigma(\sigma)]]\{\Delta u\} = \{\Delta P\}$$

式中，$[K_\sigma]$ 为应力刚度矩阵。

假设屈曲前结构处于线弹性状态，应力随外荷载成比例增加，则可以得到下式：

$$\{P\} = \lambda\{P_0\}$$

$$\{u\} = \lambda\{u_0\}$$

$$\{\sigma\} = \lambda\{\sigma_0\}$$

进而可以得到：

$$[K_\sigma(\sigma)] = \lambda[K_\sigma(\sigma_0)]$$

则增量平衡方程变为：

$$[[K_e] + \lambda[K_\sigma(\sigma_0)]]\{\Delta u\} = \{\Delta P\}$$

当结构失稳时，给定一个微小的荷载增量，即可得到非常大的位移增量。此时，刚度矩阵需满足：

$$\det[[K_e] + \lambda[K_\sigma(\sigma_0)]] = 0$$

该方程即为特征值屈曲的控制方程，可以看到，该方程是在进行矩阵的特征值求解，且是在进行线性化处理后得到的，故被称为线性特征值屈曲。

在推导过程中，我们进行了以下假设：(1) 结构响应随外荷载成比例变化；(2) 材料始终处于线弹性阶段。因此，线性特征值屈曲得到的结果是非保守结果，得到的失稳荷载可能与实际相差较大，通常情况下不能直接用于实际的工程分析。

2.2.2 非线性稳定分析

非线性稳定分析（图 2-3）主要分为两种，分别为考虑初始缺陷的几何非线性稳定分析和同时考虑几何非线性与材料弹塑性发展的双非线性稳定分析。而求解非线性的计算方法主要有两种：牛顿–拉普森法（Newton-Raphson）和弧长法（Arc-length）。一般的非线性分析可使用牛顿–拉普森法，对于具有跳跃或回跳特性的非线性问题则可使用弧长法进行分析。

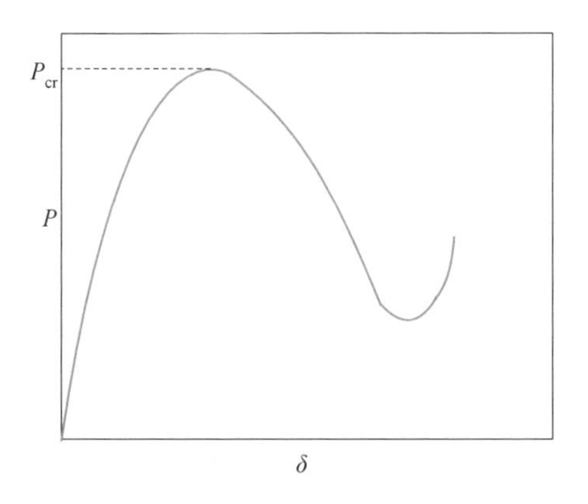

图 2-3 空间结构非线性稳定分析

复杂异型空间钢结构的初始缺陷无法避免，且其稳定性对其初始缺陷极其敏感。合理有效地考虑初始几何缺陷对单钢结构稳定性的影响一直是众多学者和工程师关注的焦点。根据产生原因的不同，复杂钢空间结构的初始几何缺陷分为整体初始缺陷和构件初始缺陷。整体初始缺陷主要是由在施工过程中的安装误差引起，但随着建造技术的发展，这种误差会越来越小。构件初始缺陷则是由在制作和运输过程中产生的初始缺陷及初始弯曲造成的，这种初始缺陷随着制作精度的提高也在逐渐减小。

整体初始几何缺陷主要体现在分布形式和初始缺陷值两个方面。目前，关于整体初始缺陷的分布形式可根据“随机缺陷模态法”和“一致缺陷模态法”确定。“随机缺陷模态法”是假设缺陷随机分布，需对结构进行多次计算从而确定结构的稳定承载力。“一致缺陷模态法”则是预先求出结构的最不利缺陷分布形式，然后只通过一次计算获得结构的稳定承载力。目前规范推荐的方法为基于结构一阶整体屈曲模态的“一致缺陷模态法”，初始缺陷大小的取值为跨度的1/300。

经过众多实际工程的验证表明，规范建议的整体结构初始缺陷较为安全可靠，因此也可采用此方法计算复杂钢结构的整体初始几何缺陷，具体步骤如下：(1) 对无缺陷的复杂钢结构进行特征值屈曲分析，获得结构的最低阶整体屈曲模态；(2) 取最低阶整体屈曲模态为整体初始缺陷的分布形式，整体初始缺陷的幅值取网壳跨度1/300，然后进行复杂钢结构的稳定分析。

构件初始缺陷的施加方法有两种，即等效几何缺陷法和假想均布荷载法，如图2-4所示。等效几何缺陷法是通过对杆件施加等效变形值，来模拟杆件的初始缺陷，假想均布荷载法是向杆件施加等效的均布荷载从而产生杆件的初始变形，计算公式为：

$$\delta_0 = e_0 \sin \frac{\pi x}{L} \tag{2-1}$$

$$q_0 = \frac{8N_k e_0}{L^2} \tag{2-2}$$

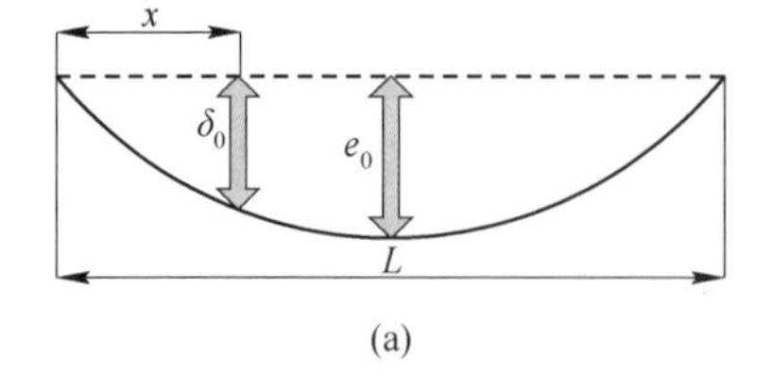

(a)

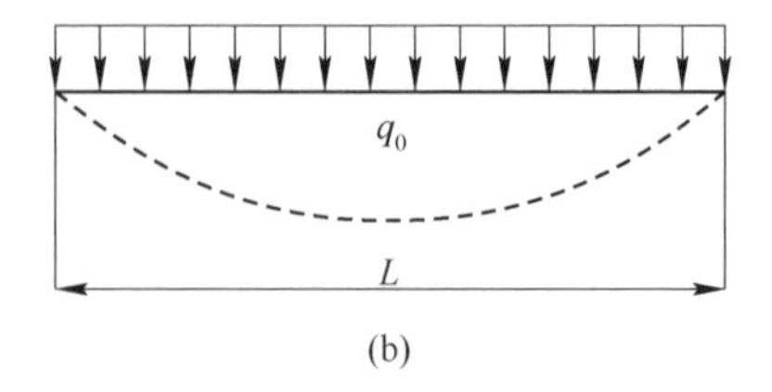

(b)

图2-4　构件初始缺陷计算方法

(a) 等效几何缺陷法；(b) 假想均布荷载法

钢材是一种典型的弹塑性材料，复杂异型钢结构在达到稳定极限承载力时，材料往往已经进入塑性阶段。因此，在对复杂钢结构进行稳定性分析时，应该考虑材料非线性的影响。目前，考虑材料非线性的常用模型有四种。

（1）理想弹塑性模型：在应力达到屈服点以前完全服从虎克定律，屈服以后应力值不增加，应变值可无限增加。

（2）理想刚塑性模型：完全忽略弹性变形，不考虑加工硬化和变形抗力对变形速度的敏感性，假定材料不可压缩，其应力–应变关系为一水平直线，只要等效应力达到一恒定值，材料便发生屈服，在材料的变形过程中，其屈服应力不发生变化。

（3）线性强化弹塑性模型：同理想弹塑性模型，但考虑强化，并将强化时的应力–应变关系线性化。

（4）刚性理想塑性模型：同线性强化弹塑性模型，但忽略弹性变形。

在钢结构的计算分析中，通常采用理想弹塑性模型和理想刚塑性模型，如图 2-5 所示。

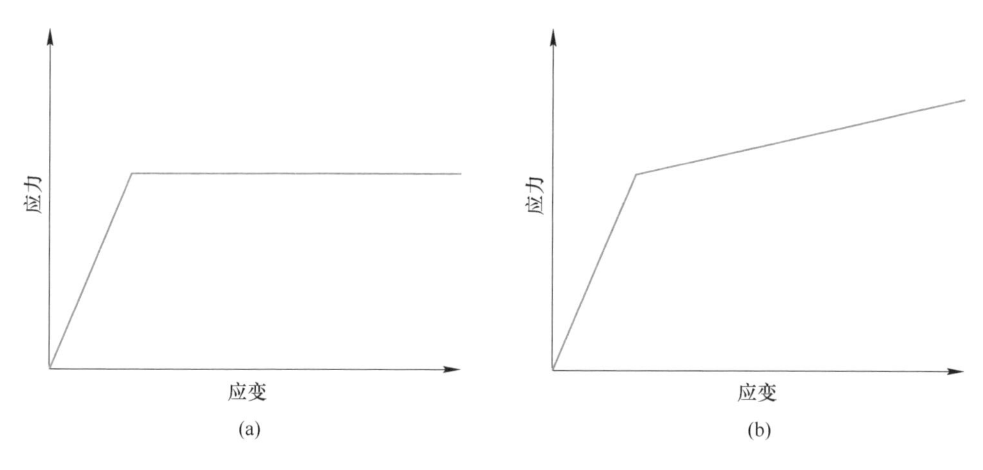

图 2-5　钢材常用材料模型

（a）理想弹塑性模型；（b）理想刚塑性模型

2.2.3　弹塑性直接分析

直接分析设计法是一种基于非线性理论的整体结构分析方法，它立足于反映结构体系的真实响应。该法除考虑了一般二阶分析的 $P\text{-}\Delta$ 效应外，同时也考虑了 $P\text{-}\delta$ 效应、整体结构与局部结构构件的初始缺陷、节点连接刚度、材料弹塑性和残余应力等影响因素。由于取消了钢结构稳定性验算传统方法中的诸多假定，钢结构直接分析设计法的钢构件承载力验算已完全转变为强度问题。尤其是基于计算长度法的矫正并不总能得到正确的结果，从而造成安全隐患或导致事故发生。直接分析法主要需要考虑以下4个因素：

（1）结构整体初始缺陷。对于层概念不明显的空间结构，可采用以最低阶整体屈曲模态为结构整体初始缺陷形态的施加方法，通过控制最大变形值控制缺陷程度，具体做法与非线性稳定分析一致，如图2-6（a）所示。

（2）构件初始缺陷。为考虑构件的初始弯曲以及残余应力等的影响，《钢结构设计标准》要求对构件施加构件初始缺陷，如图2-6（b）所示。

（3）几何非线性分析。分析中需要考虑结构的几何非线性，即二阶 $P\text{-}\Delta$ 和 $P\text{-}\delta$ 效应，根据变形后的状态建立受力平衡方程，结构响应不能线性叠加，所以构件的设计内力不能线性组合各个单工况下的荷载效应，而是将各个荷载组合指定为非线性工况进行直接求解。

（4）材料非线性。直接分析的过程中，需要真实翻译各构件材料的弹性和塑性发展阶段，从而真实反映构件的受力状态，从而准确判断结构的安全性，材料非线性模型如图2-5所示。

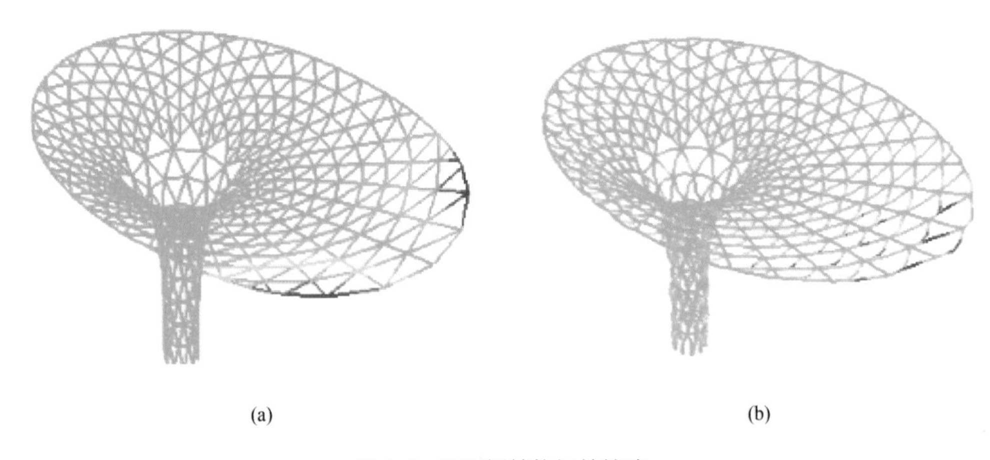

(a)　(b)

图2-6　空间钢结构初始缺陷

（a）整体初始缺陷；（b）构件初始缺陷

2.3　高层结构稳定分析

2.3.1　一阶弹性分析

一阶线弹性分析（又称计算长度系数法）适用于侧移不敏感的高层结构，其可以只进行一阶线弹性分析，对于高层框架结构一般按有侧移确定计算长度系数，对于框架-支撑结构一般按无侧移确定计算长度系数。该法有

如下特点：

（1）内力分析采用线弹性分析，即不考虑变形对外力效应的影响，其平衡方程按结构变位前的轴线建立；

（2）结构的稳定性分析分解为构件的稳定分析及设计；

（3）通过构件计算长度系数考虑结构的变形特点和构件之间相互约束对构件稳定的影响；

（4）前期分析计算相对简单，但在具体设计时，构造要求较严格。

2.3.2　二阶弹性分析

与一阶弹性分析相比，二阶弹性分析考虑了结构的 P-Δ 效应和整体初始缺陷，根据变形后的轴线建立平衡方程，不考虑材料非线性分析结构内力及位移。按照二阶弹性分析计算出结构在各工况荷载组合下的内力，并应按压（弯）杆的稳定公式进行各结构构件的设计。由于二阶弹性分析考虑了结构的二阶效应，因此构件的计算长度系数可取为1.0。

二阶弹性分析时，结构整体初始几何缺陷模式可按最低阶整体屈曲模态采用，如图2-7所示。框架及支撑结构整体初始几何缺陷代表值可按以下方法确定：

$$\Delta_i = \alpha_n \frac{h_i}{250} \tag{2-3}$$

式中　Δ_i——所计算楼层的初始几何缺陷代表值；

h_i——所计算楼层的高度。

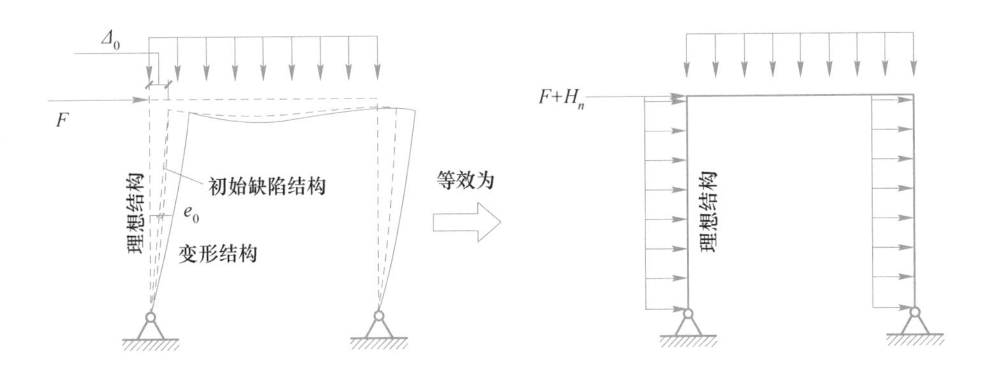

图2-7　框架结构初始缺陷等效方法

采用仅考虑 P-Δ 效应的二阶弹性分析时，应按上述方法施加结构的整体初始缺陷，计算结构在各种荷载设计值（作用）下的内力和标准值（作用）下位移，并应按《钢结构设计标准》（GB 50017—2017）第6~8章的有关规定进行各结构构件的设计。

2.3.3　弹性直接分析

直接分析设计法应采用考虑二阶 $P\text{-}\Delta$ 和 $P\text{-}\delta$ 效应，按第2.3.2条同时考虑结构和构件的初始缺陷（图2-8）、节点连接刚度和其他对结构稳定性有显著影响的因素，获得各种荷载设计值（作用）下的内力和标准值（作用）下的位移，并应按《钢结构设计标准》（GB 50017—2017）的有关规定进行各结构构件的设计，但不需要按计算长度法进行构件轴心受压稳定承载力验算。直接分析法不考虑材料弹塑性发展时，结构分析应限于第一个塑性铰的形成，对应的荷载水平应不低于荷载设计值，不允许进行内力重分布。

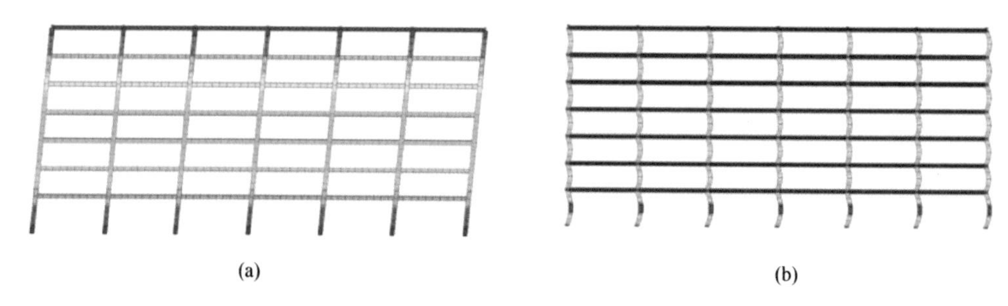

图2-8　高层钢结构初始缺陷

（a）整体结构初始缺陷；（b）构件初始缺陷

结构和构件采用直接分析设计法进行分析和设计时，计算结果可直接作为承载能力极限状态和正常使用极限状态下的设计依据（图2-9），应按下列公式进行构件截面承载力验算：

（1）当构件有足够侧向支撑以防止侧向失稳时：

$$\frac{N}{Af}+\frac{M_x^{\mathrm{II}}}{M_{\mathrm{c}x}}+\frac{M_y^{\mathrm{II}}}{M_{\mathrm{c}y}}\leqslant 1.0 \tag{2-4}$$

（2）直接分析法不考虑材料弹塑性发展，截面板件宽厚比等级不符合S2级要求时：

$$M_{\mathrm{c}x}=\gamma_x W_x f \tag{2-5}$$

$$M_{\mathrm{c}y}=\gamma_y W_y f \tag{2-6}$$

（3）按弹塑性分析，截面板件宽厚比等级符合S2级要求时：

$$M_{\mathrm{c}x}=W_{\mathrm{p}x} f \tag{2-7}$$

$$M_{\mathrm{c}y}=W_{\mathrm{p}y} f \tag{2-8}$$

（4）当构件可能产生侧向失稳时：

$$\frac{N}{Af}+\frac{M_x^{\mathrm{II}}}{\varphi_b\gamma_x W_x f}+\frac{M_y^{\mathrm{II}}}{M_{cy}}\leqslant 1.0 \tag{2-9}$$

式中 M_x^{II}，M_y^{II}——分别为绕 x 轴、y 轴的二阶弯矩设计值，可由结构分析直接得到；

A——构件的毛截面面积；

M_{cx}，M_{cy}——分别为绕 x 轴、y 轴的受弯承载力设计值；

W_x，W_y——构件绕 x 轴、y 轴的毛截面模量（S1、S2、S3、S4 级）或有效截面模量（S5 级）；

W_{px}，W_{py}——构件绕 x 轴、y 轴的塑性毛截面模量；

γ_x，γ_y——截面塑性发展系数，应按《钢结构设计标准》(GB 50017—2017) 中第 6.1.2 条的规定采用；

φ_b——梁的整体稳定性系数，应按《钢结构设计标准》(GB 50017—2017) 中附录 C 采用。

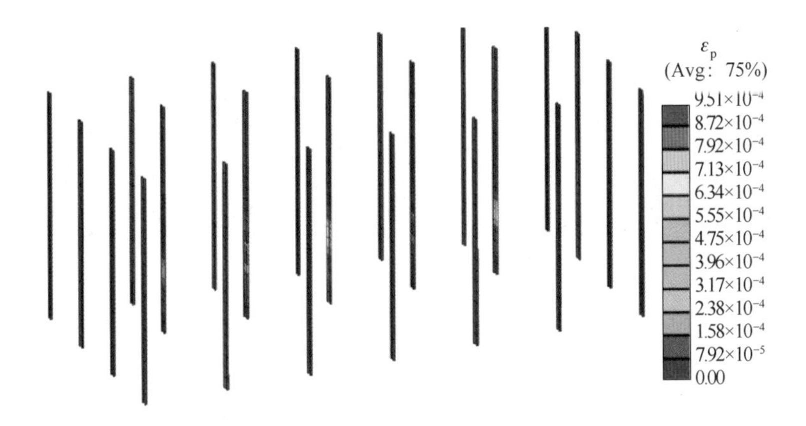

图 2-9 高层钢结构直接分析计算结果

2.4 稳定性设计流程

2.4.1 分析软件

可用于复杂异型钢结构稳定设计的软件可分为两类：一类为专门用于结构设计的分析软件，如 MIDAS GEN/3D3S/SAP2000/RFEM 等，另一类为大型通用有限元软件，如 ABAQUS 和 ANSYS。

以 MIDAS GEN 为例，结构分析软件主要具有以下优势：

（1）具有非常全面的材料性能库，可供各类结构工程使用，如图2-10（a）所示；

（2）建模方便，可与多种常用设计及建模软件对接，如图2-10（b）所示；

（3）紧密结合了多个地区和国家的规范，适用范围广，如图2-10（c）所示；

（4）分析功能强大，可以开展动力弹塑性分析、非线性分析及施工分析等，如图2-10（d）所示。

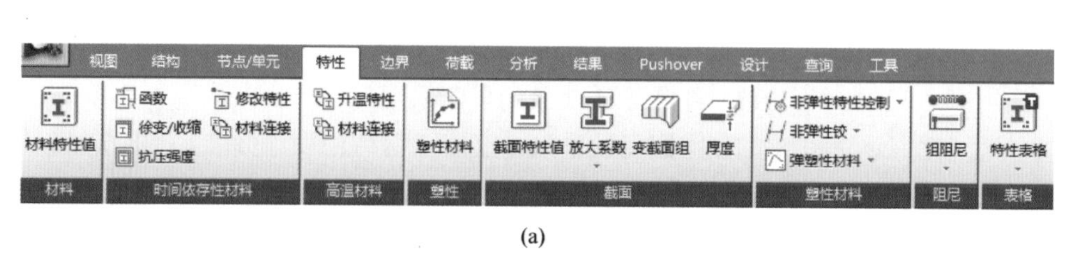

(a)

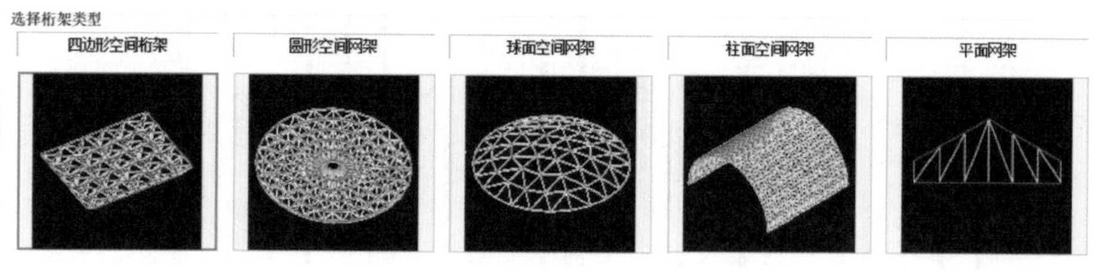

(b)

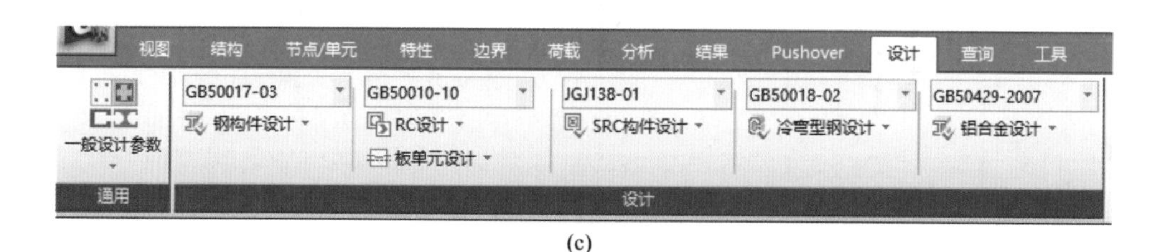

(c)

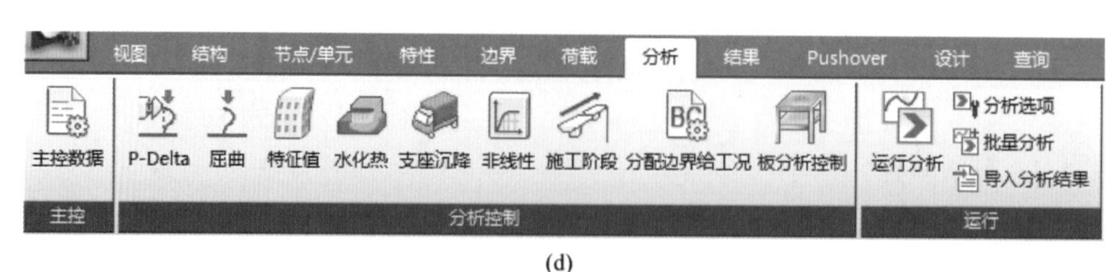

(d)

图2-10　MIDAS GEN软件功能简介

（a）材料性能库；（b）建模助手；（c）设计规范；（d）分析功能

ANSYS 和 ABAQUS 均是融结构、流体、电磁等于一体的大型通用有限元分析软件，分析功能十分强大，已被广泛应用于各个行业，其中最具有代表性的就是土木工程行业。大型通用有限元软件主要由三大模块组成：前处理模块、分析模块及后处理模块。

（1）完善的前处理模块（图 2-11）。软件的前处理模块提供了强大的建模及网格划分工具，同时提供了多种荷载的施加方法，可以建立各类结构的有限元分析模型。同时，大型通用有限元软件的前处理模块可与多款主流建模软件进行数据对接与转换，如针对单层铝合金网壳可以在 CAD 或者 RHINO 中建立三维模型，然后直接导入大型通用有限元软件即可进行分析计算，操作便利。前处理模块内嵌了多种网格划分方法，如常见的自由网格划分、映射网格划分及自适应网格划分等，可以满足不同计算精度的网格质量要求。大型通用有限元软件囊括了多种单元类型，如单层网壳结构常用的梁单元、非线性弹簧单元等，可用于解决各类结构的分析工作。

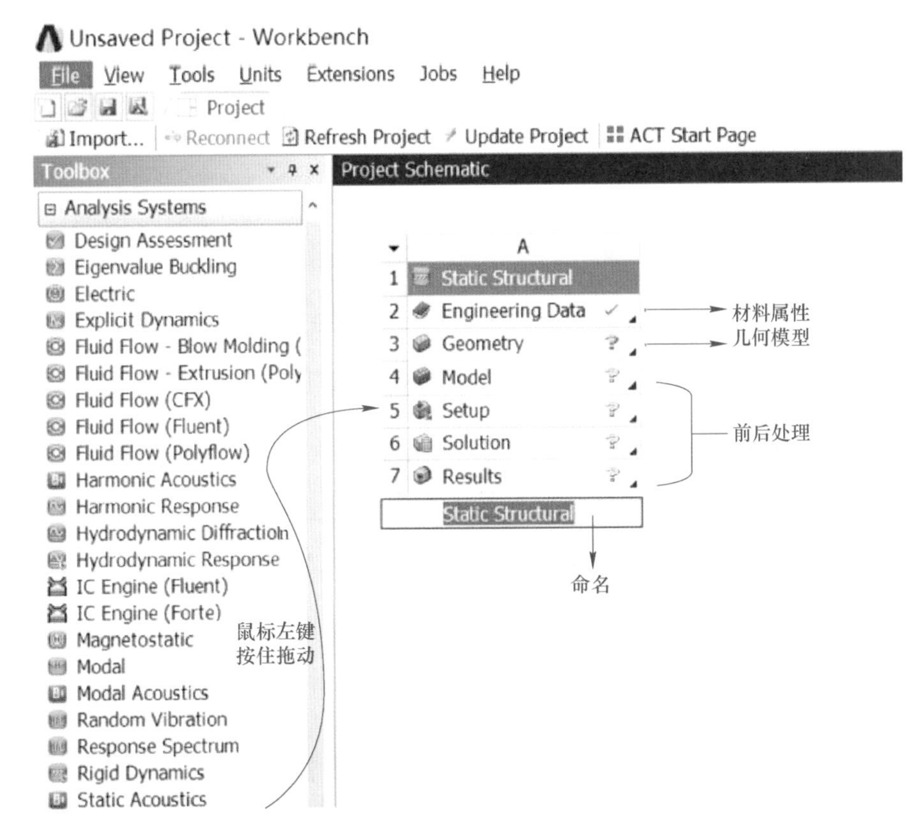

图 2-11 前处理模块

（2）计算精确的分析模块（图 2-12）。大型通用有限元软件分析模块不仅可以计算结构的线性静力分析，同时可以考虑结构的非线性动力分析。其隐式和显示算法可以精确解析各类结构的线性和非线性性能。分析模块中可提供 20 余种接触关系，可以模拟结构工程中各种接触关系。结构工程中常用的混凝土收缩徐变、钢结构的屈曲分析、高层和大跨结构的施工过程仿真、结构的动力弹塑性分析等均可以在大型通用有限元软件中实现，且计算精度满足计算需求。

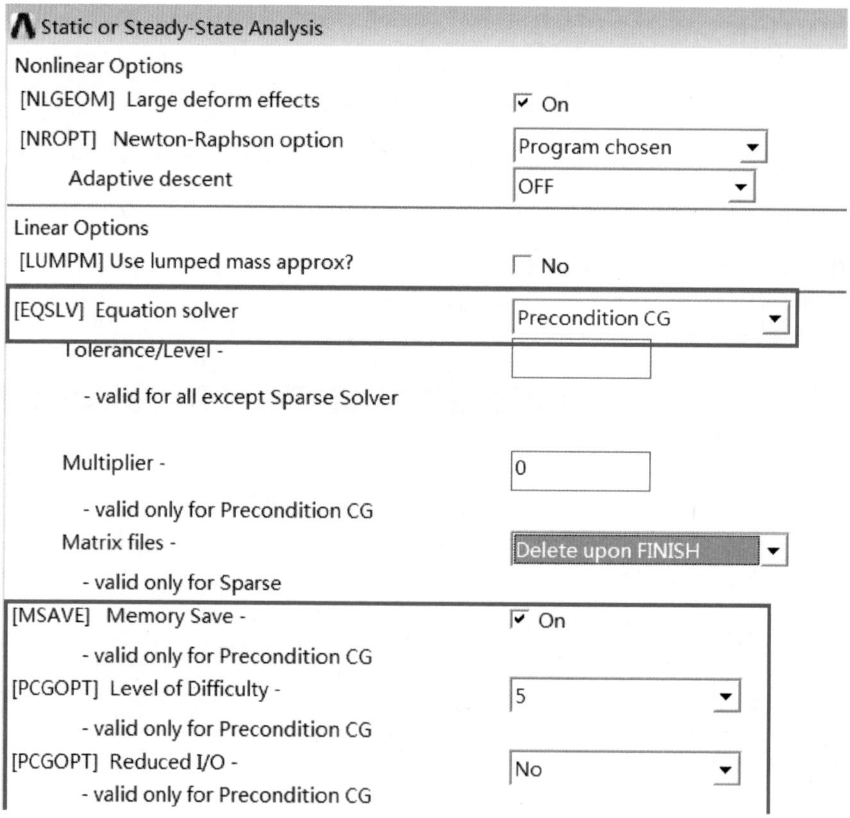

图 2-12　分析求解模块

（3）操作简便的后处理模块（图 2-13）。大型通用有限元软件的后处理模块由通用后处理模块和时间历程后处理模块两部分组成。以网壳为例，依据后处理模块，可以得到结构的应力应变状态，以及随时间变化的曲线。根据这些结果，可进一步分析结构的受力性能。而且，后处理所得结果可以与常用的结构设计软

件计算结果进行对比，便于多计算软件对比的实现。

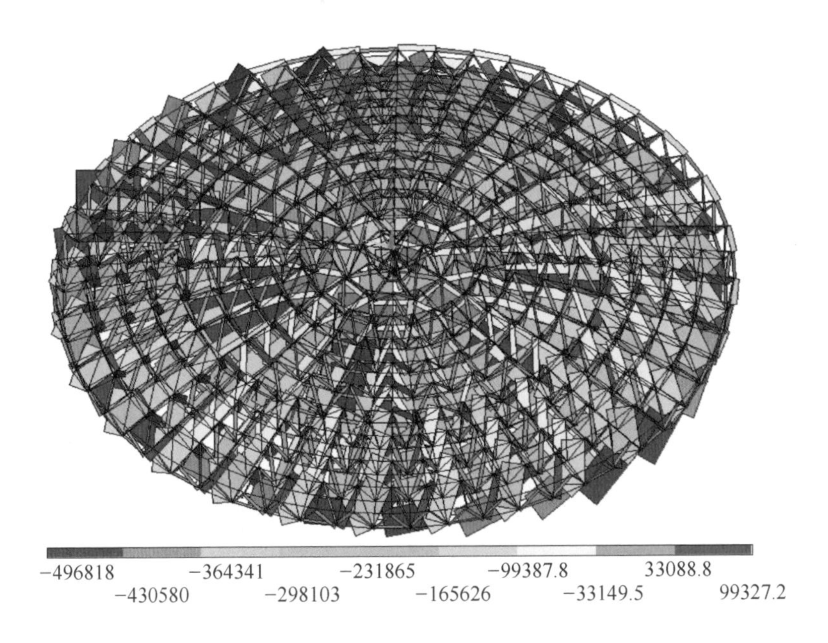

图 2-13 后处理模块

根据编者多年的软件使用经验，针对复杂异型钢结构的稳定设计总结出了以下软件使用经验：

（1）一阶弹性分析设计建议采用 3D3S/MIDAS GEN/SAP2000/PKPM/YJK；

（2）二阶 P-Δ 弹性分析与设计建议采用 3D3S/MIDAS GEN/SAP2000；

（3）双非线性稳定分析建议采用 ABAQUS/ANSYS/RFEM；

（4）直接分析设计法建议采用 SAUSAGE 软件的钢结构设计模块。

2.4.2 分析过程

复杂异型钢结构稳定设计流程分为以下 8 步：

（1）初步计算。建立结构模型，进行一阶弹性分析，根据计算结果进行解耦股方案的调整与优化。

（2）定义构件及节点尺寸。根据初步计算，选择合理的构件尺寸，根据构件尺寸和内力确定节点尺寸。

（3）开展特征值屈曲分析。根据前两步初步设计的结果，使用两款不同的分析软件建立复杂异型钢结构的分析模型，通过对比两个软件分析结果来确保模型的有效性，并根据结构屈曲模态初步判断结构的稳定性。

（4）定义初始缺陷。根据两个软件模型的计算结果，提取最低阶整体屈曲模态。需特别注意，最低阶整体屈曲模态不一定是第一阶屈曲模态，应根据具体屈曲模态的整体参与程度来确认最低阶整体屈曲模态。然后以最低阶屈曲模态作为整体缺陷的分布形式，施加初始缺陷。

（5）定义材料非线性。在分析模型中定义材料的非线性，同时打开几何非线性的分析开关。

（6）非线性稳定分析。将定义了非线性和初始缺陷的复杂异型钢结构分析模型施加荷载，并开展弹塑性分析。提取荷载位移全过程曲线，可确定网壳的极限承载力。然后根据规范要求进行核算与调整，直至网壳整体极限承载力满足规范要求。

（7）直接分析。当弹塑性分析所得结构的极限承载力满足规范要求时，开始进行直接分析，从而全面验证各杆件的安全性。在非线性屈曲分析模型的基础上，施加构件的初始缺陷，采用极限状态设计法对杆件的承载力进行验算，确保构件应力比在安全的范围内。然后根据杆件内力，进行节点最终的复核与设计。

（8）分析结束，提取计算结果，指导结构设计与施工。

2.4.3　关键结果

2.4.3.1　复杂异型空间结构

《空间网格结构技术规程》（JGJ 7—2010）中第4.3.1条，单层网壳以及厚度小于跨度1/50的双层网壳均应进行稳定性分析。《空间网格结构技术规程》（JGJ 7—2010）中第4.3.3条，进行网壳全过程分析时应考虑初始几何缺陷的影响，初始几何缺陷分布可采用结构的最低阶屈曲模态，其缺陷最大计算值可按网壳跨度的1/300取值。《空间网格结构技术规程》（JGJ 7—2010）中第4.3.4条，当按弹塑性全过程分析时，安全系数 K 可取2.0；当按弹性全过程分析时，安全系数 K 可取4.2。复杂异型钢结构由于其结构的复杂性和受力的不确定性，均应开展稳定分析。

首先需要对复杂空间钢结构进行特征值屈曲分析，从而初步获得结构的失稳特征。然后对复杂异型空间钢结构开展非线性稳定分析（图2-14），应充分考虑初始缺陷、几何非线性及材料非线性的影响，并根据安全系数判断钢结构的稳定性。

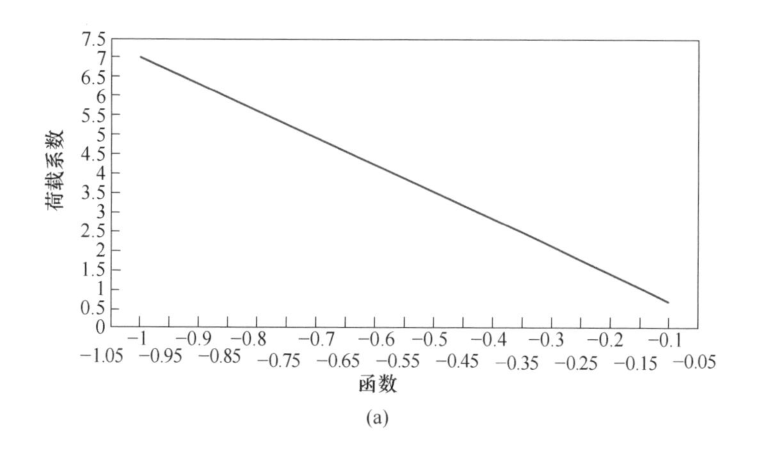

(a)

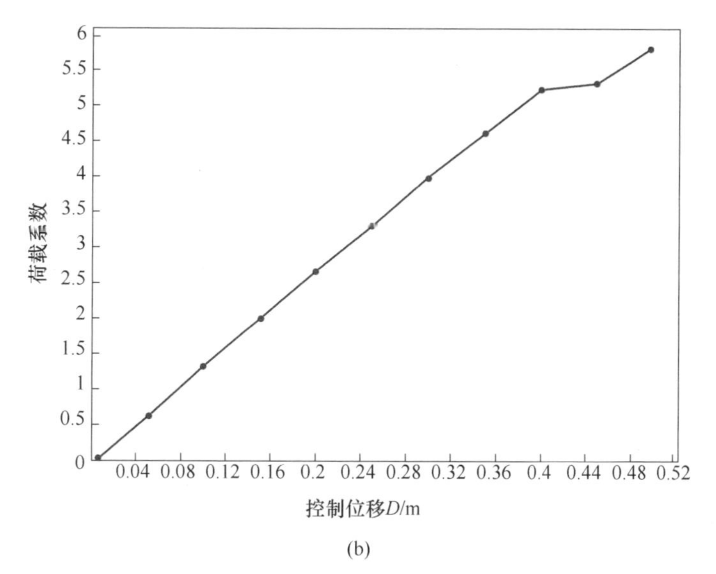

(b)

图 2-14 非线性稳定分析

（a）几何非线性；（b）双非线性

2.4.3.2 复杂异型高层结构

复杂异型高层钢结构的稳定性往往由刚重比进行判断。根据《高层民用建筑钢结构技术规程》（JGJ 99—2015）中第 6.1.7 条，框架结构刚重比应不小于 5。规范对刚重比计算公式主要是基于等效均质悬臂杆模型计算得到，所以复杂异型钢结构通过对结构进行整体弹性屈曲分析，定义初始荷载为 1.2×恒荷载+1.4×活荷载。结构对应最低阶整体屈曲模态（图 2-15）分别为 x 向和 y 向，屈曲因子大于 5 时结构的整体稳定性即可满足要求。

图 2-15　高层钢结构屈曲模态

(a) x 向；(b) y 向

根据《高层民用建筑钢结构技术规程》中第 3.3.2 条，各层的侧向刚度不小于上一层的 70%，或不小于其上相邻三个楼层侧向刚度平均值的 80%，如图 2-16（a）所示。根据《高层民用建筑钢结构技术规程》中第 3.3.2 条，各层的抗侧力结构的层间受剪承载力不小于相邻上一楼层的 80%，如图 2-16（b）所示。

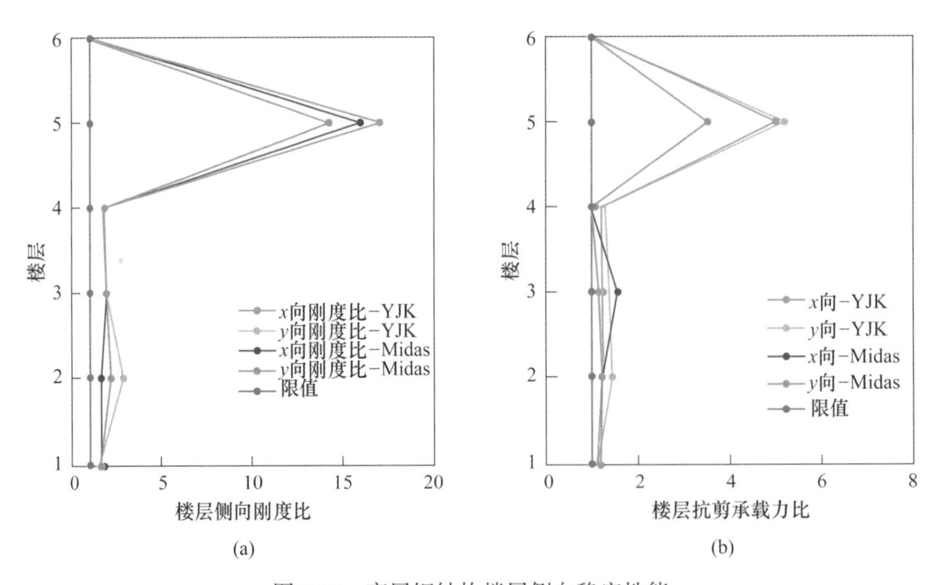

图 2-16　高层钢结构楼层侧向稳定性能

(a) 楼层侧向刚度比；(b) 楼层受减承载力比

3 复杂异型钢结构抗震设计方法

3.1 引言

作为破坏力极强、负影响极大的自然灾害，地震严重威胁着人们的生命安全和财产安全。即便在当今防震技术大幅提升的现代社会，因地震而产生的人员伤亡和经济损失仍然不可估计。随着国家的快速发展，复杂的高层建筑逐年增多，地震来临时其受力模式更为复杂，更容易发生薄弱层破坏。目前我国规范的设计主要是针对规则结构，对于不规则复杂结构主要通过限制其不规则程度进行控制。复杂异型钢结构由于其结构体系的复杂性，一旦发生抗震倒塌（图 3-1），往往产生极为严重的危害。

图 3-1 复杂异型钢结构倒塌

对于普通建筑，现行规范所采用的规定可以通过控制不同构件的承载力不同来避免关键构件在地震作用下的失效，从而防止整体结构的倒塌。然而，复杂异型钢结构的内力分布往往在大小地震作用下有较大差异，内力调整难以反映其在地震作用下的真实力学性能。随着国内复杂超限结构的实践，基于现有规范的抗震性能化设计方法被逐渐完善，该方法可用于复杂异型钢结构的抗震设计。

3.2　抗震设计方法

3.2.1　设计方法

基于性能的抗震设计概念于 20 世纪末由美国的学者和工程师提出，并被快速推广至世界各国的结构工程领域。基于性能的抗震设计思路是通过选取合理的抗震性能目标，划分结构和构件的抗震性能等级，最后经过计算确定结构是否达到性能目标。随着基于性能抗震设计概念的提出，业主可以从经济效益和结构安全性的角度出发，确定结构性能目标，而代替了过去仅以结构安全为准则的抗震设计思路。结构的抗震性能是指在不同地震水准作用下，结构的破坏程度不同。换而言之，基于性能的抗震设计方法不仅可以保证结构的安全性，还可以有效控制结构在地震下的损坏程度，满足业主的需求。

近年来，复杂异型钢结构广泛应用于大型体育场馆和公共建筑中。我国属于地震多发国家，因此基于性能的抗震设计思路对单层铝合金网壳结构的安全性和经济性具有良好的适用性。根据现有基于性能的抗震设计方法，复杂异型钢结构的抗震设计可分为 4 步，即确定抗震性能目标、选择结构性能评价标准、建立分析模型及分析结果评价，如图 3-2 所示。

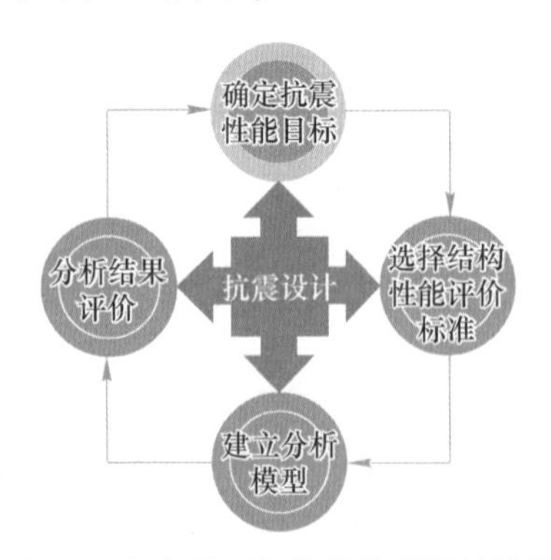

图 3-2　复杂异型钢结构抗震设计流程

（1）确定抗震性能目标：根据建筑的重要程度以及业主的要求，在满足结构安全的前提下，充分考虑经济效益，选取合理的抗震性能目标。

（2）选择结构性能评价标准：根据结构的形式，选择对应的结构性能评价标准。

（3）建立分析模型：根据不同水准，建立不同的分析模型。分析模型应该充分考虑结构的实际受力情况、杆件材料性能及节点刚度，从而保证计算结果的准确性。

（4）分析结果评价：提取分析结果，将结果换算为评价标准所需的指标，根据性能评价标准确定结构的实际抗震性能水准，确定是否满足抗震性能目标。

如不满足，则需对结构进行调整，直至满足抗震性能目标。

3.2.2　抗震性能目标

抗震性能目标的划分不仅要满足结构安全需要，同时要控制结构的地震破坏程度，满足经济效益。抗震性能目标的划分包含以下4个特性：(1) 安全性。结构抗震必须满足最基本的安全要求，不可出现严重危害生命安全的重大破坏。(2) 完备性。应根据不同的抗震设防水准确定不同的抗震性能目标，从而保证结构在各抗震设防水准下均满足相应的抗震目标。(3) 适用性。不同的结构和构件应该选择不同的抗震性能目标，合理体现不同结构和构件的重要性，从而满足结构的安全性和经济性。(4) 梯度性。不同设防水准下的抗震性能目标不宜差异过大或过小，应该保持合理的梯度。

结构抗震性能目标应综合考虑抗震设防类别、设防烈度、场地条件、结构特性、建造技术、地震损失和修复难度等因素。依据地震"三水准"设防目标，参考《高层民用建筑钢结构技术规程》有关条文，可将复杂异型钢结构的抗震性能目标分为A、B、C、D 8个等级，如表3-1所示。其性能水准则分为5个水准，详见表3-2。

表3-1　复杂异型钢结构抗震性能目标

地震水准	性能目标			
	A	B	C	D
多遇地震	第1水准	第1水准	第1水准	第1水准
设防地震	第1水准	第2水准	第3水准	第4水准
罕遇地震	第2水准	第3水准	第4水准	第5水准

表3-2　复杂异型钢结构抗震性能水准

结构抗震性能水准	整体结构破坏程度	震后维修情况
第1水准	完好、无损坏	不需维修即可继续使用
第2水准	基本完好、轻微损坏	稍加修理即可继续使用
第3水准	轻度破坏	一般修理后可继续使用
第4水准	中度损坏	修复或加固后可继续使用
第5水准	比较严重损坏	需要排险大修

3.2.3　性能评价标准

不同抗震性能水准的复杂异型钢结构可参考《高层民用建筑钢结构技术规程》进行设计。

(1) 第1水准：整体网壳结构完好无损，不需维修即可继续使用，要求各构件和节点均保持在弹性范围内。

（2）第2水准：整体网壳结构基本完好，稍加修理即可使用，要求大部分构件和节点均保持在弹性范围内，只有极少数的构件或节点进入屈服状态。

（3）第3水准：整体网壳结构轻度破坏，一般修理后可继续使用，要求只有少量构件或节点进入浅塑性状态。

（4）第4水准：整体网壳中度损坏，修复或加固后可继续使用，即构件屈服严重。

（5）第5水准：整体网壳严重损坏，需要经过大修才可继续使用，即大量构件或节点进入深塑性状态，部分构件或节点破坏。

关键构件及普通竖向构件“无损坏”，应符合下式要求：

$$\gamma_G S_{GE} + \gamma_{Eh} S_{Ehk}^* + \gamma_{Ev} S_{Evk}^* \leqslant R_d/\gamma_{RE} \tag{3-1}$$

式中　R_d——构件承载力设计值；

γ_{RE}——构件承载力抗震调整系数，结构构件和连接强度计算时取0.75，柱和支撑稳定计算时取0.8，当仅计算竖向地震作用时取1.0；

S_{GE}——重力荷载代表值的效应；

S_{Ehk}^*——水平地震作用标准值的构件内力，不需考虑与抗震等级有关的增大系数；

S_{Evk}^*——竖向地震作用标准值的构件内力，不需考虑与抗震等级有关的增大系数；

γ_G，γ_{Eh}，γ_{Ev}——分别为上述各相应荷载或作用的分项系数。

关键构件及普通竖向构件“轻微损坏”，应同时符合以下两式要求：

$$S_{GE} + S_{Ehk}^* + 0.4S_{Evk}^* \leqslant R_k \tag{3-2}$$

式中　R_k——截面极限承载力，按钢材的屈服强度计算。

$$S_{GE} + 0.4S_{Ehk}^* + S_{Evk}^* \leqslant R_k \tag{3-3}$$

竖向关键构件及普通竖向构件“轻度损坏”，应符合下式要求：

$$u/h \leqslant 1/150 \tag{3-4}$$

式中　u——构件两端相对于两端截面轴线的变形；h 为构件高度。可按下式计算：$u=u_0-\theta_1 h$。其中，u_0 为构件两端相对水平变形；θ_1 为构件下端相对水平转角。

斜向轴向受力关键构件“轻度损坏”，应符合下式要求：

$$\delta/l \leqslant \sin^2\alpha/150 \tag{3-5}$$

式中　δ——构件两端的轴向变形；

l——构件的长度。

竖向关键构件及普通竖向构件“中度损坏”，应符合下式要求：

$$u/h \leqslant 1/80 \tag{3-6}$$

斜向关键构件“中度损坏”，应符合下式要求：

$$\delta/l \leqslant \sin^2\alpha/80 \tag{3-7}$$

竖向关键构件及普通竖向构件“比较严重损坏”，应符合下式要求：

$$u/h \leqslant 1/50 \tag{3-8}$$

斜向关键构件“比较严重损坏”，应符合下式要求：

$$\delta/l \leqslant \sin^2\alpha/50$$

需要说明的是，对于复杂异型钢结构而言，关键构件应根据构件对局部或整体结构的重要性来进行判别，而不仅仅是基于常规结构的概念进行判断，以免造成不必要的安全隐患。

3.3 抗震分析方法

3.3.1 模态分析法

模态分析（图 3-3）是计算或试验分析固有频率、阻尼比和模态振型这些模态参数的过程。其中，模态是指机械结构的固有振动特性，每一个模态都有特定的固有频率、阻尼比和模态振型。分析过程可概括为将线性定常系统振动微分方程组中的物理坐标变换为模态坐标，使方程组解耦，成为一组以模态坐标及模态参数描述的独立方程，以便求出系统的模态参数。坐标变换的变换矩阵为模态矩阵，其每列为模态振型。模态分析法早期多用于工业技术领域，后逐渐用于土木工程领域。在开展复杂异型钢结构抗震分析前，通常需要开展模态分析来探明结构的动力响应特征，从而初步判断结构布置的合理性。

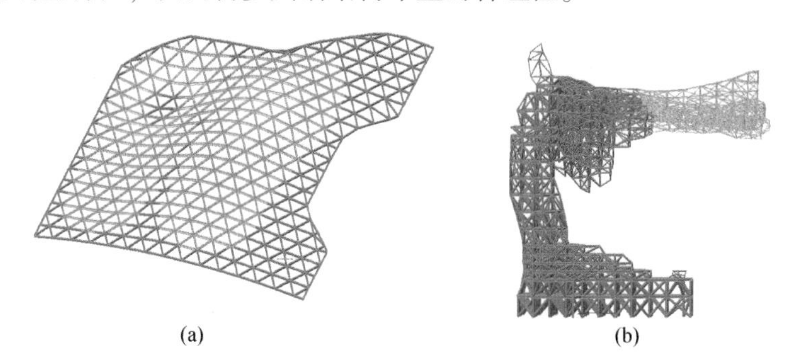

图 3-3 模态分析

（a）空间结构；（b）高层结构

复杂异型钢结构的自由振动结构特征方程为：

$$[K]\{\phi\} = \omega_n^2[M]\{\phi_n\} \tag{3-9}$$

式中 $[K]$——结构的刚度矩阵；

$[M]$——结构的质量矩阵；

ω_n^2——第 n 阶阵型的特征值；

$\{\phi_n\}$——第 n 阶阵型。

在对复杂异型钢结构进行模态分析时，通常假定结构处于线弹性的工作状态，特征方程的常用解析方法有特征向量法和 Ritz 向量法。常见特征向量法有分块 Lanczos 法、子空间迭代法等，主要是通过解析结构平衡体系方程来获得其特征值与特征向量。Ritz 向量法最初于 1982 年由 Dickens 和袁明武提出，该方法的原理是将结构本身的振动特性与实际动荷载分布形式相结合。以上两种方法的主要区别在于是否关联荷载的空间对应关系。特征值向量法完全忽略荷载的空间布置，只考虑结构本身的振动特性。而 Ritz 向量法考虑了荷载的空间分布，这样可以更好地达到规范要求的振型的有效质量参与系数。

3.3.2　振型分解反应谱法

振型分解反应谱法是用来计算多自由度体系地震作用的一种方法。该法是利用单自由度体系的加速度设计反应谱（图 3-4（a））和振型分解（图 3-4（b））的原理，求解各阶振型对应的等效地震作用，然后按照一定的组合原则对各阶振型的地震作用效应进行组合，从而得到多自由度体系的地震作用效应。换一种简单的理解，可以将振型分解反应谱法这一名词拆分为：振型分解+反应谱，即将多自由度振型分解，利用反应谱求解单振型反应，然后再将各振型反应组合。

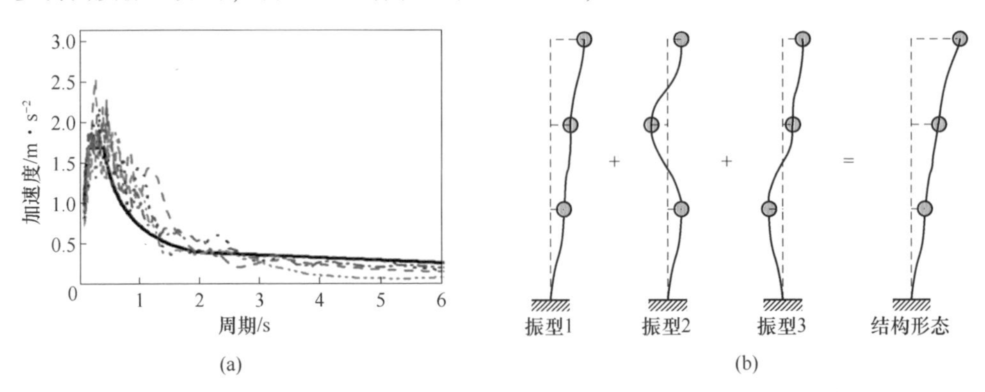

图 3-4　振型分解反应谱法基本原理

（a）反应谱；（b）振型分解

地震作用的惯性力 $f_{Ii}(t)$、阻尼力 $f_{ci}(t)$、弹性恢复力 $f_{ki}(t)$ 为：

$$f_{Ii}(t) = -m[\ddot{x}_i(t) + \ddot{x}_g(t)] \tag{3-10}$$

$$f_{ci}(t) = \sum_{j=1}^{n} C_{ij}\dot{x}_j(t) \tag{3-11}$$

$$f_{ki}(t) = \sum_{j=1}^{n} K_{ij}x_j(t) \tag{3-12}$$

由平衡关系可知三者合力为0，则：

$$m_i\ddot{x}_i(t)+\sum_{j=1}^{n}C_{ij}\dot{x}_j(t)+\sum_{j=1}^{n}K_{ij}x_j(t)=-m_i\dot{x}_g(t) \tag{3-13}$$

转换为对应的矩阵形式：

$$[M]\{\ddot{x}_i(t)\}+[C]\{\dot{x}_i(t)\}+[K]\{x_i(t)\}=-[M]\{I\}\ddot{x}_g(t) \tag{3-14}$$

式中　x_g——地面位移。

将联立的多质点运动解耦成有固定运动的振型形式：

$$x_i(t)=q_1(t)X_{11}+q_2(t)X_{21}+\cdots=\sum_{j=1}^{n}q_j(t)X_{ji} \tag{3-15}$$

式中　$q_j(t)$——i 质点在某一时刻第 j 振型的位移分量；

　　X_{ji}——振型。

振型正交性原理满足以下关系式：

$$\{X_i\}^{\mathrm{T}}[M]\{X_j\}=0 \tag{3-16}$$

$$\{X_i\}^{\mathrm{T}}[K]\{X_j\}=0 \tag{3-17}$$

联合式（2-6）~式（2-9）可得：

$$\ddot{q}_i(t)+2\zeta_i\omega_i\dot{q}_i(t)+\omega_j^2q_j(t)=\frac{-\{X\}_j^{\mathrm{T}}[M]\{I\}}{\{X\}_j^{\mathrm{T}}[M]\{X\}_j}\ddot{x}_g(t)=-\gamma_j\ddot{x}_g(t) \tag{3-18}$$

式中　ζ_j——j 振型的振型阻尼比；

　　γ_j——j 振型的参与系数。

振型参与系数的计算公式为：

$$\gamma_j=\sum_{i=1}^{n}mX_{ji}\Big/\sum_{i=1}^{n}mX_{ji}^2 \tag{3-19}$$

且满足：

$$\sum_{i=1}^{n}\gamma_jX_{ji}=1\qquad (j=1,\ 2,\ \cdots,\ n) \tag{3-20}$$

则 i 质点的位移为：

$$x_i(t)=\sum_{j=1}^{n}\gamma_j\Delta_j(t)X_{ji} \tag{3-21}$$

式中，$\Delta_j(t)$ 为单自由度的位移反应。

以上是振型分解的过程，下面将介绍两种最常用的振型组合方法（SRSS 和 CQC）。SRSS 简称“平方和开平方”，该方法建立在随机独立事件的概率统计方法之上，要求参与数据处理的各个事件之间完全相互独立，不存在耦合关联。当结构的自振形态或自振频率相差较大时，可近似认为各振型的振动相互独立，此时采用 SRSS 方法可以得到较为准确的结果。SRSS 方法的计算公式为：

$$R_{\max}=\sqrt{R_1^2+R_2^2+\cdots+R_n^2} \tag{3-22}$$

CQC 方法是一种完全组合方法，即完全二次项组合方法，其不光考虑到各个主振型的平方项，而且还考虑到耦合项，对于较为复杂的结构（如考虑平扭耦连的结构）使用完全二次项组合的结果比较精确。CQC 法考虑由阻尼引起的相邻振型间耦合作用的计算公式为：

$$R_{max} = \sqrt{\sum_{i=1}^{N}\sum_{j=1}^{N} R_i \rho_{ij} R_j} \tag{3-23}$$

式中　R_{max}——最大的反应值；

R_i——i 阶阵型的最大反应值。

ρ 的表达式如下：

$$\rho = \frac{8\zeta^2(1+r)r^{3/2}}{(1-r)^2 + 4\zeta^2 r(1+r)^2} \tag{3-24}$$

$$r = \frac{\omega_j}{\omega_i} \tag{3-25}$$

3.3.3　弹塑性分析法

目前常用的弹塑性分析方法（图 3-5）从分析理论上分为静力弹塑性（pushover）和动力弹塑性两类，从数值积分方法上分为隐式积分和显式积分两类。本工程的弹塑性分析将采用基于显式积分的动力弹塑性分析方法，这种分析方法未作任何理论的简化，直接模拟结构在地震力作用下的非线性反应，具有如下优越性：

（1）完全的动力时程特性。直接将地震波输入结构进行弹塑性时程分析，可以较好地反映在不同相位差情况下构件的内力分布，尤其是楼板的反复拉压受力状态。

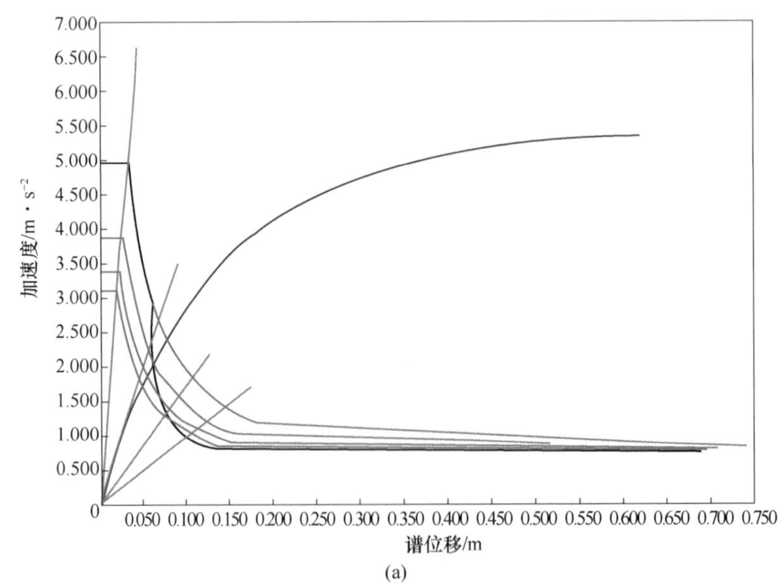

(a)

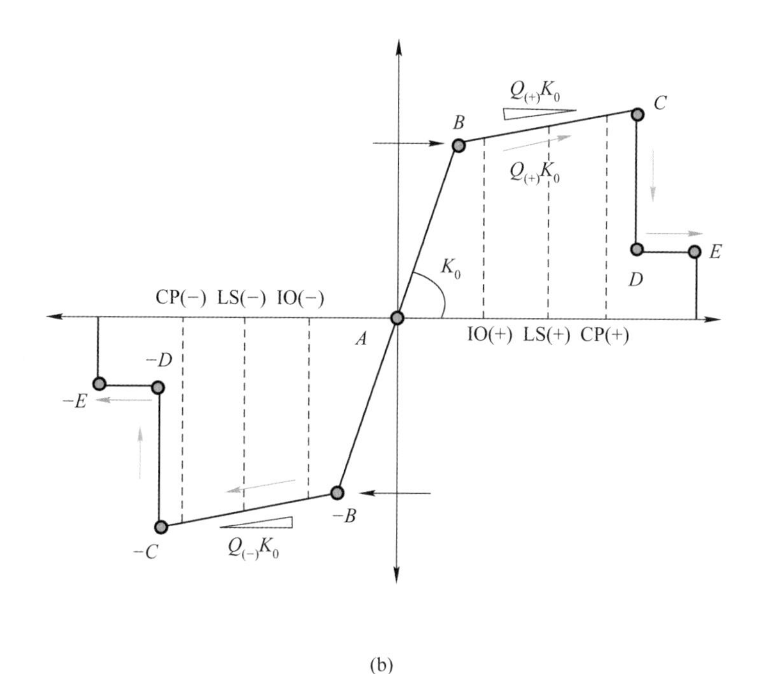

(b)

图 3-5　弹塑性分析方法

（a）静力弹塑性；（b）动力弹塑性

（2）几何非线性。结构的动力平衡方程建立在结构变形后的几何状态上，P-Δ 效应、非线性屈曲效应等都被精确考虑。

（3）材料非线性。直接在材料应力-应变本构关系的水平上模拟。

（4）采用显式积分，可以准确模拟结构的破坏情况直至倒塌形态。

动力弹塑性法又称动力时程分析法。顾名思义，是由已知某时刻 t_n 的位移、速度及加速度反应，推求下一较短 Δt 时刻 t_{n+1} 的该反应，求出结构在地震作用下从静止到振动以至到达最终状态的全过程。它与底部剪力法和振型分解反应谱法的最大差别是能计算结构和结构构件在每个时刻的地震反应（内力和变形）。其基本计算过程为：

将［0，T］时段划分为几个时间段，当 $t=t_k$ 时：

$$\ddot{x}_{(t_k)} + 2\zeta\omega\dot{x}_{(t_k)} + \omega^2 x_{(t_k)} = -\ddot{x}_{g(t_k)} \tag{3-26}$$

假定在［t_k，t_{k+1}］内的加速度是线性的：

$$\ddot{x} = \ddot{x}_{(t_k)} + \frac{t - t_k}{t_{k+1} - t_k}\left[\ddot{x}_{(t_k)} - \ddot{x}_{(t_{k-1})}\right] \tag{3-27}$$

在区间［t_k，t_{k+1}］进行积分：

$$\dot{x}(t) = \dot{x}_{(t_k)} + \ddot{x}_{(t_k)}(t - t_k) + \frac{1}{2}\left[\ddot{x}_{(t_{k+1})} - \ddot{x}_{(t_k)}\right]\frac{(t - t_k)^2}{t_{k+1} - t_k} \tag{3-28}$$

令 $B_k = \dot{x}(t_k) + \frac{\Delta t}{2} \cdot \ddot{x}_{(t_k)}$：

$$\dot{x}(t) = B_k + \ddot{x}_k \cdot \frac{\Delta t}{2} \tag{3-29}$$

在区间 $[t_k,\ t_{k+1}]$ 内继续积分：

$$x_{(t)} = x_{(t_k)} + \dot{x}_{(t_k)}(t - t_k) + \frac{1}{2}\ddot{x}_{(t_k)}(t - t_k)^2 + \frac{1}{6} \times \frac{\ddot{x}_{(t_{k+1})} - x_{(t_k)}}{t_{k+1} - t_k}(t - t_k)^2 \tag{3-30}$$

令 $A_k = x_{(t_k)} + \dot{x}_k \cdot \Delta t + \frac{\Delta t^2}{3} \cdot \ddot{x}_{(t_k)}$：

$$x(t) = A_k + \ddot{x}_k \cdot \frac{\Delta t^2}{6} \tag{3-31}$$

最终可得：

$$\ddot{x}_{(t_k)} = -\frac{1}{J}(\ddot{x}_{g(k+1)} + 2\zeta\omega B_k + \omega^2 A_k) \tag{3-32}$$

其中，$J = 1 + \xi \cdot \omega \cdot \Delta t + \frac{\omega^2 \cdot \Delta t^2}{6}$。

3.4　抗震设计流程

3.4.1　分析过程

现有的结构分析软件在进行性能化抗震设计时，均可提供不同程度的计算分析模块。与空间结构相比，高层结构更加注重“层”的概念，尤其是通过层指标来判断整体结构的抗震性能，而空间结构则更加注重关键构件的实际塑性发展程度。对于复杂异型钢结构而言，根据不同的结构类型可以分为以下两类：

（1）复杂异型空间钢结构：MIDAS GEN/SAP2000/RFEM/3D3S/ABAQUS/SNSYS；

（2）复杂异型高层钢结构：MIDAS BUILDING/ETABS/PKPM/YJK/SAUSAGE。

复杂异型钢结构抗震分析模型建立流程为：

（1）几何模型：根据单层铝合金网壳的几何尺寸建立三维模型。

（2）杆件模型：定义杆件的材料模型，并完成网格划分。

（3）静力分析：根据结构的实际情况，施加恒荷载及活荷载，并完成静力分析。

（4）地震波输入：根据结构特性，合理选择地震波，并输入地震波至分析模型。

（5）时程分析及结果分析：开始模型的动力时程分析，并提取计算结果，得到结构的抗震性能水准。

抗震分析模型建立的关键在于杆件材料模型、节点等效模型、地震波选择以

及时程分析方法。杆件材料模型的合理选择直接关系到结构本身力学行为的准确性，地震波应根据建筑场地进行选择，时程分析方法应保证可以获得损伤因子模型所需的所有参数。后续将从这几个方面进行详细分析。

3.4.2 建模要点

钢材的动力硬化模型如图 3-6 所示，钢材的非线性材料模型采用双线性随动硬化模型，在循环过程中，无刚度退化，考虑了包辛格效应。钢材屈服后刚度比为 0.0175。

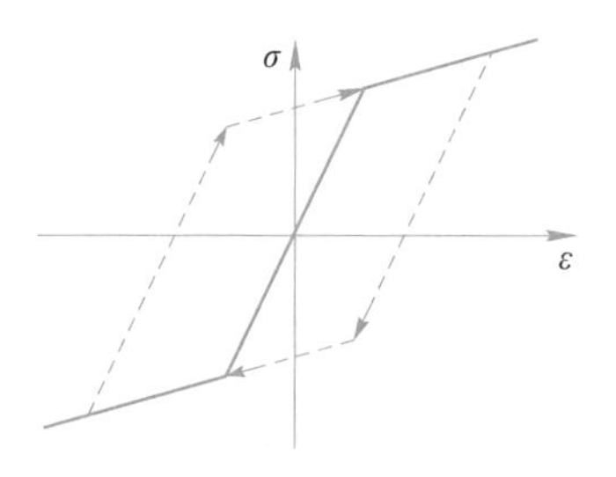

图 3-6 钢材的动力硬化模型

一维混凝土材料模型采用规范指定的单轴本构模型，能反映混凝土滞回、刚度退化和强度退化等特性，其轴心抗压和轴心抗拉强度标准值按《混凝土结构设计规范》中表 4.1.3 采用。混凝土单轴受拉的应力-应变曲线方程按附录 C 公式 C.2.3-1～C.2.3-4 计算。混凝土材料进入塑性状态伴随着刚度的降低。如应力-应变及损伤示意图（图 3-7）所示，其刚度损伤分别由受拉损伤参数 d_t 和受压损伤参数 d_c 来表达，d_t 和 d_c 由混凝土材料进入塑性状态的程度决定。

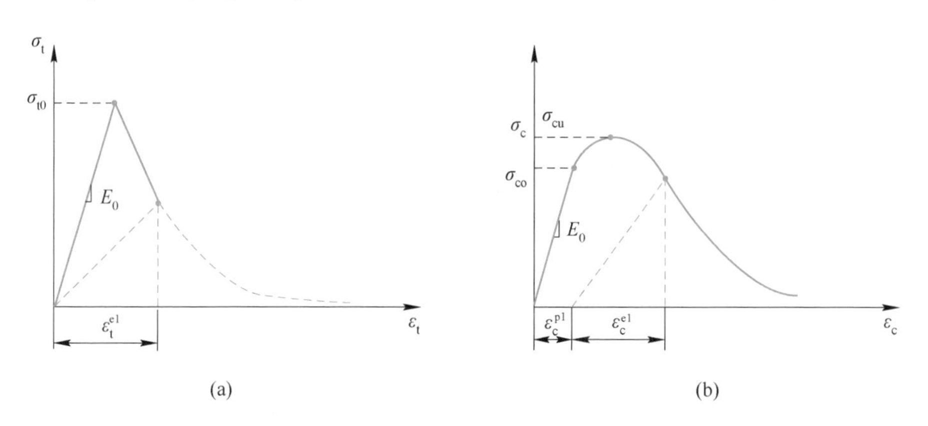

图 3-7 混凝土损伤模型

（a）受拉应力-应变曲线及损伤示意图；（b）受压应力-应变曲线及损伤示意图

由于地震作用的不确定性，结构在抗震分析时需要合理地选择地震波。地震波的选取主要包含以下三个参数：峰值加速度、地震作用的频谱及持续时间。可根据相关结构规范进行选择。

（1）峰值加速度：峰值加速度的取值应根据地震作用等级及场地的设防烈度进行取值，详见表 3-3。

表 3-3　地震峰值加速度　　　　（cm/s^2）

地震影响	6 度	7 度	8 度	9 度
多遇地震	18	35（55）	70（110）	140
设防地震	50	100（150）	200（300）	400
罕遇地震	125	220（310）	400（510）	620

（2）地震作用的频谱：应根据建筑场地类别和设计地震分组，选取实际地震记录频谱和人工合成频谱，其中实际地震频谱占总数不应低于 2/3，且每条频谱计算所得结构底部剪力不应小于振型分解反应谱法的 65%，平均值不应小于振型分解反应谱法的 80%。

（3）持续时间：地震波的持续时间不应小于结构自振周期的 5 倍和 15s。地震波的间距可取 0. 01 s 或 0. 02 s。

结构动力时程分析过程中，阻尼取值对结构动力反应的幅值有比较大的影响。在弹性分析中，通常采用振型阻尼 ξ 来表示阻尼比，而在弹塑性分析中，由于采用直接积分法方程求解，且结构刚度和振型均处于高度变化中，故并不能直接代入振型阻尼。通常的做法是采用瑞利阻尼模拟振型阻尼，瑞利阻尼分为质量阻尼 α 和刚度阻尼 β 两部分，其与振型阻尼的换算关系如下式：

$$[C] = \alpha[M] + \beta[K]$$

$$\xi = \frac{\alpha}{2\omega_1} + \frac{\beta\omega_1}{2} = \frac{\alpha}{2\omega_2} + \frac{\beta\omega_2}{2}$$

式中，[C] 为结构阻尼矩阵；[M] 和 [K] 分别为结构质量矩阵和刚度矩阵；ω_1 和 ω_2 分别为结构的第 1 和第 2 周期。

3.4.3　关键结果

3.4.3.1　复杂异型空间结构

复杂异型空间钢结构抗震设计时，主要关注结构构件在不同级别地震作用下的应力比，从而判断结构的强度是否满足抗震性能目标，如图 3-8 所示。通常情况下复杂异型空间钢结构的抗震性能目标为：（1）所有构件均需满足小震弹性的性能目标；（2）关键构件需满足中震弹性，一般构件达到中震不屈服；（3）关键构件在罕遇地震作用下达到不屈服的性能目标。

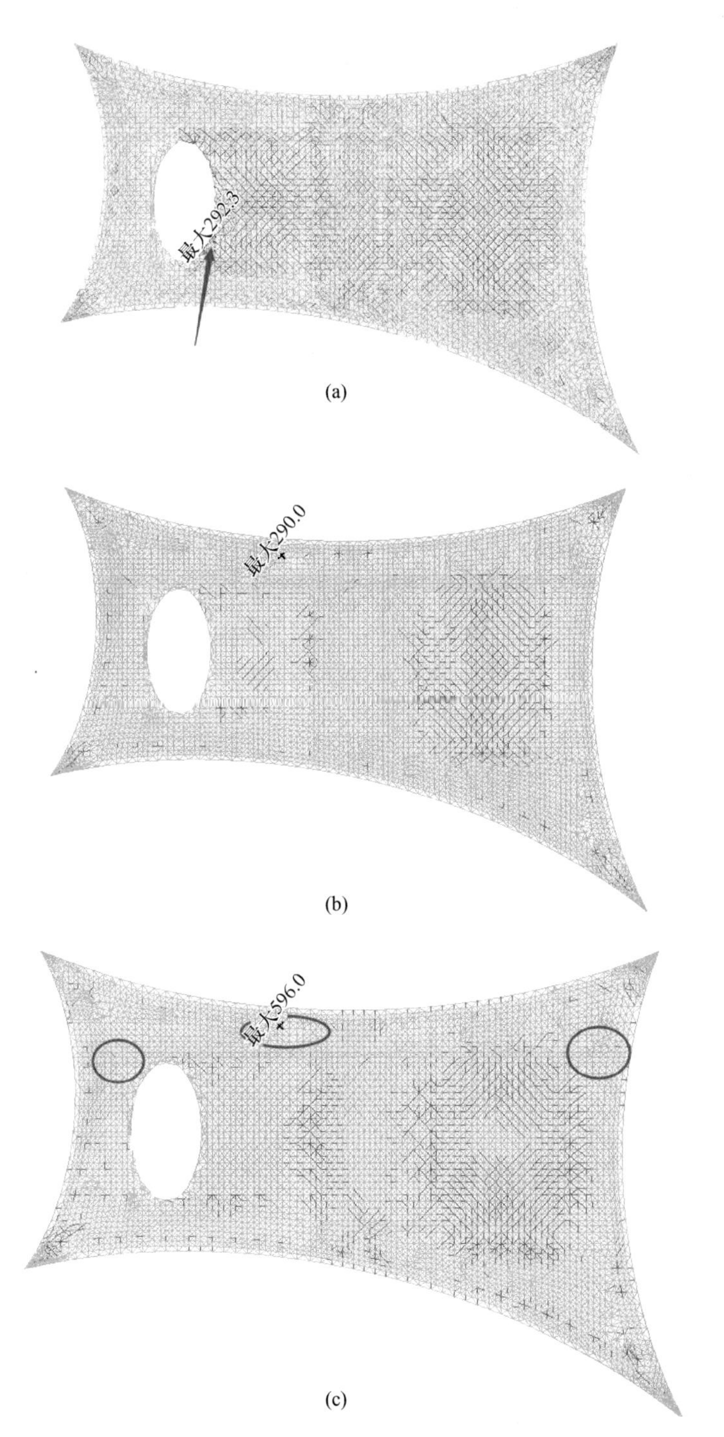

图 3-8 复杂异型空间钢结构抗震性能
(a) 多遇地震；(b) 设防地震；(c) 罕遇地震

3.4.3.2　复杂异型高层结构

复杂异型高层钢结构的抗震设计指标主要分为两类：整体性能指标和构件性能指标。其中整体性能指标主要为复杂异型高层钢结构在多遇地震和罕遇地震作用下的层间位移角。《高层民用建筑钢结构技术规程》（JGJ 99—2015）规定，高层钢结构在多遇地震作用下的层间位移角限值为1/250，在罕遇地震作用下的层间位移角限值为1/50，如图3-9所示。

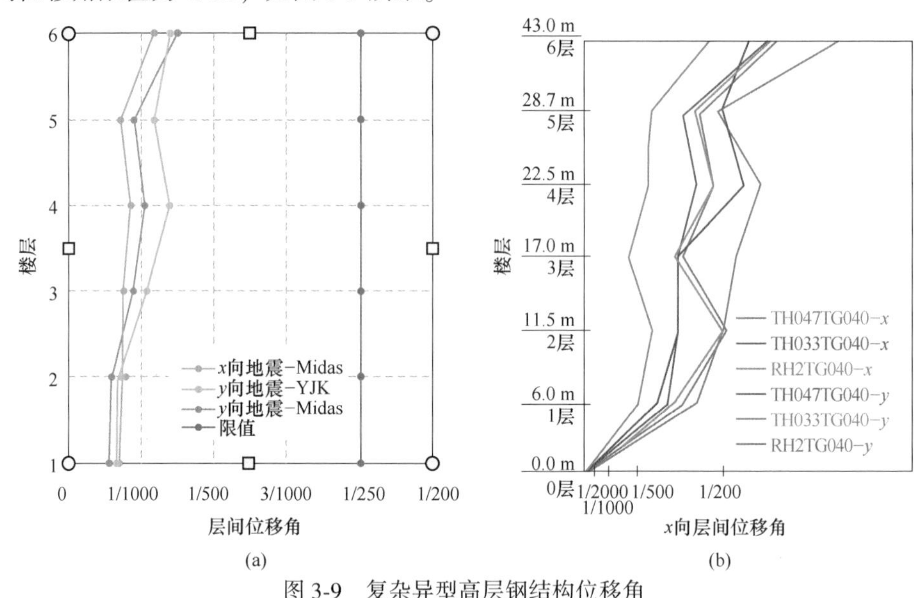

(a)　(b)

图3-9　复杂异型高层钢结构位移角

（a）多遇地震；（b）罕遇地震

构件性能指标主要是各构件在多遇地震、设防地震及罕遇地震作用下的承载性能分析，当构件的抗震性能指标满足抗震性能目标时，各构件即满足要求，如图3-10所示。

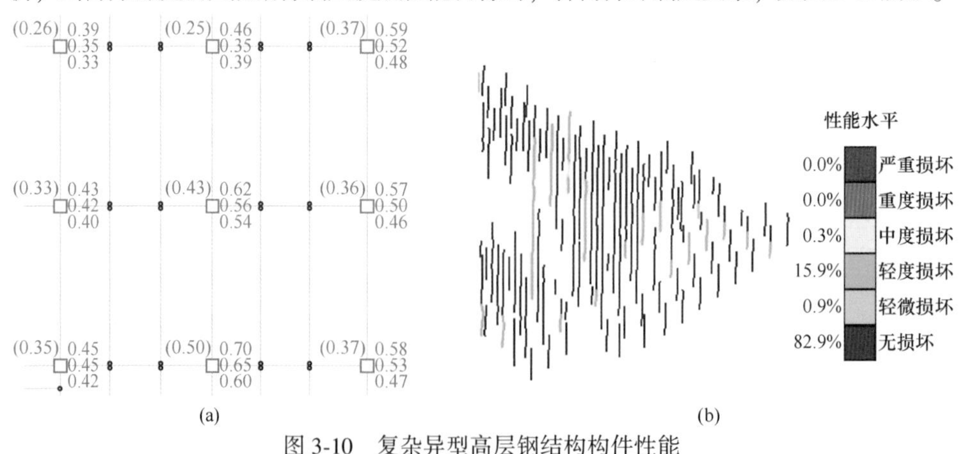

(a)　(b)

图3-10　复杂异型高层钢结构构件性能

（a）设防地震；（b）罕遇地震

4　复杂异型钢结构专项设计方法

4.1　引言

近年来，随着大众对建筑外形审美的不断提高，造型奇特的复杂异型空间建筑结构（图 4-1）不断涌现，其中钢结构以其良好的受力性能被广泛地应用于此类结构中。复杂异型空间钢结构的发展对结构工程师提出了更高的专业素质需求，如何对该类型结构进行更为全面的结构分析与设计是结构工程师最为关注的问题。

图 4-1　复杂空间钢结构——武汉“星河雕塑”

通常情况下，钢结构设计仅需进行稳定设计和抗震设计就可验证结构的安全性。但对于复杂异型钢结构而言，往往需要配合一些专项分析来确定结构的一些特殊荷载，如风荷载、地震荷载或升温荷载。同时为了进一步确保复杂异型钢结构的安全性，需要补充抗倒塌分析、多维多点地震分析、防火分析及施工分析。

4.2　抗倒塌分析

土木工程领域对结构倒塌的关注始于 1968 年 RonanPoint 公寓发生煤气爆炸引起公寓发生连续倒塌，陆陆续续一些研究人员开始在抗连续倒塌领域开展科研工作，并逐渐应用于实际工程设计。结构的连续倒塌（图 4-2）是指由于结构局部构件破坏，引起一系列结构构件不成比例的破坏，最后导致结构体系大部分失效而引起整体倒塌。近年来，国内外发生了多次建筑结构连续倒塌事件，造成了大量人员伤亡和巨大经济损失。引起结构连续倒塌的荷载工况往往是突然的偶然荷载，主要包含撞击荷载、爆炸荷载、地震荷载、结构材料性能不合格等，由于其不可预估性往往导致严重后果。

对于复杂异型钢结构而言，由于结构体系的非常规性，其对抗连续倒塌应有更高的要求和重视。下面将对抗连续倒塌分析的设计方法和计算方法进行介绍。

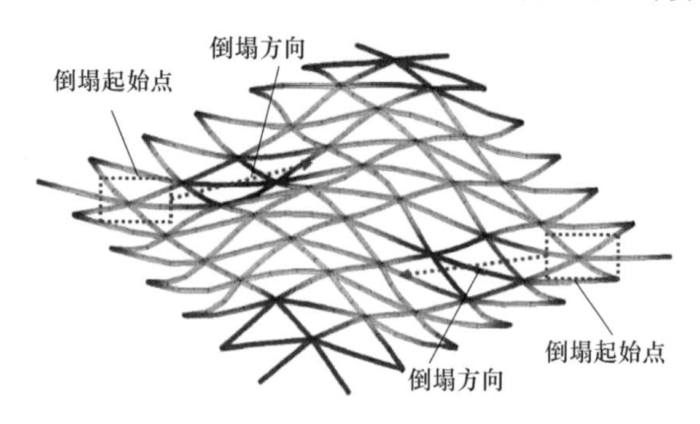

图4-2　连续倒塌示意图

4.2.1　设计方法

2014年发行的工程建设协会标准《建筑结构抗倒塌设计规范》规定较为详细，规范中将抗连续倒塌设计方法归纳为四类：概念设计法、拉结构件法、拆除构件法和关键构件法。

（1）概念设计法：在结构本身已具备较好的整体性和延性基础上，针对一些可能的意外事件所采取的定性设计措施，该法思路简单，成本可控，需要工程师有足够丰富的工程经验。

（2）拉结构件法：该法最早被英国建筑法规 Approved Document A 采用，后来被各国规范采用，其原理为当结构在遭受突发荷载而发生局部破坏时，采用新的结构简图，采用梁、悬索、悬臂的拉结模型继续承载外部荷载作用，根据整体结构不发生连续倒塌的性能目标进行设计，从而避免结构发生整体垮塌。

（3）拆除构件法：选择性地拆除结构的部分构件，验算剩余结构体系的极限承载力，以此评估结构抵抗连续倒塌的能力，也可采用倒塌全过程分析进行设计。对于规则的结构，应拆除结构外围的角部柱子、短边和长边相似柱列的中柱等；对于不规则的结构，工程师应依据经验判断拆除位置。

（4）关键构件法：对于重要性高的构件采取对应的加强措施，使其具有抵抗超规荷载的能力，该方法在国内应用相对较少。

4.2.2 计算方法

结构构件的失效往往是突发状况，构件失效后的惯性力对周边构件产生相关动力响应，且有可能引起该部分构件进入非线性工作状态，同时应充分考虑结构的大变形和几何非线性。因此抗连续倒塌的计算方法均应考虑倒塌工况的非线性和动力特征。

（1）线性静力分析法可用于移除失效构件后的结构一次加载的情况，主要通过修改材料强度值或引入内力折减的方法模拟非线性工作状态，通过将荷载乘以一个放大系数来模拟结构的动力特征。

（2）非线性静力分析是在线性静力分析法的基础上通过逐步加载来得到结构在倒塌过程中由弹性工作状态转变至弹塑性、塑性工作状态全部历程。

（3）线性动力分析基于简化的时程分析原理来模拟结构在倒塌结构过程中的动力效应，该方法较静力分析方法精度更高。

（4）非线性动力分析既可充分考虑构件瞬间失效引起的动力效应，又考虑了结构的非线性因素，能够较真实地模拟结构连续倒塌过程。

上述分析方法按照顺序依次从简单到复杂，精度依次提高，工程师可根据实际情况选择合适的计算方法。

4.3 多维多点地震分析

4.3.1 基本原理

地表面振动的空间变化已被一系列地震观测结果证实（图 4-3）。对于超大空间结构而言，多点激励是更为合理的、更加符合实际的地震输入模式。地震传播过程的行波效应是指地震波到达不同支座时发生的时间延迟，会导致各支撑点的地震激励出现显著的差异。地震动以波的形式向四周传播，在传播过程中，不仅有时间上的变化特性，而且存在着明显的空间变化特性，地震动的这种空间变化特征主要表现为以下 3 个方面：

（1）部分相干效应。由地震波在地层的不同介质中的折射、反射和散射以及由一个延伸的震源到达时间不同的叠加所产生。

（2）行波效应。由在不同站点处地震波到达时间的差异所产生。

（3）局部场地效应。由不同站点处局部土壤条件的差异所产生。

因此对于跨度比较小的结构，忽略地震波的空间变化特性是能够满足其抗震设计要求的，但由于大跨度结构的平面投影尺度大且支座相距远，因此地震作用时受到行波效应、局部场地效应、部分相干效应和衰减效应等因素的影响，结构各个支座的运动不一致，地震动空间变异性在抗震计算时显著，其中尤以行波效

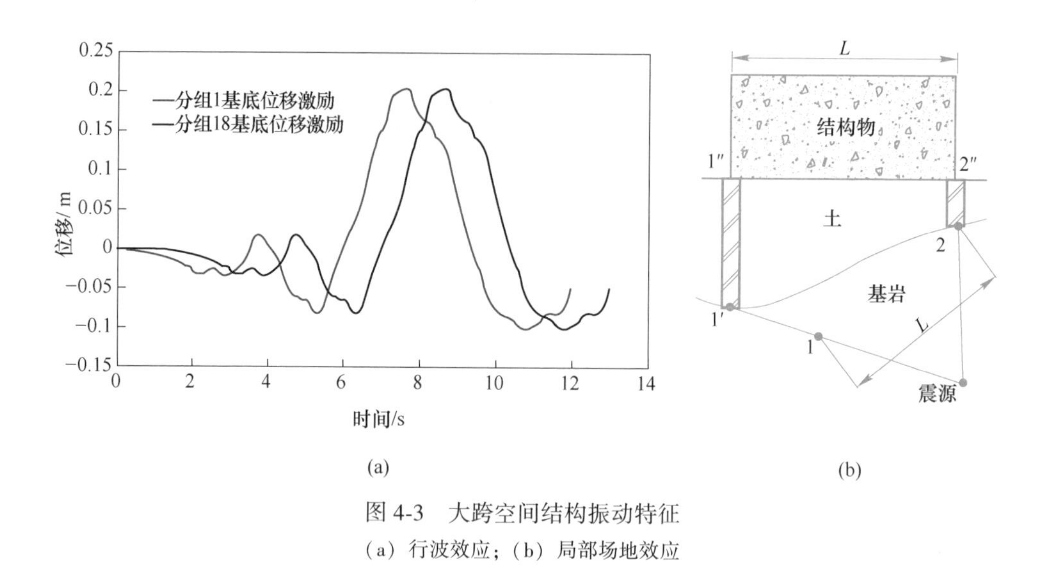

图4-3　大跨空间结构振动特征

（a）行波效应；（b）局部场地效应

应的影响为主，且通常不可忽略。当遇到罕遇地震时，结构材料会进入非线性，加之大跨空间结构动力特性的复杂性，一旦出现问题，必然会对生命财产造成巨大的威胁。综上所述，大跨度结构应合理地选择地震波输入方法，从而考虑地震动场点的振动相关性（多点激励方式），并真实反映由于地震动的波传播特性使得其到达各支座的时间差现象（行波效应）的影响。

4.3.2　分析方法

《建筑抗震设计规范》第5.1.2条第5款规定平面投影尺度很大的空间结构（跨度大于120 m或长度大于300 m或悬臂大于40 m的结构），应根据结构形式和支承条件，分别按单点一致和多向多点输入进行抗震计算。按多点输入计算时，应考虑地震行波效应和局部场地效应。6度和7度Ⅰ、Ⅱ类场地的支承结构、上部结构和基础的抗震验算可采用简化方法，根据结构跨度、长度不同，其短边构件可乘以附加地震作用效应系数（1.15~1.30）；7度Ⅲ、Ⅳ类场地和8度、9度时，应采用时程分析方法进行抗震验算。对于复杂异型钢结构而言，建议直接采用多向多点输入地震的时程分析法。主要步骤为：

第一步：分别建立一致和多向多点输入模型，建议使用MIDAS GEN或者SAP2000作为计算平台，其中多向多点模型采用相对位移法在支座处直接输入不同的地震加速度和波形相同但到达时间不同的地震波。

第二步：对比一致激励和非一致激励的基地剪力和构件内力，然后通过内力放大系数法将非一致激励的分析结果应用于结构设计中，从而充分考虑多点多向地震对结构的影响。

4.4 防火分析

4.4.1 设计方法

钢结构应按结构抗火承载力极限状态进行耐火验算与防火设计。钢结构的防火设计应根据结构的重要性、结构类型和荷载特征等选择基于整体结构耐火验算或基于构件耐火验算的防火设计方法，并应符合下列规定：

（1）跨度不小于 60 m 的大跨度建筑和高度大于 250 m 的高层建筑中的钢结构，宜采用基于整体结构耐火验算的防火设计方法；

（2）跨度不小于 120 m 的大跨度建筑中的钢结构和预应力钢结构，应采用基于整体结构耐火验算的防火设计方法。

复杂异型钢结构建议采用基于整体结构的防火设计方法，各防火分区应分别作为一个火灾工况进行验算，应考虑结构的热膨胀效应、结构材料性能受高温作用的影响，必要时，还应考虑结构几何非线性的影响。火灾下钢结构构件的实际耐火极限不应小于其设计耐火极限。在构件耐火验算与防火设计时，可采用承载力法或临界温度法。

（1）承载力法。在设计耐火极限 t_m 时间内，火灾下构件的承载力设计值不应小于其最不利的荷载（作用）组合效应设计值：

$$S_m \leqslant R_d \tag{4-1}$$

式中　S_m——荷载（作用）效应组合的设计值；

R_d——结构构件抗力的设计值。

（2）临界温度法。在设计耐火极限 t_m 时间内，火灾下构件的最高温度 T_m 不应高于其临界温度 T_d：

$$T_m \leqslant T_d \tag{4-2}$$

式中　T_m——在设计耐火极限时间内构件的最高温度；

T_d——构件的临界温度。

钢结构耐火承载力极限状态的最不利荷载（作用）效应组合设计值 S_m，应考虑火灾时结构上可能同时出现的荷载（作用），按下列组合值中的最不利值确定：

$$S_m = \gamma_{0T}(\gamma_G S_{GK} + \gamma_T S_{TK} + \gamma_Q \Phi_f S_{QK}) \tag{4-3}$$

$$S_m = \gamma_{0T}(\gamma_G S_{GK} + \gamma_T S_{TK} + \gamma_Q \Phi_f S_{QK} + \gamma_W S_{WK}) \tag{4-4}$$

式中　S_m——荷载（作用）效应组合的设计值；

S_{GK}——按永久荷载标准值计算的荷载效应值；

S_{TK}——按火灾下结构的温度标准值计算的作用效应值；

S_{QK}——按楼面或屋面活荷载标准值计算的荷载效应值；

S_{WK}——按风荷载标准值计算的荷载效应值；

γ_{0T}——结构重要性系数；对于耐火等级为一级的建筑，$\gamma_{0T}=1.1$；对于其他建筑，$\gamma_{0T}=1.0$；

γ_G——永久荷载的分项系数，一般可取 $\gamma_G=1.0$；当永久荷载有利时，取 $\gamma_G=0.9$；

γ_T——温度作用的分项系数，取 $\gamma_T=1.0$；

γ_Q——楼面或屋面活荷载的分项系数，取 $\gamma_Q=1.0$；

γ_W——风荷载的分项系数，取 $\gamma_W=0.4$；

Φ_f——楼面或屋面活荷载的频遇值系数，应按现行国家标准《建筑结构荷载规范》（GB 50009）的规定取值。

4.4.2　火灾升温

钢结构在火灾作用下的升温特征主要包含两个方面：建筑火灾升温曲线和构件火灾升温特性。建筑火灾升温曲线是火灾随着时间的蔓延从而导致建筑物内温度增加的规律，如图4-4（a）所示。构件火灾升温特性则是构件随着表面温度增加而造成其强度降低的变化规律，如图4-4（b）所示。因此，在钢结构防火设计时，需要统一考虑随着建筑火灾温度增加而造成的构件强度降低，从而对钢结构进行防火设计。

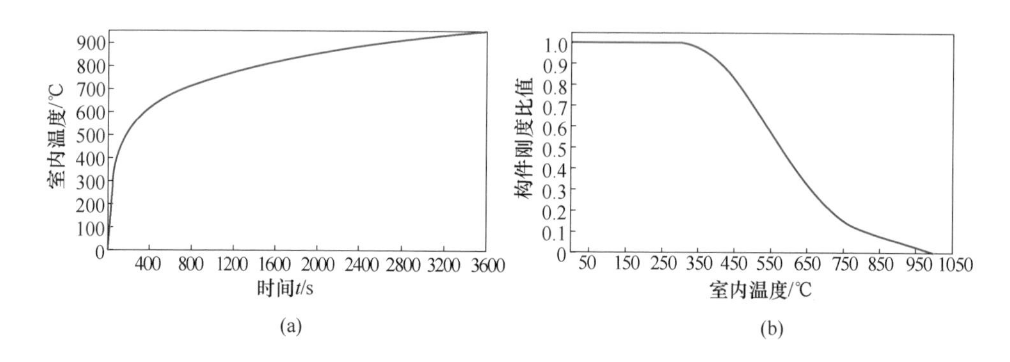

图4-4　钢结构火灾升温特征

（a）建筑火灾升温曲线；（b）构件火灾升温特性

4.4.2.1　任意火灾下无防火保护的钢构件的温度

任意火灾下无防火保护的钢构件的温度可按式（4-5）计算。

$$\Delta T_s = \alpha \times \frac{1}{\rho_s c_s} \times \frac{F}{V} \times (T_g - T_s)\Delta t \tag{4-5a}$$

$$\alpha = \alpha_c + \alpha_r \tag{4-5b}$$

$$\alpha_r = \varepsilon_r \sigma \frac{(T_g + 273)^4 - (T_s + 273)^4}{T_g - T_s} \tag{4-5c}$$

式中　t——火灾作用时间，s；

Δt——时间步长，s；

ΔT_s——钢构件在时间（t，$t+\Delta t$）内的温升，℃；

T_s，T_g——分别为 t 时刻钢构件的内部温度和热烟气的温度，℃；

ρ_s——钢材的密度，kg/m^3；

c_s——钢材的比热容，J/(kg · K)；

F/V——无防火保护钢构件的截面形状系数，m^{-1}；

F——单位长度钢构件的受火表面积，m^2/m；

V——单位长度钢构件的体积，m^3/m；

α——综合热传递系数，W/(m^3 · K)；

α_c——热对流传热系数，W/(m^2 · K)，可取 25 W/(m^2 · K)；

α_r——热辐射传热系数，W/(m^2 · K)；

ε_r——综合辐射率；

σ——斯忒藩-玻耳兹曼常量，为 5.67×10^{-8} W/(m^2 · K^4)。

4.4.2.2　任意火灾下有防火保护钢构件的温度

当防火保护层符合式（4-6c）规定的条件时，为轻质防火保护层。采用轻质防火保护层保护的钢构件，计算钢构件的温度时可忽略防火保护层的吸热，综合热传递系数可按式（4-6d）简化计算。

$$\Delta T_s = \alpha \times \frac{1}{\rho_s c_s} \times \frac{F_i}{V}(T_g - T_s)\Delta t \tag{4-6a}$$

$$\alpha = \frac{1}{1 + \frac{\rho_i c_i d_i F_i}{2\rho_s c_s V}} \times \frac{\lambda_i}{d_i} \tag{4-6b}$$

$$\rho_s c_s V \geqslant 2\rho_i c_i d_i F_i \tag{4-6c}$$

$$\alpha = \frac{\lambda_i}{d_i} \tag{4-6d}$$

式中　c_i——防火保护材料的比热容，J/(kg · K)；

ρ_i——防火保护材料的密度，kg/m^3；

λ_i——防火保护材料的等效热传导系数，W/(m · K)；

d_i——防火保护层的厚度，m；

F_i/V——有防火保护钢构件的截面形状系数，m^{-1}；

F_i——有防火保护钢构件单位长度的受火表面积，m^2/m；

V——单位长度钢构件的体积，m^3/m。

4.5　施工分析

复杂异型钢结构施工（图 4-5）是将结构从小到大、从局部到整体、从简单到复杂的结构安装过程，在此期间结构的几何形状、结构体系、边界条件、荷载分布和施工环境均在不停地变化，故施工分析应充分考虑结构受力状态随时间变化的阶段性特征。目前常用的施工分析法为基于有限单元法的状态变量叠加法、生死单元法和分步建模法。

图 4-5　复杂异型钢结构施工

4.5.1　状态变量叠加法

状态变量叠加法是施工分析中常用的一种方法，它基于“叠加原理”，即在任何时刻结构的受力情况都可以看作是在不同施工阶段受力情况的叠加。该方法可以用于分析结构在不同施工阶段的受力情况，从而确定结构的最大应力和变形等参数。

状态变量叠加法的基本思想是将结构在不同施工阶段的状态变量（例如位移、应力、应变等）叠加起来，得到整个施工过程中结构的总状态变量。这种方法的关键是要确定每个施工阶段的状态变量，并将它们进行叠加。

该方法过程简单，概念清晰，并且可以考虑荷载的分级加载特性，即下一个施工阶段的结构不承受上一个施工阶段的荷载，这与结构设计时采用一次成型的结构受力状态不同。然而，该方法是基于线性叠加原理，整个分析过程是线性的，难以考虑上一个施工阶段结构已发生的变形对下一个施工阶段结构受力状态的影响，且无法考虑几何、材料等非线性的影响。因此，该方法仅适用于简单、对称的规则结构。

4.5.2　生死单元法

生死单元法通过定义单元的“生”或“死”来模拟结构构件的增加或删减，

其本质是通过修改结构刚度矩阵来模拟施工全过程的方法。

与状态变量叠加法相比，生死单元法可以考虑结构的非线性效应以及各施工阶段之间结构受力状态的相互影响，且该方法原理简单，已在较多的有限元软件中实现，同时，在计算过程中生死单元法仅需一个模型即可，其求解过程为连续性计算，操作较为便捷。因此，生死单元法广泛应用于大型复杂钢结构的施工过程分析中。

生死单元法的实现基于以下原则：（1）初始化。将所有单元标记为“生”状态。（2）检查单元。通过对单元的应力、应变、变形等参数的计算，检查每个单元是否对整个结构的响应产生了显著的影响。（3）判断单元是否存活。如果单元对整个结构的响应影响较小，就将其标记为“死”状态，不参与计算。（4）重构网格。将标记为“死”状态的单元从有限元网格中去除，并重构网格，以便进行下一步计算。（5）重新计算。根据新的有限元网格进行计算，直到满足所需精度为止。

然而，大量工程应用与研究结果表明，生死单元法存在以下 3 个缺点：

（1）生死单元法要求结构一次成型，计算模型中的杆件和节点数量庞大，计算成本较高。

（2）在杀死或激活“死单元”时，结构刚度会发生突变，从而容易引起计算不收敛。

（3）生死单元法仅适用于施工方案中结构受力状态的初步判断，而不可用于伺服施工过程的准确分析与评定。

4.5.3　分步建模法

分步建模法是一种用于分析结构在施工期间可能发生的变形和应力的方法。该方法将施工过程分为多个阶段，每个阶段都进行有限元分析，以模拟实际的施工过程。基本思想是根据施工的不同阶段，将结构模型分解为多个子模型，并针对每个子模型进行分析。每个子模型可以是一个单独的结构单元，例如一段梁或柱子，也可以是整个结构的一部分。每个子模型都需要考虑施工过程中的荷载、约束和支撑条件等。分步建模法的主要步骤如下：

（1）确定施工过程中的不同阶段和关键步骤，例如结构拼装、支撑拆除、荷载应用等。

（2）根据每个阶段的实际情况，将结构模型分解为多个子模型，并为每个子模型定义相应的约束和支撑条件。

（3）对每个子模型进行有限元分析，计算其变形和应力状态，并确定其对整个结构的影响。

（4）根据每个阶段的分析结果，确定相应的支撑和约束条件，并进行相应的结构调整和优化。

（5）重复上述步骤，直到整个施工过程的分析得到满意的结果。

分步建模法可以很好地模拟结构在施工过程中的实际行为，使得设计者可以更加准确地评估结构在施工期间的安全性和稳定性，并制定相应的施工计划和措施。此外，该方法还可用于施工方案的优化，从而提高结构的施工质量和效率。

4.6　特殊荷载分析

由于复杂异型钢结构的体型复杂、杆件布置极不规则、节点构造奇特，在结构设计的过程中需要通过一些试验分析来进一步验证整体结构和关键构件的力学性能，如风洞试验、振动台试验及火灾升温分析等。

4.6.1　风洞分析

风洞试验（图 4-6）民用领域一般用于大跨度桥梁和超高层建筑。但近年来，随着建筑造型越来越复杂，技术要求也越来越高，利用传统的技术手段进行风荷载计算会存在较大的误差，从而带来安全隐患或材料浪费。在风工程技术标准中，风洞试验是最准确的方法，模型风洞试验和高精度数值风洞模拟技术结合可有效缩短技术实施周期，提高了技术实施精度和可控性。复杂异型钢结构常处于复杂的风环境，且建筑造型奇特，需要通过风洞试验来准确指导结构及幕墙设计等。

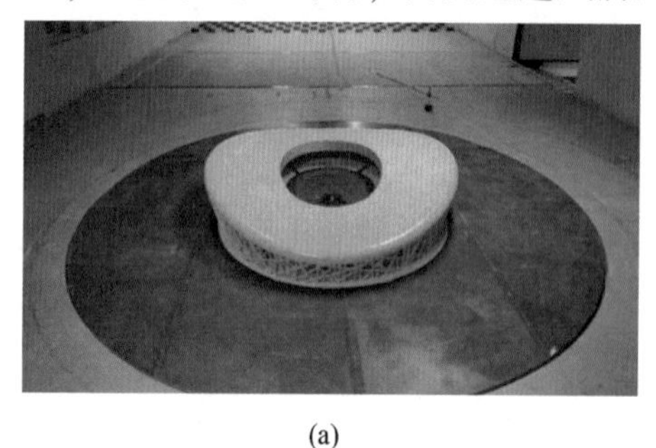

(a)

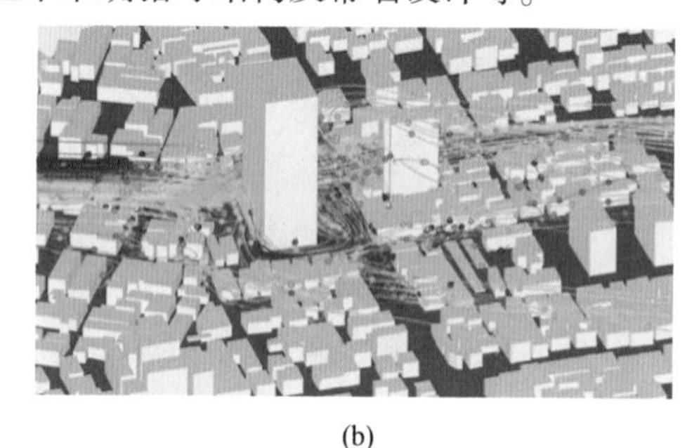

(b)

图 4-6　风洞分析
（a）试验场地；（b）数值模型

4.6.2　振动台分析

地震模拟振动台试验（图 4-7）可真实模拟各种形式的地震波，监测工程结构在地震过程中的响应，直观全面了解地震作用下工程结构的破坏机理，是目前研究结构抗震性能最直接也是较准确的试验方法。地震模拟振动台试验广泛应用于研究与评估大型工程结构的抗震性能、设备抗震性能，检验工程结构抗震措施等，同时在核电站工程结构、海洋工程结构、水工结构等领域的抗震性能评估也起到重大作用。

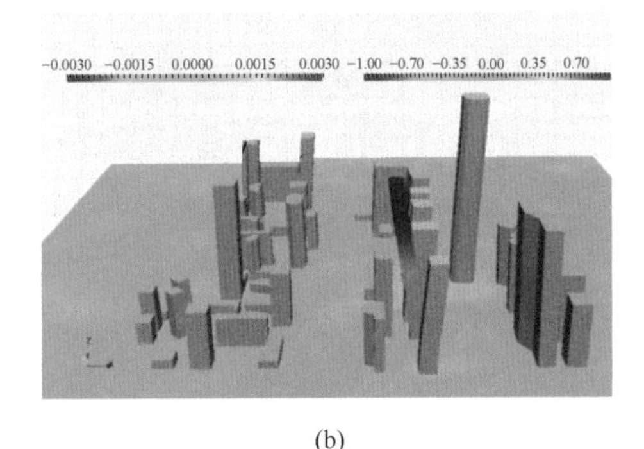

(a) (b)

图 4-7 振动台试验

(a) 试验现场；(b) 数值模型

4.6.3 火灾升温分析

火灾发生后，灾变气流在空间蔓延主要受火风压和环境风作用，随着时间增长会在多个维度上产生明显的致灾效应，因此提前预判火灾发展趋势，从而明确复杂异型钢结构各部位钢构件的升温曲线。火灾时空蔓延趋势的分析包括火灾模型建立、火源类型功率确定、火灾蔓延结果演示。火灾分析模型的建立需要详细了解建筑结构，确定各个部位尺寸及材料组成，随后根据火源特征直径公式计算网格尺寸，依据火灾场景实际情况确定初始条件和边界条件、定义燃烧反应、设置火源位置、明确热释放速率。模型及条件设置完成后，添加温度、流速、压力、气体颗粒浓度切片及测点，设置燃烧运行时间，进行 FDS 模拟运行（图 4-8)。

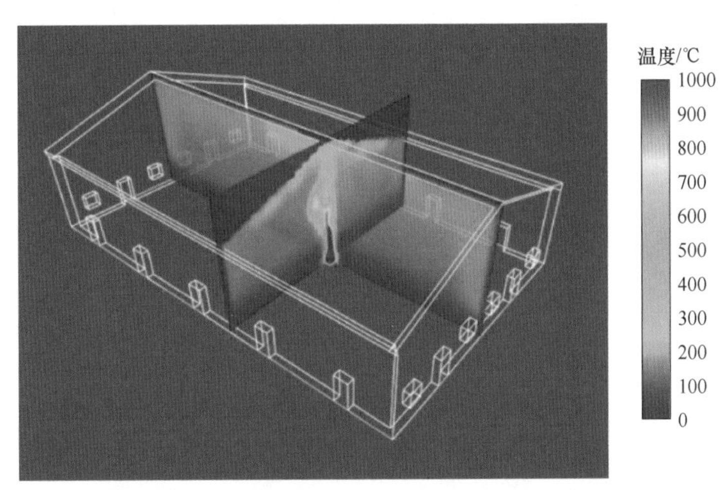

图 4-8 FDS 火灾分析模型

第2篇

空间异型钢结构设计实例

Design Example of Spatial Irregular Steel Structures

5　雨花石状空间曲线梁结构

5.1　工程概况

5.1.1　建筑方案

雨花石是一种天然玛瑙石，也称文石、观赏石、幸运石，主要产于南京市六合区及仪征市月塘镇一带，是南京著名的特产。南京雨花石展览馆的建筑外形来源于“雨花石”，如图 5-1 所示。展览馆整体外形形状宛如一块光滑圆润的雨花石，二层设置平台过道，过道由室外伸至室内。建筑物整体高度为 9.8 m，最大直径约为 23 m。

图 5-1　建筑形态

5.1.2　结构选型

为保证结构最大程度与建筑外形相契合，结构外围采用曲线梁构件，各曲线梁沿建筑中心环形布置，建筑中心设置圆筒状剪力墙，如图 5-2（a）所示。各曲线梁沿整体建筑中心的环切线平面布置，曲线梁一端与中心处圆筒状剪力墙顶进行铰接连接，另一端与地面实现设置预埋件紧密连接，如图 5-2（b）所示。二层平台过道采用钢平台，其中竖向构件采用圆钢柱，水平采用工字梁，钢平台在建筑物内部与圆筒状剪力墙紧密连接，如图 5-2（c）所示。

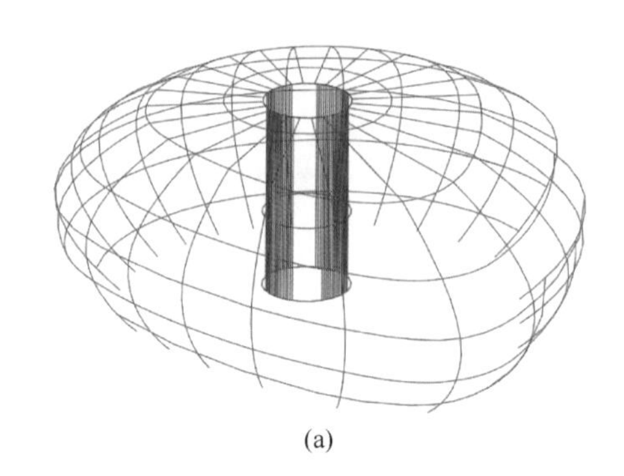

(a)

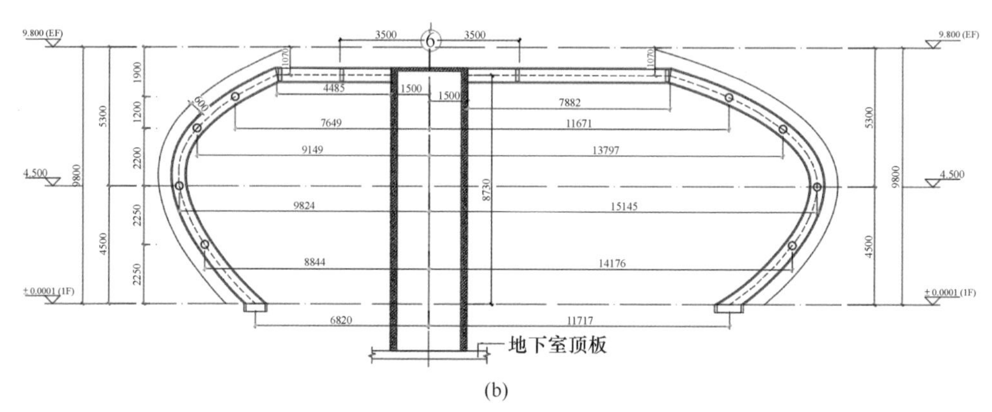

(b)

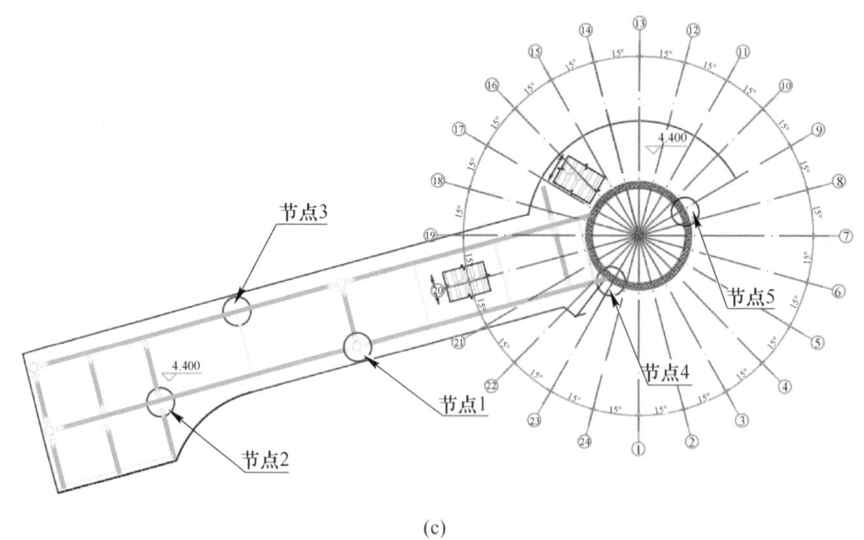

(c)

图 5-2　结构方案

（a）三维示意图；（b）主体结构剖面图；（c）平台结构平面图

5.2 分析模型

5.2.1 设计参数

（1）恒载：外围钢结构恒荷载标准值取幕墙自重，即 1.5 kN/m^2，楼梯平台恒荷载取 100 mm 厚混凝土楼板自重+2.5 kN/m^2。

（2）风载：依据《建筑结构荷载规范》取 50 年重现期风荷载，基本风压为 0.4 kN/m^2，地面粗糙度类别为 C 类。

（3）雪荷载：依据《建筑结构荷载规范》取 50 年重现期雪荷载，基本雪压为 0.65 kN/m^2。

（4）地震作用：根据《建筑抗震设计规范（2016 版）》（GB 50011—2010）规定：一般情况下，应允许在建筑结构的两个主轴方向分别计算水平地震作用并进行抗震验算，各方向的水平地震作用应由该方向抗侧力构件承担，同时考虑竖向地震作用对大跨空间结构的影响。该建筑位于江苏省南京市，抗震设防烈度为 7 度，设计基本地震加速度值为 0.1g，地震设计分组为第二组，场地土类别为Ⅲ类。

（5）温度荷载：根据《建筑结构荷载规范》，南京的最低和最高气温分别为 −6 ℃和 37 ℃。

5.2.2 结构模型

本结构主要包含外围雨花石状钢结构、圆筒状剪力墙及楼梯平台。本工程采用迈达斯公司的有限元结构分析软件 MIDAS GEN 进行结构分析，其中梁柱均采用梁单元模拟，剪力墙采用壳单元进行模拟，模型如图 5-3 所示。

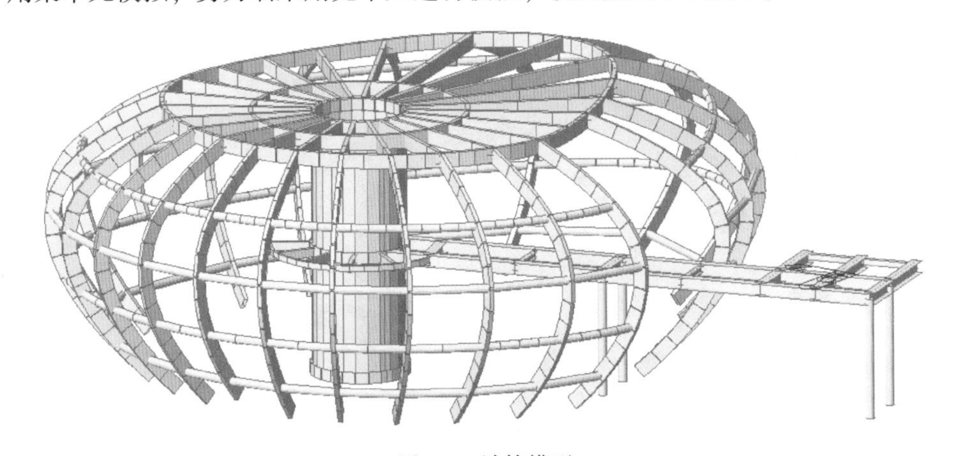

图 5-3　计算模型

5.3　等效弹性分析

5.3.1　振动特性

本结构的前 3 阶振型如图 5-4 所示。第 1 阶振型为外围钢结构竖向振动，其自振周期为 0.42 s。第 2 阶振型为平台钢结构沿跨度方向水平振动，其对应自振周期为 0.41 s。第 3 阶振型为外围钢结构水平振动，其自振周期为 0.21 s。通过前 3 阶振型的分析可知，本结构的振型结果无异常处，即整体结构的自振特性较为合理。

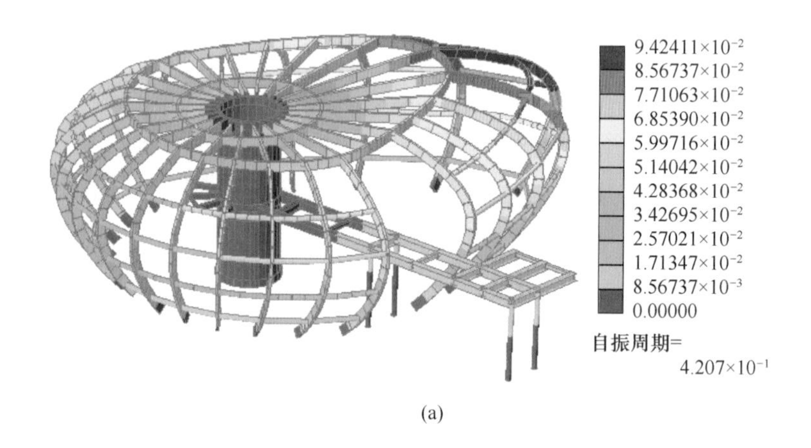

(a)

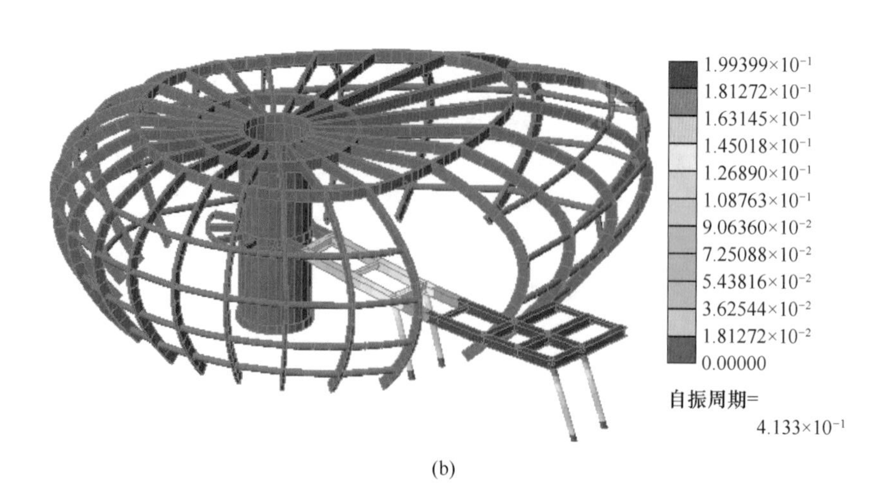

(b)

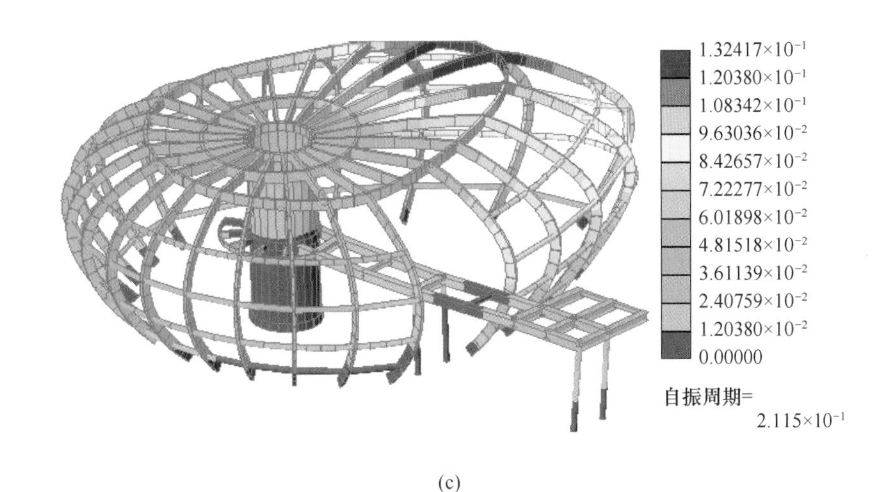

(c)

图 5-4 整体结构振型

(a) $T=0.42$ s; (b) $T=0.41$ s; (c) $T=0.21$ s

5.3.2 结构强度

承载能力极限状态设计时，整体结构在荷载组合作用下的验算比结果见图 5-5。该验算比包括各构件强度、长细比、宽厚比、稳定验算。由图 5-5 可知结构最大验算比为 0.7，满足规范要求，且具有足够的富裕度。

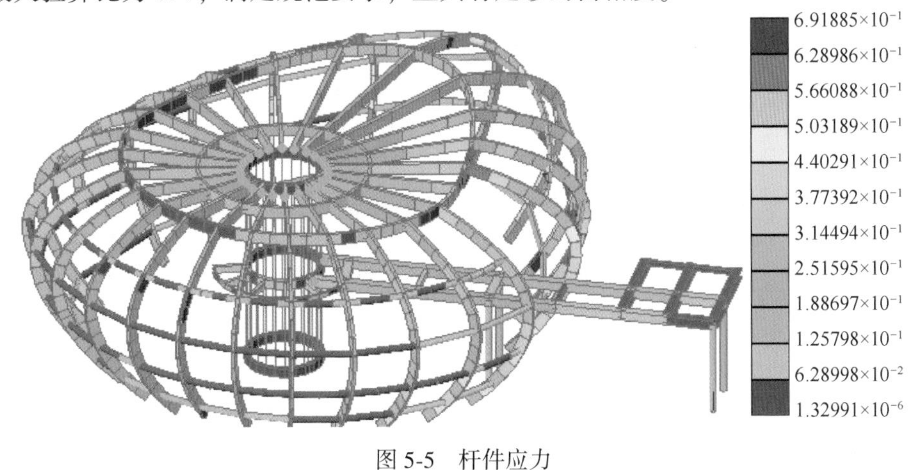

图 5-5 杆件应力

5.3.3 结构变形

结构在各荷载工况作用下变形验算如图 5-6 所示，结构最大位移发生在跨度最大处曲线梁的中间部分，中间剪力墙的竖向变形约为 0 mm。该结构在恒荷载和活荷载作用下的竖向变形限值为跨度的 1/300，即 50 mm。恒荷载作用下的位移为 33 mm，活荷载作用下位移为 16.5 mm，两者之和为 49.5 mm，满足规范要求。与强度应力比相比，本结构的变形富裕度较小，即本结构由刚度控制，符合空间钢结构的经验规律。

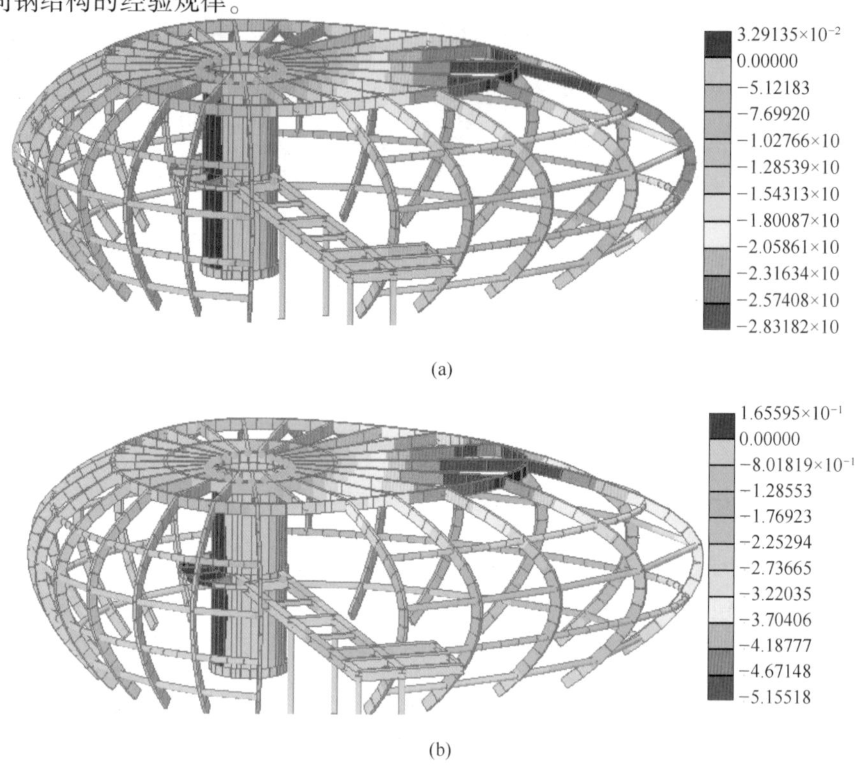

(a)

(b)

图 5-6　结构竖向变形

（a）恒荷载作用下；（b）活荷载作用下

5.4　稳定性验算

5.4.1　特征值屈曲分析

在本结构中外围钢结构由曲线梁组成，曲线梁围成的“雨花石”桩单层钢结构应进行稳定验算，从而避免外围钢结构在使用的过程中出现失稳破坏。因此，在进行特征值屈曲分析和非线性稳定验算时，只针对外围钢结构，不需考虑平台钢结构的影响。特征值屈曲分析的结果如图 5-7 所示。前 3 阶屈曲模态均发生在“雨花石”尖角处，屈曲特征值均大于 14.0。后续非线性稳定分析时，初始几何缺陷的分布取第 1 阶屈曲模态。

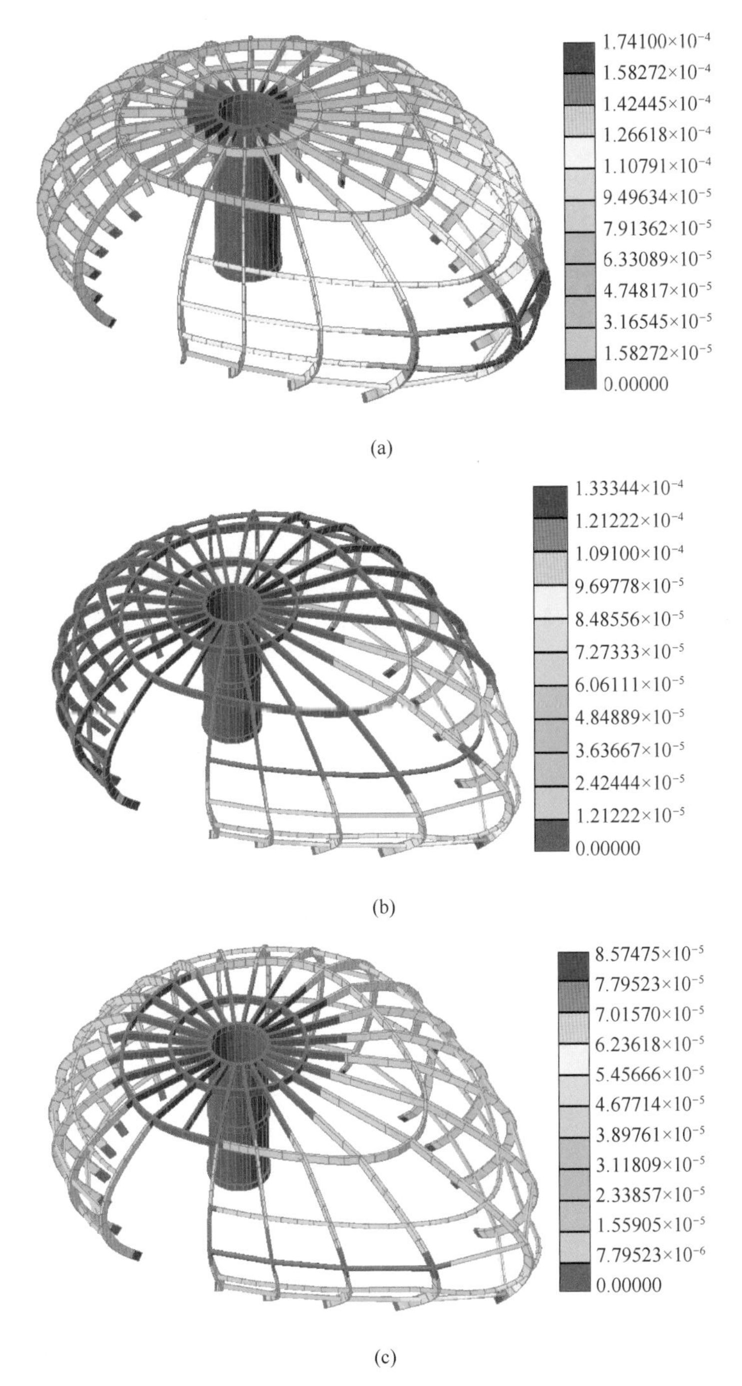

图 5-7　结构屈曲模态对比

（a）第 1 阶屈曲模态（特征值为 14.2）；（b）第 2 阶屈曲模态（特征值为 16.8）；
（c）第 3 阶屈曲模态（特征值为 17.4）

5.4.2　非线性稳定分析

MIDAS GEN 提供非线性稳定分析模块，该模块可同时考虑初始缺陷和几何非线性的影响。荷载工况分别为恒荷载+满布活荷载+满布风荷载、恒荷载+半布活荷载+满布风荷载。初始缺陷的分布状态取第 1 阶屈曲模态（最低阶整体屈曲模态），缺陷幅值按规范要求按跨度的 1/300。经计算各荷载工况作用下的荷载临界系数最小值为 10.4（图 5-8），大于规范限值 4.2。显然，本结构满足稳定性承载力的需求，无须采取加强措施。

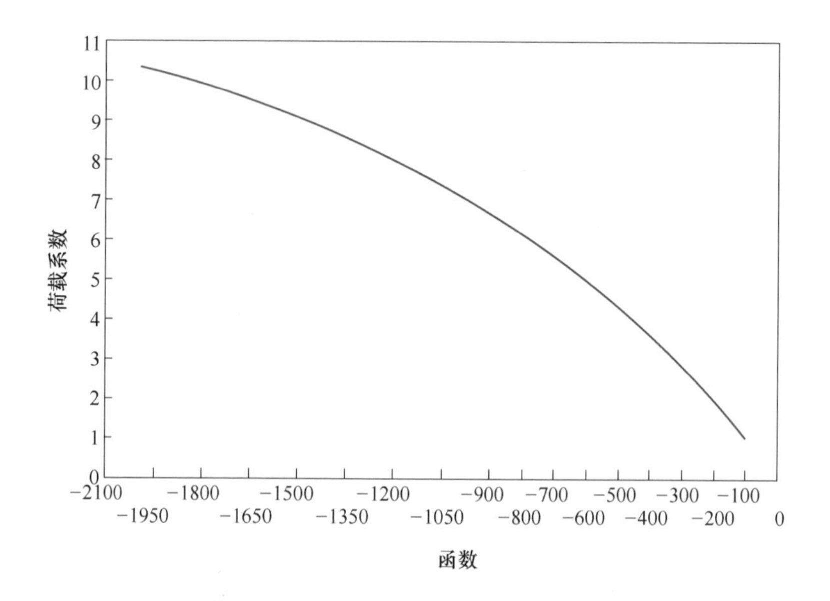

图 5-8　荷载位移曲线

5.5　防火设计

5.5.1　火灾荷载

根据建筑及消防相关规范要求，本工程的防火等级为二级，其中外围主体钢结构的防火时间为 1.5 h，楼梯平台的防火时间为 1.0 h，燃烧物类型为纤维类，详见表 5-1。根据《建筑钢结构防火规范》（GB 51249—2017）的相关规定，本结构的火灾升温曲线如图 5-9 所示。

表 5-1 火灾升温参数

结构部位	防火等级	防火时间/h	燃烧物类型
外围主体钢结构	二级	1.5	纤维类
楼梯平台	二级	1.0	纤维类

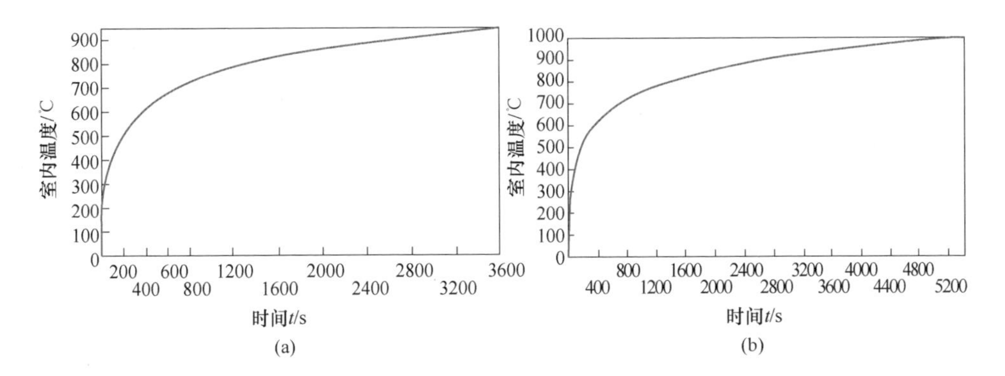

图 5-9 火灾升温曲线

（a）楼梯平台；（b）主体钢结构

5.5.2 防火措施

不同部位的防火措施见表 5-2，涂料选用非膨胀型防火涂料，主体钢结构的防火涂料厚度为 35 mm，楼梯平台的防火涂料厚度为 25 mm，所有防火涂料的等效热传递系数均为 0.08。

表 5-2 防火措施

结构部位	涂料类型	涂料厚度/mm	等效热传递系数
外围主体钢结构	非膨胀型	35	0.08
楼梯平台	非膨胀型	25	0.08

经过 MIDAS GEN 模型的防火计算，得到了结构中各构件的最高温度（图 5-10（a））和构件的临界温度（图 5-10（b））。结构构件的最高温度为 298 ℃，明显小于构件的临界温度 660 ℃。

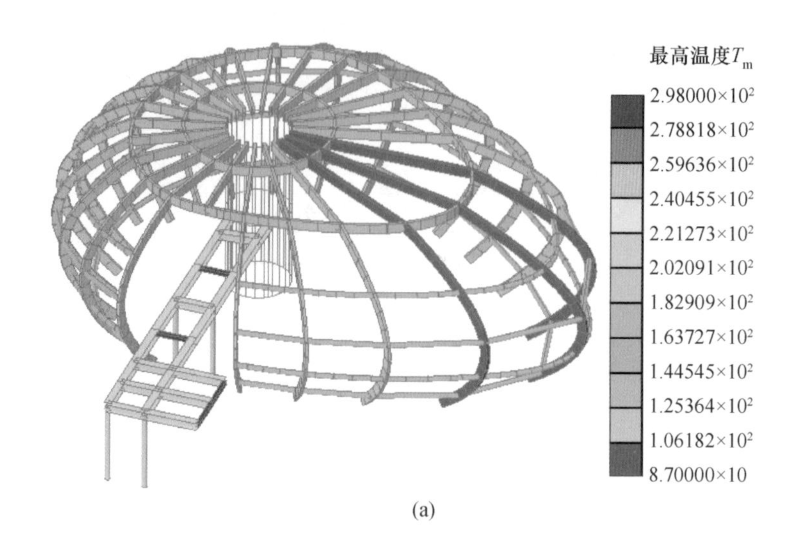

(a)

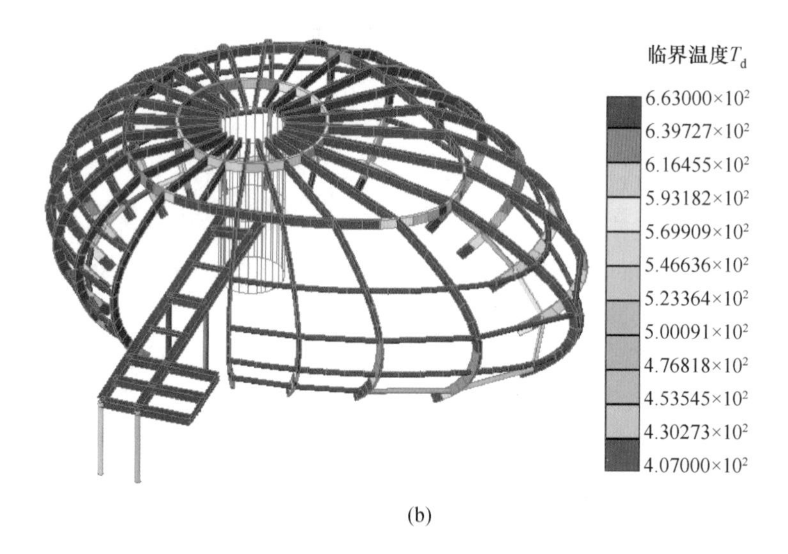

(b)

图 5-10　火灾温度概况

（a）构件最高温度；（b）构件临界温度

考虑火灾荷载与其他荷载的基本组合效应，结构构件的应力比分析结果如图 5-11 所示。结果表明，在考虑火灾工况的荷载组合作用下，构件最大的组合比值为 0.92，小于 1.0，因此本结构的防火设计满足规范要求。

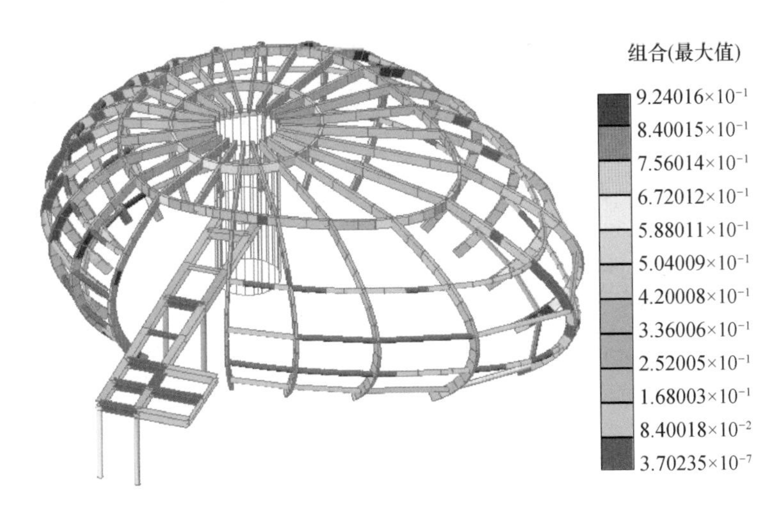

图 5-11　考虑火灾工况的应力比

5.6　柱脚与节点

5.6.1　外露柱脚构造

柱脚构造示意图如图 5-12 所示。

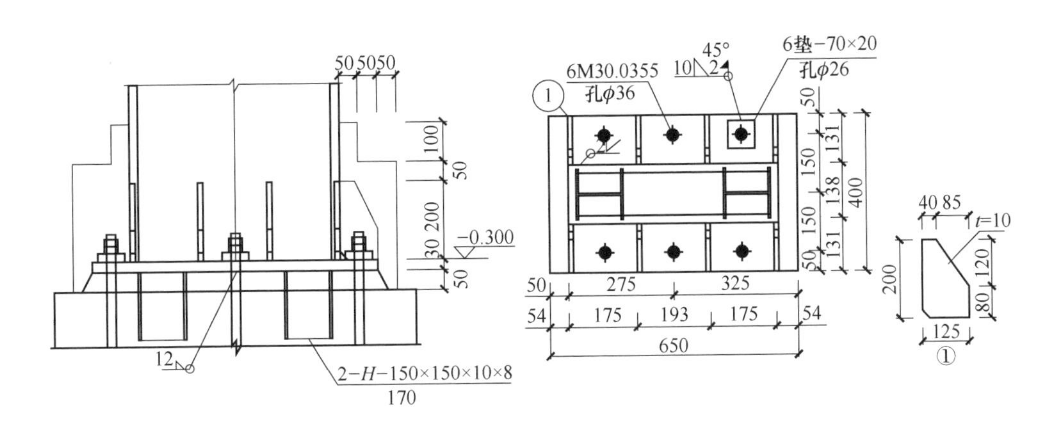

图 5-12　柱脚构造示意图

5.6.2　梁柱节点构造

梁柱节点构造示意图如图 5-13 所示。

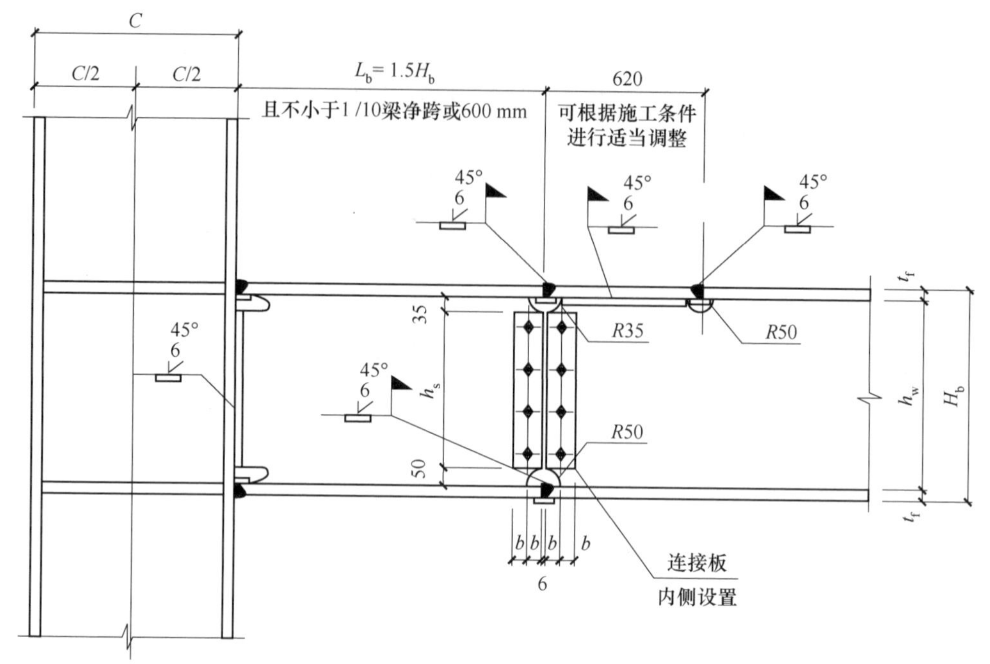

图 5-13　梁柱节点构造示意图

5.6.3　梁与剪力墙连接节点

梁与剪力墙连接构造示意图如图 5-14 所示。

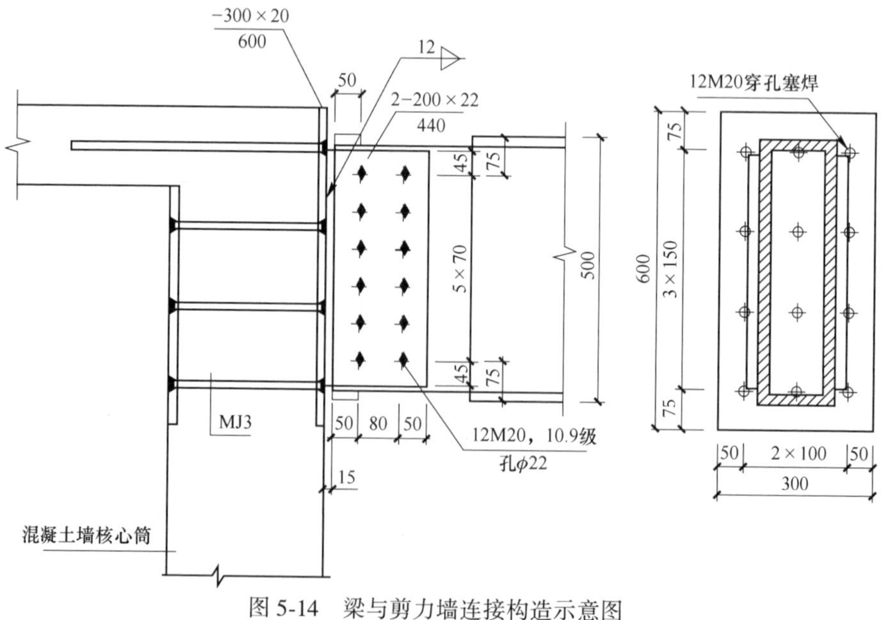

图 5-14　梁与剪力墙连接构造示意图

5.7 构件计算

5.7.1 主要构件截面

构件截面如图 5-15 所示。

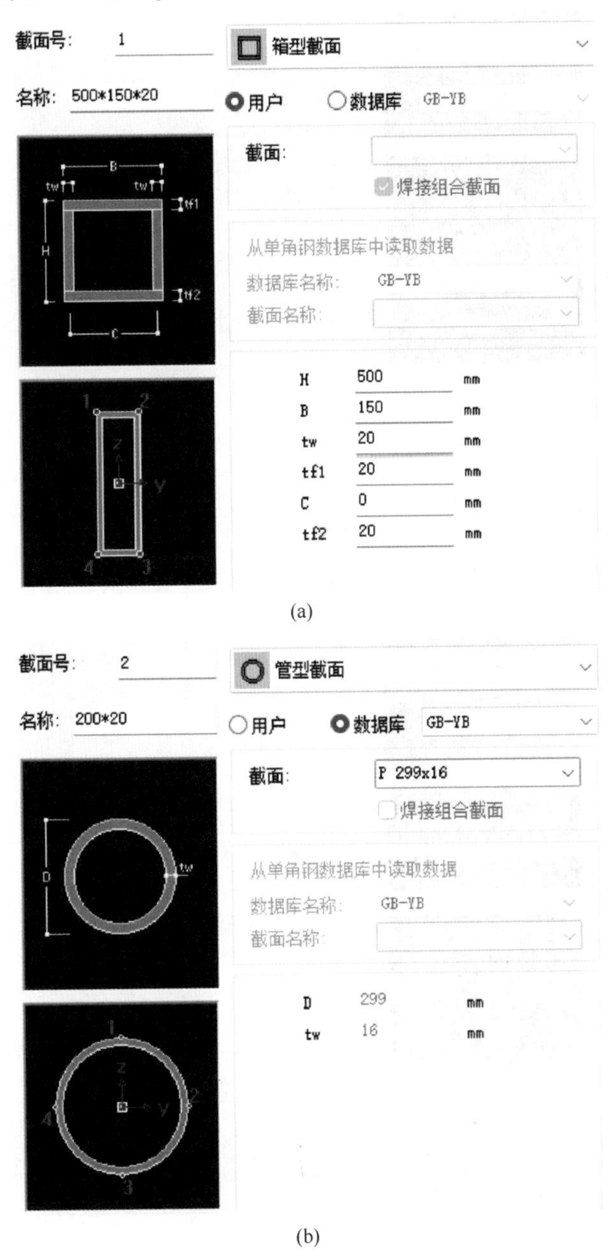

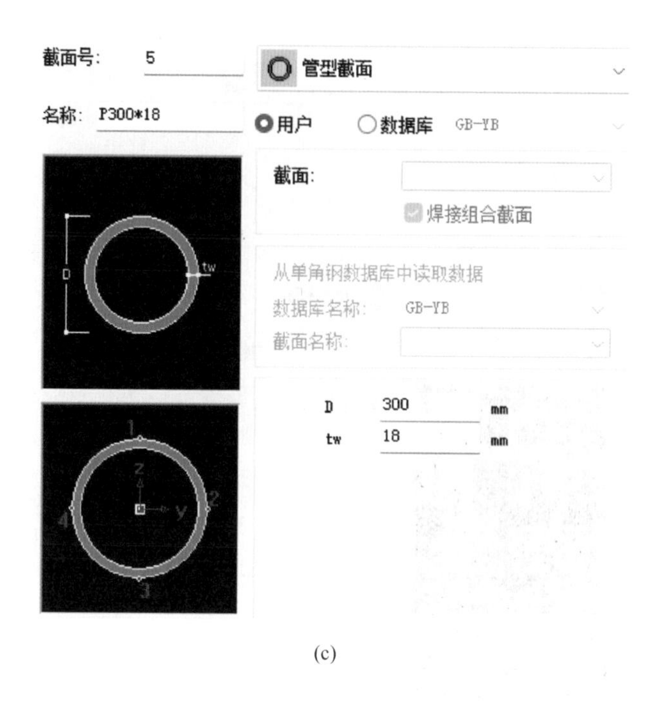

(c)

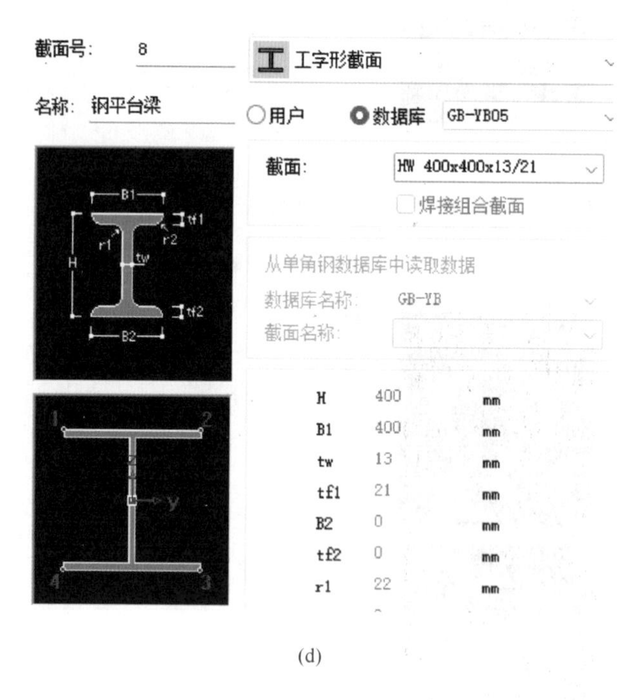

(d)

图 5-15　构件截面汇总

(a) 外围钢结构主构件；(b) 外围钢结构次构件；(c) 钢平台柱；(d) 钢平台梁

5.7.2 简要计算结果

5.7.2.1 外围钢结构主构件

A 设计条件

设计规范：GB 50017—2017；

单位体系：N，mm；

单元号：360；

材料：Q355；

截面名称：500 mm×150 mm×25 mm；

构件长度：780.692。

B 验算内力

强度验算：

$N=-63802$（LCB：455，POS：I）

$M_y=101011448$

$M_z=-188642640$

稳定验算：

y 向：$N=-64802$（LCB：455，POS）

$M_y=101011448$

$M_z=-188642640$

z 向：$N=-64802$（LCB：455，POS）

$M_y=101011448$

$M_z=-188642640$

高度	500.000	腹板厚度	25.0000
翼缘宽度	150.000	上翼缘厚度	25.0000
腹板中心	125.000	下翼缘厚度	25.0000
面积	30000.0	A_{sz}	25000.0
Q_{yb}	43125.0	Q_{zb}	16875.0
I_{yy}	803125000	I_{zz}	103125000
Y_{bar}	75.0000	Z_{bar}	250.000
W_{yy}	3212500	W_{zz}	1375000
r_y	163.618	r_z	58.6302

C 设计参数

构件类型：支撑；

自由长度：$L_y=780.692$，$L_z=780.692$，$L_b=780.692$；

计算长度系数：$K_y=1.00$，$K_z=1.00$；

强度设计时净截面特征值调整系数：$C=0.85$。

D 内力验算结果

强度应力验算：

$\sigma/f=179.421/295.000=0.608<1.000$

稳定应力验算：

$R_{max1}=0.395$，$R_{max2}=0.476$

$R_{max}=0.476<1.000$

E 构造验算结果

长细比验算：

KL/r = 13. 316<200. 0

板件宽厚比验算：

B/t_f = 18. 000<283. 4

5.7.2.2　外围钢结构次构件

A　设计条件

设计规范：GB 50017—2017；

单位体系：N，mm；

单元号：297；

材料：Q355；

截面名称：200 mm×20 mm；

构件长度：788. 407。

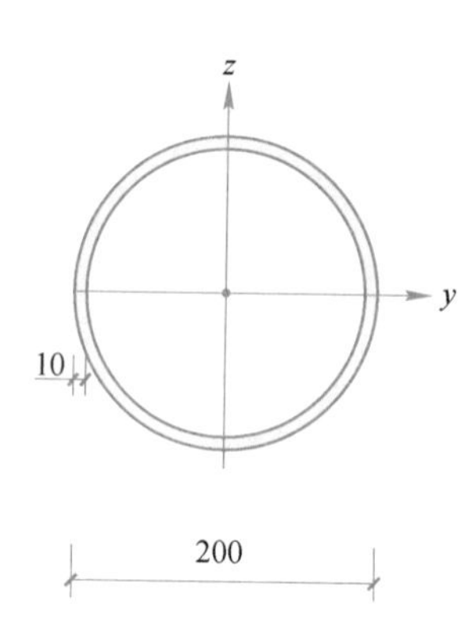

外径	299. 000	壁厚	16. 0000
面积	14225. 0	A_{sz}	7112. 50
Q_{yb}	20085. 3	Q_{zb}	20086. 3
I_{yy}	142864800	I_{zz}	142864800
Y_{bar}	149. 500	Z_{bar}	149. 500
W_{yy}	955620	W_{zz}	955620
r_y	100. 200	r_z	100. 200

B　验算内力

强度验算：

N = 22511. 0（LCB：455，POS：I）

M_y = −65526660

M_z = −86098080

稳定验算：

N = 22511. 0（LCB：455，POS）

M_y = −65526660

M_z = −86098080

C　设计参数

构件类型：梁；

自由长度：L_y = 788. 407，L_z = 788. 407，L_b = 788. 407；

计算长度系数：K_y = 1. 00，K_z = 1. 00；

强度设计时净截面特征值调整系数：C = 0. 85。

D　内力验算结果

强度应力验算：

σ/f = 151. 768/305. 000 = 0. 498<1. 000

稳定应力验算：

R_{max1} = 0. 530

R_{max} = 0. 530<1. 000

剪切强度应力验算：

τ_y/f_v = 7. 269/175. 000 = 0. 042<1. 000

τ_z/f_v = 6. 384/175. 000 = 0. 036<1. 000

E 构造验算结果

挠度验算：

$V=L/8163<L/250$

5.7.2.3 钢平台柱

A 设计条件

设计规范：GB 50017—2017；

单位体系：N，mm；

单元号：1054；

材料：Q355；

截面名称：P300 mm×18 mm；

构件长度：4170.00。

外径	300.000	壁厚	18.0000
面积	15946.7	A_{sz}	7973.36
Q_{yb}	19962.0	Q_{zb}	19962.0
I_{yy}	1591644255	I_{zz}	1591644255
Y_{bar}	150.000	Z_{bar}	150.000
W_{yy}	1061095	W_{zz}	1061095
r_y	99.9050	r_z	99.9050

B 验算内力

强度验算：

$N=-61176$（LCB：403，POS：I）

$M_y=45817620$

$M_z=4181601$

稳定验算：

$N=-66167$（LCB：403，POS）

$M_y=11454405$

$M_z=1045400$

C 设计参数

构件类型：柱；

自由长度：$L_y=4170.00$，$L_z=4170.00$，$L_b=4170.00$；

计算长度系数：$K_y=1.00$，$K_z=1.00$；

强度设计时净截面特征值调整系数：$C=0.85$。

D 内力验算结果

强度应力验算：

$\sigma/f=46.438/295.000=0.157<1.000$

稳定应力验算：

$R_{max1}=0.153$

$R_{max}=0.153<1.000$

E 构造验算结果

长细比验算：

$KL/r=41.740<150.0$

板件宽厚比验算：

$B/t_f = 16.667 < 34.1$

挠度验算：

$V = L/3739 < L/300$

5.7.2.4　钢平台梁

A　设计条件

设计规范：GB 50017—2017；

单位体系：N，mm；

单元号：868；

材料：Q355；

截面名称：钢平台梁

构件长度：2927.64。

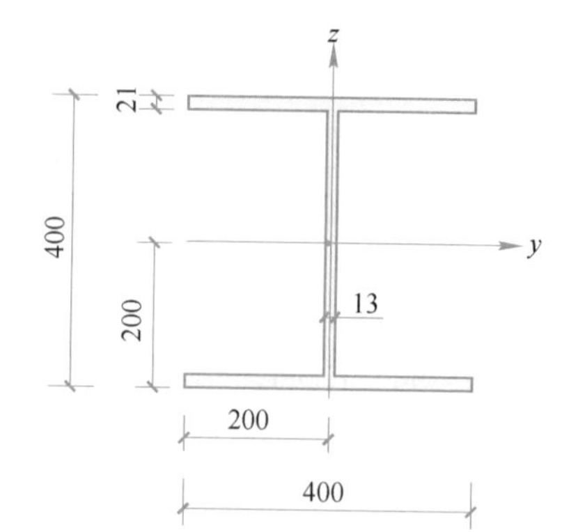

高度	400.000	腹板厚度	13.0000
上翼缘宽度	400.000	上翼缘厚度	21.0000
下翼缘宽度	400.000	下翼缘厚度	21.0000
面积	21869.0	A_{sz}	5200.0
Q_{yb}	138467	Q_{zb}	20000.0
I_{yy}	664550000	I_{zz}	22410000
Y_{bar}	200.0000	Z_{bar}	200.000
W_{yy}	3323000	W_{zz}	1120000
r_y	174.300	r_z	101.200

B　验算内力

强度验算：

$N = -1046064$（LCB：396，POS：I）

$M_y = -218167968$

稳定验算：

$N = -1046064$（LCB：396，POS：I）

$M_y = -218167968$

剪切验算：

$V_y = 0.00000$，$V_z = -127524$（LCB：396，POS：I）

C　设计参数

构件类型：梁；

自由长度：$L_y = 2927.64$，$L_z = 2927.64$，$L_b = 2927.64$；

计算长度系数：$K_y = 1.00$，$K_z = 1.00$；

强度设计时净截面特征值调整系数：$C = 0.85$。

D　内力验算结果

强度应力验算：

$\sigma/f = 68.785/295.000 = 0.233 < 1.000$

稳定应力验算：

$R_{max1} = 0.253$

$R_{max} = 0.253 < 1.000$

剪切强度应力验算：

$\tau_y/f_v = 0.000/175.000 = 0.000 < 1.000$

$\tau_z/f_v = 29.228/175.000 = 0.167 < 1.000$

E 构造验算结果

板件宽厚比验算：

$B/t_f=8.167<9.1$

$H_w/t_f=24.154<53.6$

挠度验算：

$V=L/8294<L/250$

5.8 工程总结

南京雨花石展览馆的建筑外形来源于“雨花石”，展览馆整体外形形状宛如一块光滑圆润的雨花石，二层设置平台过道，过道由室外伸至室内。针对本复杂形态钢结构进行了全过程的分析与设计，具体结论如下：

（1）通过前3阶振型的分析可知，本结构的振型结果无异常处，即整体结构的自振特性较为合理。结构最大验算比为0.7，满足规范要求，且具有足够的富裕度。恒荷载和活荷载标准组合作用下的位移为49.5 mm，小于规范限值50 mm。

（2）前3阶屈曲模态均发生在“雨花石”尖角处，屈曲特征值均大于14.0。几何非线性稳定分析时，初始缺陷的分布状态取第1阶屈曲模态，缺陷幅值按规范要求按跨度的1/300。经计算各荷载工况作用下的荷载临界系数最小值为10.4，大于规范限值4.2。

（3）涂料选用非膨胀型防火涂料，主体钢结构的防火涂料厚度为35 mm，楼梯平台的防火涂料厚度为25 mm，所有防火涂料的等效热传递系数均为0.08。

6　扇形空间桁架结构

6.1　工程概况

项目位于常州钟楼区怀德南路以南，会馆滨路以北，劳动西路以西，西侧与怀德苑小区相邻，建筑效果如图 6-1（a）所示。规划用地面积 5.6 万平方米，总建筑面积 34.23 万平方米。北侧商业体底部长约 182.5 m，宽约 50.6 m，地下 3 层，地上 6 层，主屋面高度为 32.63 m，采用框架-剪力墙结构，如图 6-1（b）所示。

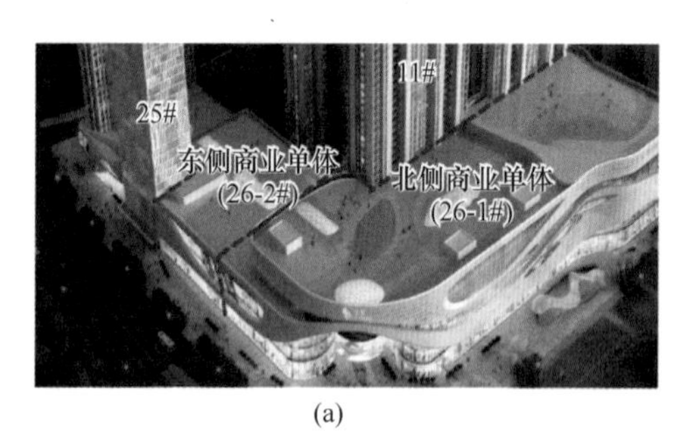

(a)

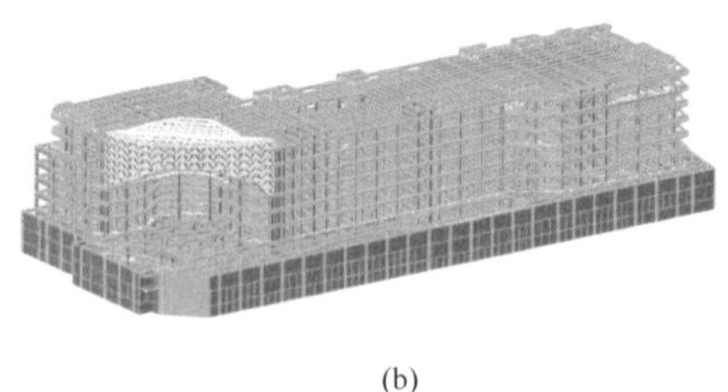

(b)

图 6-1　工程概况
（a）建筑概况；（b）结构概况

北侧商业体入口位于结构转角处，由异型屋面及曲面幕墙构成。异型屋面为平面不规则多边形，最大跨度达 56 m，并在跨度最大处吊挂质量为 75 t 的巨型屏幕。幕墙为立面高度沿两侧向中间逐渐缩减的曲面形状，跨度为 60 m，且幕墙最上端同时作为异型屋面的支撑与其连为一体。由于金鹰二期北侧商业综合体入口造型存在平面及立面不规则，且跨度较大，因此采用异型空间钢桁架结构。其中屋面采用不规则分布平面钢桁架，曲面幕墙采用曲线型分布的立体钢桁架。屋面桁架内侧坐落于 6 根钢管混凝土圆柱顶部，外侧与幕墙桁架紧密连接。幕墙桁架与两侧型钢混凝土柱通过牛腿紧密连接，并根据幕墙外形进行结构选型，整体平面布置见图 6-2。屋面桁架和幕墙桁架既要满足自身结构性能的需求，同时作为商业综合体的转角连接结构，应具有较强的整体性能。

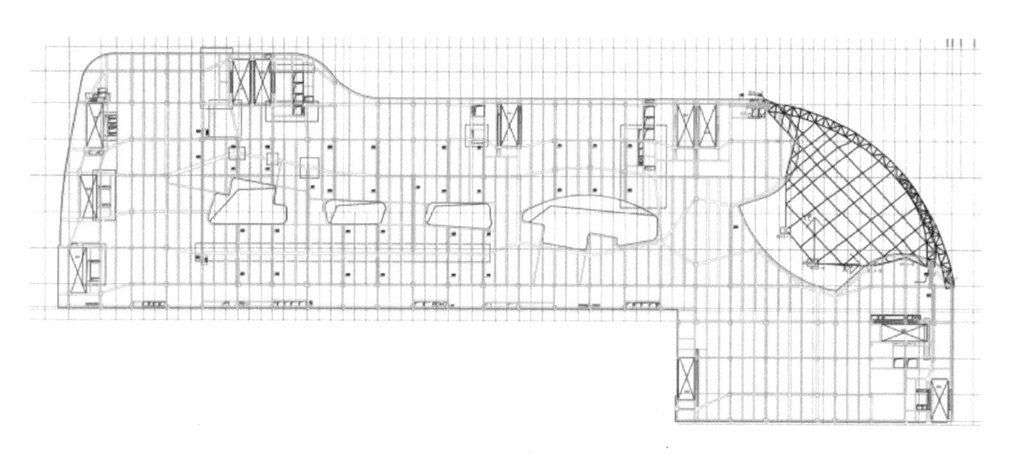

图 6-2 平面布置图

工程所在地基本风压为 0.40 kN/m²，地面粗糙度类别为 B 类。基本雪压为 0.35 kN/m²，屋面积雪分布系数为 1.0。建筑场地类别为Ⅲ类，特征值周期为 0.45 s，抗震设防烈度为 7 度，设计基本地震加速度为 0.10*g*，设计地震分组为第一组。屋盖吊装屏幕的自重为 75 t，幕墙自重为 120 kg/m²。屋面桁架的上下弦杆截面尺寸为 H300 mm×305 mm×15 mm×15 mm，竖向腹杆和斜腹杆截面尺寸均为 H200 mm×200 mm×8 mm×12 mm。曲面幕墙立体桁架弦杆截面尺寸为 P299 mm×16 mm，腹杆截面尺寸均为 P245 mm×12 mm。

针对本工程，将采用直接分析设计法—稳定性验算—防火设计—支座计算的全过程设计流程，详细信息见表 6-1。

表 6-1 设计流程概况

分析模块	直接分析设计	稳定性验算	防火设计	支座计算
分析方法	直接分析设计法	模态分析 自振振型分析	临界温度法	《钢结构设计手册》
分析软件	SAUSGE	MIDAS GEN	PKPM	手算

6.2 分析模型

本结构为异型空间钢结构，需采用多个计算分析软件进行复核。采用 MIDAS GEN 软件进行结构模型的稳定性分析，并采用 SAUSGE 软件进行结构模型的直接分析设计及大震弹塑性分析，最后使用 PKPM 对结构进行防火设计。结构模型如图 6-3 所示。

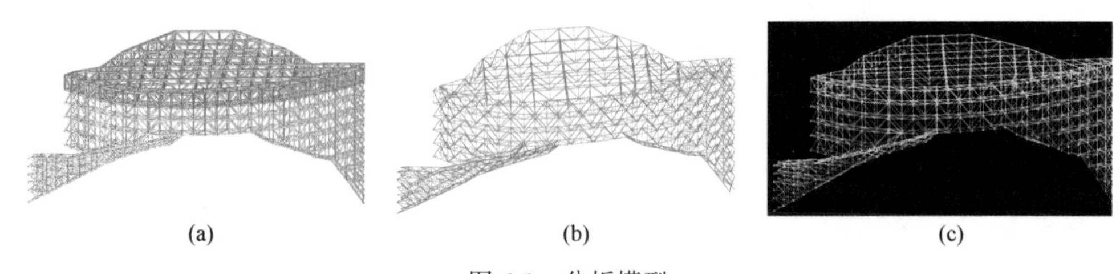

(a)　(b)　(c)

图6-3　分析模型
(a) MIDAS GEN; (b) SAUSGE; (c) PKPM

在进行结构设计之前，需要对三个软件的结构模型准确性进行验证。对于大跨空间钢结构而言，屈曲分析是预测其稳定性的基本方法，模态分析是确定结构自振特性的重要分析手段。因此，需要对三个模型的自振周期和屈曲特征值进行对比，结果如表6-2所示。通过以上分析可知，三个模型的屈曲分析和模态分析结果基本一致，即三个计算模型非常可靠，可用于后续的分析与设计工作。

表6-2　模型结果对比

计算软件		MIDAS GEN	SAUSGE	PKPM
质量/t		482	472	486
周期	T1	0.27	0.25	0.25
	T2	0.20	0.23	0.23
	T3	0.18	0.20	0.20
特征值	1阶	12.4	12.1	12.5
	2阶	13.6	13.3	14.3
	3阶	14.7	14.2	15.2

6.3　直接分析设计

6.3.1　模型信息

直接分析设计法，可充分考虑结构和构件的初始缺陷和材料非线性等因素对稳定的影响，并直接获得结构的真实内力及位移，以指导结构设计。初始几何缺陷分为两类：整体初始缺陷和构件初始缺陷。整体初始缺陷主要是由施工误差引起的，随着建造技术的发展，只能保证安装误差保持在可控的范围内。构件初始缺陷则是由杆件在制作和运输过程中产生的初始缺陷及初始弯曲造成的，这种初始缺陷随着制作精度的提高也在逐渐减小。目前规范推荐用的方法为基于结构最低阶整体屈曲模态的“一致缺陷模态法”，初始缺陷大小的取值为1/300。构件

初始缺陷的施加方法采用等效几何缺陷法。

钢材是一种典型的弹塑性材料，在对钢结构进行分析时，应该考虑材料非线性的影响。钢材的非线性材料模型采用双线性随动硬化模型。在循环过程中，无刚度退化，并考虑包辛格效应。钢材的强屈比设定为 1.2，极限应力所对应的极限塑性应变为 0.025。

6.3.2　计算结果

本结构是典型的复杂异型空间钢结构，与规则空间结构相比，其受力状态和变形特征的复杂程度显著增加。异型钢结构位于整体建筑结构转角处，需保证钢结构具有足够的安全储备来传递整体结构的荷载。因此，本结构的变形指标和应力比不能直接采用常规限值。经专家论证，本结构各部分控制指标如表 6-3 所示。其中，幕墙桁架的控制指标比屋面桁架更为严格。这是由于幕墙桁架作为屋面桁架的支撑结构，应该具备更高的安全储备。

表 6-3　结构控制指标

结构分区	应力比限值	实际应力比	挠度比限值	实际挠度比
屋面桁架	0.8	0.72	1/400	1/670
幕墙桁架	0.6	0.45	1/600	1/1000

对 SAUSGE 模型进行直接分析，在恒荷载和活荷载标准值作用下，所得结构位移如图 6-4 所示。由该图可知，结构的水平位移约为竖向位移的 1/10，因此结构变形由竖向位移控制。屋面桁架最大跨中竖向位移为 45 mm，幕墙桁架最大跨中竖向位移为 26 mm，均小于挠度比限值，详见表 6-3。

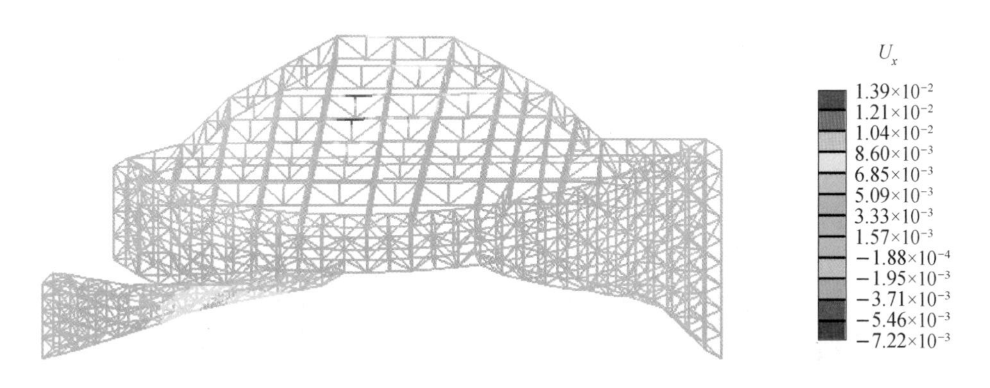

(a)

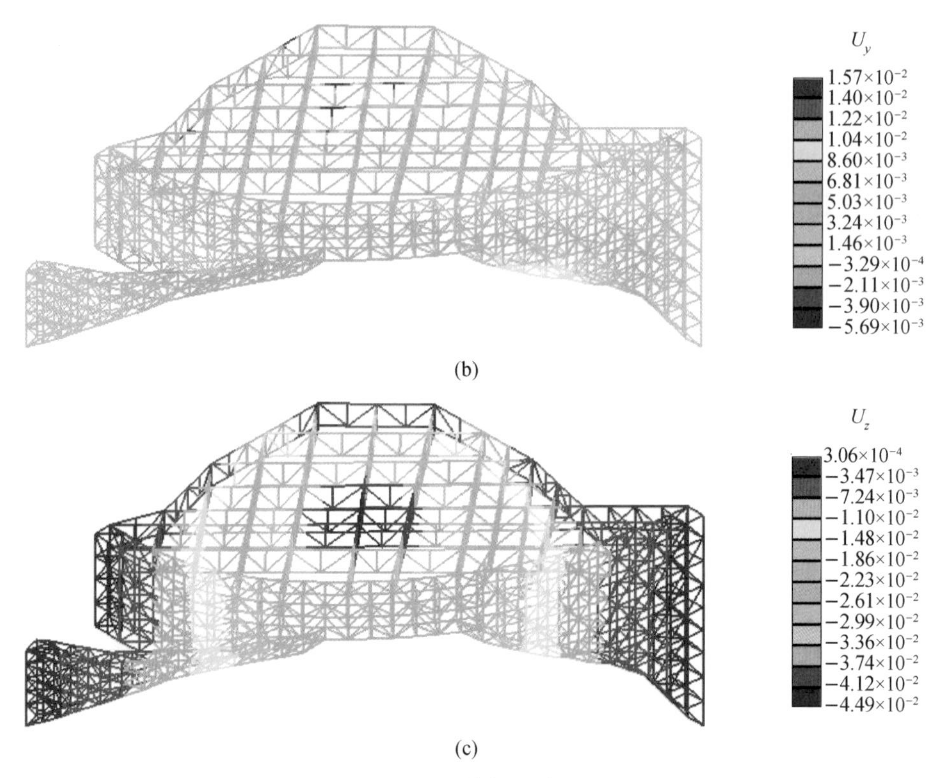

图6-4　结构位移

(a) x 向位移；(b) y 向位移；(c) z 向位移

结构各构件的应力水平可通过应力与屈服强度比表述，如图6-5所示。幕墙桁架不仅要作为幕墙的骨架结构，同时也作为上部屋面桁架的支撑结构，因此其应力比应小于屋面桁架。除满足屋面及幕墙桁架钢结构自身强度和刚度要求外，也要满足其作为整体商业综合体转角连接结构的性能要求，因此整体异型钢结构的应力应有足够的冗余度。屋面桁架杆件的最大应力比为0.72，幕墙桁架的最大应力比为0.45，均小于应力比限值，详见表6-3。

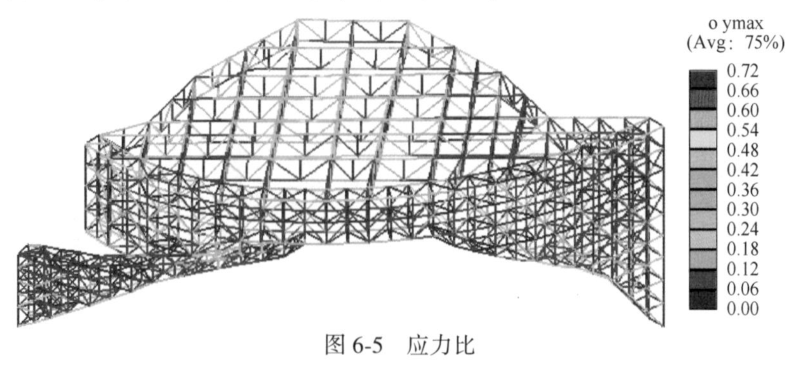

图6-5　应力比

6.4 稳定性验算

本结构属于复杂异型空间结构，应对其稳定性进行分析。本结构的稳定性分析可包含两个方面，分别为特征值屈曲分析和振型分析，通过分析其自振的屈曲特征和振动特征来找到该结构的薄弱处，并采取相应的加强措施。

6.4.1 特征值屈曲分析

特征值屈曲分析的荷载工况为恒荷载和活荷载的标准组合。本结构的前三阶屈曲模态如图 6-6 所示。第一阶模态为屋面桁架靠近内边缘处局部屈曲，第二阶模态为屋面桁架内侧边缘局部屈曲，第三阶模态为屋面桁架跨中局部屈曲。最低阶屈曲模态表现为屋面桁架中部及边缘局部出现屈曲现象，幕墙桁架未出现明显屈曲。前三阶屈曲模态均表明本结构没有发生大范围的整体屈曲，说明本结构并不会发生整体屈曲，仅需针对局部屈曲部位采取相应的加强措施即可。

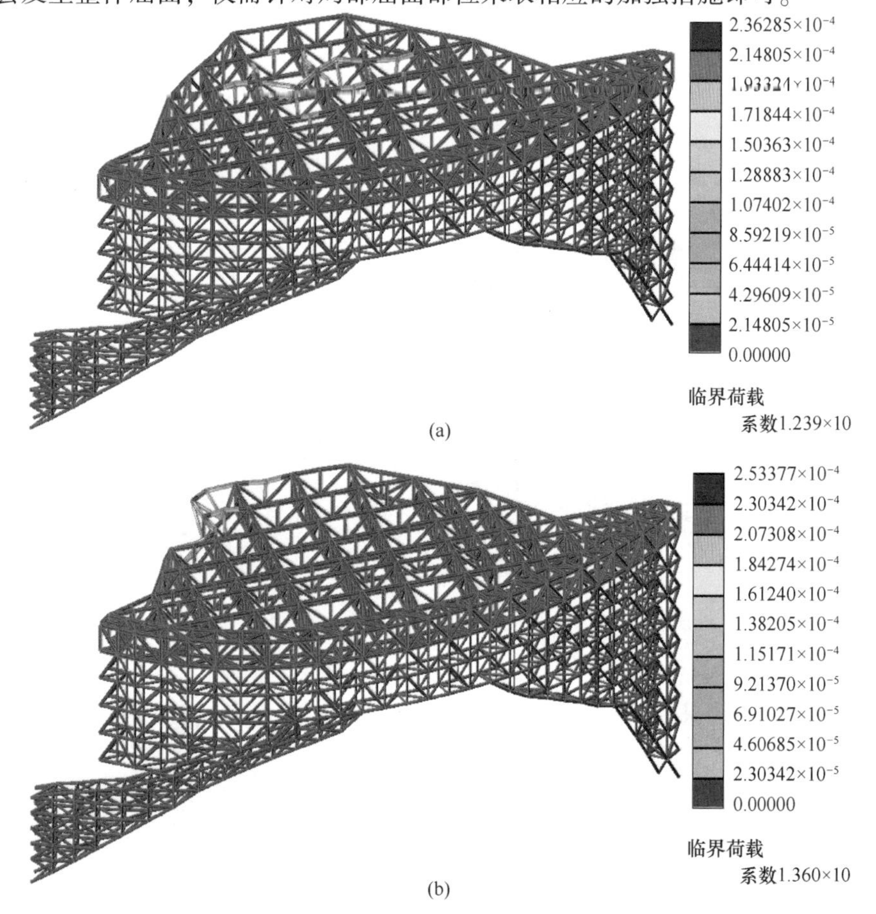

(a)

(b)

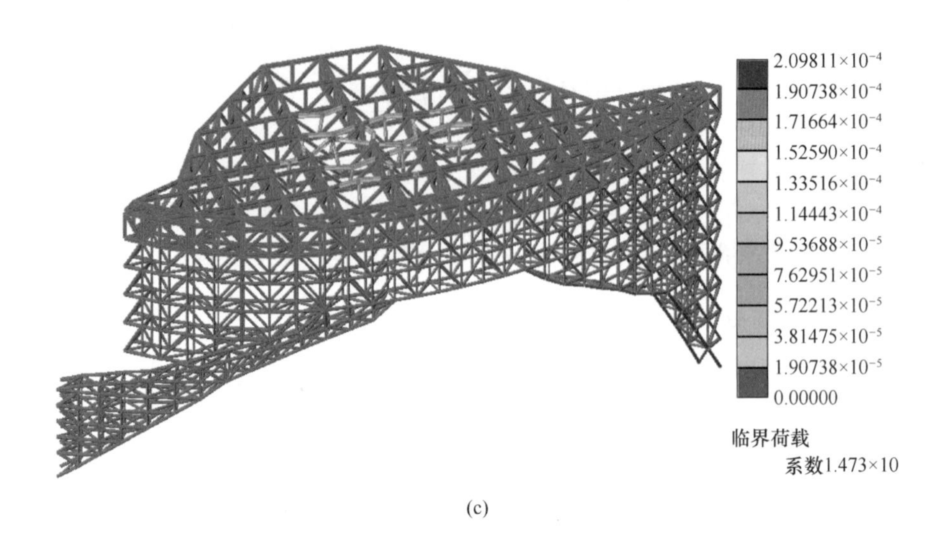

(c)

图 6-6　屈曲模态

(a) 一阶；(b) 二阶；(c) 三阶

6.4.2　振型分析

本结构的前三阶自振振型如图 6-7 所示。前三阶振型分别为：(1) 由屋面桁架中心区域竖向振动逐渐向外围扩散；(2) 屋面桁架外侧振动逐渐向内侧扩散；(3) 屋面桁架中间榀桁架振动并向两侧扩散。振型分析结果表明本结构无局部明显振动，结构布置较为合理且无须采取加强措施。

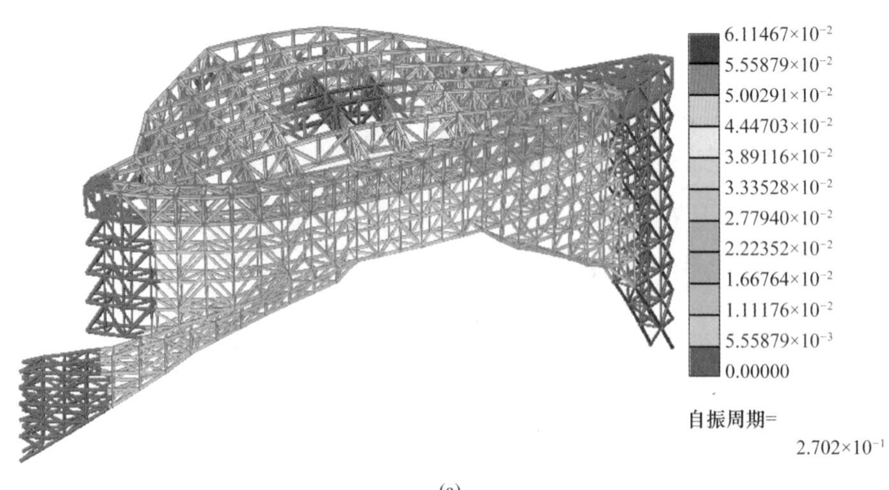

(a)

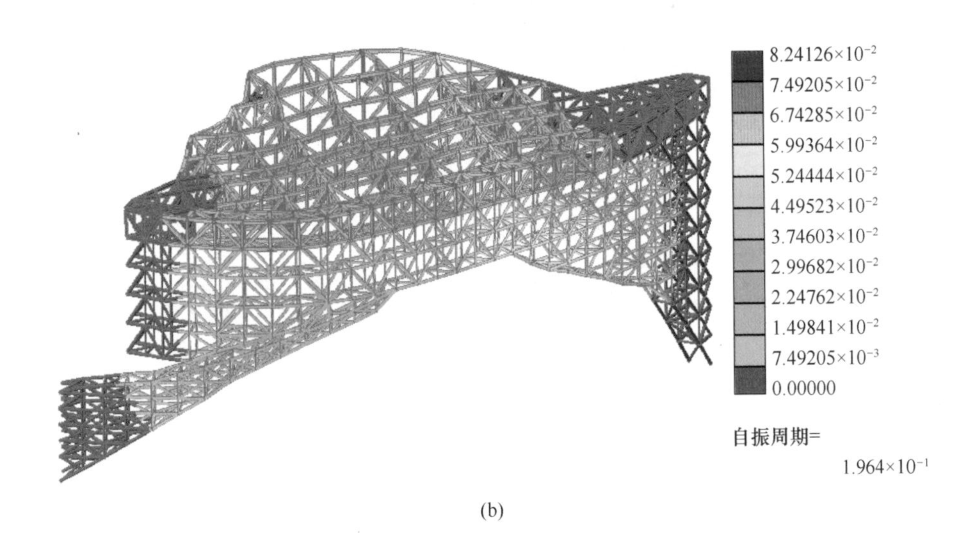

(b)

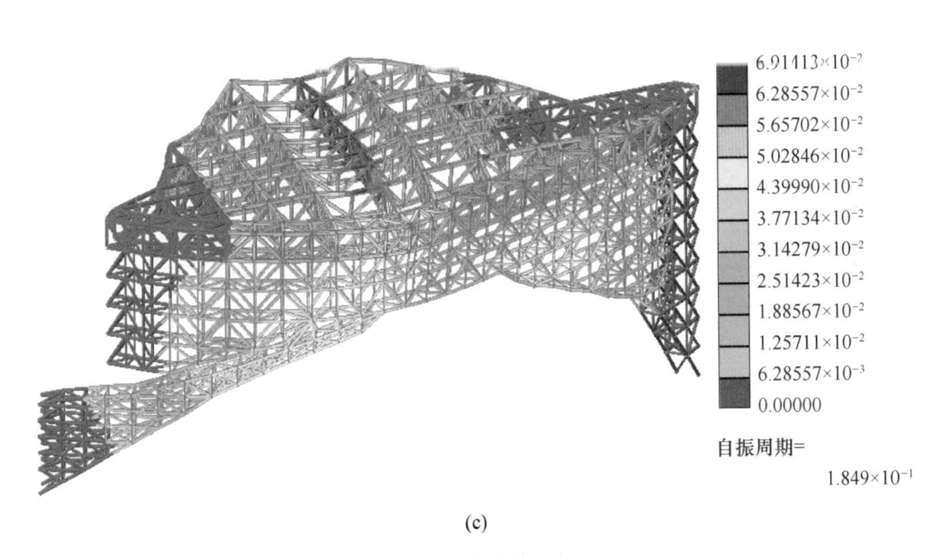

(c)

图 6-7 自振振型

(a) 一阶；(b) 二阶；(c) 三阶

6.4.3 加强措施

通过前面的特征值屈曲分析和振型分析可知，本结构存在局部屈曲失稳而不存在局部振动，因此只针对发生局部屈曲的部位采取加强措施即可，如图 6-8 所示。平面内增加交叉腹杆，平面外增设侧向支撑桁架。

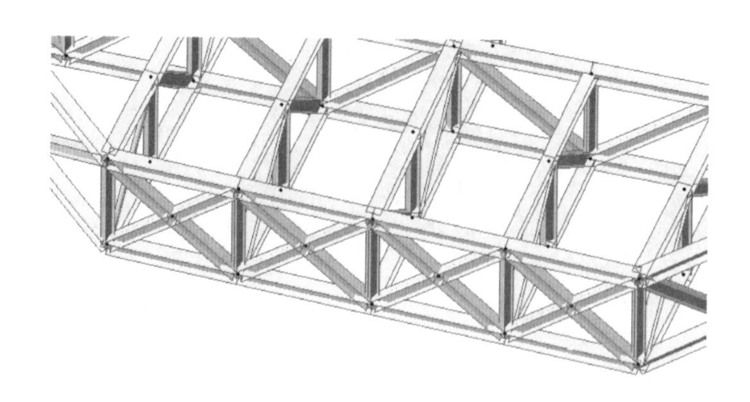

图6-8　加强措施

6.5　防火设计

6.5.1　计算参数

钢材具有强度高、延性好及装配率高等优点，但是其耐火性较差，在火灾中容易丧失承载力，从而造成较大危害。作为商业综合体的入口结构，耐火等级为一级，耐火极限为2 h。钢结构防火设计方法可分为两类：基于整体结构的防火设计和基于构件的防火设计。由于本结构最大跨度为60 m，整体结构造型复杂，因此选用基于整体结构的防火设计方法。目前规范中给出的升温曲线常用于一般室内火灾，并不适用于露天钢结构防火计算。根据一般室内火灾和高大空间火灾升温曲线，现将规范中火灾升温曲线进行折减，折减系数为0.6。PKPM模型防火计算参数见表6-4。

表6-4　防火参数

参数	取值
耐火等级	一级
重要性系数	1.1
设计方法	临界温度法
常温/℃	20.0
火灾类型	纤维类物质为主
防火材料	非膨胀型

6.5.2　计算结果

基于临界温度法，经计算所得本结构的防火措施见表6-5。

表 6-5　防火措施

构件	耐火时间/h	防火材料厚度/mm	等效热传递系数
屋面弦杆	2	40	0.08
屋面其他	2	30	0.08
幕墙支座	2	40	0.08
幕墙其他	2	30	0.08

6.6　关键部位计算

6.6.1　支座计算

幕墙曲面桁架与两端型钢混凝土柱相连，并将荷载逐步传递至与型钢混凝土柱相连的型钢混凝土剪力墙。为保证整体结构在转角的稳定性，需保证幕墙钢桁架与两侧型钢混凝土柱紧密连接，因此采用固定铰接的方式。具体做法为：在型钢混凝土柱两侧伸出牛腿，并在牛腿上设置铰接支座，然后将幕墙桁架的弦杆与支座进行焊接，如图 6-9（a）所示。同时，为实现“强节点”，幕墙桁架支座设计采用中震弹性的荷载组合。

屋面桁架外侧与幕墙桁架进行焊接连接，内侧坐落于 6 根钢管混凝土柱顶，如图 6-9（a）所示。同样采用中震弹性荷载组合进行节点设计。同时，需要释放整体结构的温度变形。这是由于幕墙桁架为了保证整体结构在转角处的稳定性，与两侧型钢混凝土柱紧密相连而无法释放温度应力，只能通过屋面桁架内部支座释放温度变形。因此，屋面桁架的支座采用机械式双向滑动铰支座，如图 6-9（b）所示。经计算，结构在考虑温度应力荷载组合作用下变形为 60 mm，本工程选用最大允许变形为 100 mm 的滑动支座。

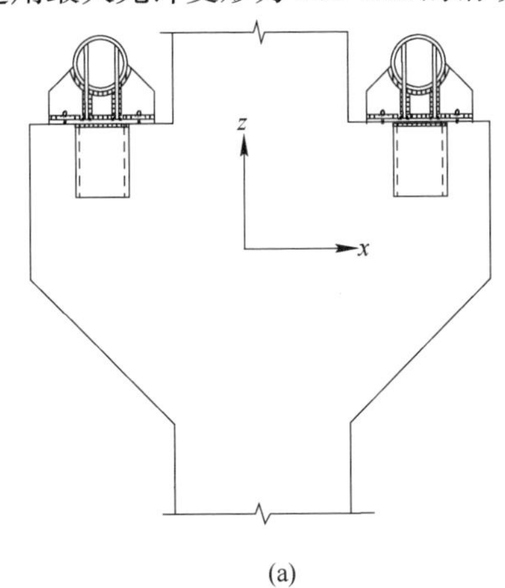

(a)

(b)

图 6-9　支座设计

（a）幕墙桁架支座；（b）屋面桁架支座

（1）桁架钢管与加劲肋的连接计算：支座处钢管直径为400 mm，x方向荷载由x方向的加劲肋与钢管的角焊缝承担，钢管两侧角焊缝分别受拉压作用。

$$\sigma = \frac{N}{h_e l_w} = 108.8\ \text{MPa} \leqslant 200\ \text{MPa}$$

y方向荷载由y方向的加劲肋与钢管的角焊缝承担，角焊缝受剪切作用。

$$\tau = \frac{N}{h_e l_w} = 145.1\ \text{MPa} \leqslant 200\ \text{MPa}$$

（2）加劲肋与支座底板的连接计算：取合力点到牛腿表面距离为500 mm。

$$\sqrt{\left(\frac{\sigma_x}{1.22}\right)^2 + \tau_x^2} = 71.6\ \text{MPa} \leqslant 200\ \text{MPa}$$

$$\sqrt{\left(\frac{\sigma_y}{1.22}\right)^2 + \tau_y^2} = 129.4\ \text{MPa} \leqslant 200\ \text{MPa}$$

（3）剪力键与底板的连接计算：剪力键高400 mm，假定混凝土对剪力键的力沿剪力键竖直方向均匀分布。

$$\sqrt{\left(\frac{\sigma_x}{1.22}\right)^2 + \tau_x^2} = 111.0\ \text{MPa} \leqslant 200\ \text{MPa}$$

$$\sqrt{\left(\frac{\sigma_y}{1.22}\right)^2 + \tau_y^2} = 196.9\ \text{MPa} \leqslant 200\ \text{MPa}$$

（4）牛腿的抗裂计算和截面尺寸确定：牛腿与柱同宽，外边缘距柱边缘800 mm，牛腿总高1700 mm。

$$\beta\left(1 - 0.5\frac{F_{hk}}{F_{vk}}\right)\frac{f_{tk} b h_0}{0.5 + \frac{a}{h_0}} = 1171\ \text{kN} \geqslant 595\ \text{kN} = F_{vk}$$

（5）牛腿纵向抗拉钢筋计算：

$$A_s = \frac{F_v a}{0.85 h_0 f_y} + 1.2\frac{F_h}{f_y} = 3311\ \text{mm}^2$$

使用6根直径为28 mm的HRB400钢筋。

（6）牛腿抗弯计算：采用拉压对称配筋。

$$A_s = \frac{M}{f_y h_0} = 2650\ \text{mm}^2$$

牛腿在竖直方向每间隔100 mm配置一根直径为25 mm的HRB400钢筋。

（7）牛腿抗剪计算：牛腿采用直径为12 mm、间距为100 mm的HRB400钢筋四肢箍作为抗剪钢筋。

$$\alpha_{cs} f_t b h_0 + f_{yv}\frac{A_{sv}}{s}h_0 = 3370\ \text{kN} \geqslant 2194\ \text{kN} = V$$

(8) 牛腿剪扭计算：牛腿采用直径为 12 mm、间距为 50 mm 的 HRB400 钢筋四肢箍作为剪扭箍筋。

$$0.35\alpha_h\beta_t f_t W_t + 1.2\sqrt{\zeta} f_y \frac{A_{stl}A_{cor}}{s} = 1970\ \text{kN}\cdot\text{m} \geqslant 1426\ \text{kN}\cdot\text{m} = T$$

6.6.2 构件计算

6.6.2.1 H300 mm×305 mm×15 mm×15 mm

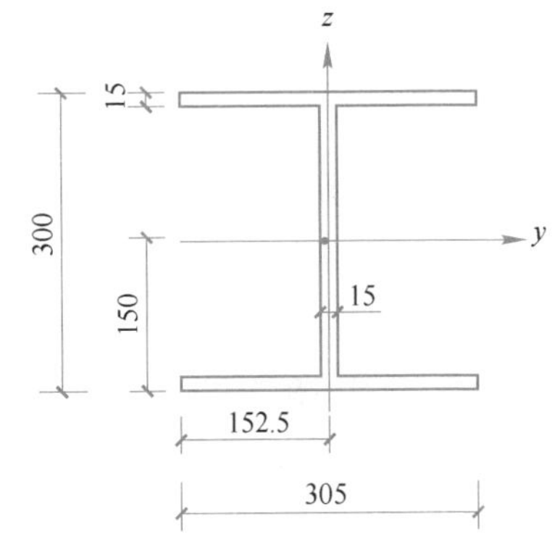

高度	300.000	腹板厚度	15.0000
上翼缘宽度	305.000	上翼缘厚度	15.0000
下翼缘宽度	305.000	下翼缘厚度	15.0000
面积	13345.0	A_{sz}	4500.0
Q_{yb}	52575.0	Q_{zb}	11628.1
I_{yy}	211350000	I_{zz}	71020000
Y_{bar}	152.500	Z_{bar}	150.000
W_{yy}	1409000	W_{zz}	466000
r_y	125.800	r_z	72.900

A 设计条件

设计规范：GB 50017—2017；

单位体系：N，mm；

单元号：3795；

材料：Q355；

截面名称：屋面上下弦杆；

构件长度：2562.49。

B 验算内力

强度验算：

N=−985739（LCB：47，POS：I）

M_y=−243967248

M_z=16935740

稳定验算：

N=−985739（LCB：47，POS：I）

M_y=−243967248

M_z=16935740

剪切验算：

V_y=11718.4，V_z=142976（LCB：47，POS：I）

C 设计参数

构件类型：梁；

自由长度：L_y=2562.49，L_z=2562.49，L_b=2562.49；

计算长度系数：K_y=1.00，K_z=1.00；

强度设计时净截面特征值调整系数：C=0.85。

D 内力验算结果

强度应力验算：

σ/f=195.209/295.000=0.629<1.000

稳定应力验算：

$R_{max1}=0.655$

$R_{max}=0.655<1.000$

剪切强度应力验算：

$\tau_y/f_v=1.978/179.290=0.011<1.000$

$\tau_z/f_v=35.567/179.290=0.198<1.000$

E　构造验算结果

板件宽厚比验算：

$B/t_f=8.800<9.1$

$H_w/t_w=16.267<53.6$

挠度验算：

$V=L/2342<L/250$

6.6.2.2　H200 mm×200 mm×8 mm×12 mm

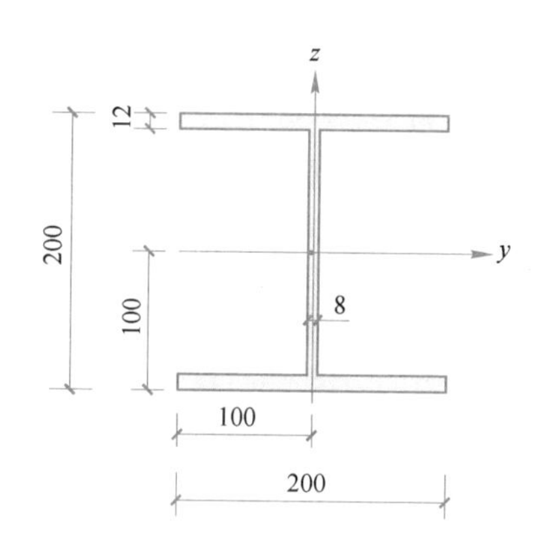

A　设计条件

设计规范：GB 50017—2017；

单位体系：N，mm；

单元号：3842；

材料：Q355；

截面名称：屋面上下弦杆；

构件长度：2487.38。

B　验算内力

强度验算：

$N=-1257730$（LCB：47，POS：I）

$M_y=26035472$

$M_z=985060$

稳定验算：

y 向：

$N=-1257730$（LCB：47，POS：I）

$M_y=26035472$

$M_z=985060$

z 向：

$N=-1257730$（LCB：47，POS：I）

$M_y=26035472$

$M_z=985060$

高度	200.000	腹板厚度	8.0000
上翼缘宽度	200.000	上翼缘厚度	12.0000
下翼缘宽度	200.000	下翼缘厚度	12.0000
面积	6353.00	A_{sz}	1600.0
Q_{yb}	32072.0	Q_{zb}	5000.0
I_{yy}	47170000	I_{zz}	16010000
Y_{bar}	100.000	Z_{bar}	100.000
W_{yy}	472000	W_{zz}	160000
r_y	85.2000	r_z	50.2000

C　设计参数

构件类型：柱；

自由长度：$L_y=2487.38$，$L_z=2487.38$，$L_b=2487.38$；

计算长度系数：$K_y=1.00$，$K_z=1.00$；

强度设计时净截面特征值调整系数：$C=0.85$。

D 内力验算结果

强度应力验算：

$\sigma/f=290.605/310.531=0.936<1.000$

稳定应力验算：

$R_{max1}=0.757$ $R_{max2}=0.888$

$R_{max}=0.888<1.000$

E 构造验算结果

长细比验算：

$KL/r=49.549<150.0$

板件宽厚比验算：

$B/t_f=6.914<7.4$

$H_w/t_w=18.750<27.3$

挠度验算.

$V=L/665<L/300$

6.6.2.3 P299 mm×16 mm

A 设计条件

设计规范：GB 50017—2017；

单位体系：N，mm；

单元号：3181；

材料：Q355；

截面名称：幕墙底面斜弦杆；

构件长度：1.34148。

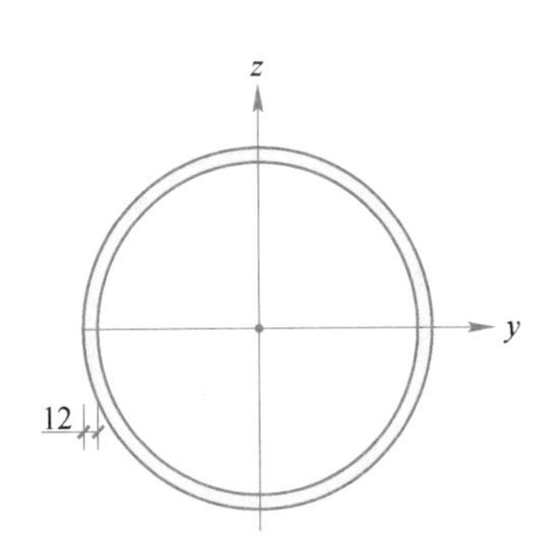

外径	245.000	壁厚	12.0000
面积	8784.00	A_{sz}	4391.95
Q_{yb}	13608.3	Q_{zb}	13608.3
I_{yy}	59766700	I_{zz}	59766700
Y_{bar}	122.500	Z_{bar}	122.500
W_{yy}	487890	W_{zz}	487891
r_y	82.5000	r_z	82.4871

B 验算内力

强度验算：

$N=-1274201$（LCB：48，POS：I）

$M_y=-62649984$

$M_z=-29341784$

稳定验算：

$N=-1274201$（LCB：48，POS：I）

$M_y=-62649984$

$M_z=-29341784$

C　设计参数

构件类型：支撑；

自由长度：$L_y=2165.15$，$L_z=2165.15$，$L_b=2165.15$；

计算长度系数：$K_y=1.00$，$K_z=1.00$；

强度设计时净截面特征值调整系数：$C=0.85$。

D　内力验算结果

强度应力验算：

$\sigma/f=231.224/310.531=0.745<1.000$

稳定应力验算：

$R_{max1}=0.635$

$R_{max}=0.635<1.000$

E　构造验算结果

长细比验算：

$KL/r=21.320<200.0$

板件宽厚比验算：

$B/t_f=24.917<109.0$

$H_w/t_w=18.750<27.3$

6.6.2.4　245 mm×13 mm

A　设计条件

设计规范：GB 50017—2017；

单位体系：N，mm；

单元号：4638；

材料：Q355

截面名称：幕墙底面斜弦杆；

构件长度：2165.15。

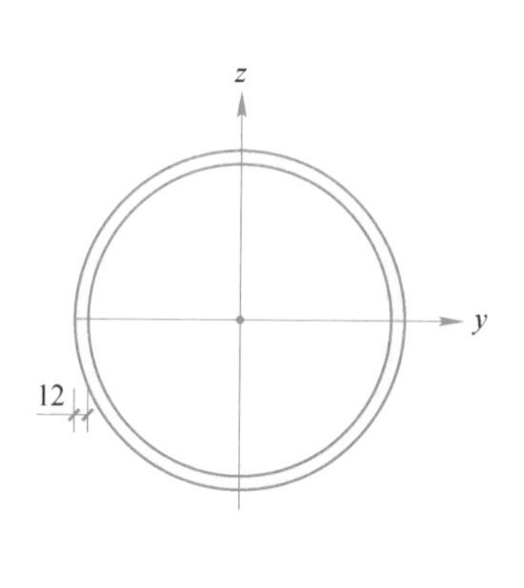

B　验算内力

强度验算：

$N=-1026093$（LCB：47，POS：I）

$M_y=-22552298$

$M_z=-17105106$

稳定验算：

$N=-1026093$（LCB：47，POS：I）

$M_y=-22552298$

$M_z=-17105106$

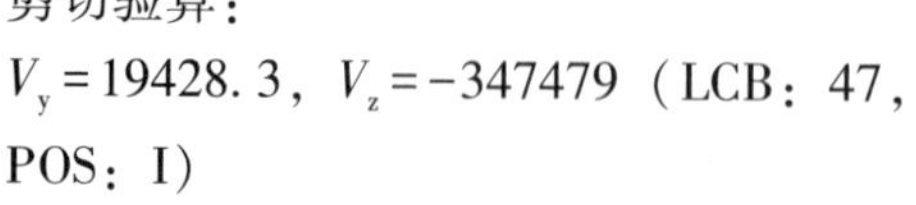

剪切验算：

$V_y=19428.3$，$V_z=-347479$（LCB：47，POS：I）

外径	299.000	壁厚	12.0000
面积	10820.0	A_{sz}	5409.82
Q_{yb}	20628.3	Q_{zb}	20628.3
I_{yy}	111505100	I_{zz}	111505100
Y_{bar}	149.500	Z_{bar}	149.500
W_{yy}	746460	W_{zz}	746460
r_y	101.600	r_z	101.558

C 设计参数

构件类型：梁；

自由长度：$L_y=1.34148$，$L_z=1.34148$，$L_b=1.34148$；

计算长度系数：$K_y=1.00$，$K_z=1.00$；

强度设计时净截面特征值调整系数：$C=0.85$。

D 内力验算结果

强度应力验算：

$\sigma/f=70.681/310.531=0.228<1.000$

稳定应力验算：

$R_{max1}=0.247$

$R_{max}=0.247<1.000$

剪切强度应力验算：

$\tau_y/f_v=13.157/179.290=0.073<1.000$

$\tau_z/f_v=79.117/179.290=0.441<1.000$

E 构造验算结果

挠度验算：

$V=L/4197463<L/250$

6.7 整体结构验算

6.7.1 整体模型

结构设计时，屋顶平面桁架及幕墙空间桁架与混凝土结构主体连接按铰接设计，为保证钢结构部分的结构性能，需建立整体分析模型并开展结构分析，从而探明钢结构部分在整体结构中的实际受力状态。整体分析模型如图 6-10 所示。

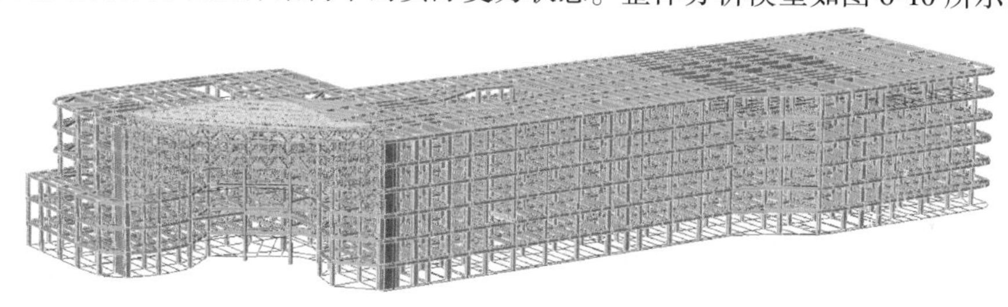

图 6-10 整体分析模型

6.7.2 静力弹塑性分析

根据《高层建筑混凝土结构技术规程》（JGJ 3—2010）第 3.11.4 条规定，

高度不超过150 m的高层建筑，可采用静力弹塑性分析方法。本工程高度为32.63 m，平面不规则，可采用弹塑性静力分析法，选用YJK的弹塑性静力分析模块作为分析工具。

通过分析可以得出：(1) 在x向罕遇地震作用下，在性能点处，大部分混凝土梁开裂进入塑性状态，部分混凝土梁铰达到屈服状态，钢结构部分仅有部分构件达到轻微破坏状态，如图6-11 (a) 所示；(2) 在y向罕遇地震作用下，在性能点处，大部分混凝土梁开裂进入塑性状态，部分混凝土梁铰达到屈服状态，钢结构部分仅有支座附近部分构件达到轻微破坏状态，如图6-11 (b) 所示。通过上述分析可知，转角钢结构在大震作用下的抗震性能均优于混凝土主体结构部分，即钢结构晚于混凝土结构破坏，满足设计性能目标。

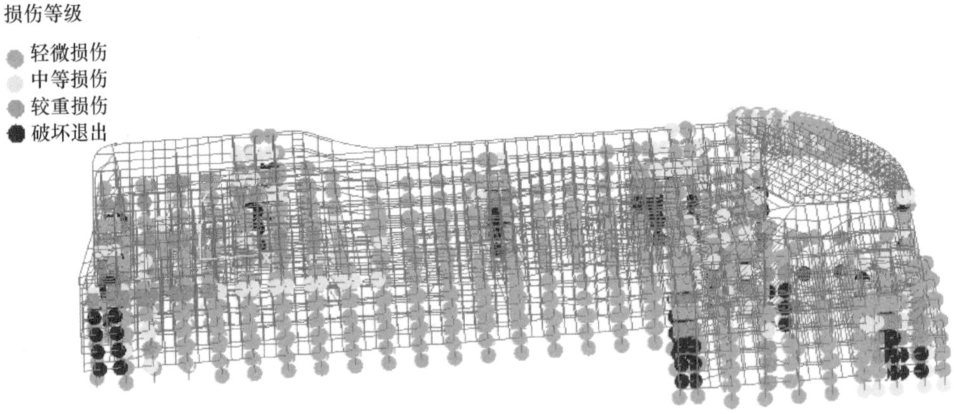

损伤等级

轻微损伤
中等损伤
较重损伤
破坏退出

(a)

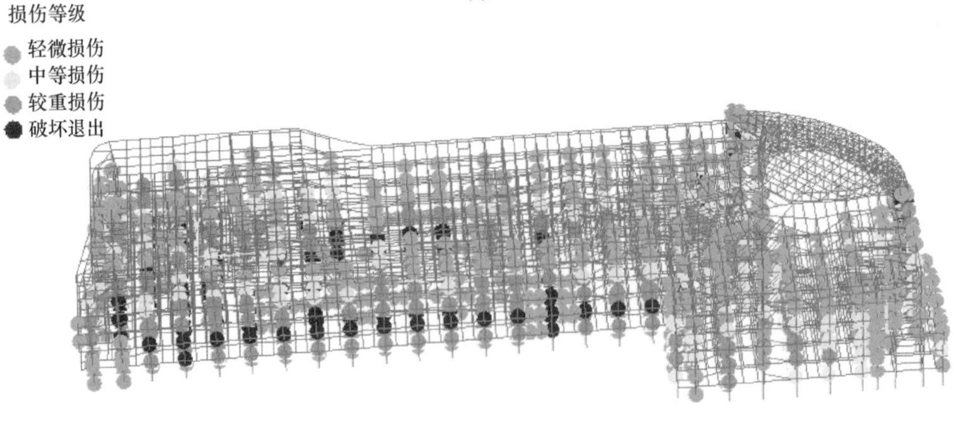

损伤等级

轻微损伤
中等损伤
较重损伤
破坏退出

(b)

图6-11　静力弹塑性分析结果

(a) x向弹塑性静力推覆分析；(b) y向弹塑性静力推覆分析

6.8 工程总结

本结构是典型的复杂异型空间钢结构，位于商业综合体拐角处，受力复杂，兼具平面不规则及立面不规则的特征，对结构分析与设计提出了较高的要求。

（1）对于复杂异型空间结构模型，需基于不同分析软件建立多个分析模型，互相验证模型的准确性。使用 MIDAS GEN、SAUSGE 和 PKPM 建立了三个分析模型，并通过对比三个模型的计算结果验证了模型的准确性。

（2）使用 MIDAS GEN 模型对钢结构进行了稳定性分析，验证了整体结构的稳定性。然后基于直接分析法，充分考虑整体初始缺陷和构件初始缺陷，使用 SAUSGE 模型进行计算，验证了整体结构的强度和刚度。使用 PKPM 模型对结构进行防火设计，提出了可靠的防火措施。

（3）两侧型钢混凝土柱牛腿上设置支座将柱面幕墙桁架与两侧型钢混凝土柱紧密相连，保证了整体结构在转角处的稳定性。屋面桁架外侧与幕墙桁架进行焊接连接，内侧坐落于 6 根钢管混凝土柱顶，为释放温度应力柱顶采用机械式双向滑动铰支座。

（4）建立整体分析模型并进行 x 向和 y 向弹塑性静力推覆分析，结果表明转角钢结构在大震作用下的抗震性能均优于混凝土主体结构部分，即钢结构晚于混凝土结构破坏，满足设计性能目标。

7　X 形网格桁架复合结构

7.1　工程概况

7.1.1　建筑信息

本景观大门建筑造型奇特，属典型的异型空间结构，如图 7-1（a）所示。建筑平面投影呈 X 型，其长方向跨度为 85 m，矢高为 7.2 m。两侧宽中间窄，且右侧分叉。左侧宽度为 30 m，中间宽度为 5.7 m。右侧沿宽度方向分成两支，上支宽度为 2 m，下支宽度为 5.7 m（图 7-1（b））。主体结构各部位的厚度不同，最厚处约 2.9 m，外延最薄处约 0.3 m。景观大门上表面采用压型钢板与混凝土组合楼板，下表面外包 3 mm 厚钢板喷氟碳漆，两侧边缘设置 1050 mm 高的混凝土围墙（图 7-1（d））。

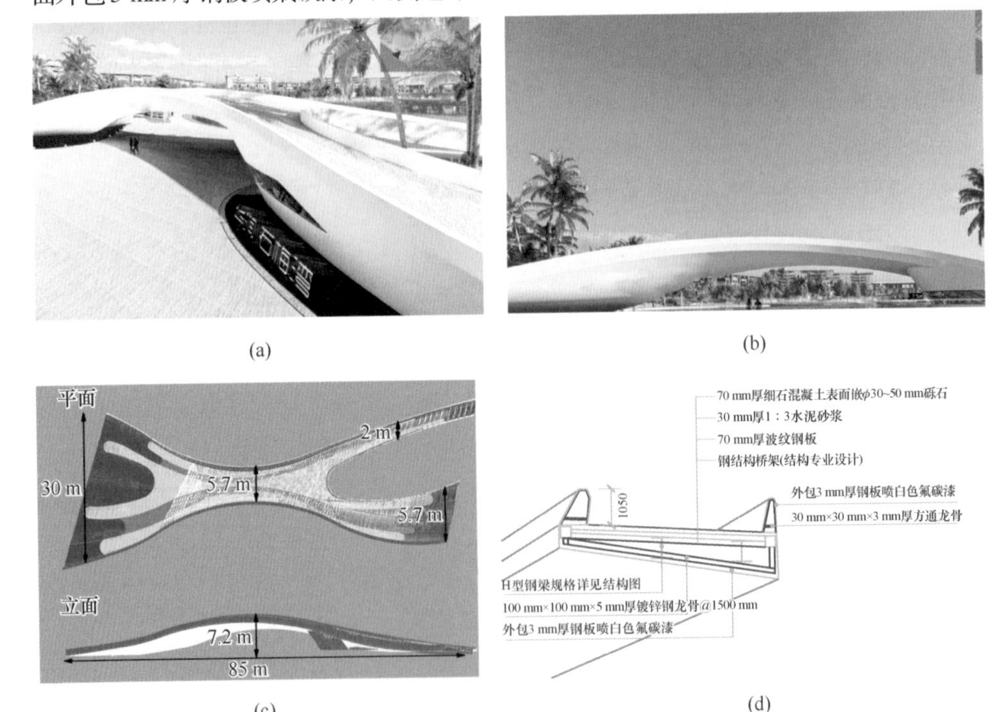

图 7-1　建筑模型

（a）建筑效果图（一）；（b）建筑效果图（二）；（c）建筑尺寸示意图；（d）建筑剖面图

7.1.2 结构体系

根据主体结构各部位的厚度变化规律，在结构左侧采用空间桁架，右侧采用K6型单层网壳结构，如图7-2所示。左侧空间桁架的杆件分别沿跨度方向和垂直跨度方向布置，右侧单层网壳结构的构件布置则由边缘线的位置及走向决定。利用右侧门卫房，在该位置设置数根斜撑，可减少计算跨度。构件截面的选择需充分考虑结构的受力特征，同时保证不影响建筑造型，即避免出现犯界问题。主方向桁架弦杆采用H250 mm×250 mm×9 mm×14 mm型钢，次方向弦杆采用H150 mm×150 mm×7 mm×10 mm型钢，腹杆采用P203 mm×10 mm钢管。K6型单层网壳杆件采用H150 mm×150 mm×7 mm×10 mm型钢，支座处杆件截面为H300 mm×300 mm×10 mm×15 mm。整体结构通过圆钢管柱铰支于基础上，其中圆钢管柱截面尺寸为P500 mm×25 mm。可利用两侧1050 mm高的围墙空间（图7-1（c）），在围墙内部设置H588 mm×300 mm×12 mm×20 mm型钢，从而提高整个结构的外围稳定性。本结构均采用Q355钢材。构件的详细信息见表7-1。

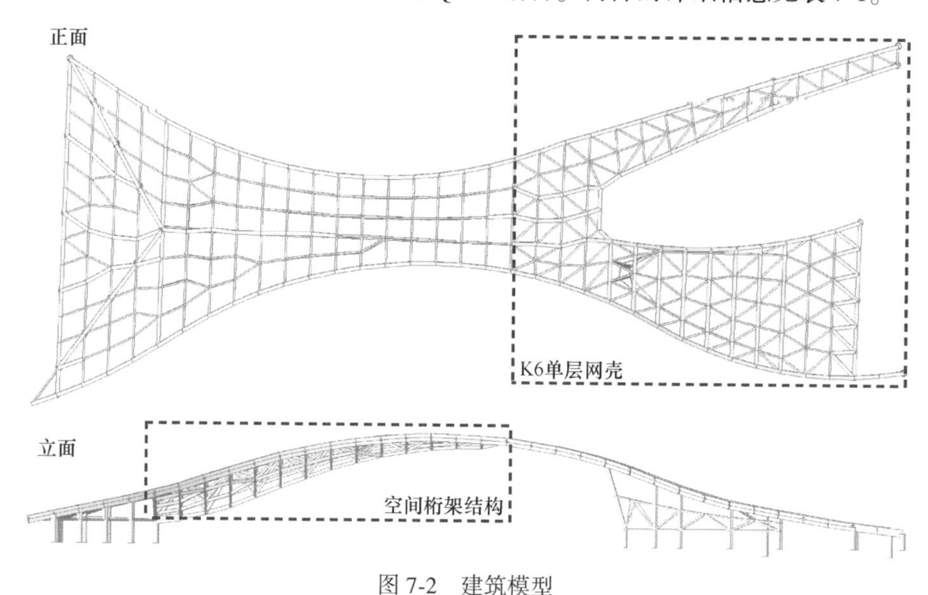

图7-2 建筑模型

表7-1 杆件截面信息汇总

截面类别	单位质量/kg·m^{-1}	长度/m	总质量/kg	备注
HM588 mm×300 mm×12 mm×20 mm	145.82	162.75	23732.21	外围主杆
HM488 mm×300 mm×11 mm×18 mm	123.81	186.94	23145.04	内部主杆A
HW250 mm×250 mm×9 mm×14 mm	91.43	435.03	39774.80	内部主杆B

续表 7-1

截面类别	单位质量/kg·m^{-1}	长度/m	总质量/kg	备注
HW150 mm×150 mm×7 mm×10 mm	31.10	349.29	10862.92	横杆
HW300 mm×300 mm×10 mm×15 mm	118.5	42.40	5024.40	弦杆 A
P203 mm×10 mm	47.60	207.79	9890.80	腹杆 A
P152 mm×9 mm	40.43	98.12	3966.99	腹杆 B
P299 mm×16 mm	142.25	42.17	5998.68	腹杆 C
P500 mm×25 mm	292.71	9.51	2783.67	支撑柱 A
P299 mm×10 mm	120.78	32.14	3881.87	支撑柱 B

针对该工程的复杂性，需要开展抗震性能化设计、稳定性验算、抗连续倒塌分析、关键节点计算，详见表 7-2。基于上述分析的结果，开展该结构施工图设计，具体的设计过程为：

(1) 开展小震弹性分析、中震等效弹性分析、大震弹塑性分析，均在 MIDAS GEN 模型中完成。

(2) 在 MIDAS GEN 和 ABAQUS 中开展模态分析，初步探明结构的屈曲特征，同时验证模型的有效性。然后在 ABAQUS 中开展考虑材料非线性及几何缺陷的非线性稳定分析。

(3) 基于构件分析法，在 MIDAS GEN 模型中开展抗连续倒塌分析，根据分析结果采取合理的加强措施。

(4) 开展施工图设计。

表 7-2　分析模块详述

分析模块	抗震性能化设计	稳定性验算	抗连续倒塌分析
分析方法	等效弹性 弹塑性时程分析	模态分析 双非线性稳定分析	构件拆除法
分析软件	MIDAS GEN	MIDAS GEN ABAQUS	MIDAS GEN

本工程所在地，基本风压为 0.85 kN/m^2，地面粗糙度类别为 A 类。建筑场地类别为Ⅱ类，特征值周期为 0.35 s，抗震设防烈度为 7 度，设计地震分组为第一组，抗震性能化目标为小震弹性、中震关键部位弹性、大震不屈服。考虑到面层做法及使用功能，外加恒荷载取 3 kN/m^2，活荷载取 2 kN/m^2。

7.2 抗震性能化设计

7.2.1 性能目标

依据本建筑结构的用途及业主需求，最终确定其抗震性能目标为小震完好、中震轻度损坏、大震中度损坏，详见表7-3。

表7-3 结构地震性能目标

地震水准	性能指标		
	小震	中震	大震
震后状态	完好	轻度损坏	中度损坏
分析方法	弹性分析	等效弹性分析	动力弹塑性分析
竖向位移限值	1/400	—	—
关键构件	弹性	弹性	不屈服
普通构件	弹性	不屈服	部分屈服
荷载系数	基本组合	弹性取基本组合+不屈服取标准组合	标准组合
内力放大系数	一级、二级放大系数	1.0	1.0
材料强度	弹性取设计值	弹性取设计值+不屈服取标准值	均取标准值

7.2.2 振型分析

振型是每个结构的固有振动特性，在进行抗震设计之前，需对结构的振型进行分析，本结构前8阶振型如图7-3所示。从振型计算结果可以看出，本异型钢结构的振型密集且主要为上下振动，属典型大跨空间结构的振动特性。振动形态可分为两类：一类为右侧网壳分叉处上端向周围扩散；另一类为左侧空间桁架与右侧单层网壳交界处向两端扩散。

7.2.3 小震弹性分析

通过静力分析得到了单工况的应力和变形结果（表7-4）：（1）由于大门顶部为混凝土面层，导致恒荷载较大，因此整体结构在恒荷载作用下的应力和位移最大。（2）水平地震和竖向地震作用下的静力结构响应基本一致，且远小于其他类型荷载。（3）与水平风荷载作用相比，此异型结构对竖向风吸力更为敏感。

表7-4 单工况计算结果

工况	恒载	活载	平震	竖震	平风	竖风
应力/MPa	101	48	5.4	5.7	10.5	23
位移/mm	32	16	1.7	1.8	3.2	9.5

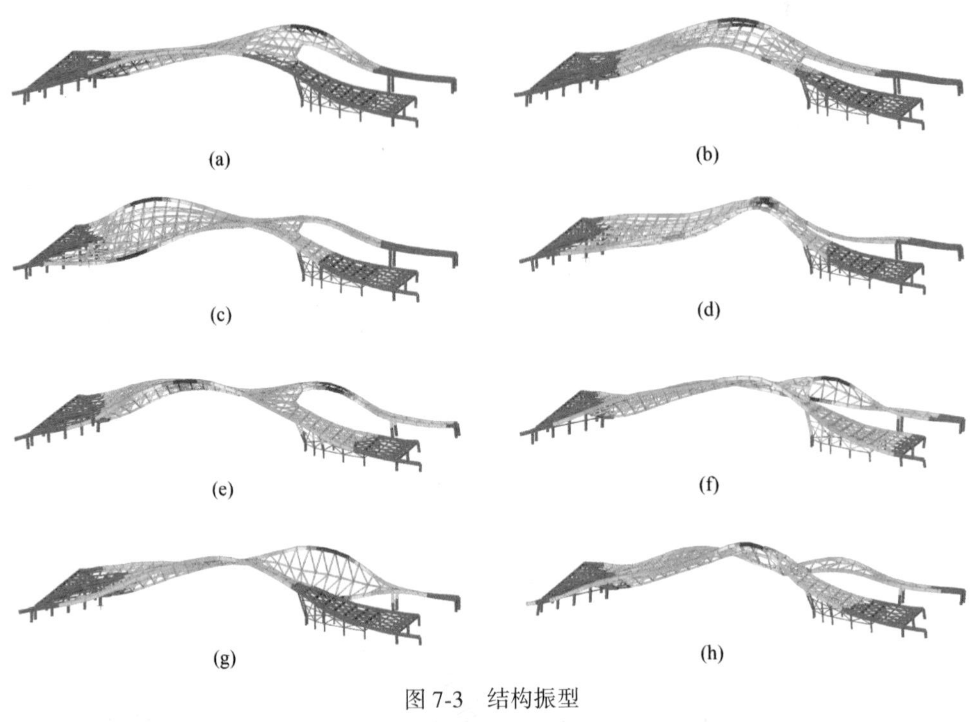

图 7-3　结构振型

(a) T=0.48 s；(b) T=0.32 s；(c) T=0.30 s；(d) T=0.28 s
(e) T=0.27 s；(f) T=0.22 s；(g) T=0.21 s；(h) T=0.19 s

所有荷载组合的杆件应力比包络结果如图 7-4 所示。大部分构件的应力比集中于 0.5~0.7 之间，极少数构件应力比达到 0.85，支座附近杆件的应力均保持在 0.5 范围之内。显然，结构的强度满足规范要求。

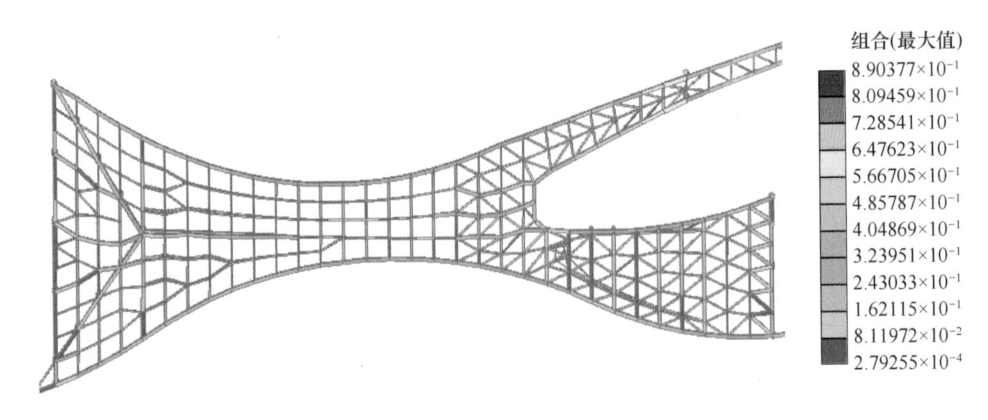

图 7-4　小震杆件应力比

由于本工程为异型空间钢结构，应取恒荷载+不同分布活荷载作用下的跨中

结构位移最大值为刚度控制依据。经分析发现，恒荷载+满布活荷载产生的位移最大。其跨中最大竖向位移为 73 mm（图 7-5），位移与跨度比值为 1/968，远小于规范限值 1/400。

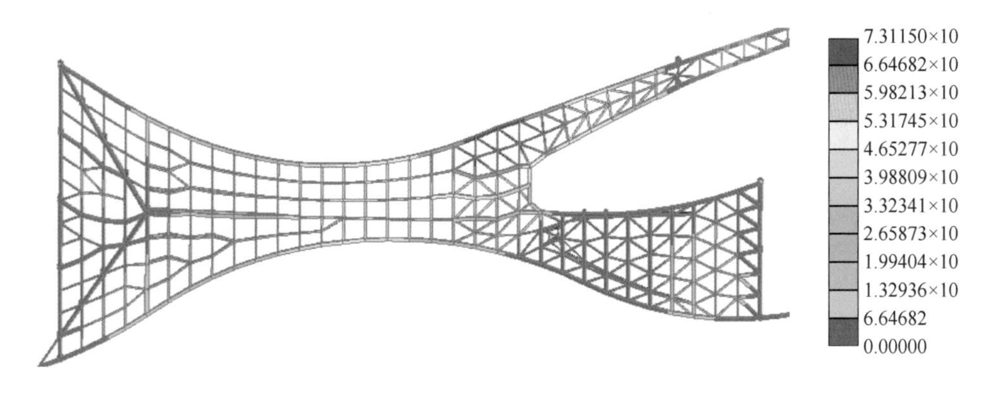

图 7-5　小震结构变形

7.2.4　中震弹性分析

本工程的抗震性能目标为关键部分中震弹性、普通构件中震不屈服。在进行中震弹性分析时，采用等效弹性分析法，即在最不利荷载组合中仅地震影响系数调整为0.12，其余荷载保持不变，荷载分项系数及组合系数也与小震弹性分析保持一致。中震弹性分析结果（图 7-6（a））表明，下部竖向柱在最不利荷载组合作用下，其应力最大值为 204 MPa，且大部分竖向柱的应力处于 130 MPa 以内。显然，本结构的竖向支撑柱在设防地震作用下均达到屈服应力，满足关键构件中震弹性的性能目标。

进行中震不屈服分析时，采用荷载标准组合，其余与中震弹性分析一致，分析结果见图 7-6（b）。由该图可知，普通构件在中震不屈服荷载工况下，其应力最大值为 227 MPa，未达屈服应力。显然，本结构的普通构件满足中震不屈服的性能目标。

(a)

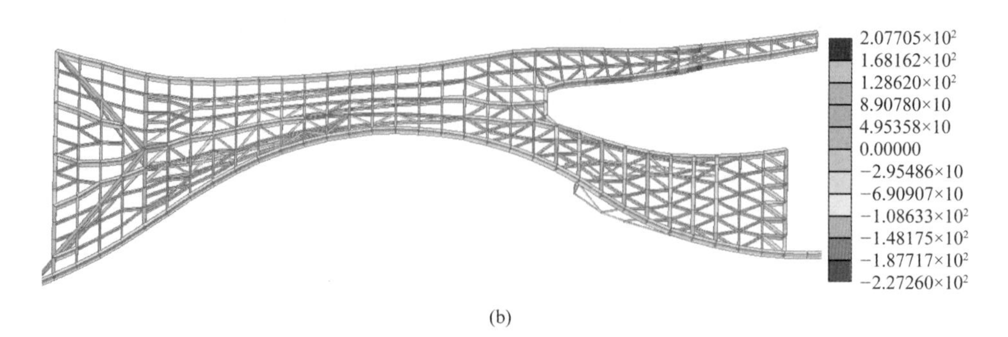

(b)

图 7-6　中震分析结果

（a）关键构件应力值；（b）普通构件应力值

7.2.5　大震弹塑性分析

该工程将采用动力弹塑性分析法来进行大震弹塑性验算。首先根据规范要求进行地震波的选择，即每条曲线计算结果不小于反应谱法的 65%，也不大于反应谱法的 135%，且多条曲线的平均值不小于反应谱法的 80%，也不大于反应谱法的 120%。由表 7-5 可知，三条地震波（TH001、TH007 及 RH1T）满足规范要求。所选地震波情况如图 7-7 所示。

表 7-5　基底剪力对比

地震波	时程分析法基底剪力/反应谱法		
	x 向	*y* 向	*z* 向
TH001	0.93	1.01	1.16
TH007	1.10	0.85	1.12
RH1T	1.17	1.04	1.32

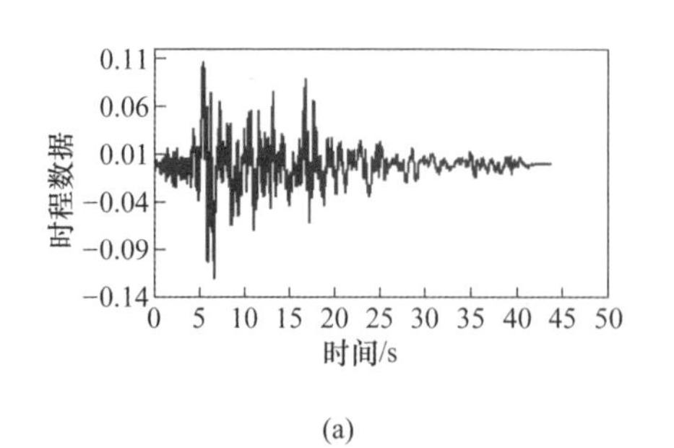

(a)

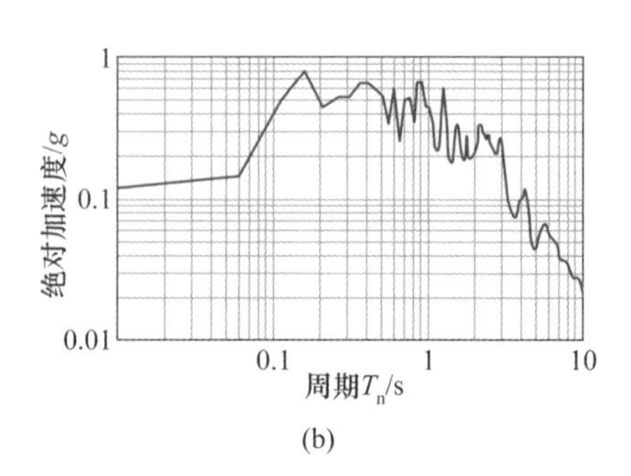

(b)

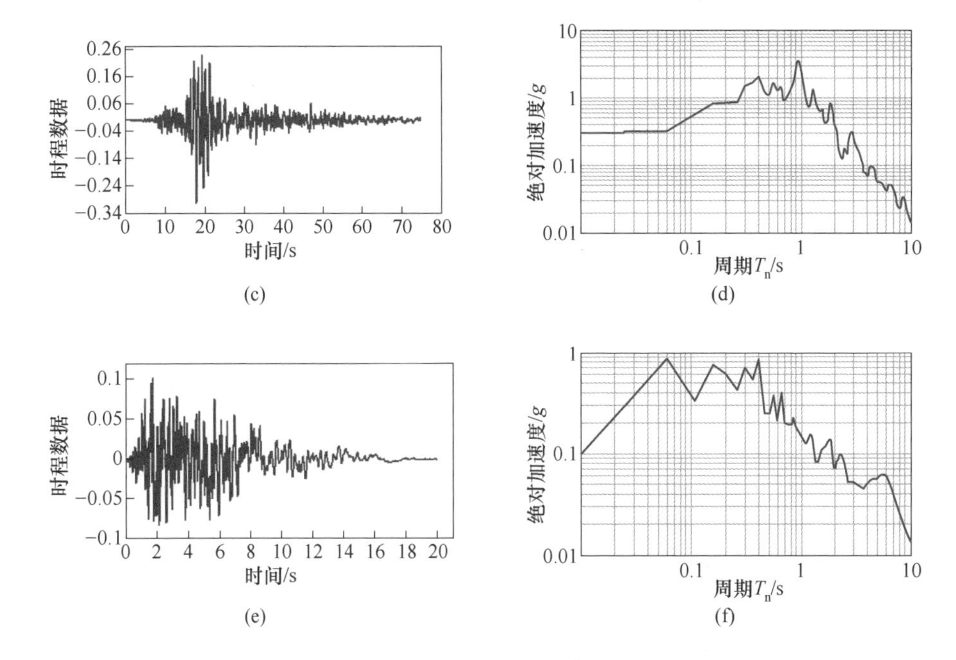

图 7-7　地震波选波

（a）TH001 时程数据；（b）TH001 等效反应谱；（c）TH007 时程数据；（d）TH007 等效反应谱；（e）RH1T 时程数据；（f）RH1T 等效反应谱

在 MIDAS GEN 中，钢构件可以采用塑性铰单元来模拟其塑性特征。在进行大震弹塑性分析时，将三条地震波的加速峰值调整为 125 cm/m²，并加至计算模型的三个方向，其中 x 向、y 向及 z 向加速峰值分别采取比例 1∶0.85∶0.65、0.85∶1∶0.65 和 0.85∶0.65∶1。经计算得到了结构的塑性铰延性系数包络值，如图 7-8 所示。可知，在大震作用下本结构的延性系数均小于 0.35。显然，本结构满足大震不屈服的性能目标。

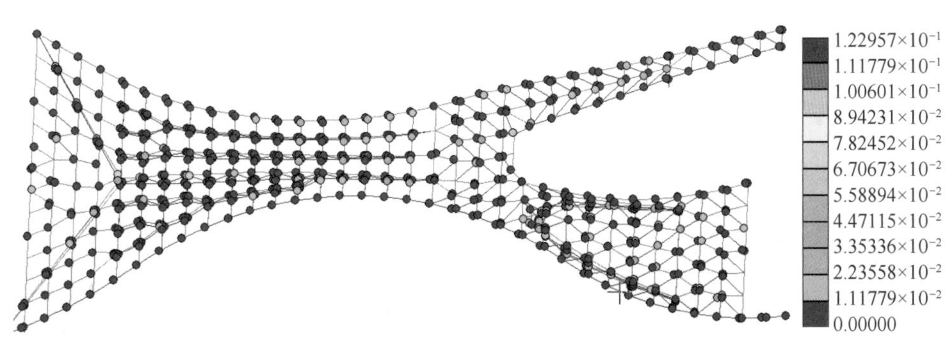

(a)

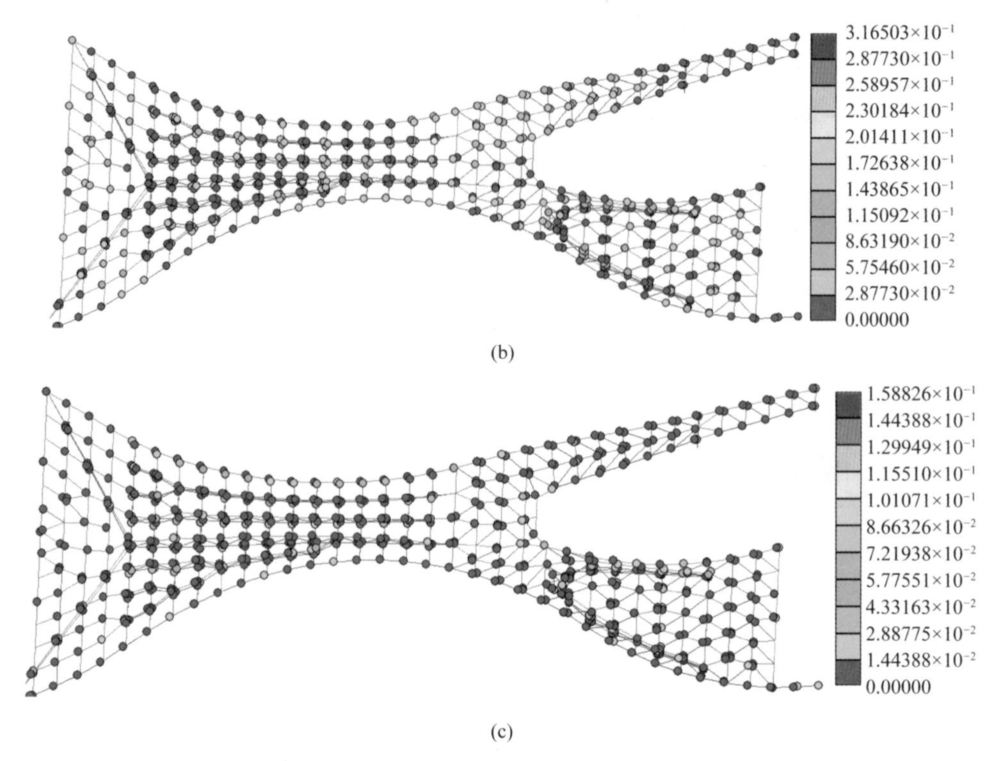

(b)

(c)

图 7-8　延性系数

（a）轴向拉压；（b）面内弯曲；（c）面外弯曲

7.3　稳定承载力验算

前面对该工程开展了抗震性能设计，结果显示本结构具有良好的抗震性能，满足小震弹性、中震关键构件弹性及大震不屈服的性能目标。对于单层网壳而言，尤其是异型网壳结构，其稳定承载力往往起控制作用。因此，需要对本结构开展稳定承载力分析及验算。

7.3.1　特征值屈曲分析

特征值屈曲是指无缺陷理想弹性结构从稳定状态突然发展至失稳状态，属于结构固有的受力特征。通过特征值屈曲分析，可初步了解结构的稳定特征，同时验证模型的有效性。因此，使用 ABAQUS 和 MIDAS GEN 有限元分析软件同时对本结构开展特征值屈曲分析，结果见表 7-6 和图 7-9。结果显示，两个模型所得的前三阶屈曲模态和特征值非常接近。结构屈曲首先出现在右边单层网壳分叉处上端，然后逐渐向左侧空间桁架方向发展，分叉处下端基本无屈曲变形。

表 7-6　特征值对比

模型	屈曲特征值		
	一阶	二阶	三阶
MIDAS GEN	14. 6	30	31
ABAQUS	12. 4	26	29

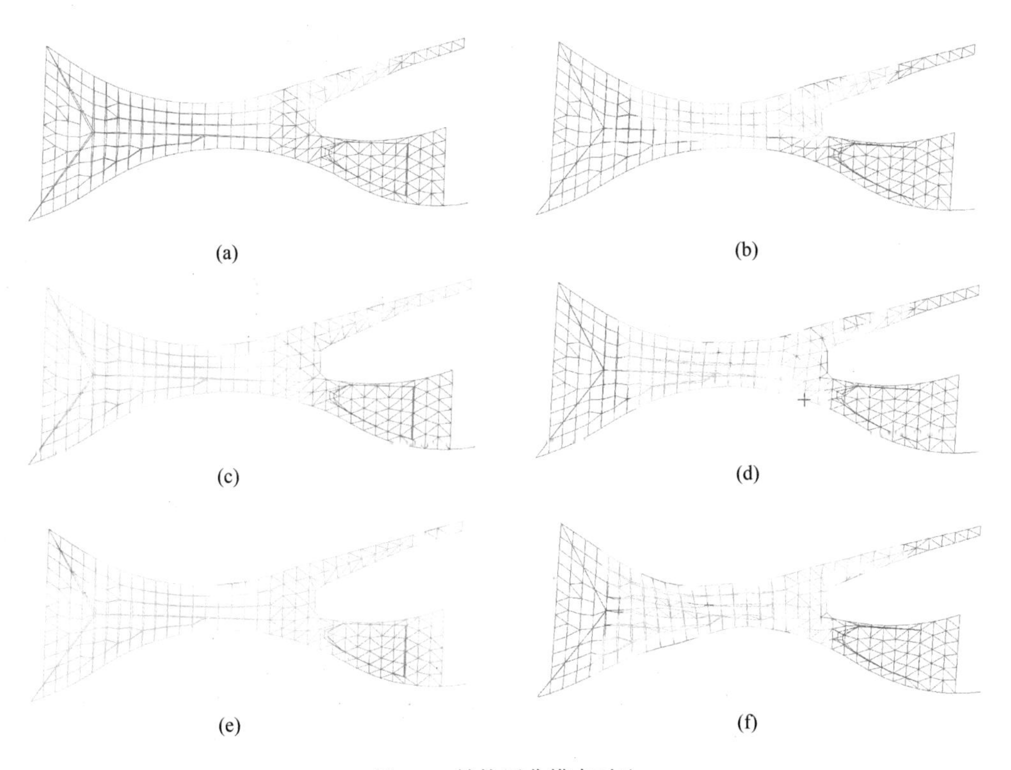

图 7-9　结构屈曲模态对比

（a）ABAQUS 一阶屈曲模态；（b）MIDAS GEN 一阶屈曲模态；（c）ABAQUS 二阶屈曲模态；（d）MIDAS GEN 二阶屈曲模态；（e）ABAQUS 三阶屈曲模态；（f）MIDAS GEN 三阶屈曲模态

7. 3. 2　双非线性稳定分析

在进行大跨空间结构稳定性分析时，应充分考虑初始缺陷、几何非线性及材料非线性的影响。本工程采用 ABAQUS 软件进行双重非线性稳定承载力分析。钢材采用理想弹塑性模型来实现材料非线性，计算分析时通过考虑大变形来实现几何非线性。《空间网格结构技术规程》规定，进行非线性稳定分析时，初始缺陷分布形态选用最低阶整体屈曲模态，幅值取跨度的 1/300。由于本结构是由异型空间桁架及单层网壳复合而成，初始缺陷不可直接选用规范建议值，需通过有限元分析来确定。

基于前三阶屈曲模态，建立不同缺陷分布形式的有限元分析模型，缺陷幅值取跨度的1/300，分析结果如图7-10（a）所示。前三阶屈曲模态对应的稳定安全系数-最大变形曲线基本吻合，一阶、二阶及三阶屈曲模态对应的稳定安全系数分别为2.6、2.7和2.55。最终决定选用第三阶屈曲模态作为初始缺陷的分布形状。然后建立不同初始缺陷幅值的有限元模型，初始缺陷幅值分别取跨度的1/100、1/200、1/300和1/400，计算结果如图7-10（b）所示：不同初始缺陷幅值对应的稳定性安全系数非常接近，其平均值为2.5，大于规范限值2.0。显然，本结构的稳定性承载力满足规范要求，且不同初始缺陷的分布形式及缺陷幅值对整体结构稳定安全系数影响不大。同时可以发现，结构失稳时最大竖向变形出现在单层网壳分叉处上端，最大转动变形发生在空间桁架与单层网壳交界处。

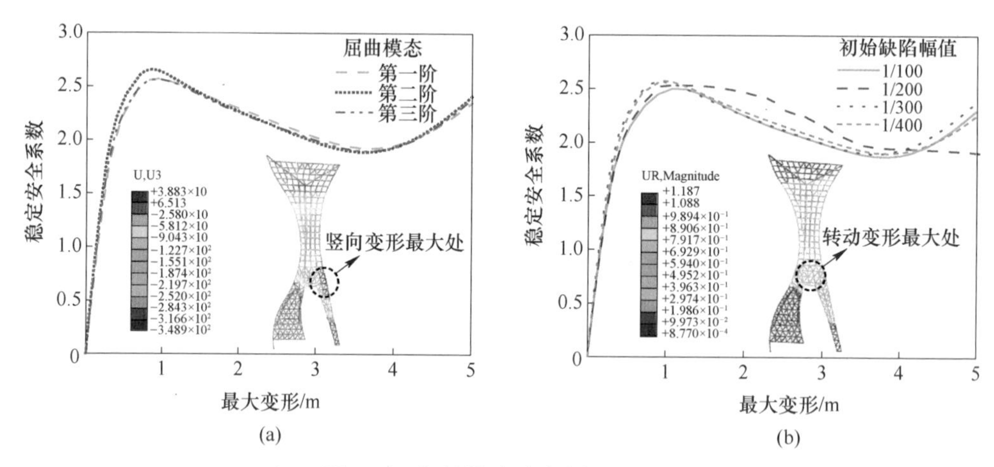

图7-10　初始缺陷对稳定性的影响

（a）分布形式；（b）缺陷幅值

7.4　抗连续倒塌分析

7.4.1　倒塌工况

根据《建筑结构抗倒塌设计规范》，本节采用拆除构件法对本工程开展抗连续倒塌分析。拆除构件法的核心在于关键构件的判别标准：（1）根据构件的受力特性，选取最容易发生破坏的构件；（2）根据构件的重要性，选取关键部位的构件；（3）根据构件的损坏概率，选择损坏概率最大的构件。根据抗震及稳定性分析可以发现，本结构的薄弱处为分叉处上端及空间桁架与网壳交界处。同时，在后期使用过程中，竖直圆钢柱最易发生意外破坏。综上所述，本工程选取左侧反力最大圆钢柱、分叉处杆件及交界处杆件为关键构件（图 7-11）。

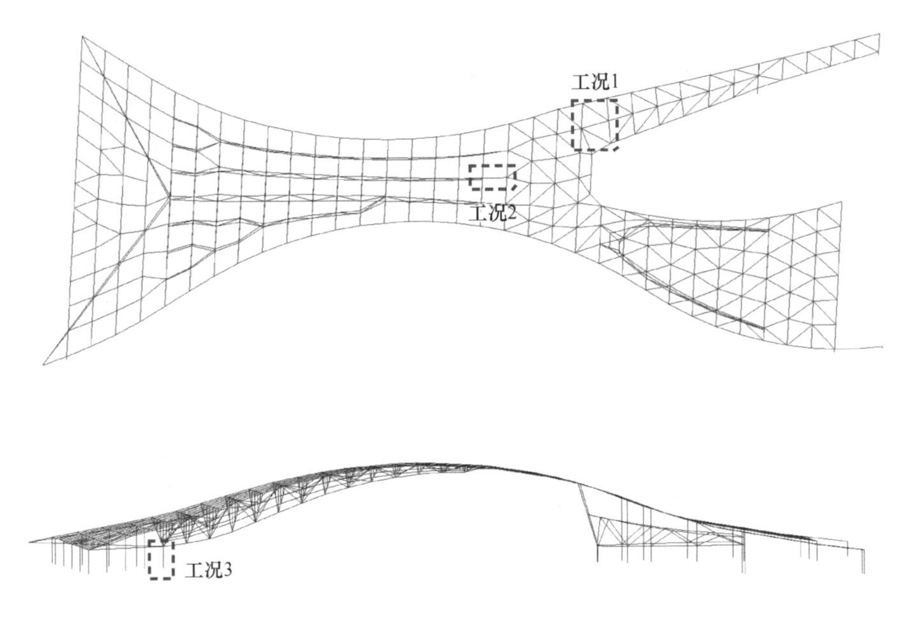

图 7-11　倒塌工况

7.4.2　分析结果

采用 MIDAS GEN 进行线性静力分析，分析方法按照规范的要求，先拆除关键构件，采用拆除构件后的模型开展静力分析。根据分析结果，将应力比超过 1.0 的相邻构件继续拆除，直至邻近杆件应力比均小于 1.0 或出现大范围倒塌为止。三种工况连续抗倒塌分析结果如图 7-12 所示。拆除分叉处上侧杆件时，分叉处失效范围逐渐扩大，直至整体结构发生倒塌（图 7-12（a））。当拆除分界处杆件时，附近杆件逐渐失效，直至倒塌（图 7-12（b））。当反力最大圆钢柱破坏时，邻近个别构件先行失效，并引起分叉处上侧端部率先发生倒塌破坏（图 7-12（c））。

根据抗连续倒塌分析可知，分叉处上端、空间桁架与网壳交界处及支座反力最大圆钢柱均需要进行加固，以防引起整体结构的连续性倒塌。具体加固措施为：(1) 在单层网壳分叉处上端增设交叉腹杆（图 7-13（a）），提高网格的刚度和强度。(2) 空间桁架向单层网壳过渡时，在交界处设置 12 mm 加劲肋（图 7-13（b）），保证节点域的刚性，确保其具有足够的荷载传递能力。(3) 圆钢柱内填充混凝土，外围包裹设有钢筋网的混凝土层，形成型钢混凝土组合柱（图 7-13（c）），可提高柱的承载力，同时提供天然的防腐能力。

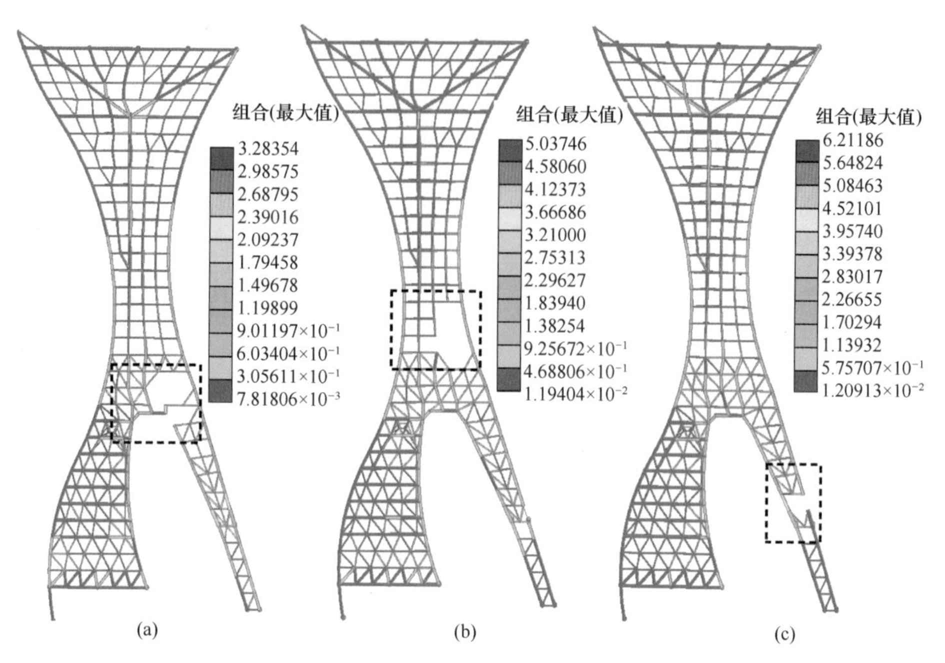

图 7-12　抗连续倒塌分析结果

（a）工况 1；（b）工况 2；（c）工况 3

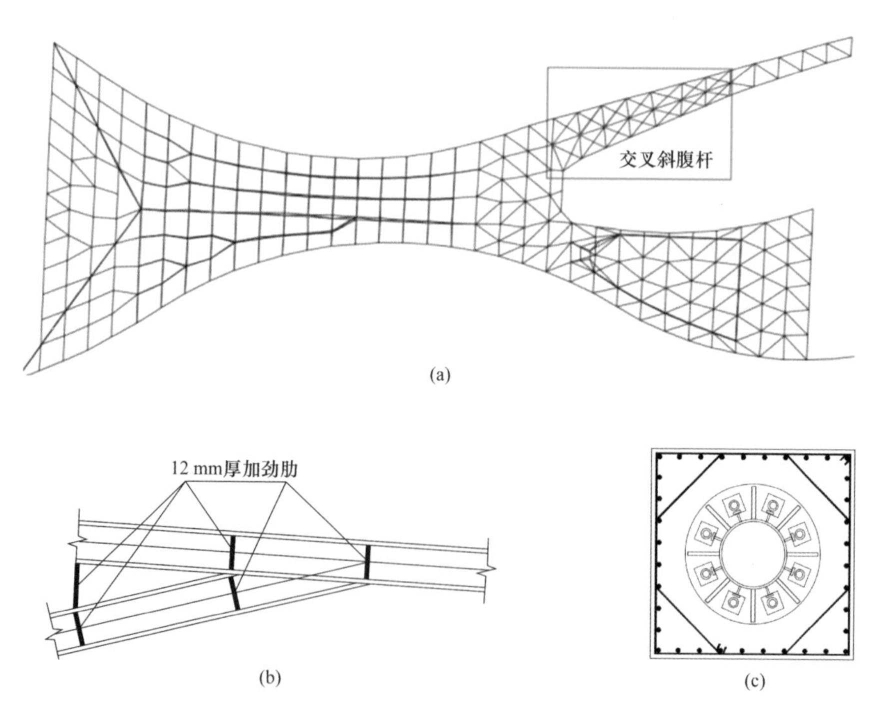

图 7-13　抗连续倒塌加固措施

（a）措施一；（b）措施二；（c）措施三

7.5 构件验算

7.5.1 详细计算过程

以 H300 mm×300 mm×10 mm×15 mm 杆件为例，介绍详细计算过程：

材料：

材料名称：Q355

材料强度：

f(腹板) = 305，f(翼缘) = 305，f_y(腹板) = 355，f_y(翼缘) = 355

$f_v = 175$，$f_u = 470$，$E_s = 2.0600\times10^5$

截面：

截面形状：工字型截面。

截面特性值：$H = 300.000$，$t_w = 10.000$，$B_1 = 300.000$，$t_{f1} = 15.000$，$B_2 = 300.000$，$t_{f2} = 15.000$，$r_1 = 13.000$，$r_2 = 0.000$，$A_{rea} = 1.1845\times10^4$，$I_{yy} = 2.0010\times10^8$，$I_{zz} = 6.7530\times10^7$，$i_y = 129.974$，$i_z = 75.506$。

净截面调整系数：$c = 0.85$。

构件长度：$l = 2051.715$。

构件计算长度系数：$\mu_y = 1.000$，$\mu_z = 1.000$。

构件计算长度：$l_{0y} = 2051.715$，$l_{0z} = 2051.715$。

7.5.1.1 长细比验算

对于多层钢结构，非抗震时，中心支撑构件长细比限值取 $[\lambda] = 200.000$

$\lambda_y = 10y/i_y = 2051.715/129.974 = 15.786$

$\lambda_z = 10z/i_z = 2051.715/75.506 = 27.173$

$\lambda_{max} = \max\{\lambda_y, \lambda_z\} = \max\{15.786, 27.173\} = 27.173 \leq [\lambda] = 200.000$，满足规范要求。

7.5.1.2 板件宽厚比验算

根据规范 GB 50017—2017 中 7.3.1 条，abs(N)<(φA_f)，工字型支撑构件翼缘宽厚比限值：$[b/t_f] = 44.173$。

宽厚比：$B/t_f = 8.800 < 44.173$，满足规范要求。

根据规范 GB 50017—2017 中 7.3.1 条，abs(N)<(φA_f)，工字型支撑构件腹板宽厚比限值：$[h_0/t_w] = 138.939$。

宽厚比：$H_w/t_w = 24.400 < 138.939$，满足规范要求。

7.5.1.3 内力验算（单位：N，mm）

A 强度验算

内力：$N = -1.8304\times10^5$，$M_y = -1.9040\times10^8$，$M_z = -8.5788\times10^5$（sLCB20，I 端）。

非抗震组合：$\gamma_0=1.10$。

受力类型：压弯。

根据规范 GB 50017—2017 中公式（8. 1. 1-1）：

截面的最不利验算位置为截面的左下端：

$A_n=cA=1.0068\times10^4$

$W_{ny}=I_{ny}/z=1.3340\times10^6$

$W_{nz}=I_{nz}/y=4.5020\times10^5$

$\gamma_y=1.05$，$\gamma_z=1.20$

$\sigma=N/A_n+M_y/(\gamma_y W_{ny})+M_z/(\gamma_z W_{nz})=171.269\leqslant f=305$，满足规范要求。

B　稳定性验算

y 向稳定验算：

内力：$N=-1.8304\times10^5$，$M_y=-1.9040\times10^8$，$M_z=-8.5788\times10^5$（sLCB20，I 端）。

非抗震组合：$\gamma_0=1.10$。

受力类型：压弯。

根据规范 GB 50017—2017 中公式（8. 2. 5-1）：

$A=1.1845\times10^4$，$I_y=2.0010\times10^8$，$W_y=I_y/z=1.3340\times10^6$

$I_z=6.7530\times10^7$，$W_z=I_z/y=4.5020\times10^5$

$$\beta_{my}=0.6+0.4\times\frac{-7.9219\times10^6}{-1.9040\times10^8}=0.617$$

$\lambda_y=15.786$，查 GB 50017—2017 中附录 D 得：$\varphi_y=0.982$

$N'_{Ey}=\pi^2EA/(1.1\lambda_y^2)=8.7859\times10^7$

$\varphi_{bz}=1.000$

$\eta=1.000$

$\gamma_y=1.050$

$\beta_{tz}=0.954$

$f=305.000$

$N/(\varphi_y Af)+\beta_{my}M_y/[\gamma_y W_y(1-0.8N/N'_{Ey})f+\eta\beta_{tz}M_z/(\varphi_{bz}W_z f)]=0.37\leqslant1.0$，满足规范要求。

z 向稳定验算：

内力：$N=-1.8304\times10^5$，$M_y=-1.9040\times10^8$，$M_z=-8.5788\times10^5$（sLCB20，I 端）。

非抗震组合：$\gamma_0=1.10$。

受力类型：压弯。

根据规范 GB 50017—2017 中公式（8. 2. 5-2）：

$$\beta_{mz}=0.6+0.4\times\frac{-7.4619\times10^5}{-8.5788\times10^5}=0.948$$

$\lambda_z=27.173$，查 GB 50017—2017 中附录 D 得：$\varphi_z=0.923$

$N'_{Ez}=\pi^2EA/(1.1\lambda_z^2)=2.9651\times10^7$

$\varphi_{by}=1.000$

$\eta=1.000$

$\gamma_z=1.200$

$\beta_{ty}=0.665$

$f=305.000$

$N/(\varphi_z Af)+\eta\beta_{ty}M_y/(\varphi_{by}W_y f)+\beta_{mz}M_z/[\gamma_z W_z(1-0.8N/N'_{Ez})f]=0.41\leqslant1.0$，满足规范要求。

7.5.2 简化结果汇总

7.5.2.1 H150 mm×150 mm×7 mm×10 mm

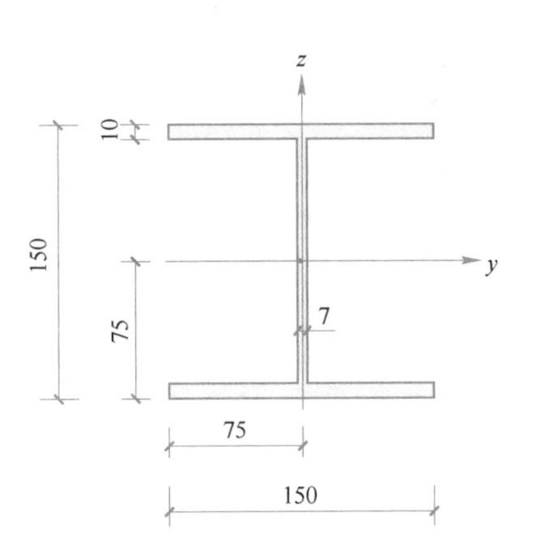

A 设计条件

设计规范：GB 50017—2017；

单位体系：N，mm；

单元号：1157；

材料：Q355；

截面名称：HW150 mm×150 mm×7 mm×10 mm；

构件长度：1642.07。

B 验算内力

强度验算：

$N=-260616$（LCB：20，POS：I）

$M_y=-32633072$

$M_z=98784.8$

稳定验算：

y 向：

$N=-268915$（LCB：16，POS：I）

$M_y=-31318570$

$M_z=-182594$

z 向：

$N=-268915$（LCB：16，POS：I）

$M_y=-31318570$

$M_z=-182594$

高度	150.000	腹板厚度	7.0000
上翼缘宽度	150.000	上翼缘厚度	10.0000
下翼缘宽度	150.000	下翼缘厚度	10.0000
面积	3965.0	A_{sz}	1050.0
Q_{yb}	17112.5	Q_{zb}	2812.50
I_{yy}	16200000	I_{zz}	5630000
Y_{bar}	75.0000	Z_{bar}	750.0000
W_{yy}	216000	W_{zz}	71500.0
r_y	63.9000	r_z	37.7000

C 设计参数

构件类型：支撑；

自由长度：$L_y=1624.07$，$L_z=1624.07$，$L_b=1624.07$；

计算长度系数：$K_y=1.00$，$K_z=1.00$；

强度设计时净截面特征值调整系数：$C=0.85$。

D　内力验算结果

强度应力验算：

σ/f = 244.541/305.000 = 0.802 < 1.000

稳定应力验算：

$R_{max1}=0.496$　　$R_{max2}=0.573$

$R_{max}=0.573<1.000$

E　构造验算结果

长细比验算：

$KL/r=43.100<200.0$

板件宽厚比验算：

$B/t_f=6.350<22.7$

$H_w/t_w=16.286<73.7$

7.5.2.2　H250 mm×125 mm×6 mm×9 mm

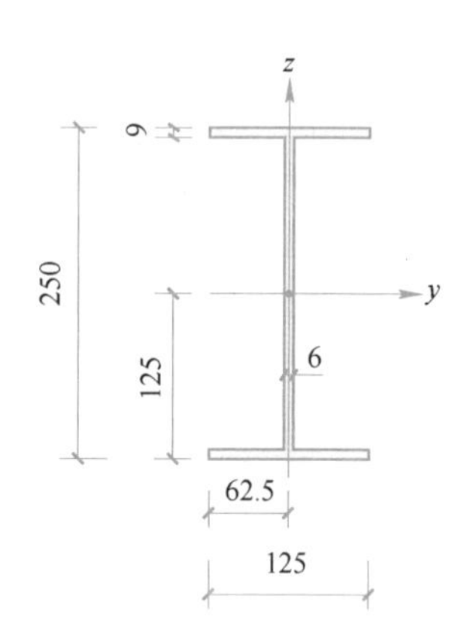

A　设计条件

设计规范：GB 50017—2017；

单位体系：N，mm；

单元号：487；

材料：Q355；

截面名称：HN250 mm×125 mm×6 mm×9 mm；

构件长度：2026.16。

B　验算内力

强度验算：

$N=-491161$（LCB：20，POS：I）

$M_y=8381025$

$M_z=-1257211$

稳定验算：

y 向：

$N=-491161$（LCB：20，POS：I）

$M_y=8381025$

$M_z=-1257211$

z 向：

$N=-491161$（LCB：20，POS：I）

$M_y=8381025$

$M_z=-1257211$

高度	250.000	腹板厚度	6.0000
上翼缘宽度	125.000	上翼缘厚度	9.0000
下翼缘宽度	125.000	下翼缘厚度	9.0000
面积	3697.00	A_{sz}	1500.0
Q_{yb}	29321.8	Q_{zb}	1953.13
I_{yy}	38680000	I_{zz}	29350000
Y_{bar}	62.5000	Z_{bar}	125.000
W_{yy}	309400	W_{zz}	47000.0
r_y	102.3000	r_z	228.2000

C　设计参数

构件类型：支撑；

自由长度：$L_y=2026.16$，$L_z=2026.16$，$L_b=2026.16$；

计算长度系数：$K_y=1.00$，$K_z=1.00$；

强度设计时净截面特征值调整系数：$C=0.85$。

D 强度验算结果

强度应力验算：

$\sigma/f=224.844/305.000=0.737<1.000$

稳定应力验算：

$R_{max1}=0.575$ $R_{max2}=0.860$

$R_{max}=0.860<1.000$

E 构造验算结果

长细比验算：

$KL/r=71.911<200.0$

板件宽厚比验算：

$B/t_f=5.722<16.8$

$H_w/t_w=36<59.7$

7.5.2.3 P203 mm×10 mm

A 设计条件

设计规范：GB 50017—2017；

单位体系：N，mm；

单元号：125；

材料：Q355；

截面名称：P203 mm×10 mm；

构件长度：2480.83。

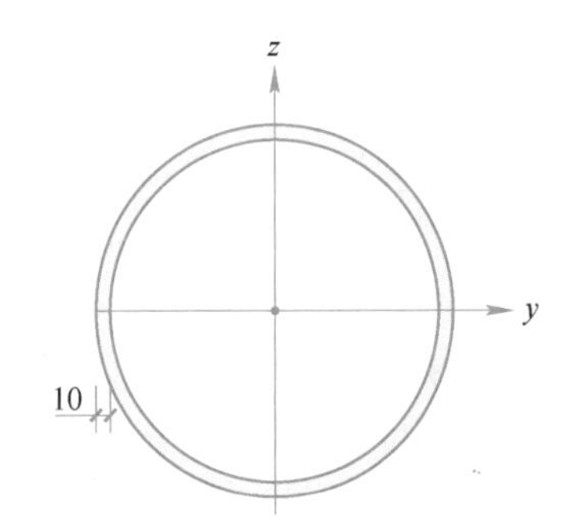

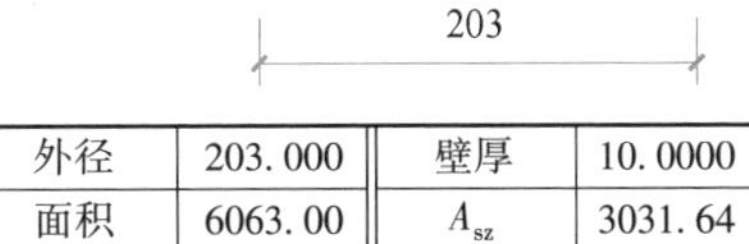

外径	203.000	壁厚	10.0000
面积	6063.00	A_{sz}	3031.64
Q_{yb}	9337.25	Q_{zb}	9337.25
I_{yy}	28307200	I_{zz}	28307150
Y_{bar}	101.500	Z_{bar}	101.500
W_{yy}	278890	W_{zz}	278888
r_y	68.3000	r_z	68.3273

B 验算内力

强度验算：

$N=-166008$（LCB：20，POS：I）

$M_y=-31917222$

$M_z=-15787577$

稳定验算：

$N=-166008$（LCB：20，POS：I）

$M_y=-31917222$

$M_z=-15787577$

C 设计参数

构件类型：支撑；

自由长度：$L_y=2480.83$，$L_z=2480.83$，$L_b=2480.83$；

计算长度系数：$K_y=1.00$，$K_z=1.00$；

强度设计时净截面特征值调整系数：$C=0.85$。

D　内力验算结果

强度应力验算：

$\sigma/f = 175.881/305.0000 = 0.577 < 1.000$

稳定应力验算：

$R_{max1}=0.499$

$R_{max}=0.499<1.000$

E　构造验算结果

长细比验算：

$KL/r=36.307<200.0$

板件宽厚比验算：

$B/t_f=20.3<213.1$

7.5.2.4　P500 mm×25 mm

A　设计条件

设计规范：GB 50017—2017；

单位体系：N，mm；

单元号：1110；

材料：Q355；

截面名称：P500 mm×25 mm；

构件长度：3506.38。

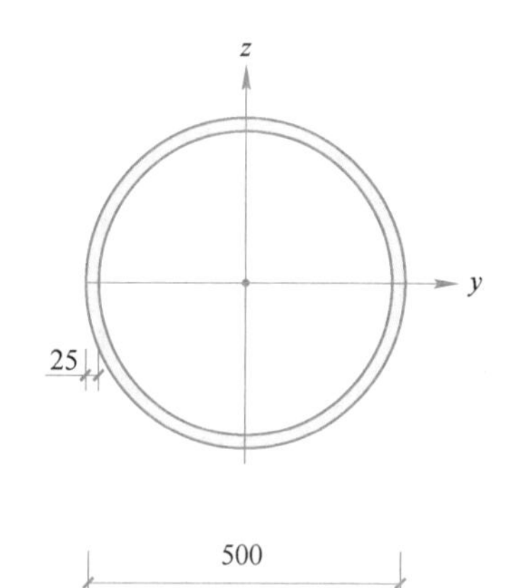

外径	500.000	壁厚	25.0000
面积	37306.4	A_{sz}	18653.2
Q_{yb}	56562.5	Q_{zb}	56562.5
I_{yy}	105507986	I_{zz}	105507986
Y_{bar}	250.000	Z_{bar}	250.000
W_{yy}	4220288	W_{zz}	4220288
r_y	168.170	r_z	168.170

B　验算内力

强度验算：

$N=-426801$（LCB：20，POS：I）

$M_y=-806593856$

$M_z=368367146$

稳定验算：

$N=-439892$（LCB：20，POS：I）

$M_y=640125440$

$M_z=-274762080$

C　设计参数

构件类型：柱；

自由长度：$L_y=3506.38$，$L_z=3506.38$，$L_b=3506.38$；

计算长度系数：$K_y=1.00$，$K_z=1.00$；

强度设计时净截面特征值调整系数：$C=0.85$。

D　内力验算结果

强度应力验算：

σ/f = 215. 781/295. 000 = 0. 731 < 1. 000

稳定应力验算：

R_{max1} = 0. 687

R_{max} = 0. 687<1. 000

E 构造验算结果

长细比验算：

KL/r = 20. 850<150. 0

板件宽厚比验算：

B/t_f = 20. 000<34. 1

挠度验算：

$V = L/826 < L/300$

7.6 工程总结

本工程平面投影呈X型，其中左侧采用空间桁架体系，右侧采用K6型单层网壳结构。其建筑外形及结构类型均属异型结构。为此，采用弹性及动力弹塑性分析法对此结构进行抗震性能设计，并采用三维双重非线性有限元方法对其稳定性进行验算。根据抗震及稳定分析所确定的结构薄弱处，开展抗连续倒塌分析，并提出加固措施。具体结论为：

（1）振型分析结果显示结构的振动形态可分为两类：一类为右侧网壳分叉处上端向周围扩散；另一类为左侧空间桁架与右侧单层网壳交界处向两端扩散。本工程抗震性能满足中震弹性、大震不屈服的性能目标。

（2）结构屈曲首先出现在右边单层网壳分叉处上端，并逐渐向左侧空间桁架方向发展，分叉处下端基本无屈曲变形。本结构的稳定性承载力满足规范要求，且不同分布形式及缺陷幅值对整体结构稳定安全系数影响不大。

（3）根据抗连续倒塌分析可知，分叉处上端、空间桁架与网壳交界处及支座反力最大圆钢柱失效后，均会引起整体结构的连续倒塌。可采取加固措施：在单层网壳分叉处上端增设交叉腹杆、在交界处设置12 mm加劲肋及圆钢柱外围包裹设有钢筋网的混凝土层。

8　多边形单层网壳结构

8.1　工程概况

8.1.1　建筑概况

长春影视文创孵化园区二期建设项目（图 8-1（a））位于长春市净月高新开发区的长春国际影都板块核心地段，主要由冰雪体验摄影基地和影视研学基地两部分组成，总建筑面积可达 473000 m^2。影视研学基地屋盖结构包含两个采光顶，其中跨度较大采光顶（图 8-1（b））位于结构中部，该采光顶长方向跨度为 85 m，短方向宽度为 61 m。由于该采光顶形状奇特，且直接坐落于分布不规则的外围框架柱顶，导致该采光顶受力极为复杂。为降低该采光顶对下部结构的承载性能要求，并尽可能降低施工难度，本节将对该采光顶的结构方案进行合理的分析与设计。

(a)

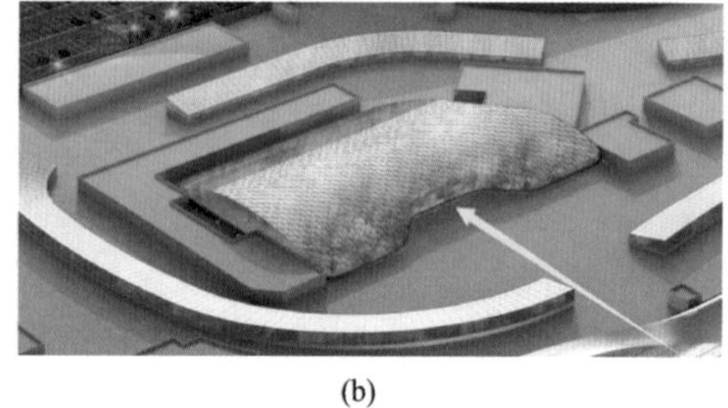

(b)

图 8-1　工程概况

（a）整体建筑；（b）采光顶

8.1.2　结构选型

在进行采光顶结构选型时主要考虑了两种方案，分别为钢桁架结构和单层铝合金网壳结构。方案 1（图 8-2（a））采用钢管空间桁架结构体系，布置方式为沿采光顶外围及内部设置立体桁架，并在上弦平面设置交叉拉杆进行面内支撑。方案 2（图 8-2（b））采用单层铝合金网格结构体系，网格的几何形状为三角形。

在本工程中，与钢桁架相比单层铝合金网壳结构具有以下优势：（1）建筑

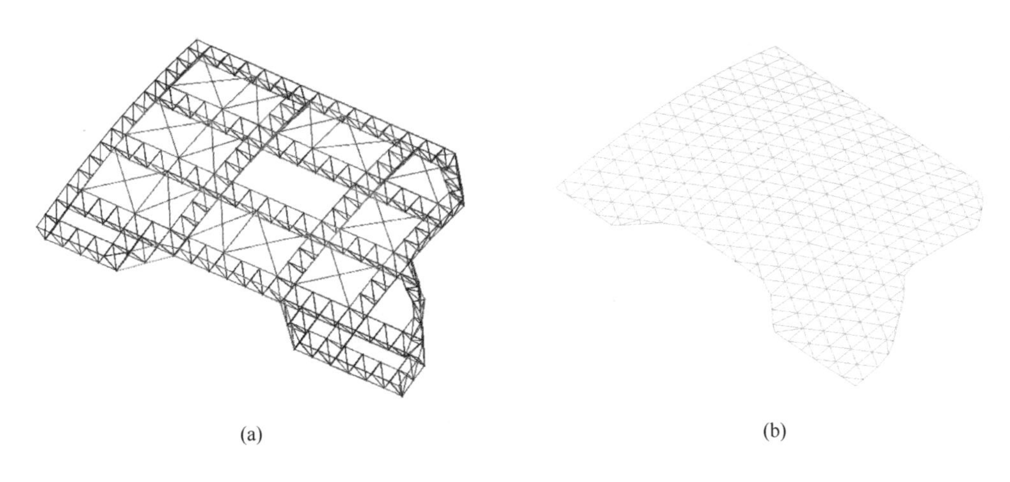

(a)　　(b)

图 8-2　结构方案比选

（a）空间钢桁架；（b）单层铝合金网壳

造型美观，建构体系布置简洁，采光性极佳；（2）铝合金结构自重轻，可有效改善下部支撑构件的受力状态，减少型钢混凝土构件的用量；（3）采用较轻的铝合金网壳结构便于施工吊装，可采用较为简单的施工方案，降低施工难度；（4）铝合金材料具有天然的耐腐蚀性能，可减少使用期间的维护成本。

鉴于单层铝合金网壳方案的上述优势，本工程最终选用该方案作为采光顶的结构体系。该采光顶网壳的主要设计荷载为：恒荷载 0.8 kN/m^2；活荷载 0.5 kN/m^2；地震烈度为 7 度（0.1g），地震分组为第三组，场地类别为Ⅱ类；温度荷载取±25 ℃温差变化，合拢温度取 10 ℃。单层铝合金网壳采光顶的阻尼比取 0.03，杆件截面为 H460 mm×220 mm×8 mm×12 mm，杆件长度为 2.5~4.5 m。节点选用最常见的铝合金板式节点，盖板尺寸为 ϕ500 mm×12 mm。杆件上下翼缘与板式节点通过 304-HS 材料性能的不锈钢螺栓，螺栓直径为 10 mm，单侧螺栓数量为 20 个。

8.2　分析模型

8.2.1　模型建立

由于单层铝合金网格采光顶结构较为复杂，需使用两种不同计算软件（MIDAS GEN 和 RFEM）分别建模并进行结果校核，模型详见图 8-3。计算模型中，铝合金的材料本构关系均采用 6061-T6 材料模型，支座类型均选用铰接的约束方式。通过对比两种计算模型的振型结构及特征值屈曲模态来验证模型的有效性。

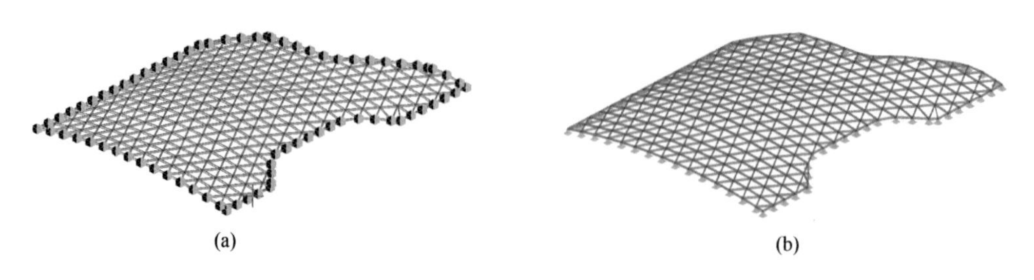

图 8-3　分析模型

(a) MIDAS GEN 模型；(b) RFEM 模型

8.2.2　结果对比

经过计算，获得了两个模型的自振振型、屈曲模态、自振周期及屈曲特征值，并开展模型有效性的对比验证。通过对比可以发现，两个模型的前3阶振型（图 8-4）和前3阶屈曲模态（图 8-5）基本吻合，对应的自振周期和特征值（表 8-1）误差极小，即两类模型的精度可以满足计算需求。进一步分析可以发现，本采光顶网壳自振振型和屈曲模态均是整体振动和整体屈曲，说明采光顶网壳的结构布置合理，可以进一步开展分析与设计工作。

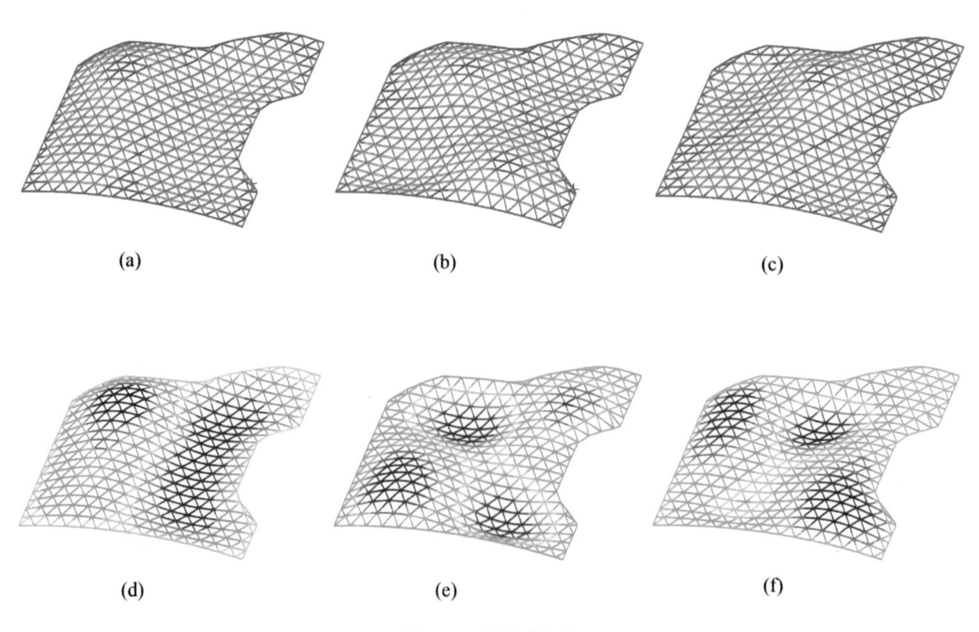

图 8-4　结构振型

(a) MIDAS 第1阶振型；(b) MIDAS 第2阶振型；(c) MIDAS 第3阶振型；
(d) RFEM 第1阶振型；(e) RFEM 第2阶振型；(f) RFEM 第3阶振型

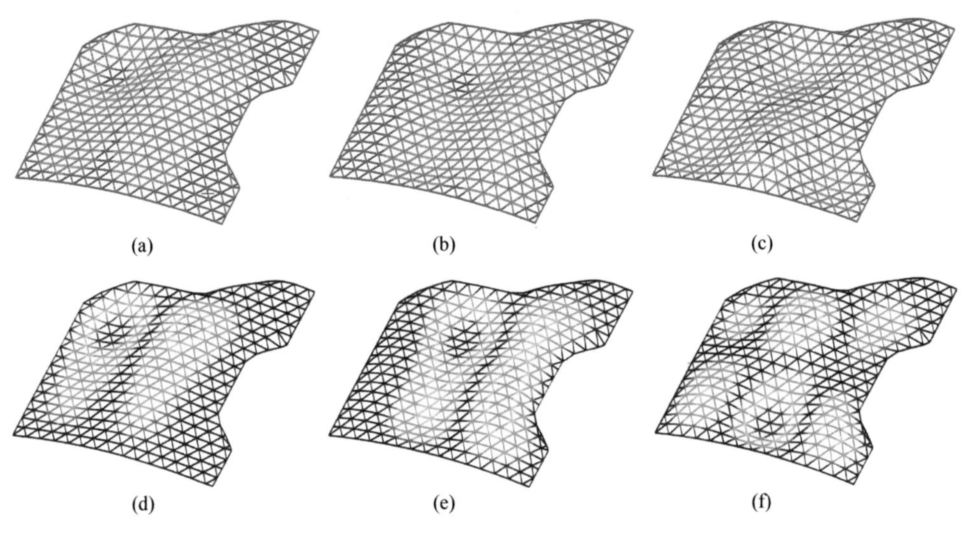

图 8-5 屈曲模态

（a）MIDAS 第 1 阶模态；（b）MIDAS 第 2 阶模态；（c）MIDAS 第 3 阶模态；
（d）RFEM 第 1 阶模态；（e）RFEM 第 2 阶模态；（f）RFEM 第 3 阶模态

表 8-1 计算结果对比

模型	振型	周期/s	模态	特征值
MIDAS GEN	第 1 阶	0. 69	第 1 阶	4. 3
	第 2 阶	0. 59	第 2 阶	4. 5
	第 3 阶	0. 57	第 3 阶	5. 4
RFEM	第 1 阶	0. 66	第 1 阶	4. 4
	第 2 阶	0. 56	第 2 阶	4. 7
	第 3 阶	0. 54	第 3 阶	535

8. 3 弹性计算分析

基于 MIDAS GEN 模型，施加各类荷载，计算整体网格结构在荷载基本组合作用下的构件受力状态，分析其在荷载标准组合作用下的位移情况，初步判断结构的强度和刚度是否满足规范要求。

8. 3. 1 构件内力分析

采用 MIDAS GEN 模型开展单层铝合金网壳弹性分析，在该模型中采用理想弹性的材料模型，提取构件内力并开展构件设计。计算所得构件轴力的最大设计值为 440 kN，最大弯矩设计值为 76 kN·m，最大剪力设计值为 430 kN。通过内力计算获得构件的应力分布，见图 8-6。由该图可知杆件最大应力为 112 MPa，大部分杆件的应力处于 80 MPa 以内，满足规范要求。通过上述分析可知杆件的应力远小于屈服应力，这是由于本结构主要有稳定性控制，详见后续稳定性分析。

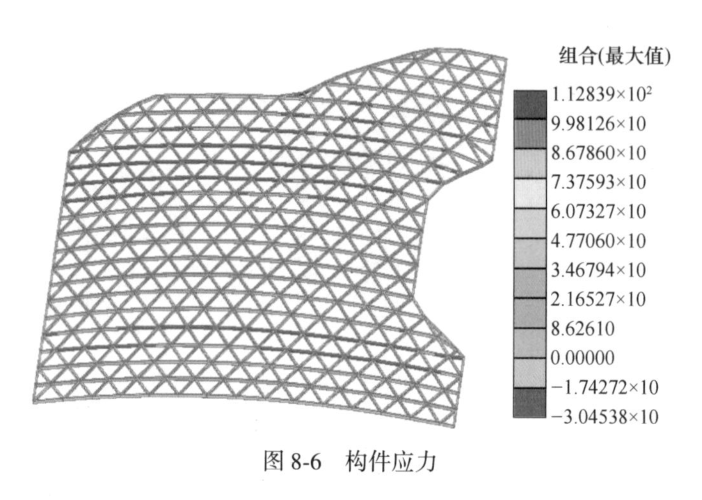

图 8-6　构件应力

8.3.2　结构变形分析

在荷载标准组合（恒荷载+活荷载）作用下，本结构的整体变形如图 8-7 所示。由该图可知，本结构最大变形发生在中间靠上部位，最大竖向位移为 119 mm。最大位移与跨度比值为 1/512，小于规范限值 1/400。通过上述分析可确定本结构满足规范对单层网壳结构变形的要求。

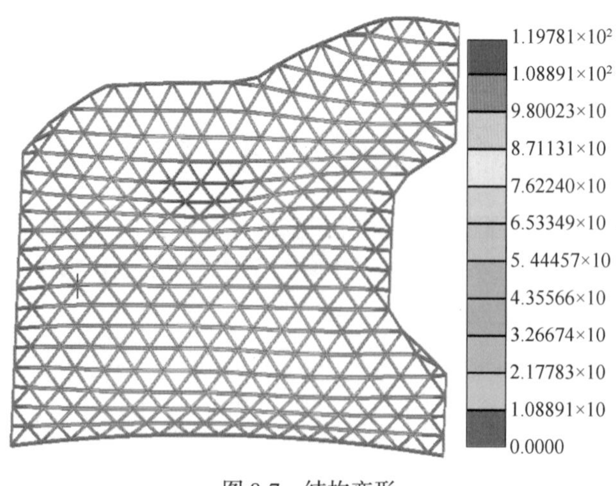

图 8-7　结构变形

8.4 稳定性验算

对于单层铝合金网壳结构而言，在弹性分析基础上应进行稳定性验算。使用RFEM模型开展双非线性稳定分析，基于该分析结果确定倒塌工况，并进行整体结构抗连续倒塌分析，充分验证本结构的稳定性承载力。

8.4.1 双非线性稳定分析

RFEM软件的非线性分析模块和稳定分析模块可提供双非线性稳定分析。本文采用RFEM模型对本结构开展双非线性稳定分析，对其稳定性承载力进行验算。荷载工况分别为恒载+满布活载、恒载+左半布活载、恒载+右半布活载、恒载+上半布活载、恒载+下半布活载。采用理想弹塑性模型来模拟6061-T6铝合金的本构关系。初始缺陷的形状取各工况对应的最低阶屈曲模态，缺陷值根据规范要求按跨度的1/300取值。经计算各工况作用下的荷载临界系数最小值为2.5，大于规范限值2.0。当结构开始失稳时（荷载安全系数为2.5时），结构构件的塑性发展状态如图8-8所示。由该图可知，单层铝合金网格的破坏模式为左上方的2根杆件率先失稳，逐渐引起周围部分杆件失稳，并未直接出现整体结构失稳的情况。

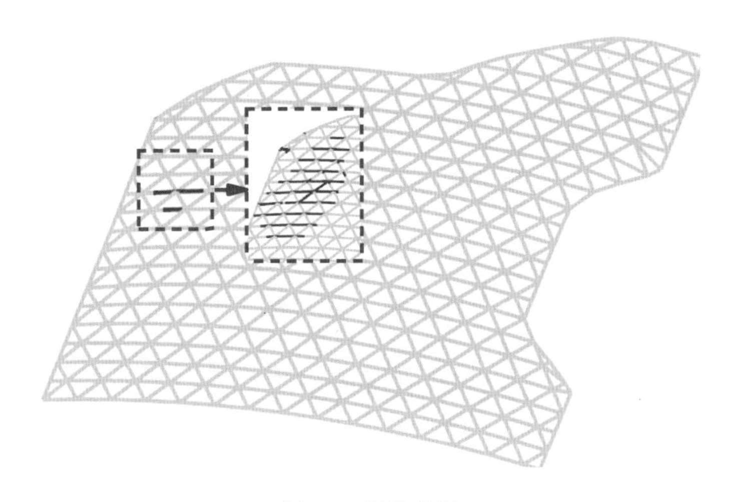

图8-8 塑性发展

8.4.2 抗连续倒塌分析

为进一步验证整体结构的安全性，将依据双非线性稳定分析结果提出倒塌工况，开展整体结构抗连续倒塌分析。采用拆除构件法对本工程开展抗连续倒塌分析，即选择双非线性稳定分析中率先失效的 2 根杆件作为初始失效杆件。根据分析结果，将应力比超过 1.0 的相邻构件继续拆除，直至邻近杆件应力比均小于 1.0 或出现大范围倒塌为止。根据分析结果（图 8-9）可知，当最先失稳的两根构件失效后，其周围杆件的应力水平基本无明显的变化，即该倒塌工况并不会引起整体结构的连续性倒塌。

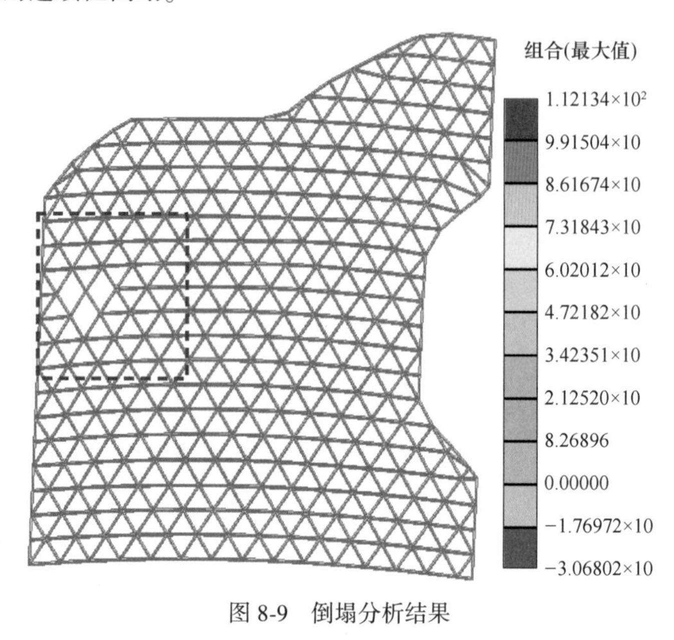

图 8-9　倒塌分析结果

8.5　关键构件复核

对由本结构形状奇特导致部分关键构件受力复杂的情况，需对其进行补充计算。针对关键杆件，进行屈曲分析验算，确定其计算长度系数并输入至结构设计模型，完成杆件强度验算。建立关键节点有限元分析模型，计算其在最大荷载设计值作用下的应力状态，完成节点的强度校核。

8.5.1　关键杆件

在单层铝合金网壳结构整体模型中选取典型杆件，在构件两端施加单位力，通过计算获取其屈曲特征值（该特征值即为屈服荷载），再根据欧拉公式可以得到杆件的面外计算长度系数。典型构件依然取最先失稳的构件，其特征值屈曲分析结果见图 8-10。

经过计算得到该杆件的计算长度系数为 1.47，将其输入至整体模型进行铝合金结构设计，所得杆件应力比如图 8-11 所示。计算结果显示除部分杆件的应力

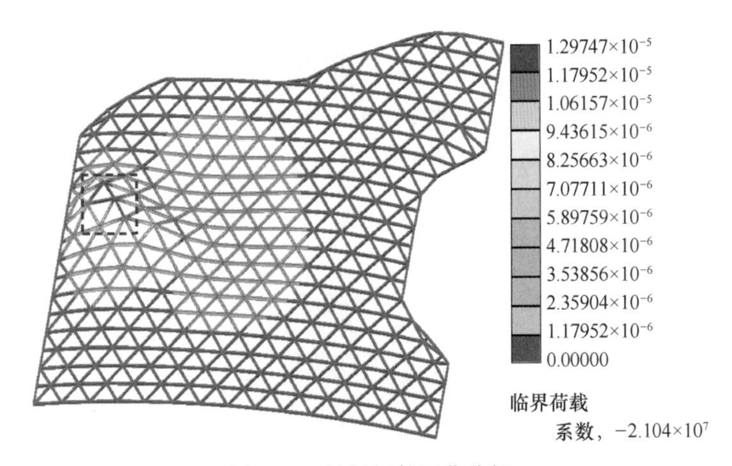

图 8-10 关键杆件屈曲分析

比达到 0.7 以外，大部分杆件的应力比小于或等于 0.5，结构具有足够的安全储备。

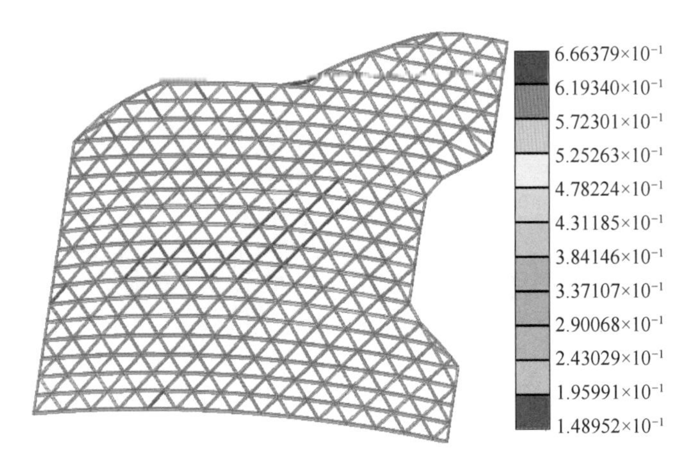

图 8-11 关键杆件的应力比

8.5.2 典型节点

选取受力最大的铝合金板式节点，采用 ABAQUS 建立有限元分析模型（图 8-12），计算该节点的受力状态，对其强度进行校核。依据节点的对称性，建立 1/2 节点模型，其中铝合金梁、铝合金盖板及不锈钢螺栓均采用 C3D8R 单元。

经过计算得到了铝合金板式节点的应力状态，如图 8-13 所示。由该图可知，在荷载设计值作用下，上下盖板的应力均小于 120 MPa，梁翼缘最大应力约为 150 MPa，螺栓应力接近 280 MPa。通过上述分析可知，各部分应力均满足规范

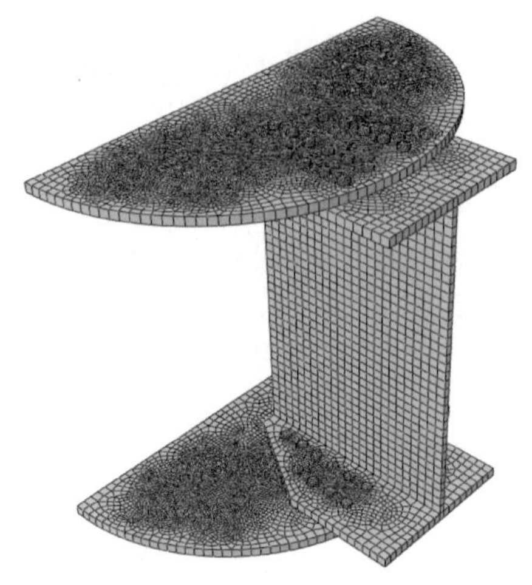

图 8-12　有限元分析模型

要求且具有较大安全储备，盖板的应力明显低于梁翼缘，符合“强节点、弱杆件”的结构设计理念。

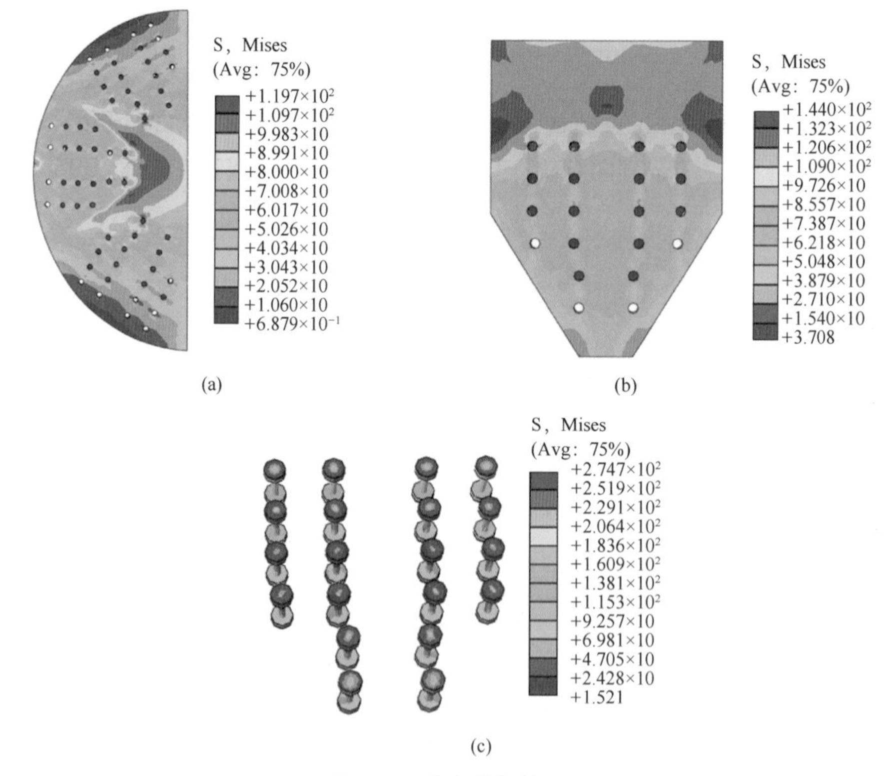

图 8-13　节点分析结果

（a）盖板应力；（b）梁翼缘应力；（c）螺栓应力

8.6　截面验算

8.6.1　强度验算

在荷载基本组合作用下，构件截面强度验算的结果如图 8-14 所示。强度应力比最大值为 0.67，大部分杆件小于 0.5，构件截面的强度验算满足规范要求。

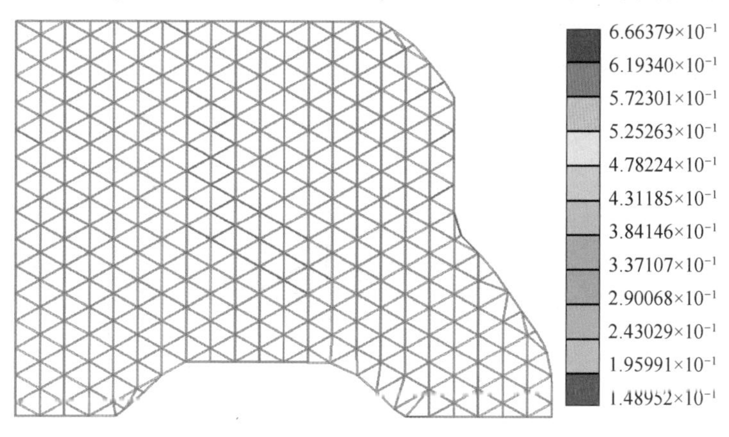

图 8-14　截面强度验算

8.6.2　稳定验算

在荷载基本组合作用下，构件截面稳定验算的结果如图 8-15 所示。稳定应力比最大值为 1.02，大部分杆件小于 0.8，只有极少数构件稳定应力比超出规范要求，大部分构件截面的稳定验算满足规范要求。针对部分稳定应力比超限的杆件，将其替换为等截面的钢构件即可，其余杆件不变。

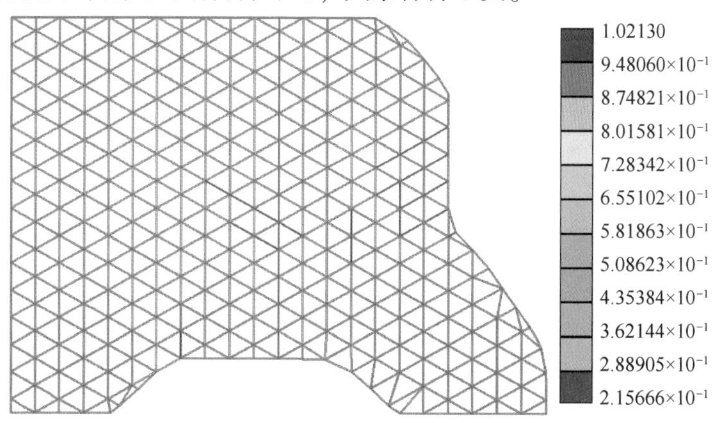

图 8-15　截面稳定验算

8.6.3　抗剪验算

在荷载基本组合作用下，构件截面抗剪验算的结果如图 8-16 所示。抗剪应力比最大值为 0.46，大部分杆件小于 0.4，构件截面的抗剪验算满足规范要求。

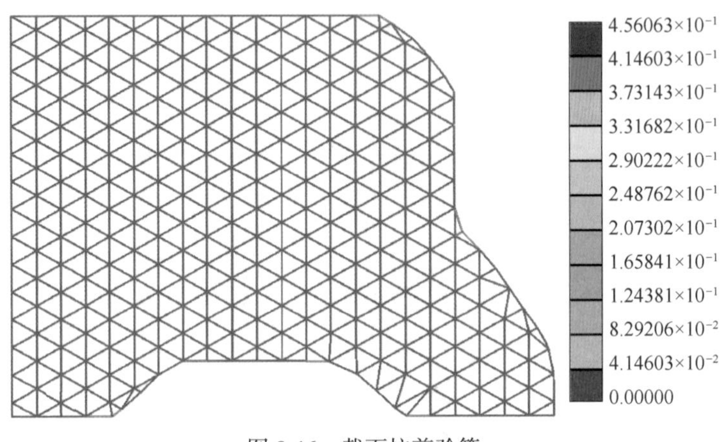

图 8-16　截面抗剪验算

8.7　工程总结

以长春影视文创孵化园区的影视研学基地采光顶为工程实践对象，对其开展单层铝合金网壳结构分析与设计，具体结论如下：

（1）使用 MIDAS GEN 和 RFEM 软件分别建立分析模型，计算结果表明两个模型的振型和屈曲模态基本吻合，充分验证了两个模型的准确性和有效性。

（2）采用 MIDAS GEN 模型开展单层铝合金网壳弹性分析，结果表明在荷载基本组合作用下构件的最大应力为 112 MPa，满足规范要求。在荷载标准组合用下，结构的最大位移与跨度的比值为 1/512，小于规范限值 1/400。

（3）使用 RFEM 模型开展双非线性稳定分析，经计算各工况作用下的荷载临界系数最小值为 2.5，大于规范限值 2.0。采用拆除构件法对本工程开展抗连续倒塌分析，结果表明本结构不会发生连续性倒塌。

（4）针对关键杆件进行特征屈曲分析，确定其计算长度系数为 1.47，并输入至整体分析模型。该模型计算结果表明大部分杆件的应力比小于或等于 0.5，结构具有足够的安全储备。对典型节点开展有限元分析，其结果显示各部分均具有足够的安全储备。

9 椭球形双向网格结构

9.1 工程概况

沙特阿拉伯作为中东地区的主要经济大国，随着工业的不断发展，工业建筑如雨后春笋般出现在沙特各地。其中大跨空间钢结构被广泛应用于该地区的工业仓储建筑，本工程就是其中之一。工程位于沙特，建筑用途为矿石料场，其建筑形态为半椭球状，由于场地限制，建筑两侧不规则开洞，如图 9-1 所示。椭球状

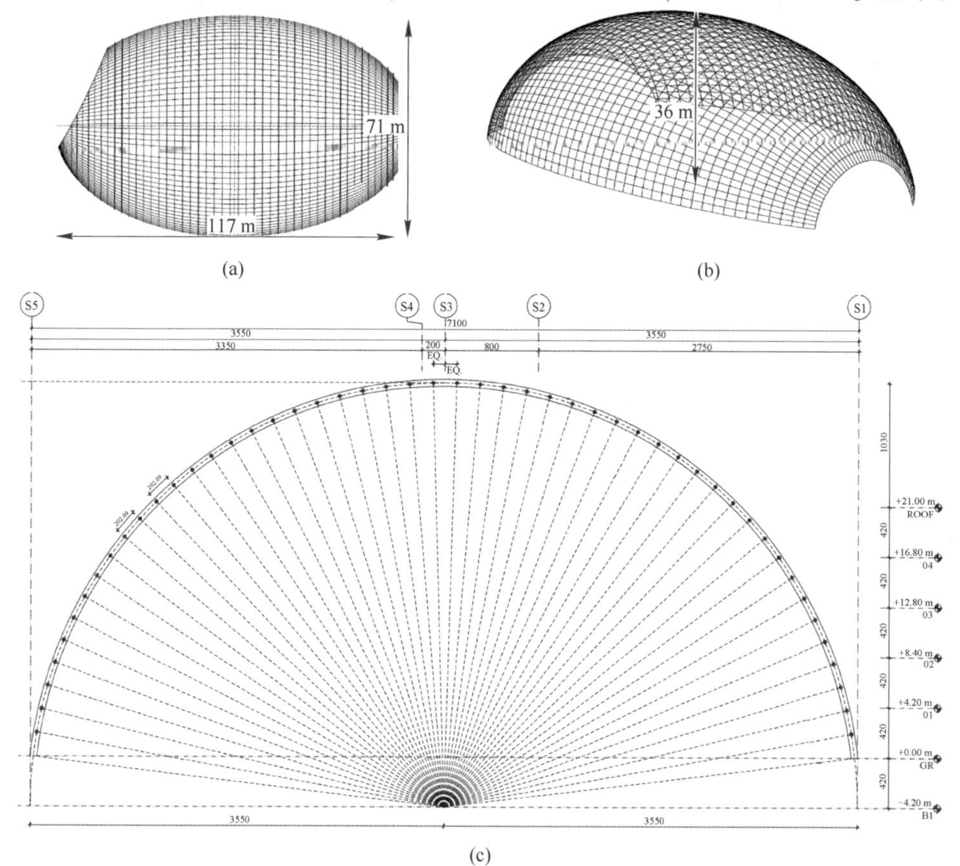

图 9-1 建筑概况

（a）俯视图；（b）轴测图；（c）剖面图

建筑长轴跨度为 117 m，短轴跨度为 71 m，最大高度为 36 m。屋面恒荷载为 0.65 kN/m^2，活荷载为 0.5 kN/m^2，基本风压为 0.5 kN/m^2，抗震设防烈度为 7 度，地震分组为第三组，场地类别为Ⅱ类。

9.2　结构选型

9.2.1　结构方案

本工程在进行结构方案选型时主要考虑了 3 种方案，分别为单层双向网格结构、双向网格+跨度方向加强桁架组合结构及双向网格+双向加强桁架组合结构。方案 1（图 9-2（a））采用单层双向网格结构体系，网格沿长跨方向和短跨方向分别布置。方案 2（图 9-2（b））是在方案 1 的基础上增设沿短跨方向均匀布置 6 道加强桁架。方案 3（图 9-2（c））则是在方案 2 的基础上沿长跨方向布置两道加强桁架。

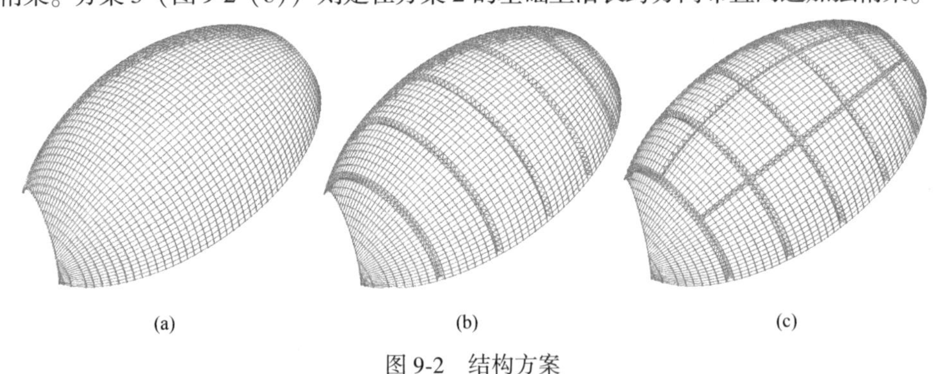

(a)　(b)　(c)

图 9-2　结构方案
（a）方案 1；（b）方案 2；（c）方案 3

9.2.2　方案对比

本项目拟通过对三个结构方案进行结构分析对比，最终选择最优的结构方案。由于在方案对比阶段主要关注各结构方案的整体性能，各杆件的截面尺寸均选定为 P250mm×8mm，暂不开展构件截面设计工作。对于大跨空间结构而言，其结构性能通常由竖向位移控制，因此在方案对比阶段将主要关注竖向位移。在相同恒荷载作用下各结构方案对应的竖向位移如图 9-3 所示。方案 1 的竖向位移高达 195 mm，方案 2 和方案 3 的位移仅为 73 mm。通过上述分析可知，加强桁架将显著提高结构的刚度，但沿长度方向布置的桁架对改善整体结构刚度作用较小。

为进一步分析方案 2 和方案 3 结构性能的区别，对其开展特征值屈曲分析，屈曲模态对比结果见图 9-4。由该图可知，两个结构方案的屈曲模态均为跨中部分局部屈曲，且方案 2 的屈曲范围大于方案 3 的，方案 3 的屈曲特征值较方案 2

提高了 13%。本结构在使用的过程中，除竖向荷载外，还会承受水平风荷载和地震作用，应采用结构布置更为合理的方案 3。

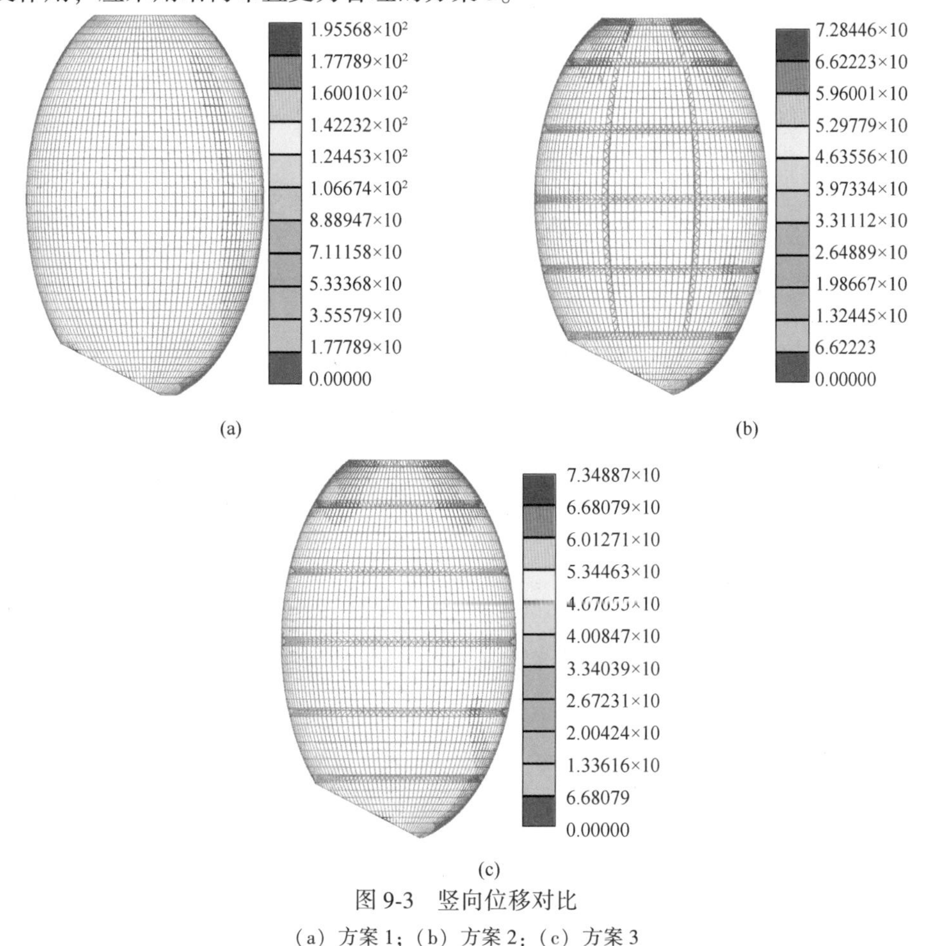

图 9-3　竖向位移对比

（a）方案 1；（b）方案 2；（c）方案 3

3.09962×10⁻⁴
2.81784×10⁻⁴
2.53606×10⁻⁴
2.25427×10⁻⁴
1.97249×10⁻⁴
1.69070×10⁻⁴
1.40892×10⁻⁴
1.12714×10⁻⁴
8.45352×10⁻⁵
5.63568×10⁻⁵
2.81784×10⁻⁵
0.00000
临界荷载
系数，2.965×10
(a)

2.78530×10⁻⁴
2.53209×10⁻⁴
2.27888×10⁻⁴
2.02567×10⁻⁴
1.77246×10⁻⁴
1.51925×10⁻⁴
1.26605×10⁻⁴
1.01284×10⁻⁴
7.59627×10⁻⁵
5.06418×10⁻⁵
2.53209×10⁻⁵
0.00000
临界荷载
系数，3.317×10
(b)

图 9-4　屈曲模态对比

（a）方案 2；（b）方案 3

9.2.3　结构布置

基于方案对比分析结果，选用方案 3 作为整体结构的布置形式，其中加强桁架上下弦杆为 P400 mm×12 mm，加强桁架腹杆为 P250 mm×8 mm，短跨方向网格杆件为 P400 mm×10 mm，长跨方向网格杆件为 P250 mm×8 mm。

9.3　等效弹性分析

9.3.1　振型分析

使用两款计算软件（MIDAS GEN 和 RFEM）分别建模，开展结构自振分析，结果见图 9-5 和表 9-1。通过对比振型分析结果，可以发现两个模型的计算结果基本吻合，即验证了计算模型的有效性。前三阶振型形态均为整体结构水平及竖向振动，自振周期的变化范围为 0.6~0.7 s，振型较为集中且并未出现局部振动，说明本结构的布置较为合理。

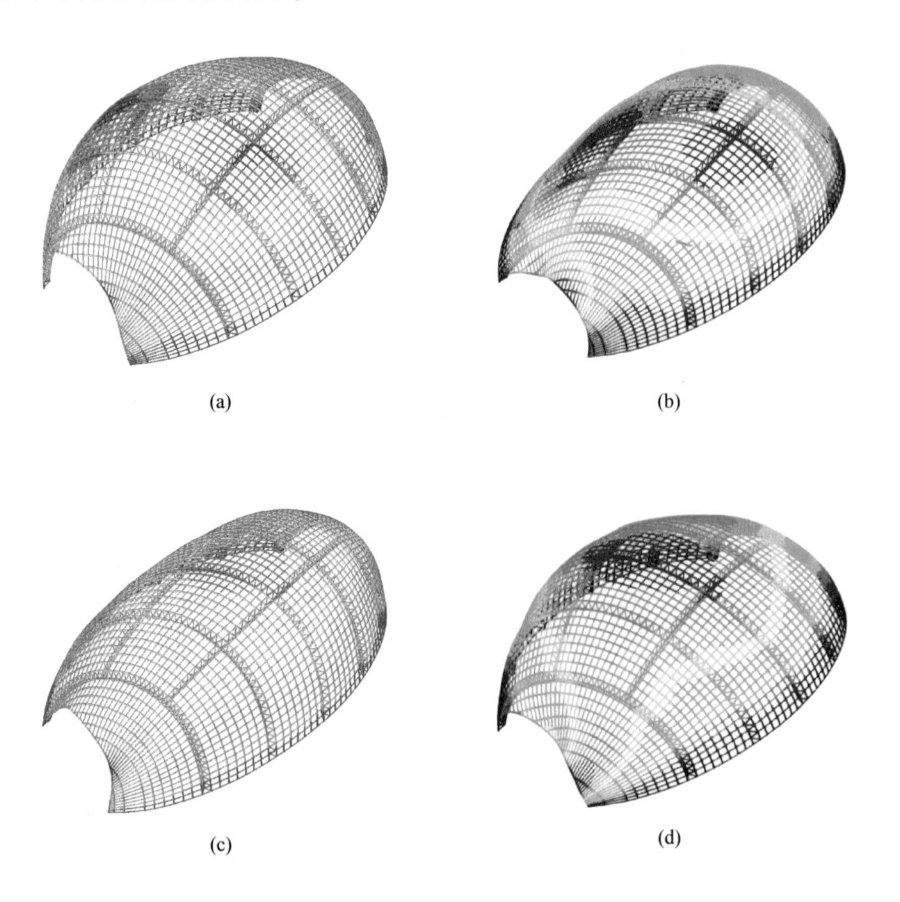

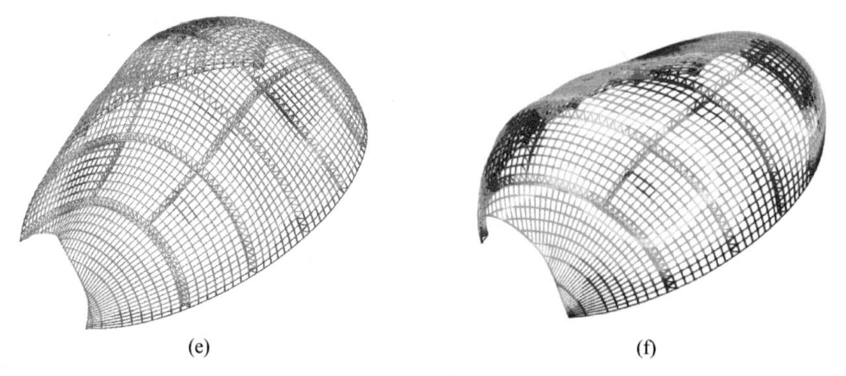

图 9-5 结构振型

（a）MIDAS GEN 第 1 阶振型；（b）RFEM 第 1 阶振型；（c）MIDAS GEN 第 2 阶振型；
（d）RFEM 第 2 阶振型；（e）MIDAS GEN 第 3 阶振型；（f）RFEM 第 3 阶振型

表 9-1 计算结果对比

模型	振型	周期/s	模型	振型	周期/s
MIDAS GEN	第 1 阶	0.69	RFEM	第 1 阶	0.70
	第 2 阶	0.64		第 2 阶	0.65
	第 3 阶	0.59		第 3 阶	0.60

9.3.2 结构指标

对于大跨空间结构而言，在对其进行等效弹性分析时，主要关注其刚度及强度指标，即结构变形和杆件的应力比。本结构使用 MIDAS GEN 模型对整体结构的性能指标开展弹性分析，计算结果如图 9-6 所示。

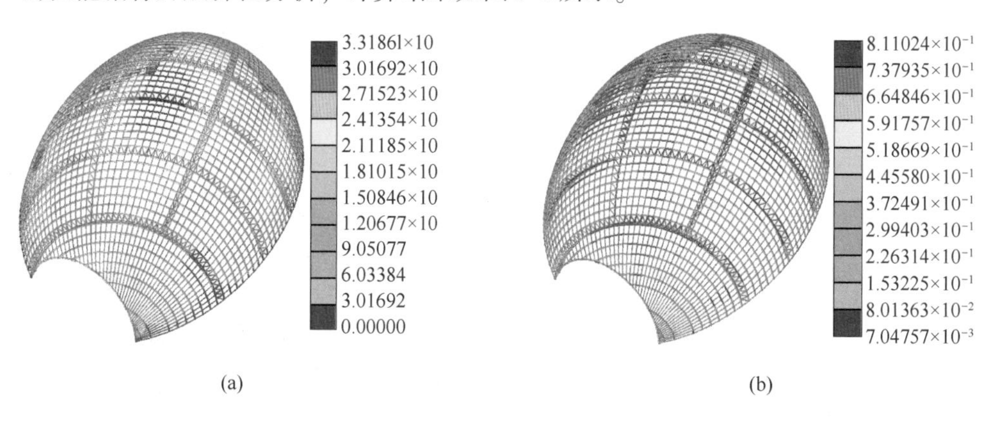

图 9-6 结构整体指标

（a）结构变形；（b）结构应力比

本结构的竖向位移限值按单层网壳屋盖结构取值，其限值为跨度的 1/400。结构在恒荷载和活荷载基本组合作用下的竖向位移（图 9-6（a））为 33 mm，小于竖向位移限值 125 mm（位移最大区域最小跨度为 50 m）。

结构在恒荷载、活荷载、风荷载及地震作用基本组合作用下的应力比如图 9-6（b）所示。各杆件的最大应力比为 0.82，该部分杆件主要位于立体桁架支座附近，其数量较少。大部分杆件的应力比处于 0.4～0.6 范围内，本结构具有足够的安全余度。

9.4　稳定性验算

规范指出单层网壳结构应进行稳定验算，本结构应按照单层网壳结构的要求进行稳定分析。稳定分析方法主要包含特征值屈曲分析、几何非线性分析及双飞线性分析，本结构将采取这 3 种方法进行详细的稳定验算。

9.4.1　特征值屈曲分析

特征值屈曲分析主要是用以初步探明结构的整体稳定状态，为后续非线性稳定分析提供基础。采用两个计算模型同时开展特征值屈曲分析，结果如图 9-7 和表 9-2 所示。两个计算模型所得屈曲模态均为跨中顶部局部屈曲，这是由于桁架的稳定性能远远优于双向网格结构。前三阶屈曲特征值均大于 40，初步说明本结构具有足够的稳定承载力。

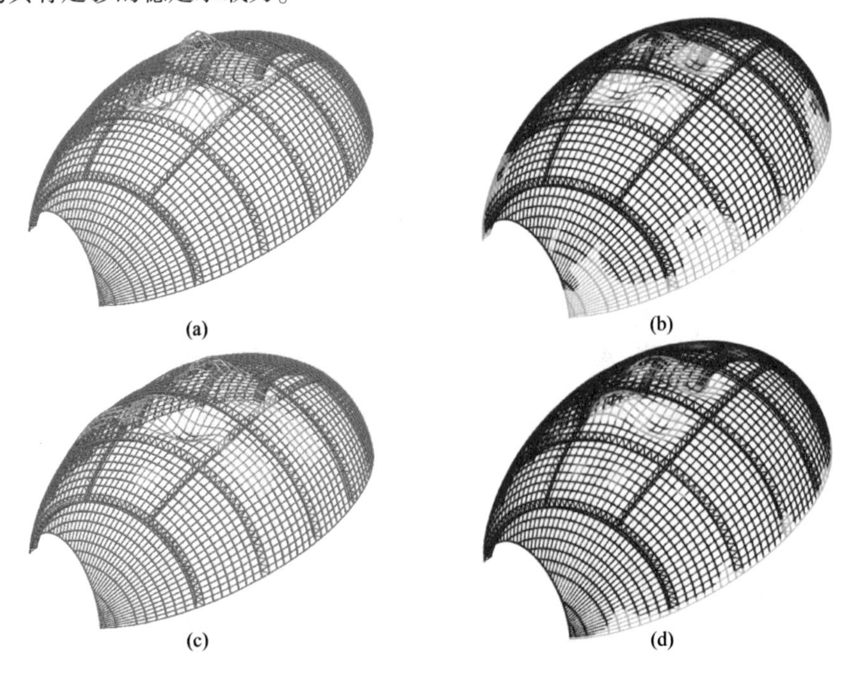

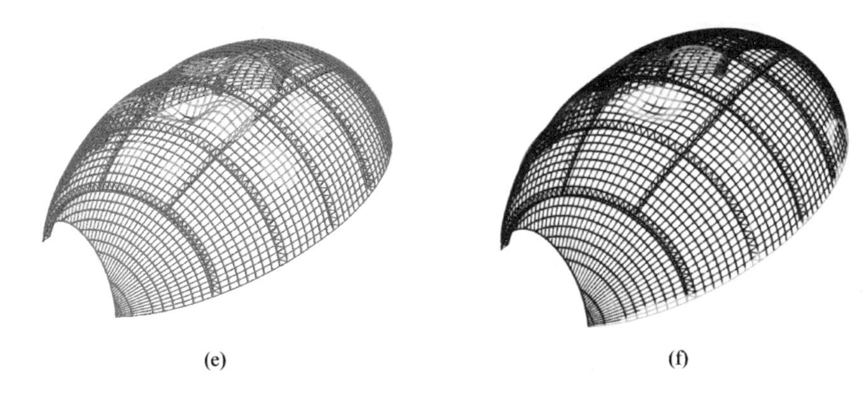

(e)　　(f)

图 9-7　屈曲模态

(a) MIDAS GEN 第 1 阶模态；(b) RFEM 第 1 阶模态；(c) MIDAS GEN 第 2 阶模态；(d) RFEM 第 2 阶模态；(e) MIDAS GEN 第 3 阶模态；(f) RFEM 第 3 阶模态

表 9-2　屈曲特征值

模型	模态	特征值	模型	模态	特征值
MIDAS GEN	第 1 阶	21.9	RFEM	第 1 阶	21.3
	第 2 阶	24.8		第 2 阶	24.1
	第 3 阶	25.7		第 3 阶	24.9

9.4.2　双非线性稳定分析

RFEM 软件的非线性分析模块可同时提供几何非线性和双非线性稳定验算。这两种非线性稳定分析均需要考虑初始缺陷，初始缺陷的分布形状均取第 1 阶屈曲模态，缺陷幅值均取结构跨度的 1/300。几何非线性的材料本构关系为各向同性的弹性模型，双非线性则采用各向同性的塑形模型来模拟材料的本构关系。经过计算（表 9-3）得到本结构的几何非线性荷载系数为 8.5，双非线性荷载系数为 3.1，均大于规范限值。双非线性分析所得结构在荷载系数为 3.1 时的塑性发展状态如图 9-8 所示，只有桁架近支座附近部分杆件进行塑性阶段，并未出现结构整体屈服的现象。通过非线性稳定分析可以证实本结构具有足够的稳定承载力。

表 9-3　非线性稳定分析结果

类型	缺陷形状	缺陷幅值	荷载系数/限值
几何非线性	第 1 阶	1/300	8.5/4.2
双非线性	第 1 阶	1/300	3.1/2.0

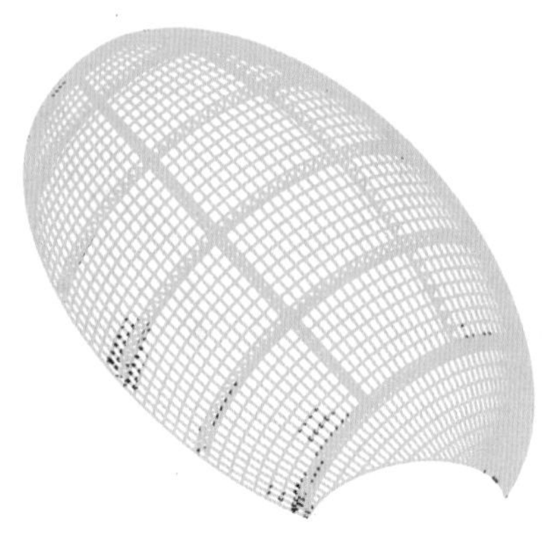

图 9-8　塑性发展

9.5　关键桁架校核

规范指出单层网壳结构应进行稳定验算，本结构应按照单层网壳结构的要求进行稳定分析。稳定分析方法主要包含特征值屈曲分析、几何非线性分析及双飞线性分析，本结构将采取这 3 种方法进行详细的稳定验算。

9.5.1　关键桁架受力分析

本结构除中跨桁架外各桁架横截面呈倾斜状三角形布置，与常规桁架相比其受力状态更为复杂，因此需对本结构中的桁架进行专门的分析。图 9-6 表明靠近出口处的变化桁架变形和应力比较大，所以选该桁架进行细部分析，分析结果如图 9-9 所示。边跨桁架的屈曲模态为顶部弦杆的旋转变形，这是由于本桁架为实现建筑形态而将桁架横截面设置为倾斜状三角形。本桁架的竖向位移为 23 mm，其竖向位移与跨度比值为 1/2100，远小于规范限值。对于桁架结构而言，稳定性应力比往往起控制作用，本桁架稳定性应力比最大值为 0.65，即本桁架具有足够的安全储备。

9.5.2　关键节点有限元分析

选取边跨桁架受力最大的节点（靠近支座处），建立 ABAQUS 有限元分析模型，通过有限元分析对其强度进行验算。根据整体结构在荷载基本组合作用下的计算结果，提取该节点的受力状态并施加至有限元分析模型，有限元计算结果如图 9-10 所示。加强桁架弦杆与腹杆交界处应力最大，其值为 236 MPa。长跨方向的应力较小，其最大值为 83 MPa。这是由于本结构的主要受力部位为加强桁架和短跨网格杆件。加强桁架的杆件应力均小于设计值且具有一定安全储备，因此该节点满足结构性能需求。

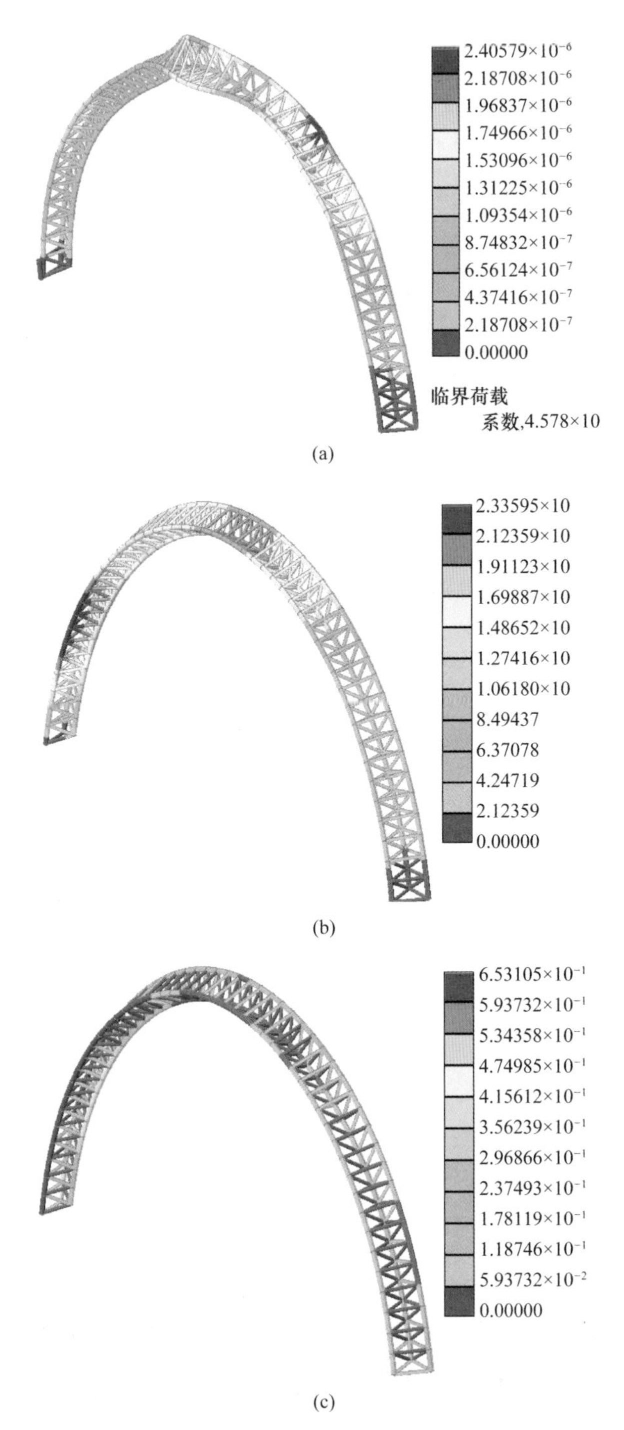

图 9-9 边跨桁架受力性能

(a) 屈曲模态；(b) 竖向变形；(c) 稳定应力比

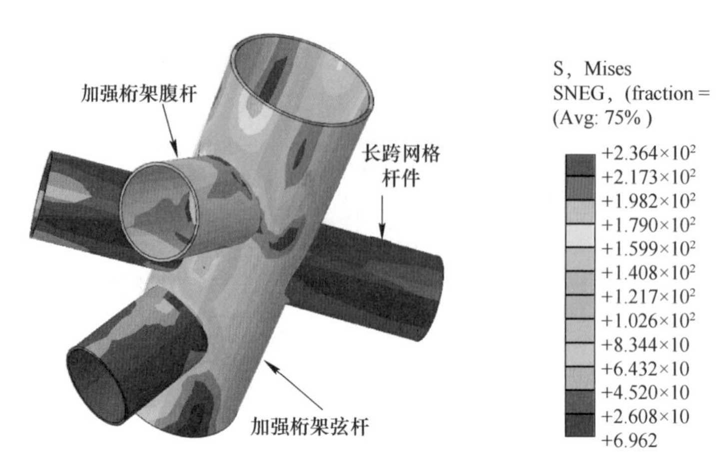

图 9-10　节点有限元分析结果

9.6　构件计算

9.6.1　P400 mm×12 mm

9.6.1.1　基本信息（单位：N，mm）

材料：

材料名称：Q355。

材料强度：

$f=305$，$f_y=355$

$f_v=175$，$f_u=470$，$E_s=2.0600$

截面：

截面形状：管型截面。

截面特性值：

$D=400.000$，$t_w=12.000$

$A_{rea}=1.4627\times10^4$，$I_{yy}=2.7552\times10^8$，$I_{zz}=2.7552\times10^8$，$i_y=137.244$，$i_z=137.244$

其他参数：

净截面调整系数：$c=0.85$。

构件长度：$l=1509.997$。

构件计算长度系数：$\mu_y=1.000$，$\mu_z=1.000$。

构件计算长度：$l_{0y}=1509.997$，$l_{0z}=1509.997$。

9.6.1.2　长细比验算

对于钢结构，非抗震时，构件长细比限值取［λ］=97.634

$\lambda_y = l0y/i_y = 1509.997/137.244 = 11.002$

$\lambda_z = l0z/i_z = 1509.997/137.244 = 11.002$

$\lambda_{max} = \max\{\lambda_y, \lambda_z\} = \max\{11.002, 11.002\} = 11.002 \leqslant [\lambda] = 97.634$，满足规范要求。

9.6.1.3 板件宽厚比验算

根据规范 GB 50017—2017 中 7.3.1 条，$abs(N) < (\varphi A_f)$，圆管支撑构件径厚比限值：$[D/t_w] = 137.965$。

径厚比：$D/t_w = 33.333 < 137.965$，满足规范要求。

9.6.1.4 内力验算（单位：N，mm）

A 强度验算

内力：$N = -1.3069\times10^6$，$M_y = 5.1105\times10^7$，$M_z = -6.5653\times10^7$。

非抗震组合：$\gamma_0 = 1.10$。

受力类型：压弯。

根据规范 GB 50017—2017 中公式（8.1.1-2）：

$A_n = cA = 1.2433\times10^4$

$W_n = I_n/(D/2) = 1.3776\times10^6$

$\gamma_m = 1.00$

$\sigma = N/A_n + (M_y^2 + M_z^2)/(\gamma_z W_{nz}) = 182.063 \leqslant f = 305$，满足规范要求。

B 稳定性验算

稳定验算：

内力：$N = -1.3069\times10^6$，$M_{yA} = -4.3211\times10^7$，$M_{zA} = 3.4942\times10^7$，$M_{yB} = 5.1105\times10^7$，$M_{zB} = -6.5653\times10^7$。

非抗震组合：$\gamma_0 = 1.10$。

受力类型：压弯。

根据规范 GB 50017—2017 中公式（8.2.4-1）：

$M = \max\left(\sqrt{M_{yA}^2 + M_{zA}^2}, \sqrt{M_{yB}^2 + M_{zB}^2}\right) = 8.3199\times10^7$

$\lambda = 11.002$，查 GB 50017—2017 中附录 D 得：$\varphi = 0.986$。

$N_E = \pi^2 EA/\lambda^2 = 2.4568\times10^8$

$\beta_y = 1 - 0.35\sqrt{N/N_E} + 0.35\sqrt{(N/N_E)(M_{2y}/M_{1y})} = 0.953$

$\beta_z = 1 - 0.35\sqrt{N/N_E} + 0.35\sqrt{(N/N_E)(M_{2z}/M_{1z})} = 0.961$

$\beta = \beta_y\beta_z = 0.916$

$W = I/(D/2) = 1.3776\times10^6$

$\gamma_m = 1.000$

$f = 305.000$

$N/(\varphi Af)+\beta M/[\gamma_m W(1-0.8N/N'_{Ex})f]=0.53\leqslant 1.0$，满足规范要求。

9.6.1.5　P400 mm×12 mm 的简化计算结果

A　设计条件

设计规范：GB 50017—2017；

单位体系：kN，mm；

单元号：2014；

材料：Q355；

截面名称：P400 mm×12 mm；

构件长度：1510.00。

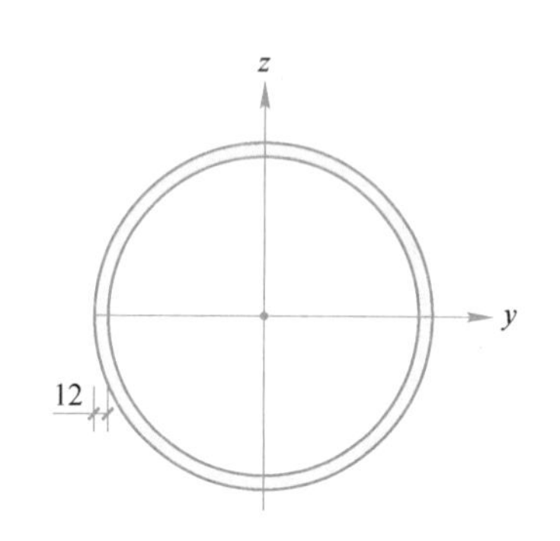

外径	400.000	壁厚	12.0000
面积	14627.3	A_{sz}	7313.63
Q_{yb}	37672.0	Q_{zb}	37672.0
I_{yy}	275518983	I_{zz}	275518983
Y_{bar}	200.000	Z_{bar}	200.000
W_{yy}	1377595	W_{zz}	1377595
r_y	137.244	r_z	137.244

B　验算内力

强度验算：

$N=-1306.9$（LCB：8，POS：J）

$M_y=51105.4$

$M_z=-65653$

稳定验算：

$N=-1306.9$（LCB：8，POS：J）

$M_y=51105.4$

$M_z=-65653$

C　设计参数

构件类型：支撑；

自由长度：$L_y=1510.00$，$L_z=1510.00$，$L_b=1510.00$；

计算长度系数：$K_y=1.00$，$K_z=1.00$；

强度设计时净截面特征值调整系数：$C=0.85$。

D　内力验算结果

强度应力验算：

$\sigma/f=0.182/0.305=0.597<1.000$

稳定应力验算：

$R_{max1}=0.527$

$R_{max}=0.527<1.000$

E　构造验算结果

长细比验算：

$KL/r=11.002<97.6$

板件宽厚比验算：

$B/t_f=33.333<121.4$

9.6.2　P400 mm×10 mm

9.6.2.1　基本信息（单位：N，mm）

材料：

材料名称：Q355。

材料强度：

$f=305$，$f_y=355$

$f_v=175$，$f_u=470$，$E_s=2.0600\times10^5$

截面：

截面形状：管型截面。

截面特性值：

$D=400.000$，$t_w=10.000$

$A_{rea}=1.2252\times10^4$，$I_{yy}=2.3310\times10^8$，$I_{zz}=2.3310\times10^8$，$i_y=137.931$，$i_z=137.931$

其他参数：

净截面调整系数：$c=0.85$。

构件长度：$l=2016.941$。

构件计算长度系数：$\mu_y=1.000$　$\mu_z=1.000$。

构件计算长度：$l_{0y}=2016.941$　$l_{0z}=2016.941$。

9.6.2.2　长细比验算

对于钢结构，非抗震时，构件长细比限值取 $[\lambda]=97.634$

$\lambda_y=l_{0y}/i_y=2016.941/137.931=14.623$

$\lambda_z=l_{0z}/i_z=2016.941/137.931=14.623$

$\lambda_{max}=\max\{\lambda_y,\lambda_z\}=\max\{14.623,14.623\}=14.623\leqslant[\lambda]=97.634$，满足规范要求。

9.6.2.3　板件宽厚比验算

根据规范 GB 50017—2017 中 7.3.1 条，$\mathrm{abs}(N)<(\varphi A_f)$，圆管支撑构件径厚比限值：$[D/t_w]=330.614$。

径厚比：$D/t_w=40.000<330.614$，满足规范要求。

9.6.2.4　内力验算（单位：N，mm）

A　强度验算

内力：$N=-1.4615\times10^5$，$M_y=9.0557\times10^6$，$M_z=1.2453\times10^5$（gLCB1，2/4 端）。

非抗震组合：$\gamma_0=1.10$。

受力类型：压弯。

根据规范 GB 50017—2017 中公式（8. 1. 1-2）：

$A_n = cA = 1.0414\times10^4$

$W_n = I_n/(D/2) = 1.1655\times10^6$

$\gamma_m = 1.00$

$\sigma = N/A_n + \sqrt{(M_y^2+M_z^2)}/(\gamma_z W_{nz}) = 23.985 \leqslant f = 305$，满足规范要求。

B　稳定性验算

稳定验算：

内力：$N=-1.4623\times10^5$，$M_{yA}=8.3617\times10^6$，$M_{zA}=2.3346\times10^6$，$M_{yB}=8.4569\times10^6$，$M_{zB}=-2.0855\times10^6$（gLCB1，I端）。

非抗震组合：$\gamma_0 = 1.10$。

受力类型：压弯。

根据规范 GB 50017—2017 中公式（8. 2. 4-1）：

$M = \max(\sqrt{M_{yA}^2+M_{zA}^2}, \sqrt{M_{yB}^2+M_{zB}^2}) = 8.7102\times10^6$

$\lambda = 14.623$，查 GB 50017—2017 中附录 D 得：$\varphi = 0.976$。

$N_E = \pi^2 EA/\lambda^2 = 1.1650\times10^8$

$\beta_y = 1-0.35\sqrt{N/N_E}+0.35\sqrt{N/N_E}(M_{2y}/M_{1y}) = 1.000$

$\beta_z = 1-0.35\sqrt{N/N_E}+0.35\sqrt{N/N_E}(M_{2z}/M_{1z}) = 0.977$

$\beta = \beta_y\beta_z = 0.976$

$W = I/(D/2) = 1.1655\times10^6$

$\gamma_m = 1.000$

$f = 305.000$

$N/(\varphi Af) + \beta M/[\gamma_m W(1-0.8N/N'_{Ex})f] = 0.07 \leqslant 1.0$，满足规范要求。

9. 6. 2. 5　P400 mm×10 mm 的简化计算结果

A　设计条件

设计规范：GB 50017—2017；

单位体系：kN，mm；

单元号：2014；

材料：Q355；

截面名称：P400 mm×10 mm；

构件长度：2016. 94。

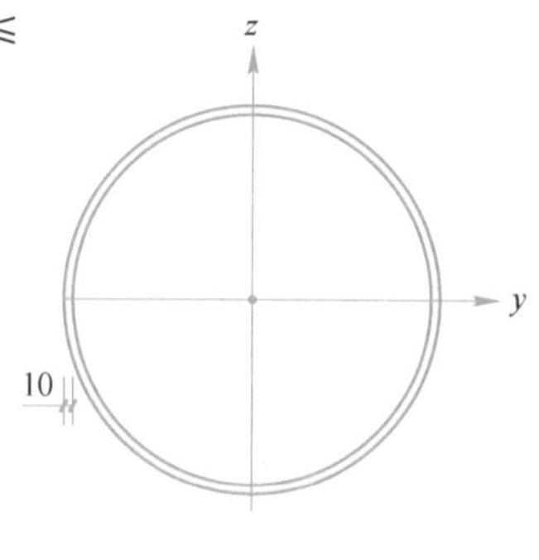

B 验算内力

外径	400.000	壁厚	10.0000
面积	12252.2	A_{sz}	6126.11
Q_{yb}	38050.0	Q_{zb}	38050.0
I_{yy}	233098321	I_{zz}	233098321
Y_{bar}	200.000	Z_{bar}	200.000
W_{yy}	1165492	W_{zz}	1165492
r_y	137.931	r_z	137.931

强度验算：

$N=-146.15$（LCB：1，POS：1/2）

$M_y=9055.69$

$M_z=124.532$

稳定验算：

$N=-146.23$（LCB：1，POS：1/2）

$M_y=8361.67$

$M_z=2334.57$

C 设计参数

构件类型：支撑；

自由长度：$L_y=2016.94$，$L_z=2016.94$，$L_b=2016.94$；

计算长度系数：$K_y=1.00$，$K_z=1.00$；

强度设计时净截面特征值调整系数：$C=0.85$。

D 内力验算结果

强度应力验算：

$\sigma/f = 0.024/0.305 = 0.079 < 1.000$

稳定应力验算：

$R_{max1}=0.070$

$R_{max}=0.070<1.000$

E 构造验算结果

长细比验算：

$KL/r=14.623<97.6$

板件宽厚比验算：

$B/t_f=40.000<330.6$

9.6.3 P250 mm×8 mm

9.6.3.1 基本信息（单位：N，mm）

材料：

材料名称：Q355。

材料强度：

$f=305$，$f_y=355$

$f_v=175$，$f_u=470$，$E_s=2.0600\times10^5$

截面：

截面形状：管型截面。

截面特性值：

$D=250.000$，$t_w=8.000$

$A_{rea}=6082.123$，$I_{yy}=4.4573\times10^7$，$I_{zz}=4.4573\times10^7$，$i_y=85.607$，$i_z=85.607$

其他参数：

净截面调整系数：$c=0.85$。

构件长度：$l=319.841$。

构件计算长度系数：$\mu_y=1.000$，$\mu_z=1.000$。

构件计算长度：$l_{0y}=319.841$，$l_{0z}=319.841$。

9.6.3.2　长细比验算

对于钢结构，非抗震时，构件长细比限值取 $[\lambda]=97.634$

$\lambda_y=10y/i_y=319.841/85.607=3.736$

$\lambda_z=10z/i_z=319.841/85.607=3.736$

$\lambda_{max}=\max\{\lambda_y,\ \lambda_z\}=\max\{3.736,\ 3.736\}=3.736\leqslant[\lambda]=97.634$，满足规范要求。

9.6.3.3　板件宽厚比验算

根据规范 GB 50017—2017 中 7.3.1 条：

圆管支撑构件径厚比：$D/t_w=31.250$。

9.6.3.4　内力验算（单位：N，mm）

A　强度验算

内力：$N=-8.581$，$M_y=6.9551\times10^7$，$M_z=-1.1623\times10^7$（gLCB12，J 端）

非抗震组合：$\gamma_0=1.10$

受力类型：压弯

根据规范 GB 50017—2017 中公式（8.1.1-2）：

$A_n=cA=5169.805$

$W_n=I_n/(D/2)=3.5658\times10^5$

$\gamma_m=1.00$

$\sigma=N/A_n+\sqrt{M_y^2+M_z^2}/(\gamma_z W_{nz})=217.532\leqslant f=305$，满足规范要求。

B　稳定性验算

稳定验算：

内力：$N=-4.290$，$M_{yA}=-5.5947\times10^7$，$M_{zA}=-3.0362\times10^6$，$M_{yB}=6.9551\times10^7$，$M_{zB}=-1.1623\times10^7$（gLCB12，3/4 端）。

非抗震组合：$\gamma_0=1.10$。

受力类型：压弯。

根据规范 GB 50017—2017 中公式（8.2.4-1）：

$M=\max(\sqrt{M_{yA}^2+M_{zA}^2},\ \sqrt{M_{yB}^2+M_{zB}^2})=7.0516\times10^7$

$\lambda=3.736$，查 GB 50017—2017 中附录 D 得：$\varphi=0.998$

$N_E=\pi^2EA/\lambda^2=8.8587\times10^8$

$\beta_y=1-0.35\sqrt{N/N_E}+0.35\sqrt{N/N_E}(M_{2y}/M_{1y})=1.000$

$\beta_z=1-0.35\sqrt{N/N_E}+0.35\sqrt{N/N_E}(M_{2z}/M_{1z})=1.000$

$\beta=\beta_y\beta_z=1.000$

$W=I/(D/2)=3.5658\times10^5$

$\gamma_m=1.000$

$f=305.000$

$N/(\varphi Af)+\beta M/[\gamma_m W(1-0.8N/N'_{Ex})f]=0.71\leqslant1.0$，满足规范要求。

C　剪切验算

y 向剪切强度验算：

内力：$V_y=4.4084\times10^4$（gLCB1，2/4 端）。

非抗震组合：$\gamma_0=1.10$。

根据规范 GB 50017—2017 中公式（6.1.3）：

$I_y=4.4573\times10^7$，$I_z=4.4573\times10^7$

$t_w=8.000$

$S_y=1.1726\times10^5$，$S_z=1.1726\times10^5$

$\tau=V_yS_z/I_zt_w=15.946\leqslant f_v=175.000$，满足规范要求。

z 向剪切强度验算：

内力：$V_z=-3.9238e+005$（gLCB12，2/4 端）。

$\tau=V_zS_y/I_yt_w=141.929\leqslant f_v=175.000$，满足规范要求。

9.6.3.5　P250×8mm 的简化计算结果

A　设计条件

设计规范：GB 50017—2017；

单位体系：kN，mm；

单元号：1570；

材料：Q355；

截面名称：P250 mm×8 mm；

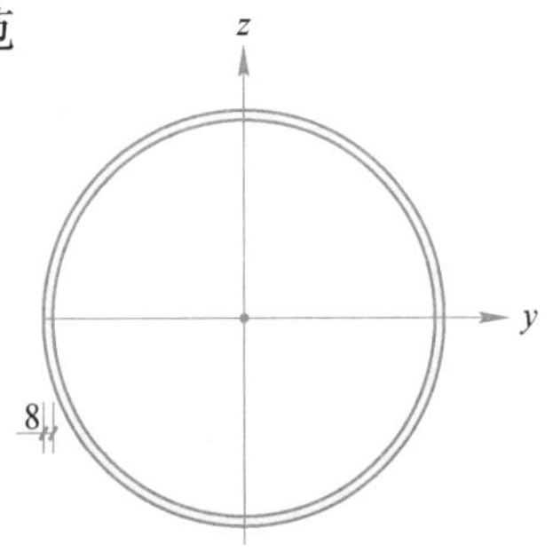

构件长度：319. 841。

B　验算内力

强度验算：

N=−0. 0086（LCB：8，POS：J）

M_y=69551. 5

M_z=−11623

稳定验算：

N=−0. 0043（LCB：8，POS：3/4）

M_y=38182. 3

M_z=−9476. 2

剪切验算：

V_y=26. 8468，V_z=−392. 38（LCB：8，POS：1/2）

外径	250. 000	壁厚	8. 00000
面积	6082. 12	A_{sz}	3041. 06
Q_{yb}	14657. 0	Q_{zb}	14657. 0
I_{yy}	44572841	I_{zz}	44572841
Y_{bar}	125. 000	Z_{bar}	125. 000
W_{yy}	356583	W_{zz}	356583
r_y	85. 6067	r_z	85. 6067

C　设计参数

构件类型：支撑；

自由长度：L_y=319. 841，L_z=319. 841，L_b=319. 841；

计算长度系数：K_y=1. 00，K_z=1. 00；

强度设计时净截面特征值调整系数：C=0. 85。

D　内力验算结果

强度应力验算：

σ/f = 0. 218/0. 305 = 0. 713 < 1. 000

稳定应力验算：

R_{max1}=0. 713

R_{max}=0. 713<1. 000

剪切强度应力验算：

τ_y/f_v=0. 016/0. 175=0. 091<1. 000

τ_z/f_v=0. 142/0. 175=0. 811<1. 000

E　构造验算结果

长细比验算：

KL/r=3. 736<97. 6

板件宽厚比验算：

B/t_f=31. 250<28995. 7

9.7 工程总结

对位于沙特的某矿石料厂的椭球状桁架+双向网格组合钢结构进行全过程结构分析与设计，内容包含方案比选、等效弹性分析、稳定验算及关键桁架校核，具体结论如下：

（1）短跨方向的加强桁架将显著提高结构的竖向刚度，长跨布置的桁架将有限提高整体结构的抗屈曲性能，最终选用同时增设短跨加强桁架和长跨加强桁架的结构方案。

（2）结构在恒荷载和活荷载基本组合作用下的竖向位移为33 mm，小于竖向位移限值125 mm。结构在恒荷载、活荷载、风荷载及地震作用基本组合作用下的应力比最大值为0.82，大部分杆件的应力比处于0.4~0.6范围内。本结构具有足够的强度和刚度储备。

（3）本结构的几何非线性荷载系数为8.5，双非线性荷载系数为3.1，均大于规范限值。双非线性分析结果显示只有桁架近支座附近部分杆件进入塑性阶段，并未出现结构整体屈服的现象。

（4）边跨桁架的屈曲模态为顶部弦杆的旋转变形，其竖向位移与跨度比值为1/2100，稳定性应力比最大值为0.65，即桁架具有足够的安全储备。桁架节点的应力分布特征为弦杆与腹杆交界处应力最大，其值为236 MPa，小于设计值且具有一定的安全储备。

10　山地柔性光伏支架结构

10.1　工程概况

10.1.1　地形条件

在 2020 年，我国明确提出了“双碳”目标，其中太阳能因其清洁、安全、易获取等优势成为最受欢迎的可再生能源之一，受到了越来越多的关注。为提高太阳能的获取率，我国开始大面积推广光伏发电。随着光伏发电的推广应用，山区逐渐成为光伏的主战场。本项目位于兰州某山区，山区地形如图 10-1（a）所示。为充分利用该山区的面积，大部分区域都将进行光伏覆盖，光伏分布如图 10-1（b）所示。山地地形高低起伏变化较大，该类地形特征为光伏结构设计带来一定的困难。

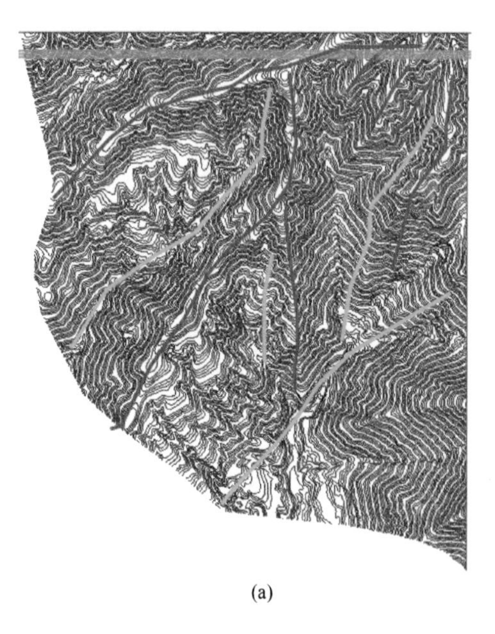

(a)

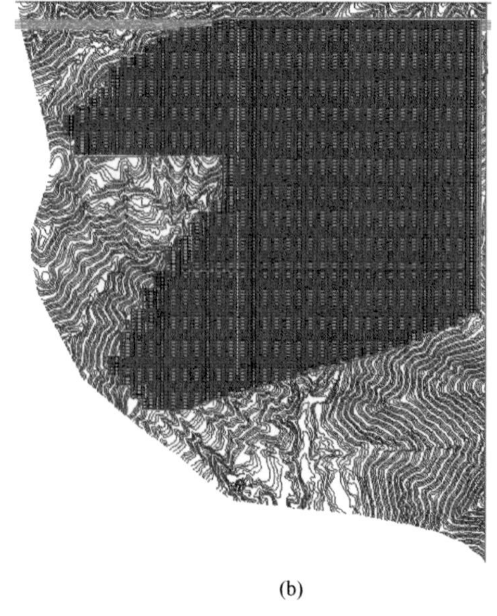

(b)

图 10-1　项目概况
（a）山地地形图；（b）光伏分布示意图

10.1.2　结构体系

为适应该工程项目的地形特征，采用柔性光伏支架作为光伏板的支撑结构。该类结构体系可较好适应山地高低起伏的地势，从而保证光伏板在该地区较高的覆盖率。柔性光伏支架结构布置如图 10-2 所示。

柔性光伏支架沿跨度方向，每隔 22.25 m 设置一根柱，柱间设置两个三角支架作为柔性拉锁的支撑结构，三角支架间的距离为 8.1 m，三角支架与柱的间距为 7.05 m，拉锁分为三条布置，其中上弦布置两条强度等级为 1860、直径为 15.2 mm 的钢绞线，下弦布置一条强度等级为 1860、直径为 17.8 mm 的钢绞线，如图 10-2（a）所示。沿水平方向，在柱所在跨度（边跨），结构布置如图 10-2（b）所示，柱间通过布置两道交叉拉锁来提供平面外的稳定性，同时在柱顶设置横梁，来为跨度方向的拉锁提供支撑。为保证沿跨度方向布置拉锁在平面外的稳定性，在水平方向（中间跨）设置水平拉锁，水平拉锁在两端与立柱进行连接，并与地面进行稳固拉结，如图 10-2（c）所示。

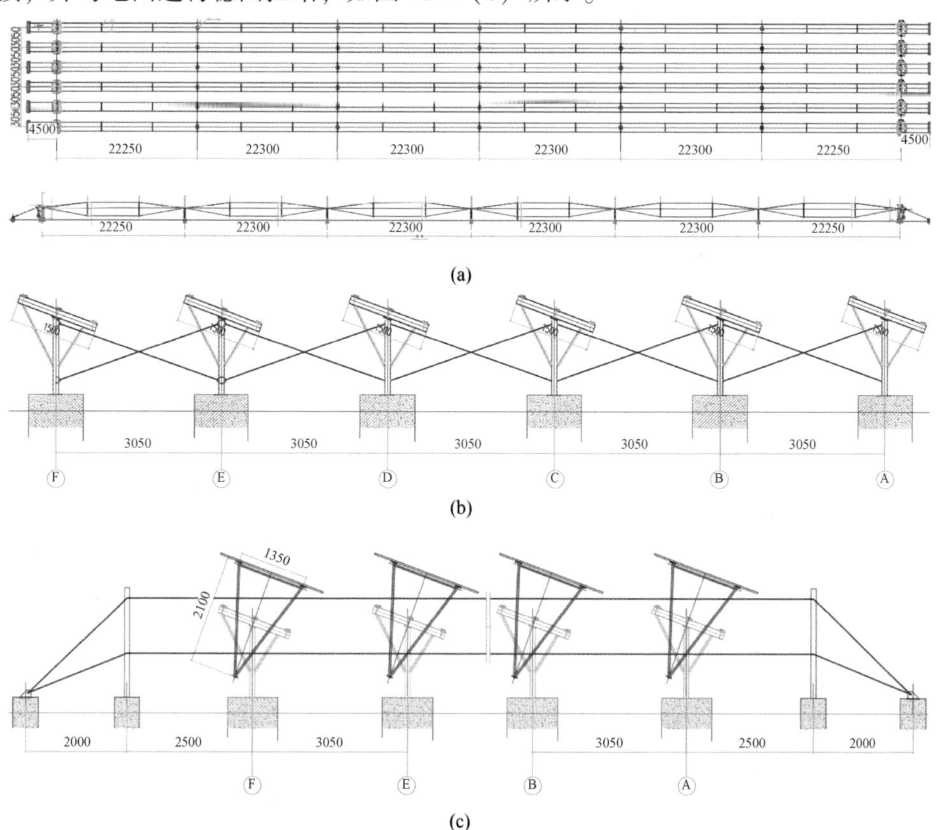

图 10-2　结构体系

（a）平立面示意图；（b）边跨示意图；（c）中间跨示意图

本工程的主要荷载信息如下：

（1）恒荷载：自重+光伏板（0.12 kN/m²）；

（2）风荷载：基本风压为0.30 kN/m²，地面粗糙度为B类，风压力体型系数取0.85，风吸力体型系数取-1.0，风振系数取1.4；

（3）地震作用：地震烈度8度0.20g，场地类别Ⅱ类，设计地震分组第三组，特征周期值：0.45 s，结构阻尼比0.02；

（4）雪荷载：基本雪压为0.15 kN/m²；

（5）温度荷载：合拢温度20 ℃，低温-20 ℃，高温40 ℃；

（6）活荷载取施工检修荷载1.0 kN。

10.2　预张力分析

10.2.1　分析模型

为便于计算分析，取单跨单榀柔性支架结构作为主方向分析模型，单跨6榀柔性光伏支架结构作为次方向分析模型，如图10-3所示。主方向分析模型主要用于分析沿跨度方向布置的拉锁预张力对柔性光伏支架主方向初始态的影响规律，次方向分析模型则用于分析横向稳定索预张力对柔性光伏支架次方向初始态的影响规律。

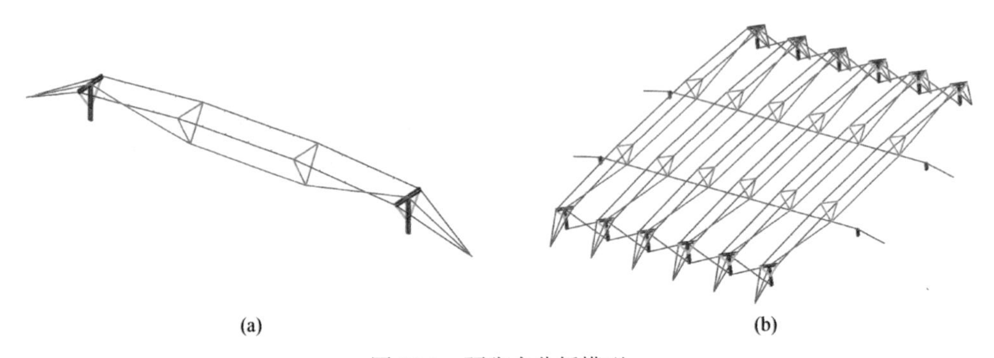

图10-3　预张力分析模型
（a）主方向模型；（b）次方向模型

10.2.2　主方向预张力

预张力的取值合理与否将直接影响柔性光伏支架结构的整体刚度和稳定性，为此对主方向模型开展预张力分析与对比。本结构只针对上弦拉锁施加主动预张力，预张力的取值分别为10 kN、20 kN、30 kN和40 kN。

不同预张力的振型分析结果如图10-4所示。预张力为10 kN时第一自振周期为1.78 s，预张力为20 kN时第一自振周期为1.55 s，预张力为30 kN时第一自振周期为1.38 s，预张力为40 kN时第一自振周期为1.20 s，不同预张力的振型形态基本一致。由上述分析可知，随着预张力的增大，整体结构刚度逐渐提高，从而降低结构的自振周期，但对振动形态影响较小。

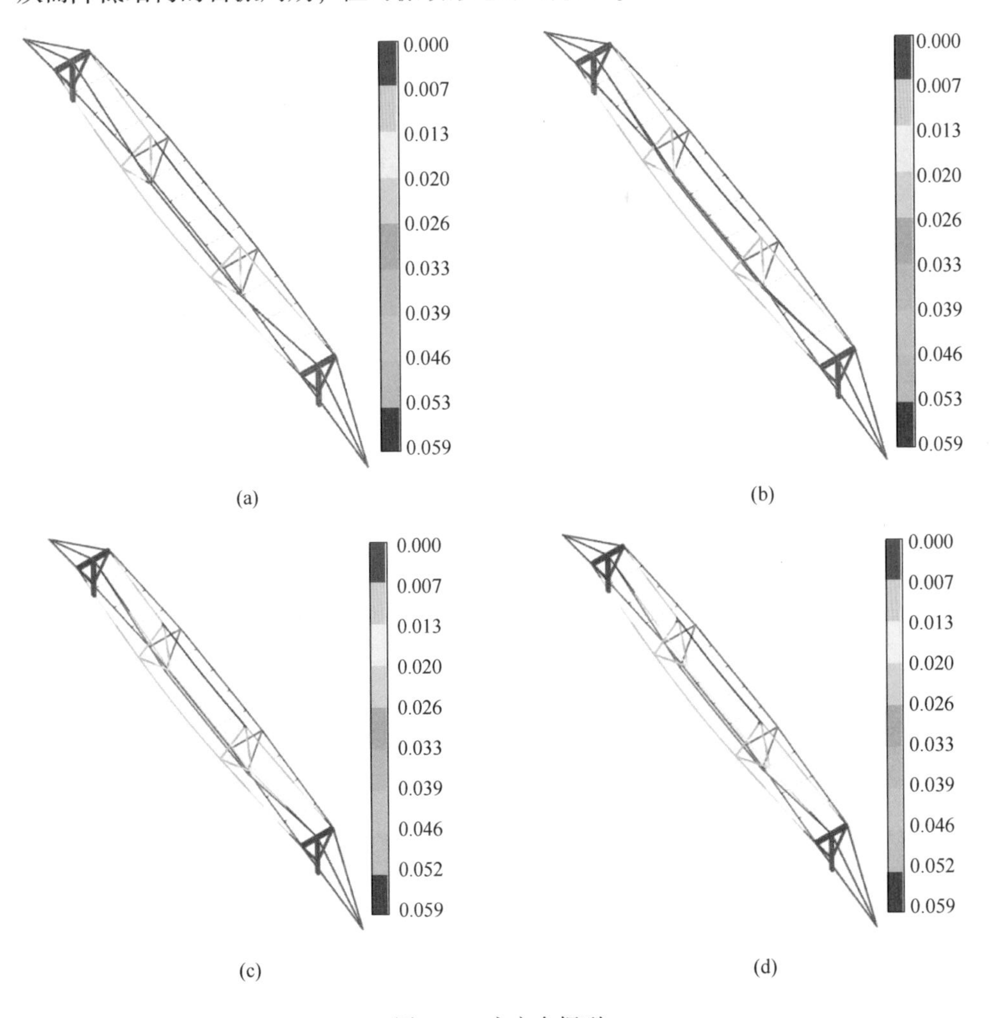

图10-4　主方向振型

(a) 预张力10 kN (T=1.78 s)；(b) 预张力20 kN (T=1.55 s)；
(c) 预张力30 kN (T=1.38 s)；(d) 预张力40 kN (T=1.20 s)

不同主方向预张力的初始态变形结果如图10-5所示。在上拉锁预张力的作用下，跨中发生较为明显的位移，其中跨中三角支架发生较为明显的扭转位移。两端柱预张力为10 kN时最大变形为12.9 mm，预张力为20 kN时最大变形为24.9 mm，预张力为30 kN时最大变形为36.0 mm，预张力为40 kN时最大变形为 46.4 mm。由上述分析可知，随着预张力的增大，整体结构在预张力作用下的变形逐渐增大。

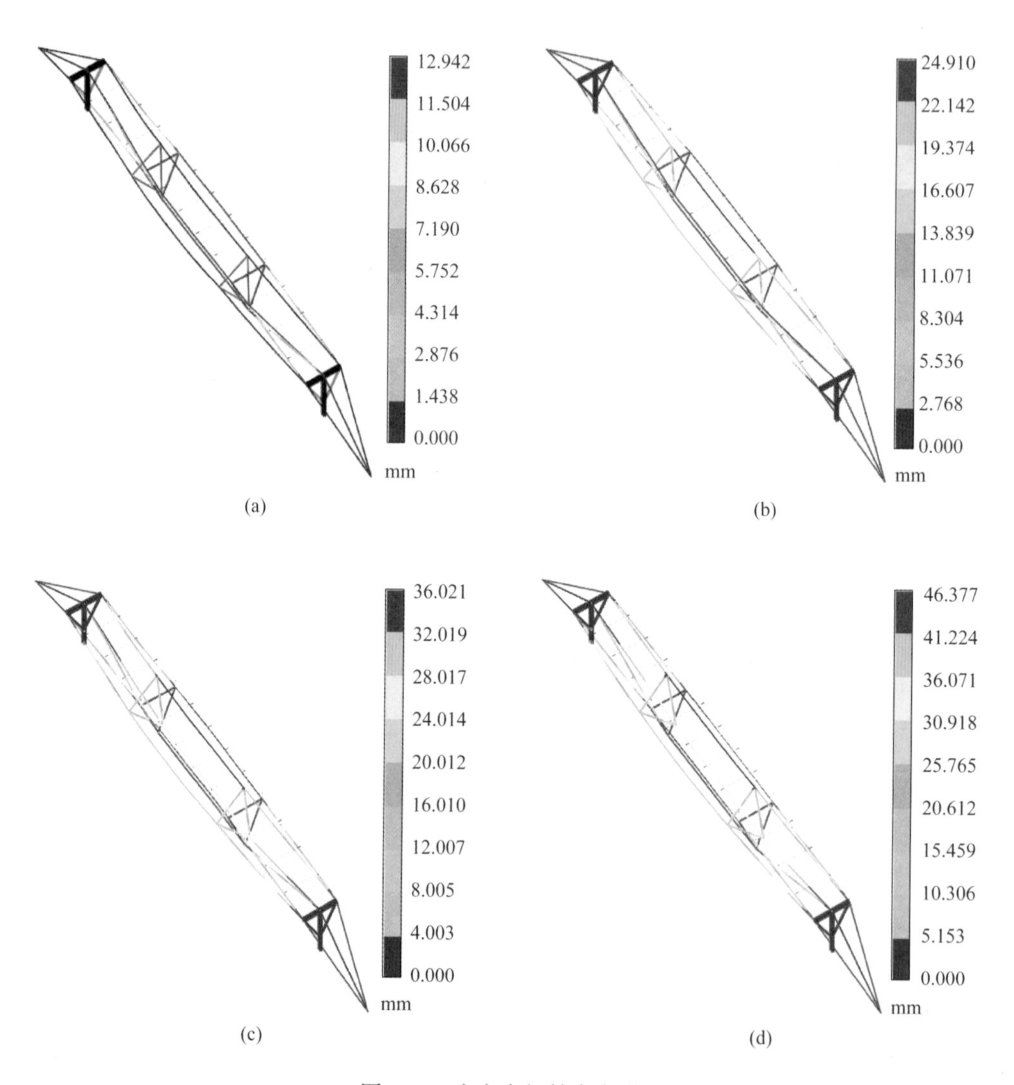

图 10-5　主方向初始态变形

（a）预张力 10 kN；（b）预张力 20 kN；（c）预张力 30 kN；（d）预张力 40 kN

不同主方向预张力的标准组合（预张力+恒+风压）作用下的变形结果如图 10-6 所示。两端柱预张力为 10 kN 时最大变形为 660 mm，预张力为 20 kN 时最大变形为 314 mm，预张力为 30 kN 时最大变形为 244 mm，预张力为 40 kN 时最大变形为 211 mm。由上述分析可知，随着预张力的增大，整体结构在标准组合作用下的变形显著减小。

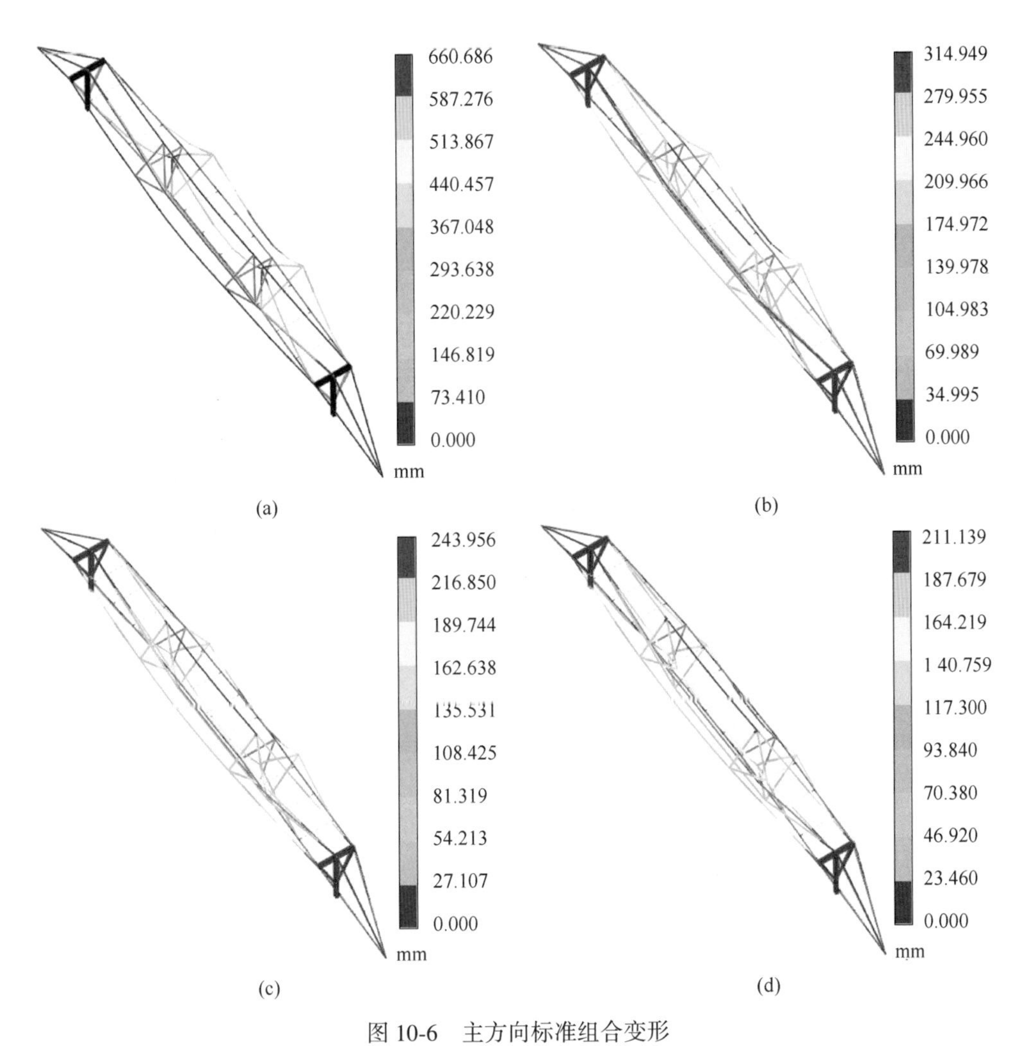

(a) (b) (c) (d)

图 10-6 主方向标准组合变形

(a) 预张力 10 kN；(b) 预张力 20 kN；(c) 预张力 30 kN；(d) 预张力 40 kN

10.2.3 次方向预张力

由于山地地势的高低起伏及光伏支架的倾斜角度，导致在风荷载作用下柔性光伏支架在次方向存在失稳的问题。为此需要在次方向设置稳定拉锁，稳定拉锁的预张力将影响光伏支架结构在次要方向的稳定性能。针对次方向的稳定拉锁施加预张力，预张力的取值分别为 10 kN、20 kN、30 kN 和 40 kN。

次方向不同预张力的振型分析结果如图 10-7 所示。预张力为 10 kN 时第一自振周期为 1.43 s，预张力为 20 kN 时第一自振周期为 1.42 s，预张力为 30 kN 时第一自振周期为 1.41 s，预张力为 40 kN 时第一自振周期为 1.50 s，不同预张力的振型形态基本一致。由上述分析可知，随着预张力的增大，整体结构刚度逐渐提高，从而降低结构的自振周期，当次方向预张力过大时反而会引起结构刚度的下降。

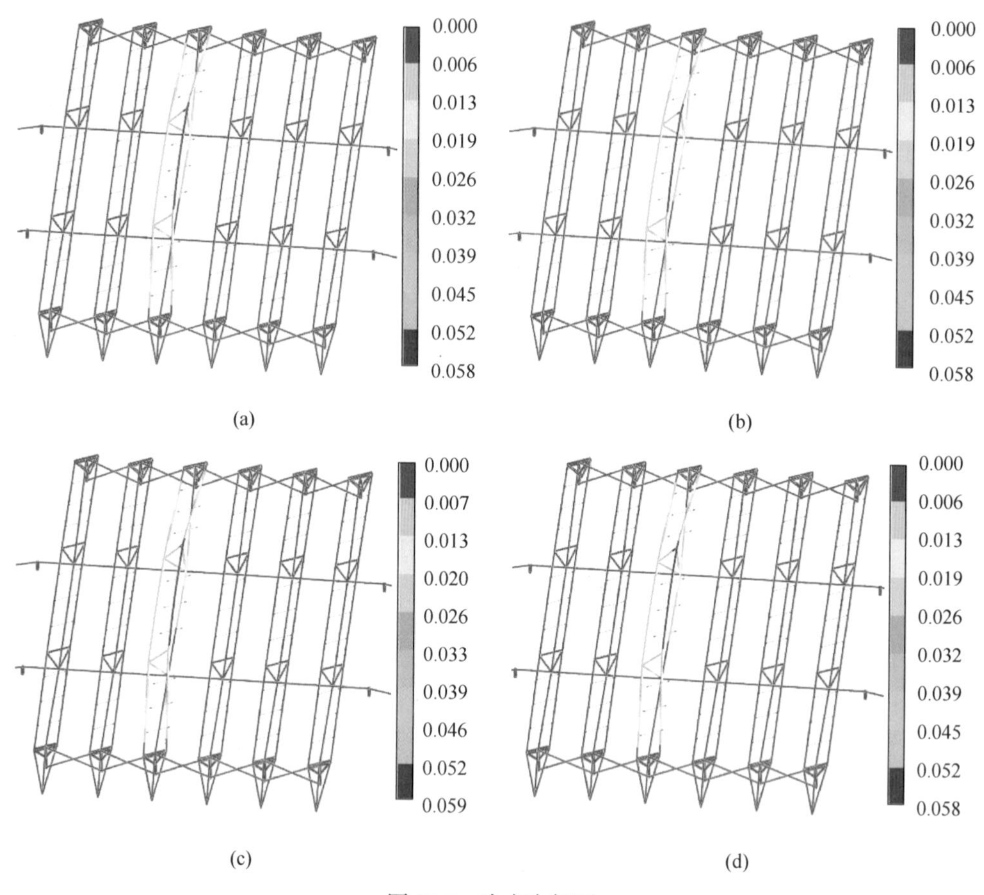

图 10-7　次方向振型

（a）预张力 10 kN（T=1.43 s）；（b）预张力 20 kN（T=1.42 s）；
（c）预张力 30 kN（T=1.41 s）；（d）预张力 40 kN（T=1.50 s）

不同次方向预张力的初始态变形结果如图 10-8 所示。在次方向预张力的作用下，跨中发生较为明显的位移，其中跨中三角支架发生较为明显的扭转位移。两端柱预张力为 10 kN 时最大变形为 47 mm，预张力为 20 kN 时最大变形为 47 mm，预张力为 30 kN 时最大变形为 47 mm，预张力为 40 kN 时最大变形为 47 mm。由上述分析可知，随着次方向预张力的增大，整体结构在预张力作用下的变形基本保持不变，说明柔性光伏支架的变形主要由主方向预张力决定。

不同次方向预张力的标准组合（预张力+恒+风压）作用下的变形结果如图 10-9 所示。两端柱预张力为 10 kN 时最大变形为 192.6 mm，预张力为 20 kN

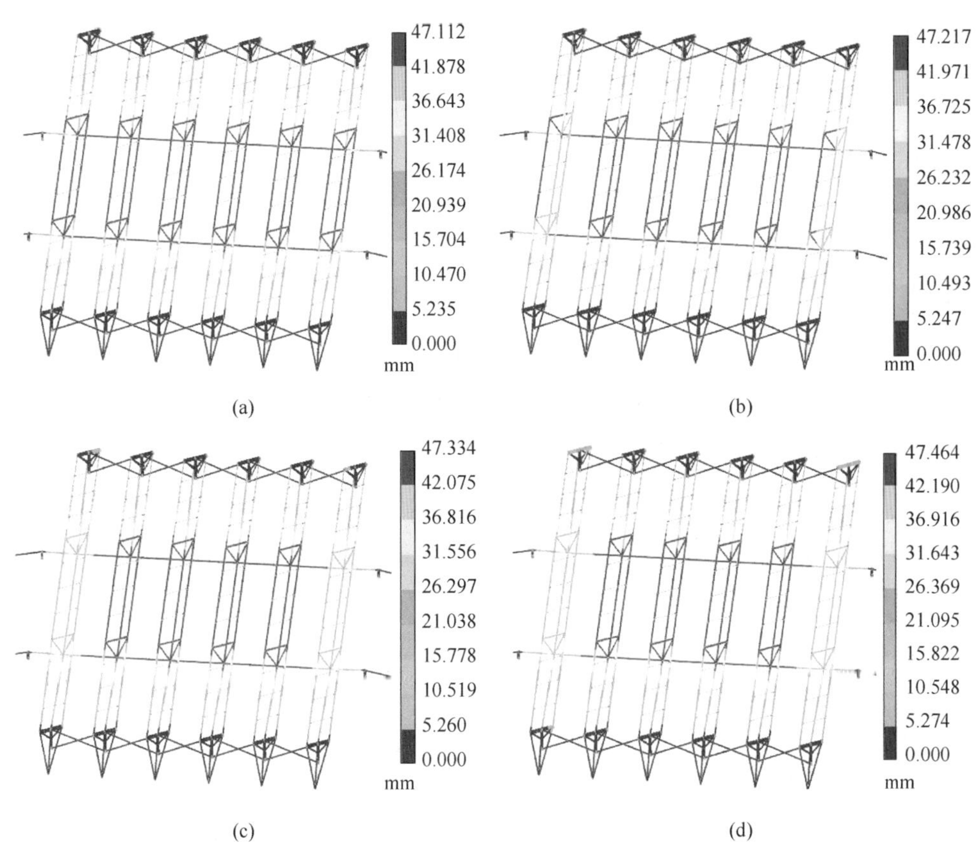

图 10-8　次方向初始态变形

（a）预张力 10 kN；（b）预张力 20 kN；（c）预张力 30 kN；（d）预张力 40 kN

时最大变形为 192. 8 mm，预张力为 30 kN 时最大变形为 193. 1 mm，预张力为 40 kN 时最大变形为 193. 3 mm。由上述分析可知，随着次方向预张力的增大，整体结构在标准组合作用下的变形基本保持不变。再次证明本结构的变形主要有跨度方向的预张力控制，后续整体结构设计的过程中主要通过调整主方向预张力来控制整体结构的变形，次方向预张力可取相对较小的预张值。

10. 3　整体结构模型

10. 3. 1　荷载组合

荷载组合由初始态、恒荷载、风压力、风吸力、雪荷载、活荷载、温度荷载和地震作用组成，主要组合方式如下：

（1）1. 200×恒荷载+1. 40×活荷载 4+1. 000×初始态；

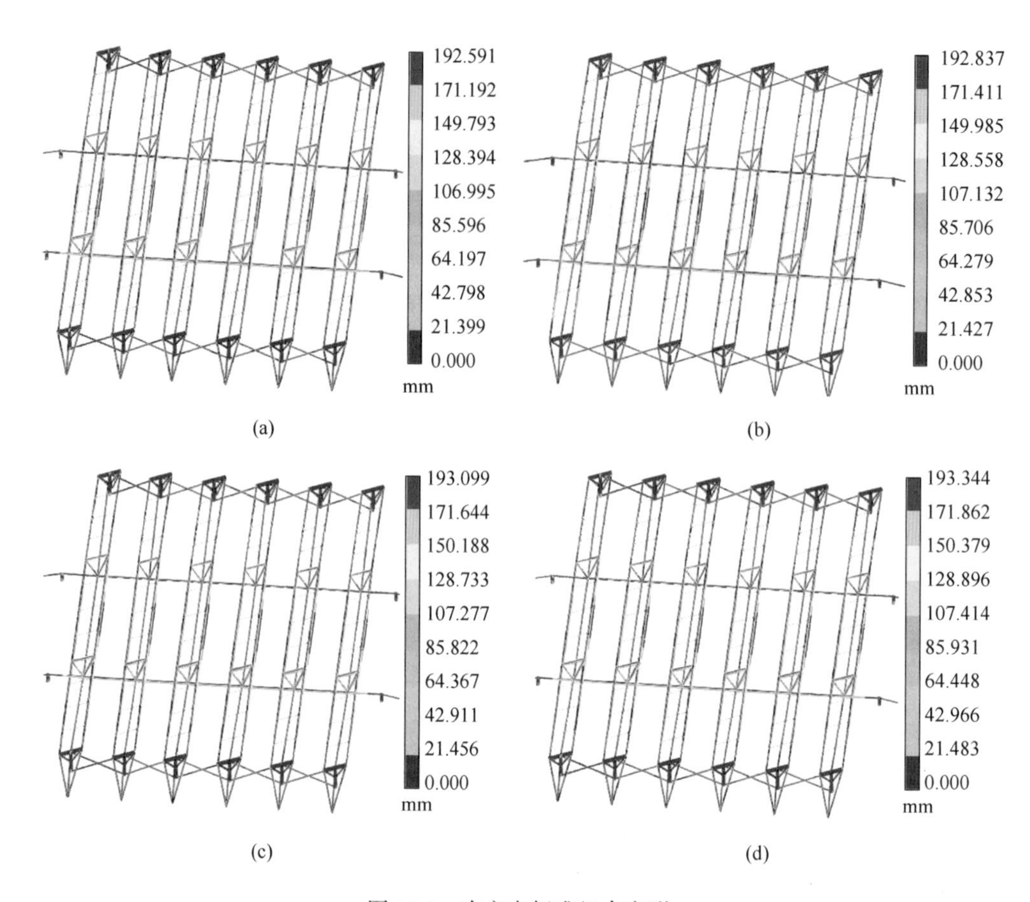

图 10-9　次方向标准组合变形

(a) 预张力 10 kN；(b) 预张力 20 kN；(c) 预张力 30 kN；(d) 预张力 40 kN

（2） 1. 200×恒荷载+1. 40×风荷载 1+1. 000×初始态；

（3） 1. 200×恒荷载+1. 40×风荷载 2+1. 000×初始态；

（4） 1. 200×恒荷载+1. 400×温度荷载 1+1. 000×初始态；

（5） 1. 200×恒荷载+1. 400×温度荷载 2+1. 000×初始态；

（6） 1. 200×恒荷载+1. 000×初始态+1. 40×雪荷载 3；

（7） 1. 200×恒荷载+1. 40×活荷载 4+1. 40×0. 60×风荷载 1+1. 000×初始态；

（8） 1. 200×恒荷载+1. 40×活荷载 4+1. 40×0. 60×风荷载 2+1. 000×初始态；

（9） 1. 200×恒荷载+1. 40×0. 70×活荷载 4+1. 40×风荷载 1+1. 000×初始态；

（10） 1. 200×恒荷载+1. 40×0. 70×活荷载 4+1. 40 风荷载 2+1. 000×初始态；

（11） 1. 200×恒荷载+1. 40×活荷载 4+1. 400×0. 600×温度荷载 1+1. 000×初始态；

（12） 1. 200×恒荷载+1. 40×活荷载 4+1. 400×0. 600×温度荷载 2+1. 000×初

始态；

（13）1.200×恒荷载+1.40×0.70×活荷载 4+1.400×温度荷载 1+1.000×初始态；

（14）1.200×恒荷载+1.40×0.70×活荷载 4+1.400×温度荷载 2+1.000×初始态；

（15）1.200×恒荷载+1.40×活荷载 4+1.000×初始态+1.40×0.70×雪荷载 3；

（16）1.200×恒荷载+1.40×0.70×活荷载 4+1.000×初始态+1.40×雪荷载 3；

（17）1.200×恒荷载+1.40×风荷载 1+1.400×0.600×温度荷载 1+1.000×初始态；

（18）1.200×恒荷载+1.40×风荷载 1+1.400×0.600×温度荷载 2+1.000×初始态；

（19）1.200×恒荷载+1.40×0.60×风荷载 1+1.400×温度荷载 1+1.000×初始态；

（20）1.200×恒荷载+1.40×0.60×风荷载 1+1.400×温度荷载 2+1.000×初始态；

（21）1.000×恒荷载+1.40×风荷载 1+1.000×初始态；

（22）1.000×恒荷载+1.40×风荷载 2+1.000×初始态。

10.3.2　建立模型

在 3D3S 和 SAP2000 中分别建立整体结构分析模型，其中结构模型根据山区地形走势进行结构建模，如图 10-10 所示。各柱底采用固结的支座形式，拉锁则使用铰接的支座形式，同时将拉锁设置为只受拉构件并在两端释放转动约束。构件截面如表 10-1 所示。

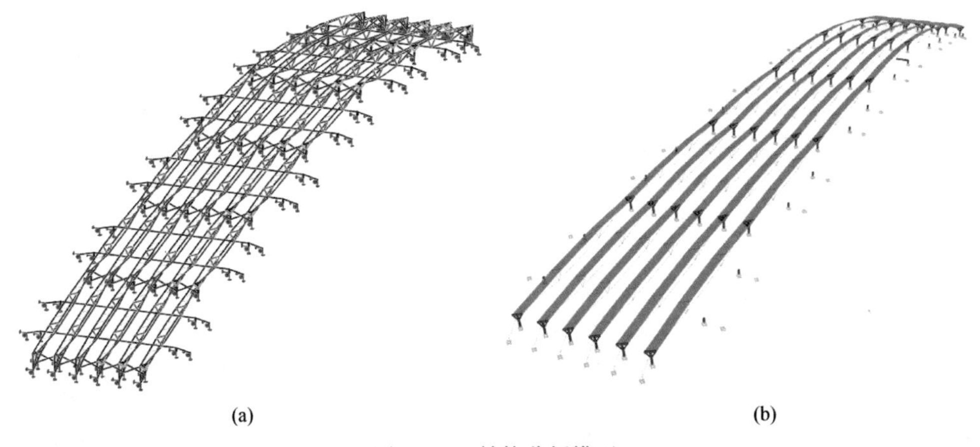

(a)　　　　(b)

图 10-10　结构分析模型

（a）3D3S 模型；（b）SAP2000 模型

表 10-1　杆件截面汇总

序号	截面	材料性能	数量	长度/m	质量/kg
1	H148 mm×100 mm×6 mm×9 mm	Q355B	192	165. 269	3347. 190
2	矩 60 mm×60 mm×5 mm×5 mm	Q355B	154	84. 628	730. 762
3	ϕ32 mm×3 mm	Q355B	144	223. 694	479. 947
4	ϕ40 mm×3 mm	Q355B	72	97. 200	266. 078
5	ϕ15. 2 mm	1860 钢绞线	558	2116. 678	3015. 098
6	ϕ17. 8 mm	1860 钢绞线	120	838. 170	1637. 313

10. 3. 3　模型验证

为保证计算模型的准确性，应对 3D3S 模型和 SAP2000 模型的计算结果进行对比，如图 10-11 所示。由图可知，3D3S 和 SAP2000 模型的最大初始态位移（预张力取 25 kN）分别为 37 mm 和 40 mm，恒荷载作用下的最大竖向位移分别为 82 mm 和 84 mm，雪荷载作用下的最大竖向位移分别为 131 mm 和 13 mm。由以上分析可知，两个模型的计算结果极为吻合，即本结构的整体分析模型可用于整体结构的分析与设计工作。

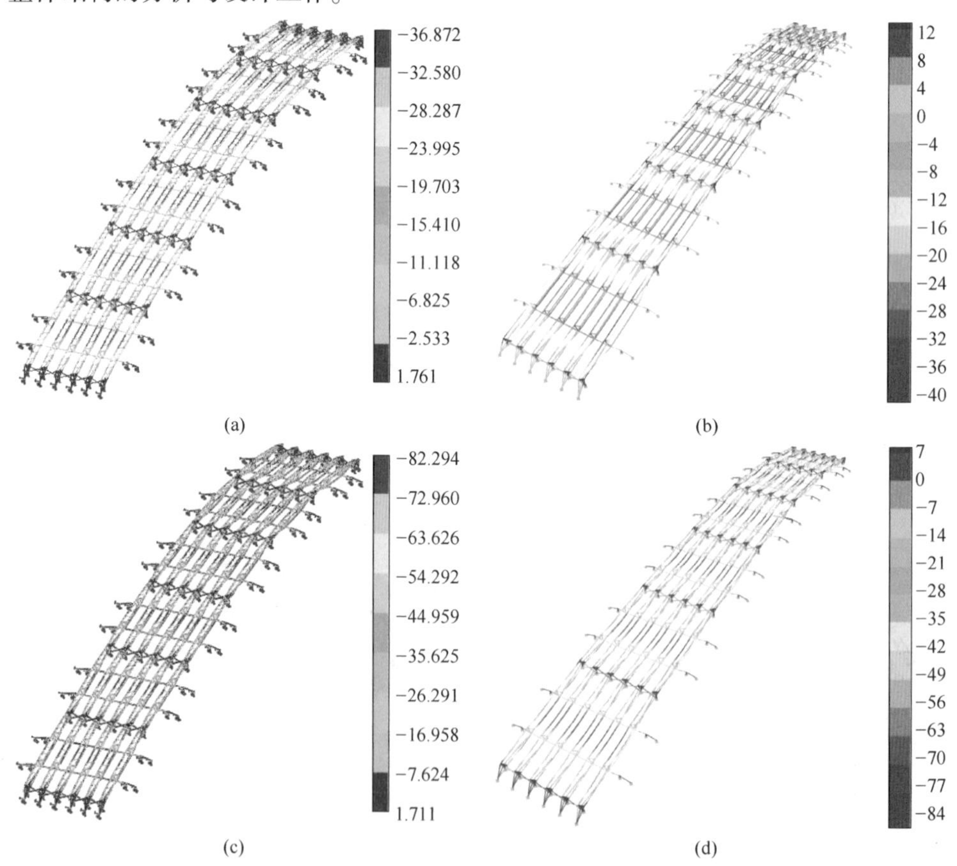

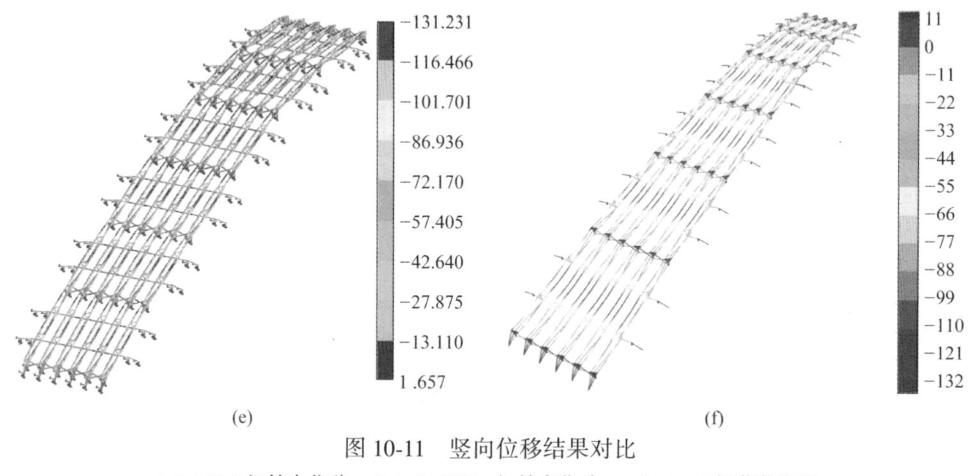

(e)　　(f)

图 10-11　竖向位移结果对比

(a) 3D3S 初始态位移；(b) SAP2000 初始态位移；(c) 3D3S 恒荷载位移；(d) SAP2000 恒荷载位移；(e) 3D3S 雪荷载位移；(f) SAP2000 雪荷载位移

10.4　结构找形

经过拉锁预张力调整优化，最终选用沿跨度方向的上弦拉锁预张力为 40 kN，水平方向布置的稳定拉锁预张力为 25 kN。下面将介绍结构找形所得的初始态位移和内力结果。

10.4.1　位移结果

初始态位移如图 10-12 所示。柱的合位移基本为 0，拉锁与三角支架连接处达到最大位移约为 55 mm。整体结构的变形主要集中于跨度方向，垂直跨度方向基本无位移，说明稳定拉锁的布置有效提高了结构平面外的稳定性。

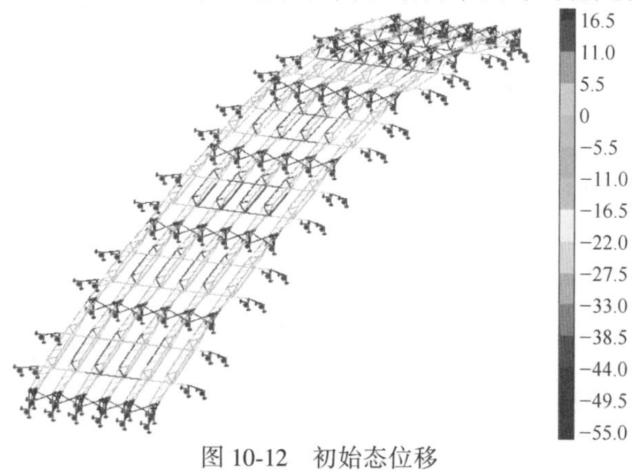

图 10-12　初始态位移

10.4.2 内力结果

在初始预张力的作用下，结构的内力分布如图 10-13 所示。沿跨度方向布置的拉锁其轴力基本为 30 kN 左右，垂直跨度方向的稳定拉锁轴力为 40 kN，两者内力均与预张力较为接近，说明结构所施加预张力较为合理。沿跨度方向分布柱的轴压力为 90 kN 左右，三角支架的内力为 10 kN 左右。初始态的内力结果表明，本结构所施加的拉锁预张力较为合理，整体结构的初始态未见任何异常。

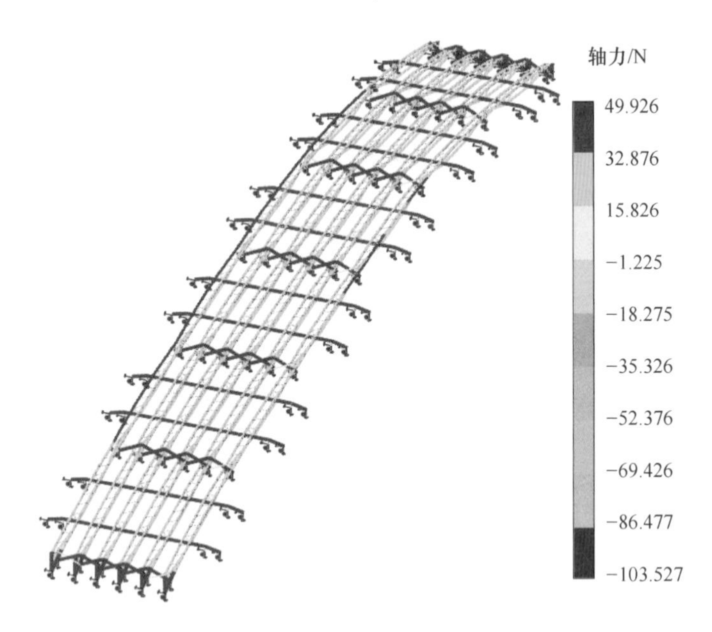

图 10-13　初始态内力

10.5 弹性分析

10.5.1 振型分析

本结构的前 4 阶振型如图 10-14 所示。前 4 阶振型均为局部水平或竖向振动，振动位置集中于跨度方向的两端，自振周期均为 1.2 s 左右。结构振型基本符合柔性支架结构的体系特征，说明本结构较为合理。

10.5.2 位移结果

结构在荷载标准组合作用下的位移包络结果如图 10-15 所示。本结构在荷载标准组合作用下的最大竖向位移为 240 mm。结构的竖向位移与跨度比值为 1/75，

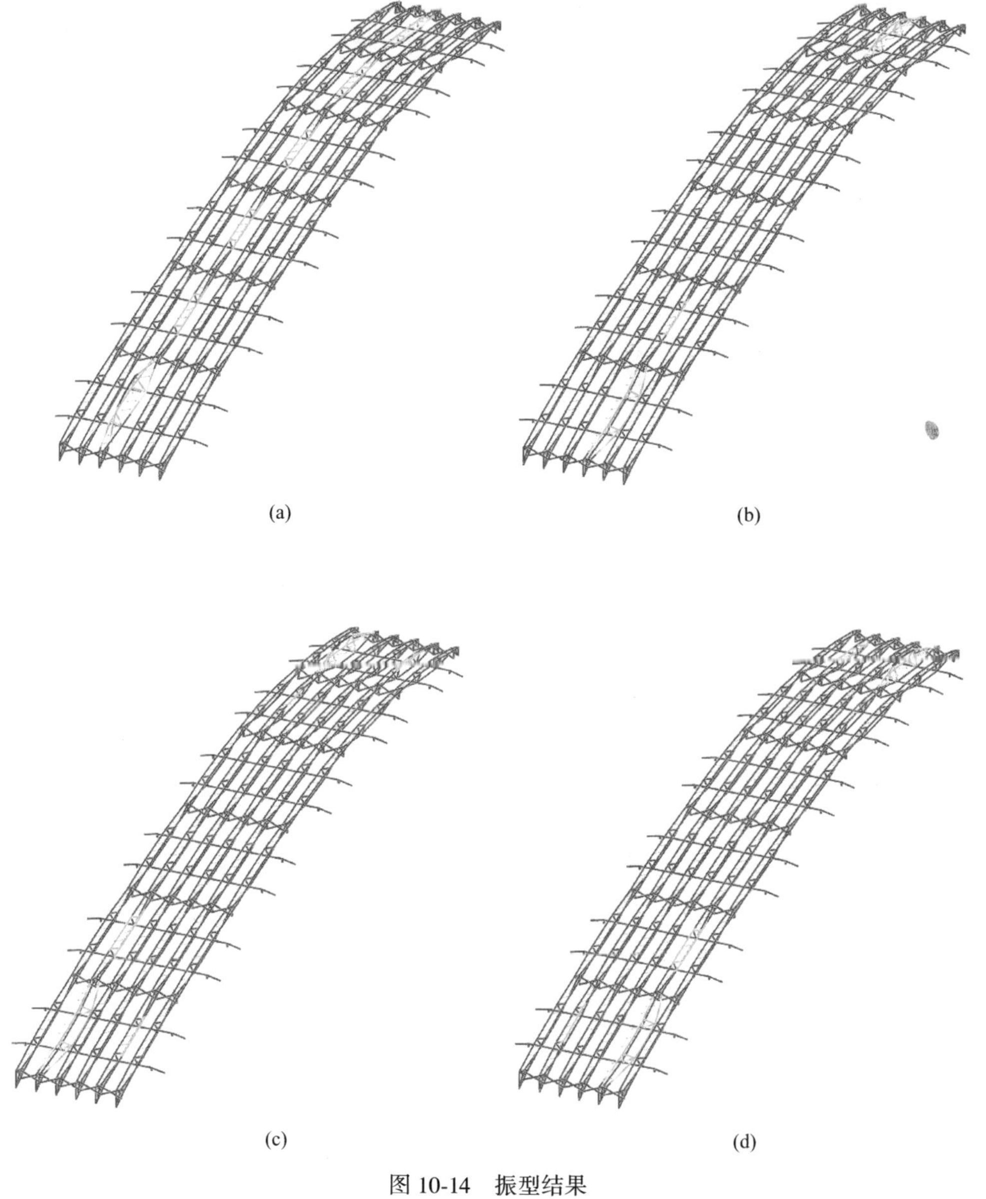

图 10-14 振型结果

（a）3D3S 第 1 振型 $T=1.27$ s；（b）3D3S 第 2 振型 $T=1.23$ s；
（c）3D3S 第 3 振型 $T=1.23$ s；（d）3D3S 第 4 振型 $T=1.23$ s

小于限值 1/50。通常情况下，柔性光伏支架的竖向位移限值为 1/50，本结构考虑到复杂地形的影响，同时保证光伏板在使用过程中的质量保证，选取更高的变形限值 1/75。说明本结构的结构体系具有足够的刚度，可保证该结构适用于山区复杂的荷载条件。

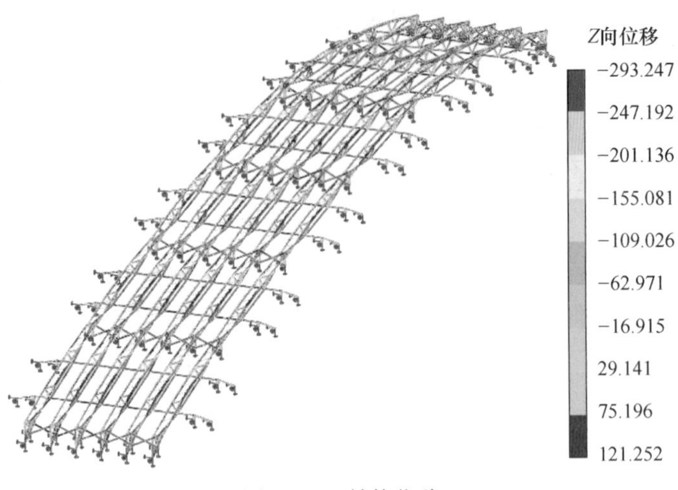

图 10-15　结构位移

10.5.3　强度指标

结构在荷载基本组合作用下的强度验算结果如图 10-16 所示。拉锁的应力比处于 0.1 左右，跨度方向的柱应力比为 0.6 左右，垂直跨度方向的柱应力比为 0.4 左右，三角支架的应力比为 0.35 左右。由上述分析可知，本结构构件的强度指标明显低于规范限值，具有足够的强度安全余度。通过将强度指标与位移指标对比可知，柔性光伏支架结构往往由刚度控制，当满足变形要求时，结构的强度指标往往具有较大的安全余度。

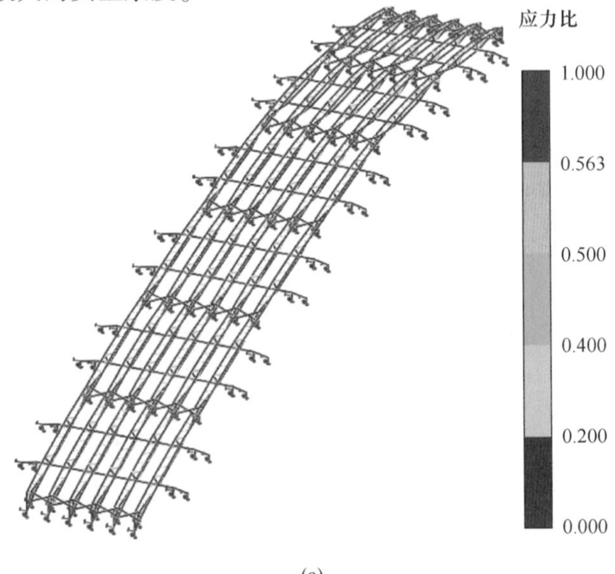

(a)

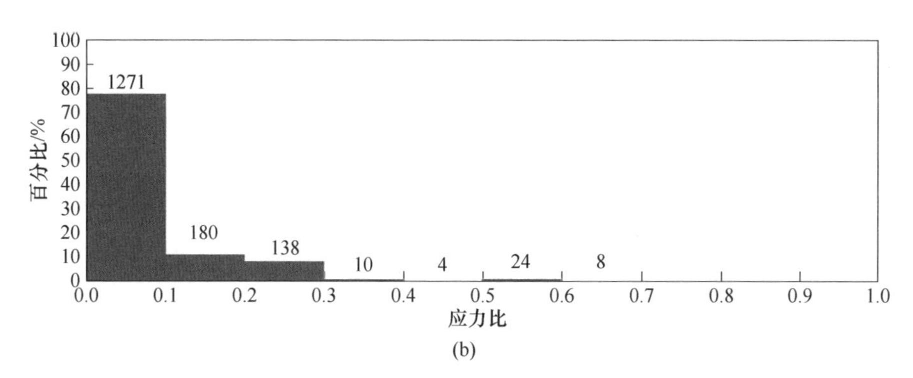

(b)

图 10-16　结构强度指标结果

(a) 应力比云图；(b) 应力比统计图

10.6　截面验算

10.6.1　柱截面验算

10.6.1.1　基本信息

截面：焊接对称工字型截面 H148 mm×100 mm×6 mm×9 mm。

截面属性如下：

截面面积：$A=2580.0\ \text{mm}^2$；

绕 2 轴截面模量：$W_{2L}=W_{2R}=30046.8\ \text{mm}^3$；

绕 3 轴截面模量：$W_{3t}=W_{3b}=132501.4\ \text{mm}^3$；

正截面强度设计值：$f=305.00\ \text{N/mm}^2$；

稳定用设计值：$f_2=305.00\ \text{N/mm}^2$，$f_3=305.00\ \text{N/mm}^2$；

抗剪强度设计值：$f_{v2}=175.00\ \text{N/mm}^2$，$f_{v3}=175.00\ \text{N/mm}^2$。

10.6.1.2　正截面承载力

A　压/拉弯强度验算

最不利组合 18（14），抗震调整系数 1.0：

$N=101.393\ \text{kN}$（压），$M_2=0.001\ \text{kN}\cdot\text{m}$，$M_3=-1.940\ \text{kN}\cdot\text{m}$

根据 GB 50017—2017 中式（8.1.1-1）：

$$\left|\frac{N}{A_n}+\frac{M_x}{\gamma_x W_{nx}}+\frac{M_y}{\gamma_y W_{ny}}\right|$$

$$=\left|\frac{101.393\times10^3}{2580.0}+\frac{1.940\times10^6}{1.05\times132501.4}+\frac{0.001\times10^6}{1.20\times30046.8}\right|$$

$$=53.28\ \text{N/mm}^2$$

1.00×53.28/305.0=0.175≤1.00

B　绕 2 轴稳定验算

最不利组合 18（14），抗震调整系数 1.0：

N=101.393 kN（压），M_2=0.001 kN·m，M_3=−1.940 kN·m

受压稳定参数：

稳定系数按长细比：31.08，查 GB 50017—2017 中附录 D。

根据 GB 50017—2017 中式（8.2.5-3）：

$$N'_{Ey} = \pi^2 EA/(1.1\lambda y^2) = \pi^2 \times 206.00 \times 2580.00/(1.1 \times 31.08^2)$$
$$= 4937.42 \text{ kN}$$

$N/N'_{Ey} = 101.39/4937.42 = 0.021 < 1.0$

稳定应力：

根据 GB 50017—2017 中式（8.2.5-2）：

$$\frac{N}{\varphi_y Af} + \eta \frac{\beta_{tx} M_x}{\varphi_{bx} W_x f} + \frac{\beta_{my} M_y}{\gamma_y W_y (1 - 0.8N/N'_{Ey}) f}$$

$$= \frac{101.393 \times 10^3}{0.906 \times 2580.0 \times 305.0} + 1.00 \times \frac{0.651 \times 1.940 \times 10^6}{1.000 \times 132501.35 \times 305.0} +$$

$$\frac{0.987 \times 0.001 \times 10^6}{1.20 \times 30046.80 \times (1 - 0.8 \times 101.4 \times 10^3/4937.4 \times 10^3) \times 305.0}$$

$= 0.174$

1.00×0.174=0.174<1.00

C　绕 3 轴稳定验算

最不利组合 18（14），抗震调整系数 1.0：

N=101.393 kN（压），M_2=0.001 kN·m，M_3=−1.940 kN·m

a　受压稳定参数

稳定系数按长细比：12.16，查 GB 50017—2017 中附录 D。

根据 GB 50017—2017 中式（8.2.5-3）：

$$N'_{Ex} = \pi^2 EA/(1.1\lambda x^2) = \pi^2 \times 206.00 \times 2580.00/(1.1 \times 12.16^2)$$
$$= 32224.36 \text{ kN}$$

$N/N'_{Ex} = 101.39/32224.36 = 0.003 < 1.0$

b　稳定应力

根据 GB 50017—2017 中式（8.2.5-1）：

$$\frac{N}{\varphi_x Af} + \frac{\beta_{mx} M_x}{\gamma_x W_x (1 - 0.8N/N'_{Ex}) f} + \eta \frac{\beta_{ty} M_y}{\varphi_{by} W_y f}$$

$$= \frac{101.393 \times 10^3}{0.983 \times 2580.0 \times 305.0} +$$

$$\frac{0.601\times 1.940\times 10^{6}}{1.05\times 132501.35\times(1-0.8\times 101.4\times 10^{3}/32224.4\times 10^{3})\times 305.0}+$$

$$1.00\times\frac{1.000\times 0.001\times 10^{6}}{1.000\times 30046.80\times 305.0}$$

$=0.159$

$1.00\times 0.159=0.159\leqslant 1.00$

10.6.1.3　抗剪验算

沿 2 轴抗剪验算：

最不利组合 18（16），抗震调整系数 1.0。

根据 GB 50017—2017 中式（6.1.3）：

$$\tau=\frac{VS}{It_{w}}=\frac{1.277\times 10^{3}\times 75225.00}{9.81\times 10^{6}\times 6.0}=1.569\text{N/mm}^{2}$$

$1.00\times 1.57/175.0=0.009\leqslant 1.00$

10.6.1.4　局部稳定验算

$$\varepsilon_{k}=\sqrt{\frac{235}{f_{y}}}=\sqrt{\frac{235}{355}}=0.814$$

A　腹板验算

根据 GB 50017—2017 中表 3.5.1：

$[h_{0}/t_{w}]=93_{\varepsilon k}=42.74$

$h_{0}/t_{w}=21.67\leqslant[h_{0}/t_{w}]$

B　翼缘验算

根据《建筑抗震设计规范》中表 8.3.2：

$[b_{0}/t]=10\varepsilon k=8.14$

$b_{0}/t=5.22\leqslant[b_{0}/t]$

10.6.1.5　长细比验算

长细比限值按 GB 50017—2017 中式（7.4.6）。

绕 2 轴长细比验算：

$\lambda_{2}=L_{02}/i_{2}=749.9/24.1=31.08\leqslant[\lambda_{2}]=200.0$

绕 3 轴长细比验算：

$\lambda_{3}=L_{03}/i_{3}=749.9/61.6=12.16\leqslant[\lambda_{3}]=200.0$

10.6.2　撑杆截面验算

10.6.2.1　基本信息

截面：圆管截面 ϕ32 mm×3 mm

截面属性如下：

截面面积：$A=273.3\ mm^2$；

截面模量：$W=1815.0\ mm^3$；

正截面强度设计值：$f=305.00\ N/mm^2$；

稳定用设计值：$f_2=305.00\ N/mm^2$，$f_3=305.00\ N/mm^2$；

抗剪强度设计值：$f_{v2}=175.00\ N/mm^2$，$f_{v3}=175.00\ N/mm^2$。

10.6.2.2　正截面强度验算

轴压强度验算：

最不利组合 12（14），抗震调整系数 1.0。

根据 GB 50017—2017 中式（7.1.1-1）：

$$\sigma=\frac{N}{A}=\frac{3356}{273.32}=12.28\ N/mm^2$$

$1.00\times12.28/305.0=0.040\leqslant1.00$

10.6.2.3　稳定验算

圆管稳定验算：

最不利组合 12（14），抗震调整系数 1.0。

A　受压稳定参数

稳定系数按长细比：150.78，查 GB 50017—2017 中附录 D。

根据 GB 50017—2017 中式（8.2.5-3）：

$$N'_{Ex}=\pi^2EA/(1.1\lambda x^2)=\pi^2\times206.00\times273.32/(1.1\times150.78^2)$$
$$=22.22\ kN$$

$N/N'_{Ex}=2.69/22.22=0.121<1.0$

B　稳定应力

根据 GB 50017—2017 中式（7.2.1）：

$$\frac{N}{\varphi Af}=\frac{2.69\times10^3}{0.213\times273.3\times305.0}=0.158\ N/mm^2$$

$1.00\times0.158=0.158\leqslant1.00$

10.6.2.4　局部稳定验算

$$\varepsilon_k=\sqrt{\frac{235}{355}}=0.814$$

径厚比验算：

GB 50017—2017 中第 7.3.1 条第 6 款：

$[D/t]=100\varepsilon_k^2=66.20$

$D/t=10.67\leqslant[D/t]$

10.6.2.5　长细比验算

长细比限值按根据 GB 50017—2017 中式（7.4.6）。

绕 2 轴长细比验算：

$\lambda^2 = L_{02}/i_2 = 1554.2/10.3 = 150.78 \leqslant [\lambda_2] = 200.0$

绕 3 轴长细比验算：

$\lambda_3 = L_{03}/i_3 = 1554.2/10.3 = 150.78 \leqslant [\lambda_3] = 200.0$

10.6.3　拉锁截面验算

10.6.3.1　基本信息

截面：圆形截面 ϕ17.8 mm

截面属性如下：

截面面积：A=248.8 mm^2；

截面模量：W=553.7 mm^3；

正截面强度设计值：f=1860.00 N/mm^2；

稳定用设计值：f_2=1860.00 N/mm^2，f_3=1860.00 N/mm^2；

抗剪强度设计值：f_{v2}=1070.00 N/mm^2，f_{v3}=1070.00 N/mm^2。

10.6.3.2　正截面强度验算

A　压/拉弯强度验算

最不利组合 12（5），抗震调整系数 1.0：1.00×145.31/1860.0 = 0.078 ≤1.00

B　净截面断裂强度验算

极限抗拉强度设计值 f_u=1860.00 N/mm^2。

最不利组合 12（5），抗震调整系数 1.0。

按 GB 50017—2017 中式（7.1.1-2）：

$$\sigma = \frac{N}{A_n} = \frac{36.16 \times 10^3}{248.85} = 145.31\ \text{N/mm}^2$$

1.00×145.31/(0.7×1860.0)= 0.112≤1.00

10.7　工程总结

本项目位于兰州某山区，山地地形高低起伏变化较大，该类地形特征为光伏结构设计带来一定的困难。本项目采用柔性光伏支架作为光伏板的支撑结构体系，为保证结构的安全进行了一系列结构分析与设计工作，主要结论如下：

（1）随着主方向预张力的增大，整体结构在预张力作用下的变形逐渐增大。随着次方向预张力的增大，整体结构在预张力作用下的变形基本保持不变，说明柔性光伏支架的变形主要由主方向预张力决定。

（2）前 4 阶振型均为局部水平或竖向振动，振动位置集中于跨度方向的两端，自振周期均为 1.2 s 左右。结构振型基本符合柔性支架结构的体系特征，说明本结构较为合理。

（3）本结构在荷载标准组合作用下的最大竖向位移为 240 mm。结构的竖向位移与跨度比值为 1/75，小于限值 1/50。

（4）结构在荷载基本组合作用下，拉锁的应力比处于 0.1 左右，跨度方向的柱应力比为 0.6 左右，垂直跨度方向的柱应力比为 0.4 左右，三角支架的应力比为 0.35 左右。

第3篇

高层异型钢结构设计实例

Design Example of High Rise Irregular Steel Structures

11　倒L形高层悬挑框架支撑结构

11.1　工程概况

11.1.1　建筑形态

雕像结构的建筑外形较一般建筑结构往往较为复杂，同时为满足建筑外观要求，该类建筑的结构布置也极为复杂且不规则。本工程为铸铜人物雕像，整体形状呈倒L形，属于高层大悬挑结构，如图11-1所示。该人物雕像主要分为两部分，分别为竖直身体及悬挑披风。竖直身体部位高度为32 m，（图11-1（a）），悬挑披风的悬挑长度为24 m（图11-1（b））。

(a)

(b)

图11-1　建筑实物图

（a）正视图；（b）侧视图

11.1.2　结构体系

本结构建模分为主体、披风两个部分，主体横向分层建模、披风竖向分层建模，并拼装汇总，形成整体结构。由于本工程平面、立面特别不规则，且披风悬挑达到24 m，框架结构难以有效抵抗水平荷载引起的侧移，采用抗侧刚度较大的框架-支撑体系，可以灵活根据结构受力需要布置框架位置，使得结构材料的传力效率较高。结构体系如图 11-2 所示。身体部分的结构平面布置和披风部分的结构里面布置均以建筑形态为准，保证构件不与建筑表皮碰撞。

身体部分竖向杆件均采用圆钢管，水平杆件均采用工字梁，构件的截面尺寸由下至上逐渐递减，其中圆钢管的截面尺寸为 P159 mm×10 mm ~ P299 mm×16 mm，工字梁的截面尺寸为 HW250 mm×250 mm×9 mm×14 mm ~ HW300 mm×300 mm×10 mm×15 mm。披风部分的构件均采用圆钢管，且圆钢管的截面由外向内逐渐增大，披风圆钢管的截面尺寸为 P95 mm×7 mm ~ P159 mm×10 mm。主结构钢材采用 Q355B，弹性模量为 206 kN/mm^2，密度为 7850 kg/m^3，设计强度为 315 MPa。

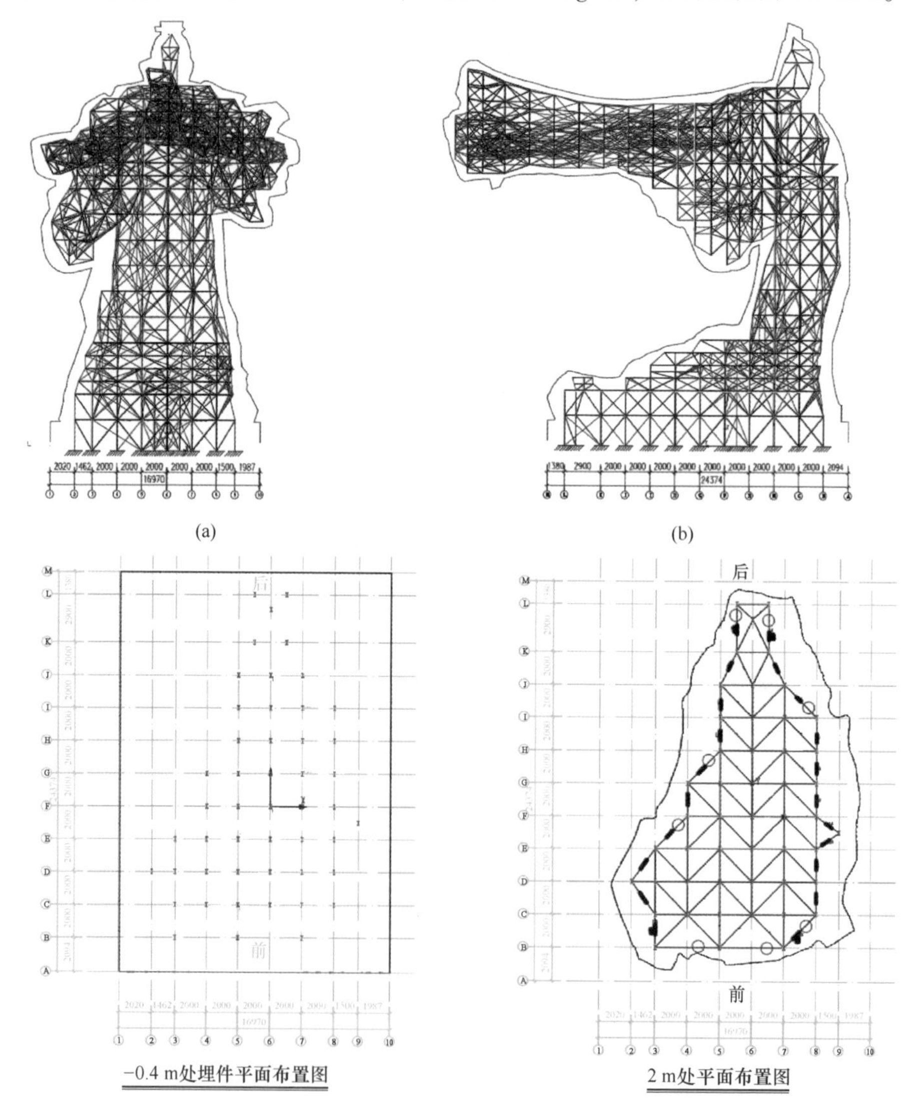

(a)　　(b)

−0.4 m处埋件平面布置图　　2 m处平面布置图

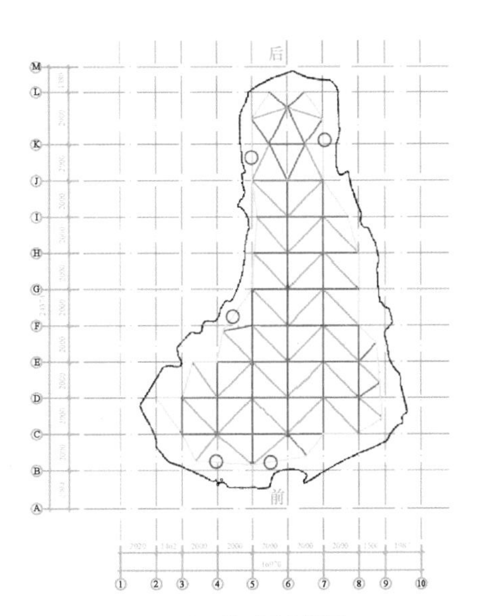

4 m处平面布置图

(c)

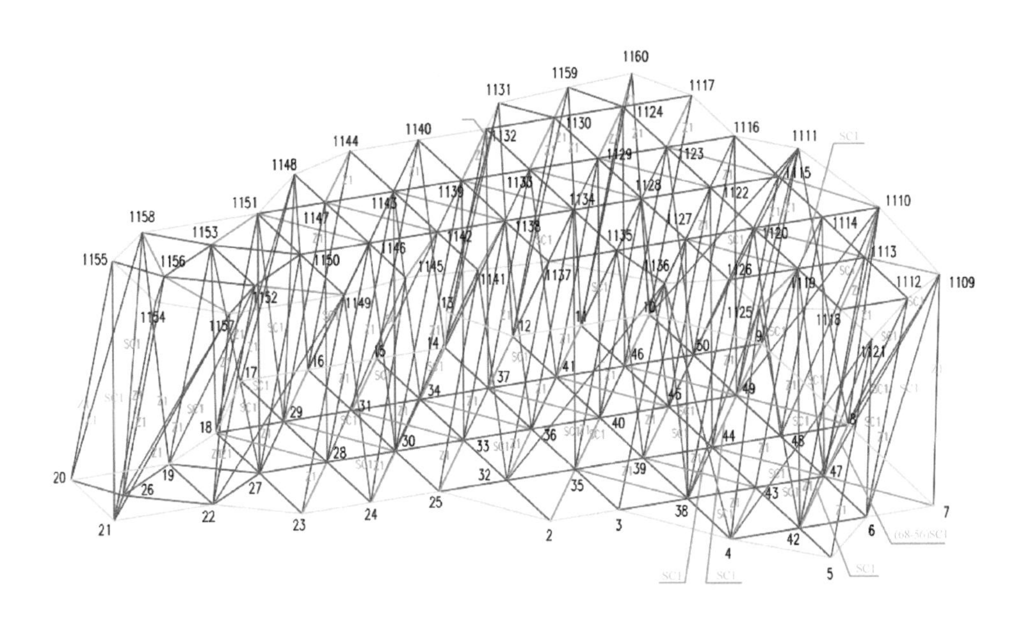

2.0~4.0 m标高3D示意图

(d)

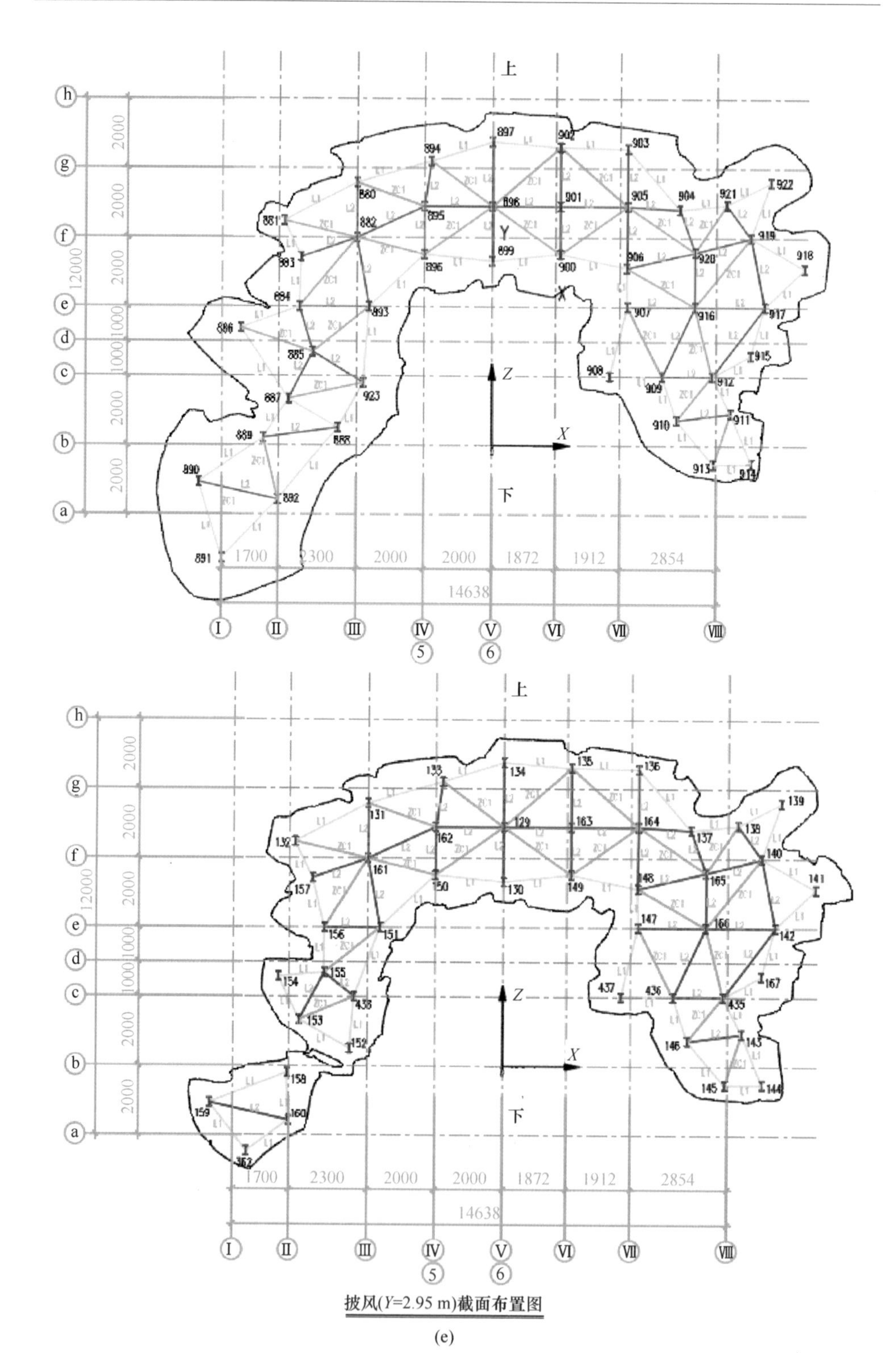

披风(*Y*=2.95 m)截面布置图

(e)

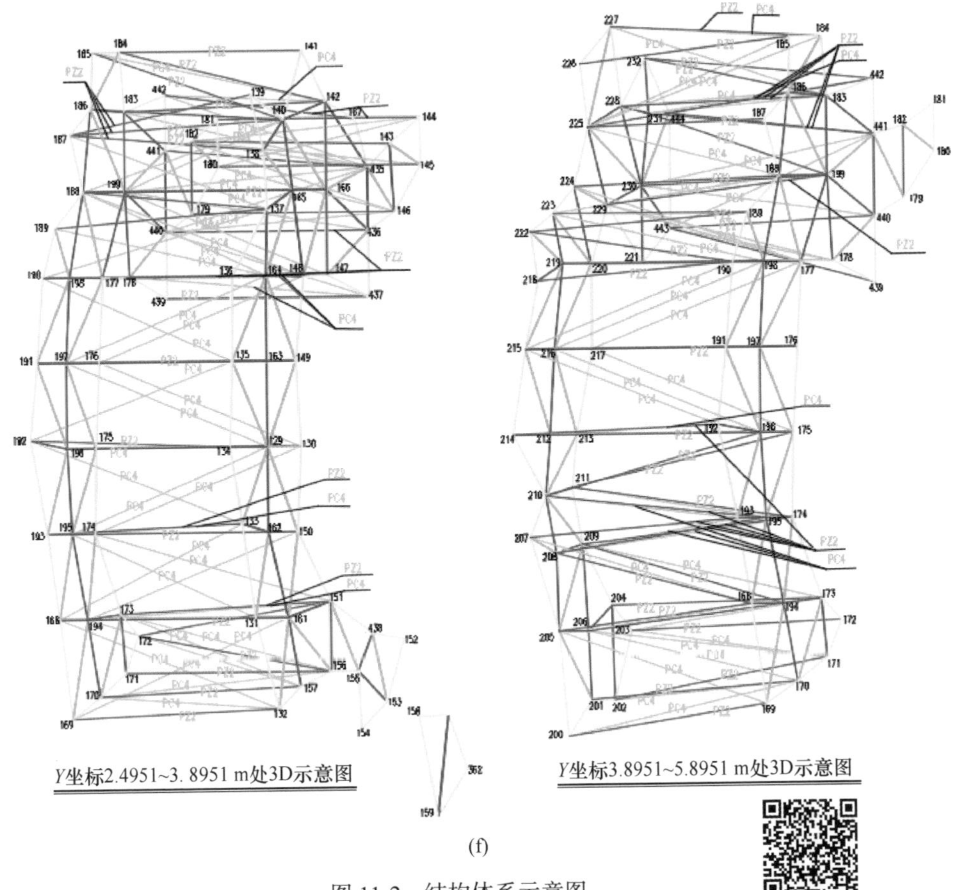

(f)

图 11-2　结构体系示意图

(a) 正视图；(b) 侧视图；(c) 身体部分平面布置图；
(d) 身体部分 3D 示意图；(e) 披风部分截面布置图；(f) 披风部分 3D 示意图

图 11-2 彩图

11.2　结构模型

11.2.1　荷载信息

本项目的荷载信息（表 11-1）如下：

(1) 恒载：考虑雕像外轮廓外挂重量约 2237 kN（不包括 0.6m 高底座）。其中铸铜壁板 2964.13 m^2，约 2850 kN 和副支架重量 400 kN 作用在主刚架外边缘杆件上。主刚架自重由软件自动计算。

(2) 风载：50 年重现期的基本风压 $\omega_0 = 0.35$ kN/m^2，体形系数取 1.3，并根据《建筑结构荷载规范》求出各风向下的风荷载，并对最终的风荷载做适当的放大处理。

（3）地震作用：考虑双向水平地震作用的扭转影响，采用振型分解反应谱法；徐州丰县，抗震设防烈度为6度，设计基本地震加速度值为0.05g，抗震分组为第二组，Ⅲ类场地。

（4）雪荷载：徐州丰县50年重现期的基本雪压 s_0=0.35 kN/m^2。

表11-1　工程概况

建筑高度/悬挑	32 m/24 m
抗震设防烈度	7度（0.10g）
场地类别	Ⅲ类
场地特征周期	0.45 s
主要荷载	自重+6 mm铸铜蒙皮+屋面活载
基本风压	0.35 kN/m^2（50年重现期）
结构材料	钢材Q355
结构体系	竖向钢桁架+水平悬挑钢桁架

11.2.2　分析模型

考虑本结构的复杂性，需采用两种设计软件（MIDAS GEN和RFEM）分别建模并进行结果校核，模型见图11-3。通过两种计算模型的振型分析对比及特征

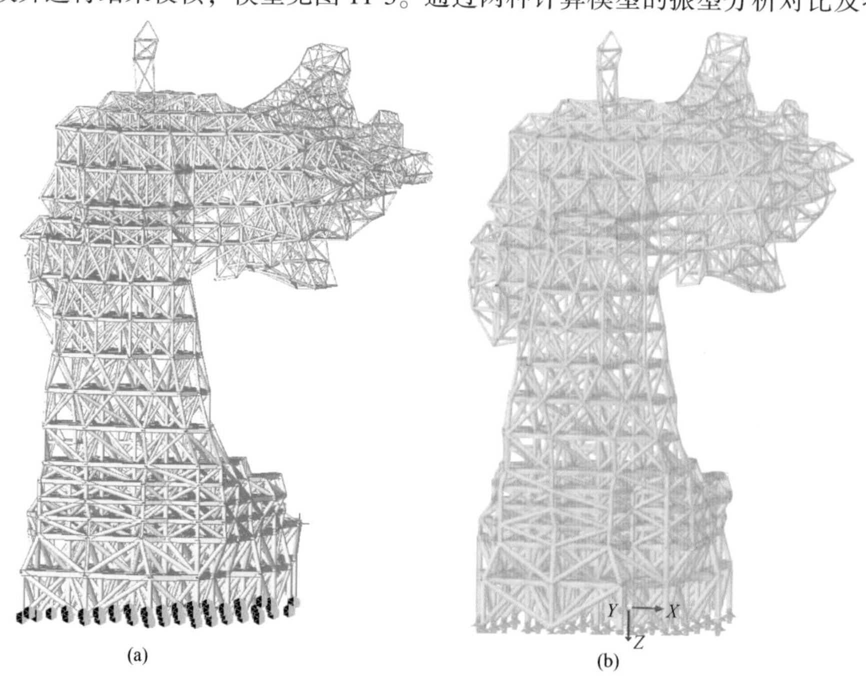

图11-3　分析模型
（a）MIDAS GEN；（b）RFEM

值屈曲对比，验证模型的有效性。MIDAS GEN 可以提供钢结构抗震性能化设计模块，RFEM 具有双非线性稳定验算能力，依据两款软件的计算优势开展对应的分析与设计工作。最后使用 SAP2000 对结构进行蒙皮效应专项分析。

11.3　抗震性能化设计

11.3.1　振型及性能目标

为验证两个计算模型的准确性，需要对其振型计算结果进行对比。由图 11-4 可知，MIDAS 模型和 RFEM 模型所得的前三阶振型一致，分别为披风及前胸整体竖向振动、披风整体水平振动。将自振周期及质量参与系数汇总于表 11-2，结果进一步表明两个软件计算模型的计算结果基本一致。通过振型分析可知，本结构的悬挑披风部分是主要振动源，具体表现为悬挑披风的竖向及水平振动，后续结构分析时应注重其振动特性。

表 11-2　自振周期对比

模型	振型	周期/s	质量参与系数/%	
MIDAS GEN	第 1 阶	1.05	*X* 向	0.20
			Y 向	12.15
			Z 向	18.69
	第 2 阶	0.95	*X* 向	32.76
			Y 向	0.61
			Z 向	0.07
	第 3 阶	0.45	*X* 向	0.16
			Y 向	36.30
			Z 向	1.21
RFEM	第 1 阶	1.04	*X* 向	0.18
			Y 向	13.30
			Z 向	17.90
	第 2 阶	0.95	*X* 向	32.80
			Y 向	0.60
			Z 向	0.07
	第 3 阶	0.46	*X* 向	0.18
			Y 向	39.10
			Z 向	1.80

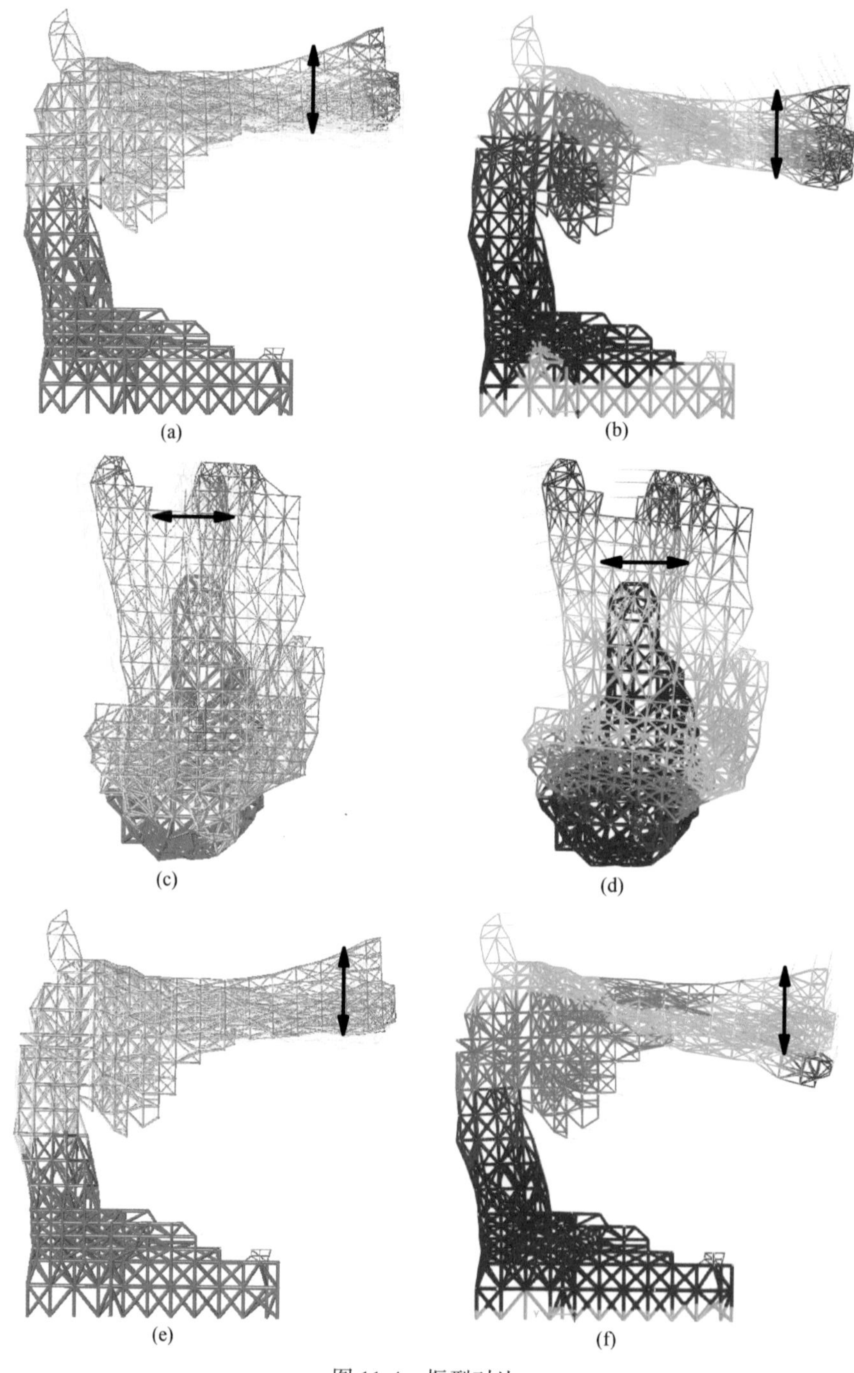

图 11-4　振型对比

（a）MIDAS GEN 一阶；（b）RFEM 一阶；（c）MIDAS GEN 二阶；
（d）RFEM 二阶；（e）MIDAS GEN 三阶；（f）RFEM 三阶

基于本工程的场地情况及结构特征，选取了表11-3所述的抗震性能目标。由于大悬挑披风的作用，部分柱脚会产生轴向拉力，为保证本结构的柱脚有足够的承载力，因此选取该部分的抗震性能目标为中震弹性、大震不屈服。身体部分（竖向部分）作为悬挑披风（水平部分）的支撑体系，应具有更高的抗震性能目标。竖向部分的抗震性能目标为中震弹性、大震不屈服，水平部分的性能目标为小震弹性、中震不屈服、大震部分屈服。进行弹性分析时应采用荷载的基本组合及材料的设计值，不屈服分析时采用荷载的标准组合及材料的标准值。

表11-3　结构地震性能目标

地震水准	性能指标		
	小震	中震	大震
震后状态	完好	关键构件完好，普通轻度损坏	关键构件轻度损坏
分析方法	弹性分析	等效弹性分析	弹塑性时程分析
位移限值	水平1/250（竖向1/150）	—	—
柱脚	弹性	弹性	不屈服
竖向构件	弹性	弹性	不屈服
水平构件	弹性	不屈服	部分屈服
荷载系数	基本组合	弹性取基本组合，不屈服取标准组合	标准组合
材料强度	弹性取设计值	弹性取设计值+不屈服取标准值	均取标准值

11.3.2　小震弹性分析

将采用MIDAS GEN对本结构开展抗震分析及设计。通过小震弹性分析得到了本结构在荷载基本组合包络下的构件应力比，如图11-5所示。计算结果显示，本结构的杆件应力比大部分均小于0.65，极少数构件应力比达0.95，整体应力

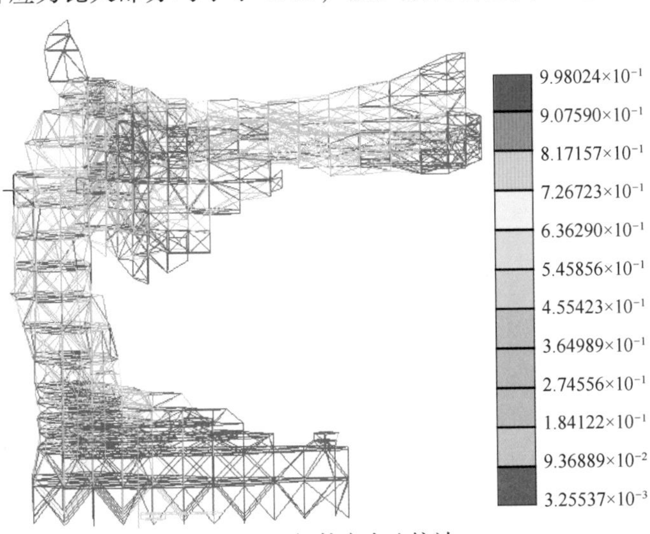

图11-5　杆件应力比统计

比均小于1.0。对于一般钢结构而言，应力比应控制在0.85或0.90以内，从而预留足量的安全度。而异型钢结构在控制杆件截面种类数量及用钢量的前提下，很难将所有杆件的应力比保持在变化幅度较小的范围内，应允许少量杆件的应力比接近1.0。在后续的施工图设计指导中，对应力比接近1.0部位的构件采取加强措施，如增设侧向支撑、杆件厚度补强等。

本结构同时具有高层及大悬挑两个结构特征，因此在变形验算时需要查看结构的最高点水平位移和悬挑端部的竖向位移。《钢结构设计标准》表明高层钢结构的位移限值用层间位移角表示，其限值为1/250。本结构属于特殊的钢结构体系，规范中没有明确的水平位移限值，因此采用顶部水平位移与高度比值来表达水平变形，其限值可取1/250。《空间网格结构技术规程》规定悬挑钢结构的位移限值用竖向位移与悬挑高度的比值定义，其限值为1/150。本结构可采用披风悬臂端竖向相对位移比来表示，即竖向位移采用披风端部位移减去身体连接位置竖向位移。不考虑蒙皮效应时，在荷载标准组合作用下本结构的头部水平位移高度比（1/239）满足要求，披风端部的竖向相对位移跨度比（1/71）不满足规范要求。若盲目增大悬臂披风的构件截面尺寸，会造成结构自重显著增大，无法有效降低悬臂端的竖向变形。本钢结构外围采用9 mm铸铝铜皮，该蒙皮可为悬臂钢结构提供刚度。为探明铸铝铜皮蒙皮效应对披风悬臂钢结构的刚度增大效果，在MIDAS GEN模型上布置铸铝蒙皮，并重新计算。计算结果显示，考虑蒙皮效应后的悬臂竖向相对位移减少了102 mm，满足规范要求。通过上述分析可知，考虑铸铝铜皮的蒙皮效应后，悬臂披风钢结构的竖向位移即可满足规范要求，无须增大钢构件截面。在施工过程中，需要保证披风钢结构与蒙皮同步进行，以免刚度不足从而造成披风钢结构变形过大。结构位移的详细信息可见表11-4。

表11-4　位移结果

模型	头顶部水平位移/mm	水平位移高度比	披风竖向相对位移/mm	竖向相对位移跨度比
无蒙皮	109	1/293	258	1/80
有蒙皮	—	—	156	1/153

11.3.3　中震等效弹性

根据本结构的性能目标开展中震等效弹性分析，其中底层柱及竖向部分采用中震弹性分析工况，水平部分采用中震不屈服分析工况，计算结果如图11-6所示。底层柱的应力比（图11-6（a））在0.2左右，且背部下方的底层柱应力比最大，这是由于披风部分的荷载主要通过背部的竖向构件传递至基础。竖向部分的杆件应力比如图11-6（b）所示，显然竖向构件的应力比大于水平构件，且应力比均在0.85范围之内。水平部分的最大应力比（其值为0.99）杆件位于背部结构的上层，大部分杆件的应力比处于0.7范围之内，如图11-6（c）所示。通过以上分析，可知本结构各部分杆件的应力比满足柱脚中震弹性、竖向部分中震弹性、水平构件中震不屈服的性能目标。提取中震弹性的支座反力，进行支座设计并指导基础配筋计算，这里不再详述。

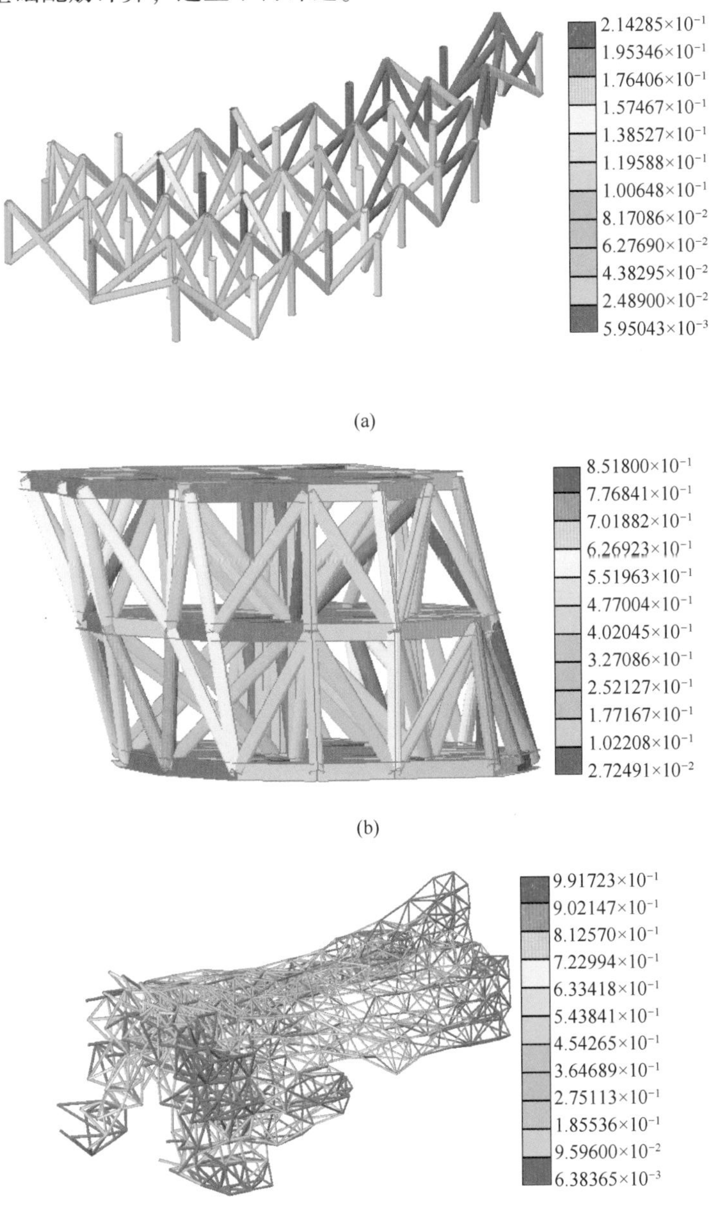

图 11-6　中震应力比

（a）底层柱；（b）竖向部分；（c）水平部分

11.3.4 大震弹塑性分析

该工程将采用弹塑性时程分析法来进行大震抗震性能验算。首先根据规范要求进行地震波的选择（2 条天然波+1 条人工波），即每条曲线计算结果不小于反应谱法的 65%，也不大于反应谱法的 135%，且多条曲线的平均值不小于反应谱法的 80%，也不大于反应谱法的 120%。在 MIDAS GEN 中，钢构件可以采用塑性铰单元来模拟其塑性特征。本工程所选地震波详见图 11-7。

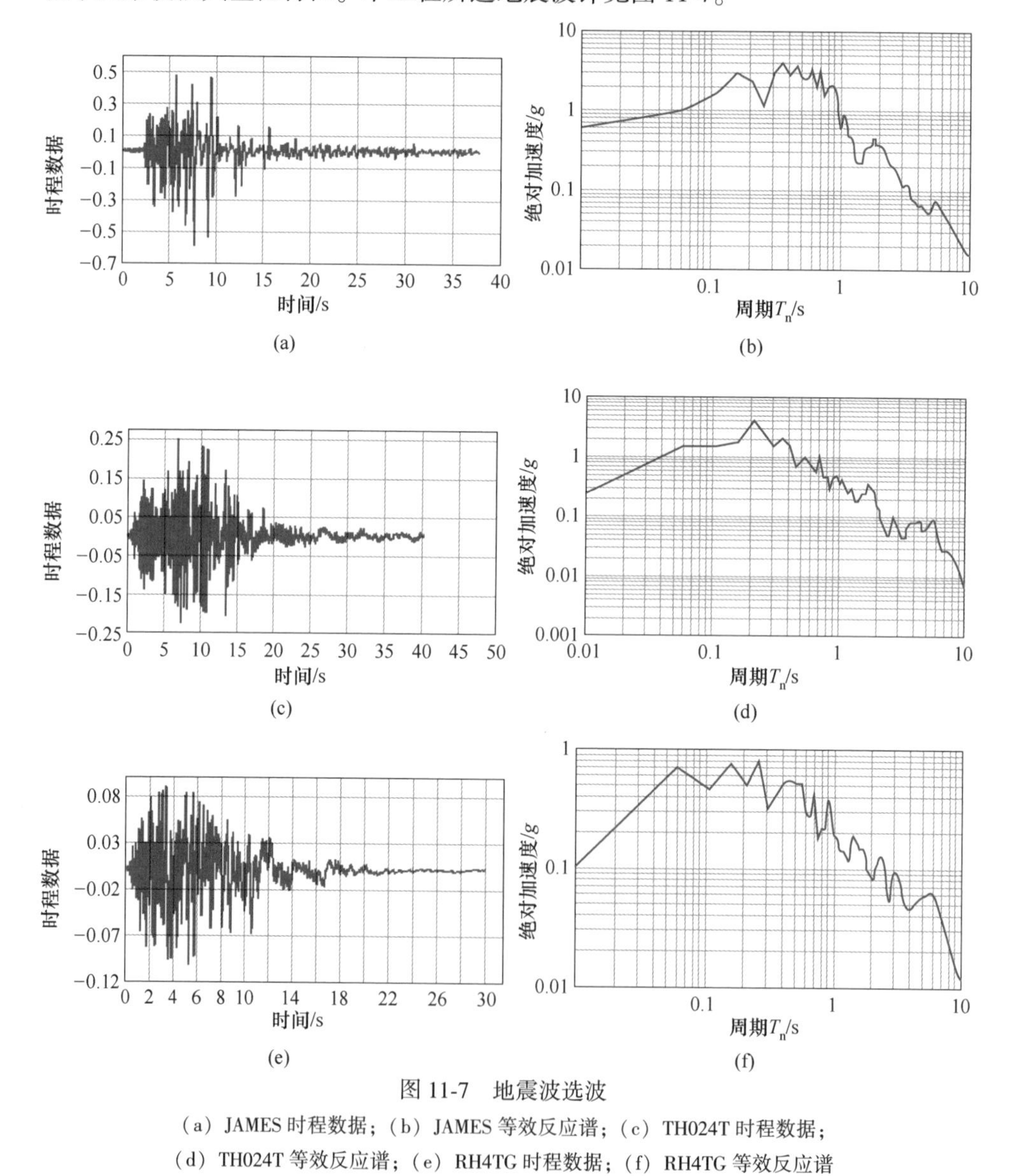

图 11-7 地震波选波

（a）JAMES 时程数据；（b）JAMES 等效反应谱；（c）TH024T 时程数据；（d）TH024T 等效反应谱；（e）RH4TG 时程数据；（f）RH4TG 等效反应谱

在进行大震弹塑性分析时，将三条地震波的加速峰值调整为 220 cm/m²，并加至计算模型的三个方向，其中 X 向、Y 向及 Z 向加速峰值分别采取比例 1：0.85：0.65、0.85：1：0.65 和 0.85：0.65：1。经计算得到了结构在 3 条地震波作用下的塑性铰延性系数，如图 11-8 所示。本结构的弹塑性时程分析结果显示，披风处构件的延性系数可达 0.96，身体部分构件的延性系数最大值为 0.78，底层柱的延性系数均小于 0.2。显然，本结构满足柱脚大震不屈服、竖向部分大震不屈服、水平部分大震部分屈服的性能目标。

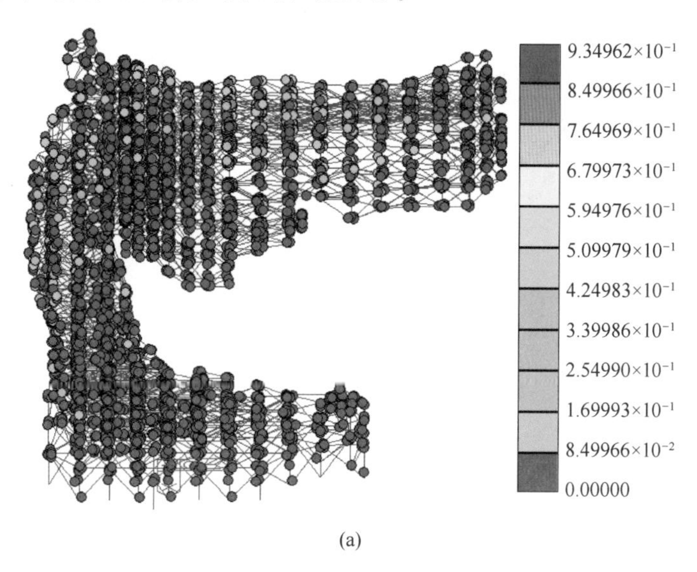

(a)

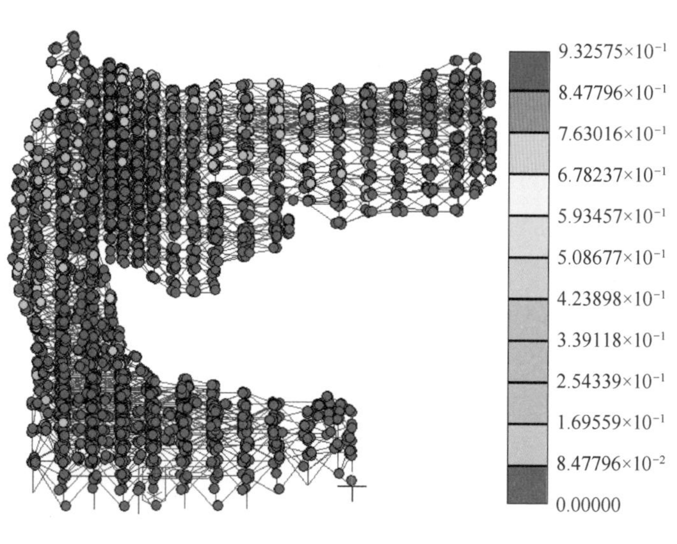

(b)

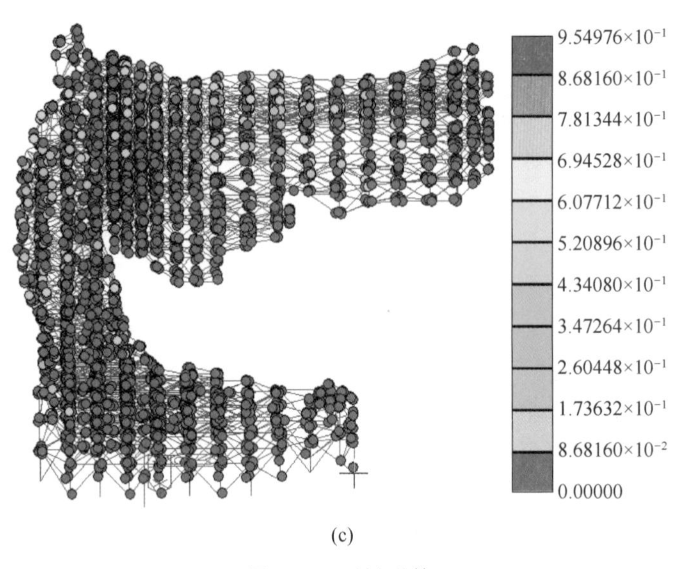

(c)

图 11-8　延性系数

（a）JAMES；（b）TH024T；（c）RH4TG

11.4　稳定性验算

由于钢结构体型极不规则，悬挑跨度较大，结构形式比较复杂，因此在完成抗震性能化设计之后，需要开展该结构的整体稳定验算，以防结构发生不可预估的失稳破坏。首先采用 MIDAS GEN 模型和 RFEM 模型开展特征值屈曲分析，分析本结构在恒载+满布活载作用下的屈曲模态，初步探明本结构屈曲特征及验证模型有效性。然后使用 RFEM 模型开展双非线性稳定分析，计算本结构在恒载+不同分布活载作用下的稳定极限承载力，并与规范限值进行比较。

11.4.1　特征值屈曲分析

MIDAS GEN 和 RFEM 计算所得前三阶屈曲模态和屈曲特征值如图 11-9 和表 11-5 所示，结果表明两个软件的计算结果基本一致。前三阶屈曲模态集中于悬挑披风竖向变形屈曲，该屈曲模态符合悬挑结构的结构特征。

表 11-5　特征值对比

模型	屈曲特征值		
	一阶	二阶	三阶
MIDAS GEN	14.5	16.4	17.1
RFEM	14.6	16.6	17.3

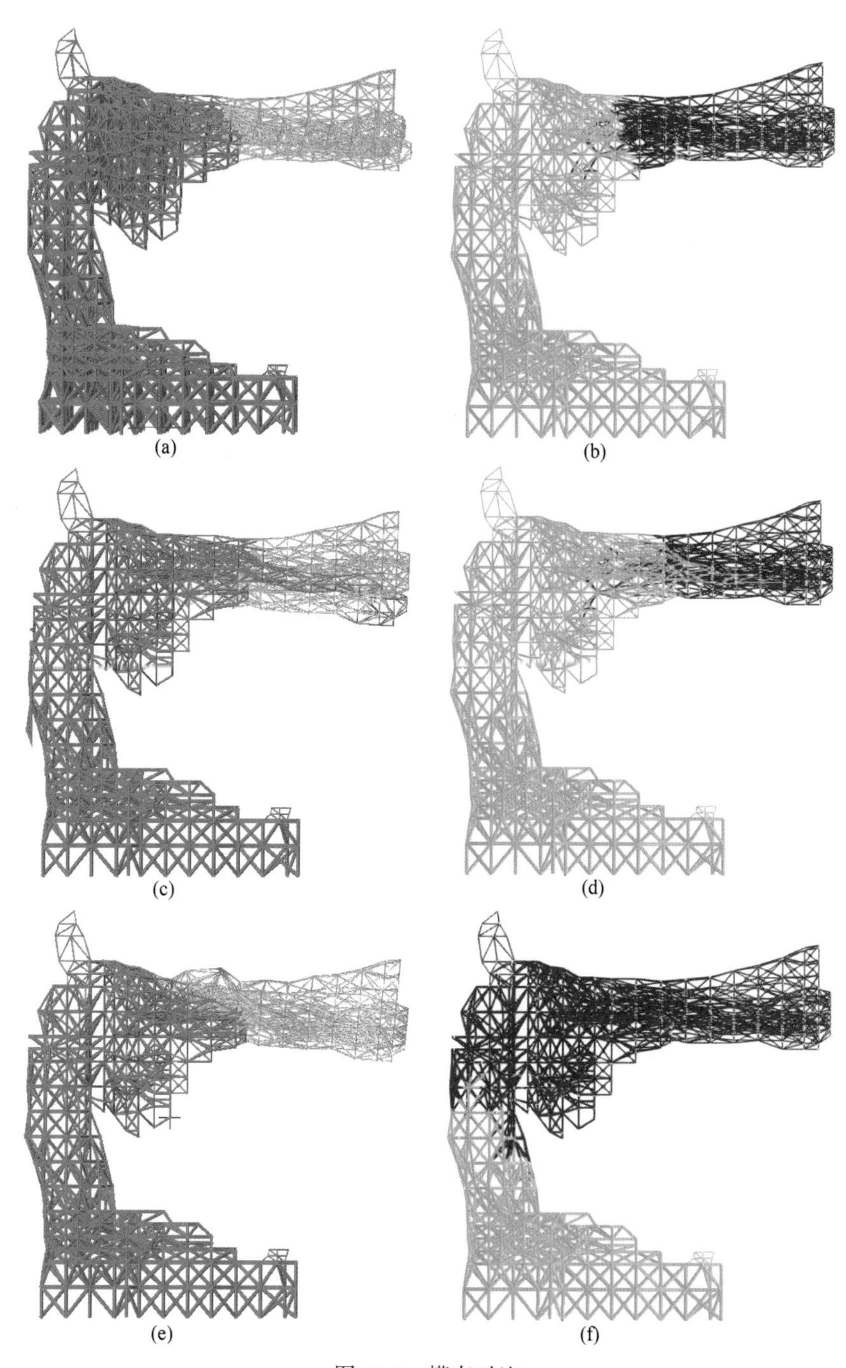

图 11-9　模态对比

（a）MIDAS GEN 一阶；（b）RFEM 一阶；（c）MIDAS GEN 二阶；
（d）RFEM 二阶；（e）MIDAS GEN 三阶；（f）RFEM 三阶

11.4.2　非线性屈曲分析

为进一步核准本结构的稳定承载力，采用RFEM模型的非线性和稳定分析模块，开展双非线性稳定分析。荷载工况分别为恒载+满布活载（工况1）、恒载+半布活载（工况2）、恒载+风载（工况3）。初始缺陷的形状取各工况对应的最低阶屈曲模态，缺陷值根据规范要求取跨度（披风悬挑长度的2倍）的1/300取值。经过计算，获得了各工况荷载作用下的荷载临界系数，详见表11-6。计算结果表明3种工况的临界荷载系数分别为2.1、2.7、3.2，均大于规范限值2.0。提取最不利工况（工况1）非线性稳定分析所得的塑性发展结果，如图11-10所示。由该图可知，水平披风跨中和竖向身体腹部的部分杆件均进入塑性阶段，即率先屈服部位的杆件将是本结构失稳破坏的薄弱环节。由于荷载临界系数大于规范限值，可暂时不针对薄弱部位采取加强措施，但在施工和使用过程中应关注这两个部位杆件的变形情况。

表11-6　非线性稳定分析结果

荷载工况	初始缺陷幅值/mm	荷载临界系数
工况1	160	2.1
工况2	160	2.8
工况3	160	3.2

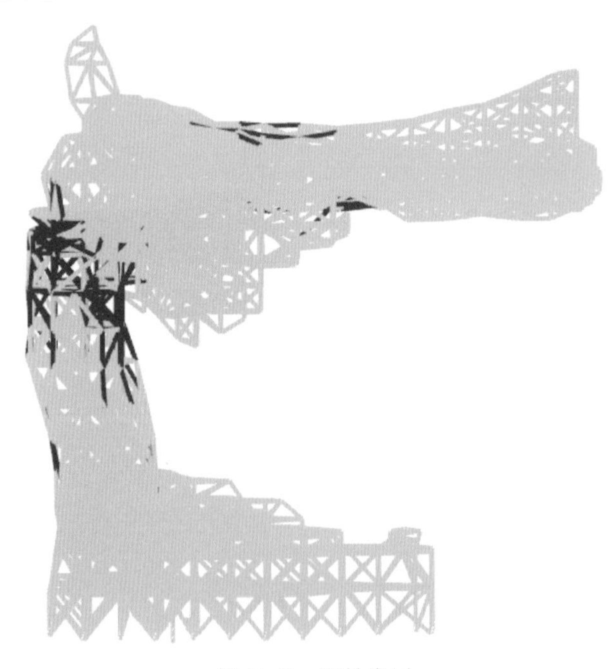

图11-10　塑性发展

11.5 披风蒙皮效应分析

本结构在变形验算时，充分考虑了外挂铜板蒙皮效应对主体刚架的加强作用。为进一步验证披风蒙皮效应的有效性，使用SAP2000结构分析软件，以披风部位为模型对外挂铜板的蒙皮效应进行有限元分析，进而预估蒙皮对整体结构的加强效果。

11.5.1 简化模型计算

由于披风部位结构比较复杂，方便起见，先采用简化模型模拟披风部位的主结构，主结构每榀刚架平面图如图11-11所示。

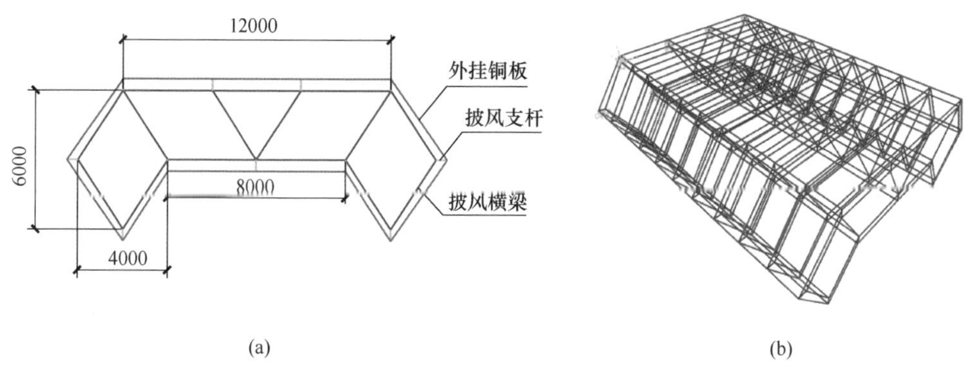

图11-11 披风结构简化模型

（a）模型横断面；（b）简化模型

外挂铜板采用9 mm铸造黄铜板，考虑此铜板的蒙皮效应后，披风尾部节点在结构自重和外荷载总的作用下挠度为19.66 mm，约为披风长度的1/1000，如图11-12所示。若不考虑铜板的蒙皮效应，只由主体刚架承受荷载。披风尾部节点在结构自重和外荷载共同作用下挠度为83.9 mm，约为披风长度的1/238。根据以上有限元分析可见，考虑外挂铜板的蒙皮效应可使结构整体刚度产生大幅度改善。

11.5.2 实际模型计算

为了验证简化模型得出的结论是否依然适用于本工程的披风部位，对结构披风做了详细建模，并对模型施加相应的风荷载和雪荷载，披风端部的约束方式为固结约束。实际模型如图11-13所示。

实际模型的对比结果如图11-14所示。考虑此铜板的蒙皮效应后，披风尾部

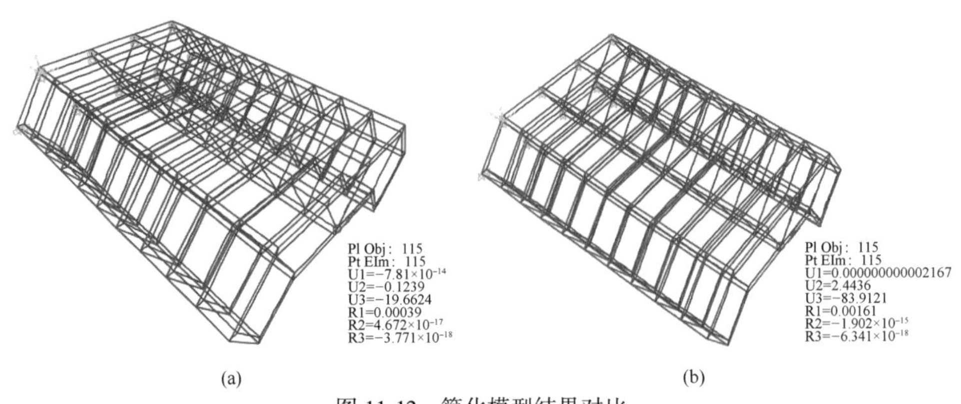

图 11-12　简化模型结果对比

（a）虑蒙皮效应；（b）不考虑蒙皮效应

节点在结构自重和外荷载总的作用下挠度为 57. 5 mm。若不考虑铜板的蒙皮效应，只由主体刚架承受荷载。披风尾部节点在结构自重和外荷载总的作用下挠度为 72 mm。由此可见，外挂铜板的蒙皮效应对主体结构刚度具有加强效果。为保证外挂蒙皮与内部刚架的共同工作，在实际设计、施工过程中，应在规范规定范围内适当多布置些外挂与内部刚架的连接节点。

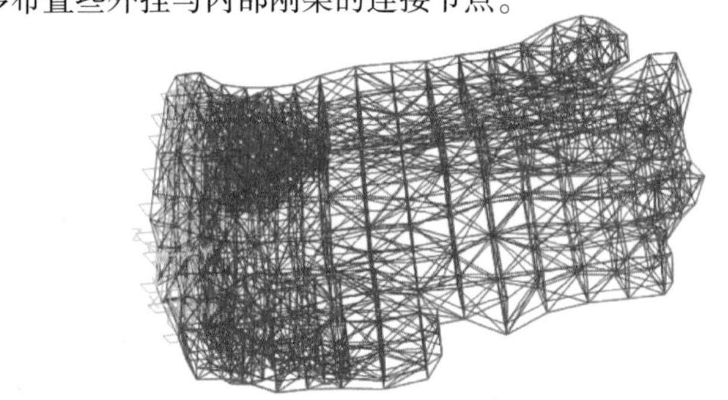

图 11-13　实际模型

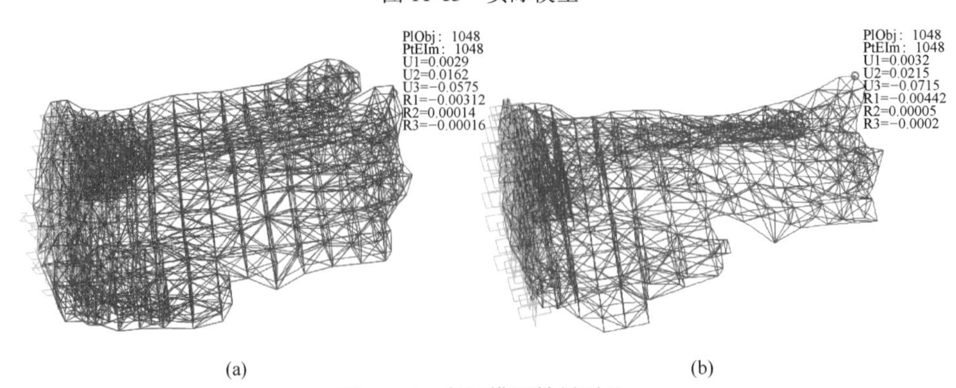

图 11-14　实际模型结果对比

（a）考虑蒙皮效应；（b）不考虑蒙皮效应

11.6 节点有限元分析

11.6.1 有限元模型

与常规桁架结构相比，本结构的节点构造更为复杂。为保证节点的安全性，从本结构竖向部分和水平部分各选取一个典型节点进行有限元分析，所建立模型如图 11-15 所示。然后根据中震弹性和中震不屈服的分析模型提取对应的构件设计荷载，并将该荷载分别施加至节点有限元模型中。根据抗震性能目标，竖向部分关键节点采取中震弹性荷载设计值，水平部分关键节点选用中震不屈服荷载设计值。

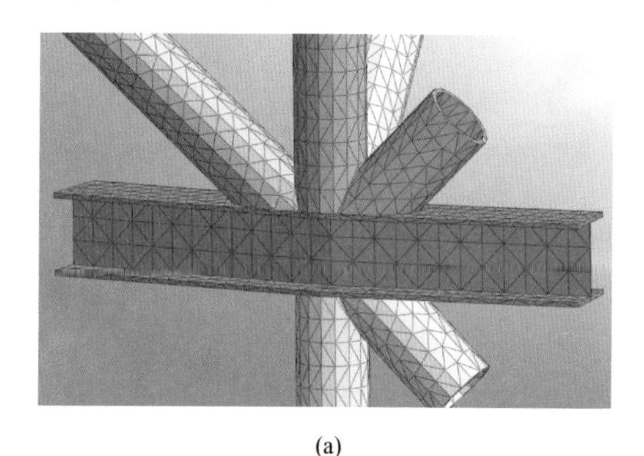

(a)

(b)

图 11-15 有限元模型

（a）竖向部分关键节点；（b）水平部分关键节点

11.6.2 分析结果

通过有限元分析得到了关键节点的在设防目标荷载设计值作用下的应力状态，如图 11-16 所示。竖向部分关键节点的最大应力为 270 MPa，水平部分关键节点的最大应力为 300 MPa，均保持在弹性阶段，满足抗震性能目标。

11.7 支座抗拔计算

11.7.1 支座反力

根据有限元分析，现列出主要支座的反力，由表 11-7 所示，节点平面位置如图 11-17 所示。根据整体模型的分析，底部支座反力较大。如表 11-7 所示为部分节点的部分荷载组合下的支座反力值，可见最大的竖向反力 $F_3 = 855.855$ kN

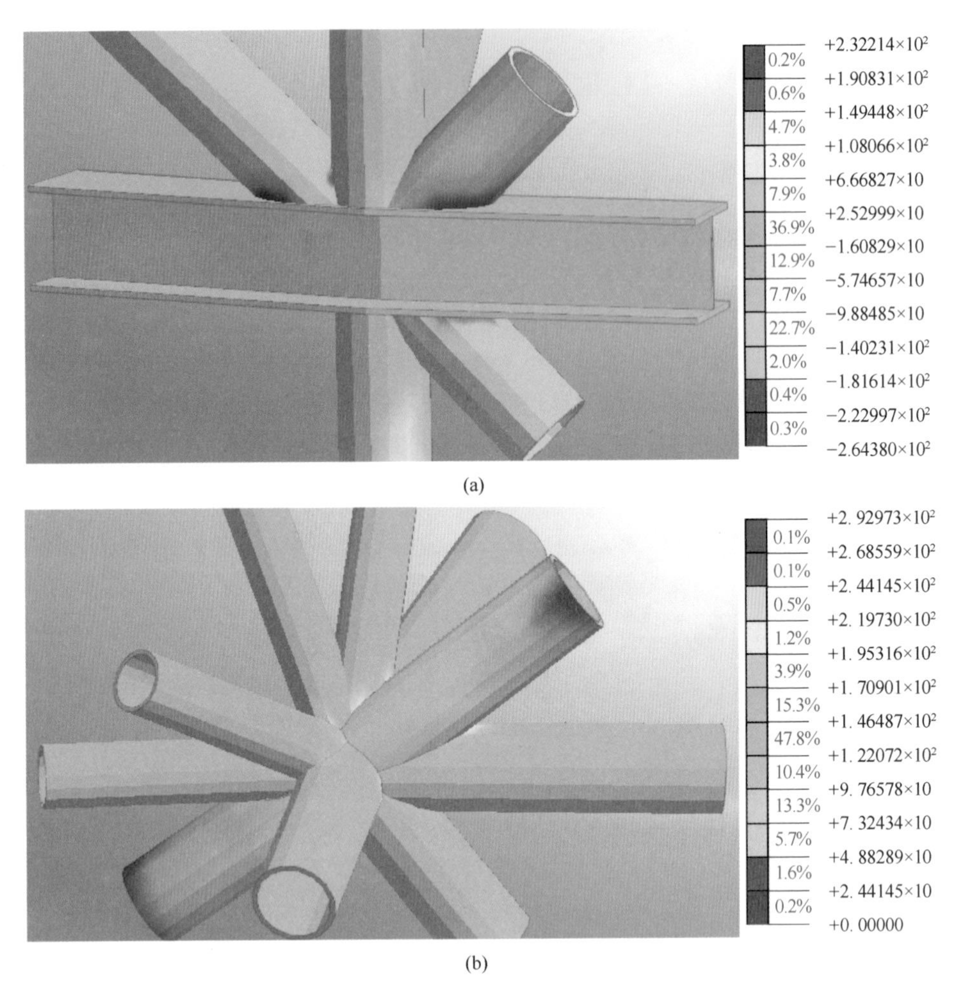

图 11-16　有限元分析结果

（a）竖向部分关键节点；（b）水平部分关键节点

的拉力，如图 11-17 所示的几个支座节点所承受的竖向反力 F_3 在 1000 kN 左右。

表 11-7　主要支座的反力

节点号	荷载组合	F_1/kN	F_2/kN	F_3/kN	M_1/kN · m	M_2/kN · m	M_3/kN · m
11	荷载组合 17	-54. 662	-4. 228	-700	3. 2381	-2. 6242	-0. 0071
	荷载组合 1	-53. 483	-5. 951	-685	3. 2673	-2. 5914	-0. 0065
13	荷载组合 18	33. 927	-4. 162	-1073	3. 978	1. 1301	0. 0195
	荷载组合 2	32. 564	-5. 886	-1051	4. 0538	1. 0799	0. 0188
15	荷载组合 17	-13. 672	-22. 177	650. 8	-1. 5442	-4. 7357	0. 0186
30	荷载组合 18	14. 748	-6. 763	-880	4. 1007	2. 2859	-0. 0049
	荷载组合 2	14. 108	-7. 959	-852	4. 0715	2. 2386	-0. 0055
	荷载组合 19	13. 373	-3. 072	-820	5. 604	1. 2123	0. 0215

续表 11-7

节点号	荷载组合	F_1/kN	F_2/kN	F_3/kN	M_1/kN·m	M_2/kN·m	M_3/kN·m
29	荷载组合 3	-86.232	-34.351	1024	3.9979	-1.5668	0.0072
	荷载组合 27	-87.418	-20.093	1028	2.2014	-1.6425	0.0054
	荷载组合 19	-89.217	-34.128	1056	3.9752	-1.6244	0.0074
33	荷载组合 27	-0.319	-11.876	1521	2.5322	-0.4242	-0.0012
	荷载组合 3	-0.289	-24.328	1521	4.1372	-0.3798	-0.0013
	荷载组合 19	-0.302	-23.819	1570	4.1311	-0.3955	-0.0014
35	荷载组合 3	0.137	13.637	-613	0.3683	0.1076	-9.83×10^{-5}
37	荷载组合 27	58.239	-34.645	1029	2.8112	0.5301	-0.0044
	荷载组合 3	58.251	-47.725	1032	4.5191	0.556	-0.0049
	荷载组合 19	60.187	-48.031	1064	4.5204	0.573	-0.005
39	荷载组合 18	3.798	-12.536	650.9	-0.3967	5.158	-0.0027
	荷载组合 3	0.796	-44.835	652.6	4.7426	0.7964	-0.0131
	荷载组合 19	0.822	-45.108	671.8	4.757	0.8221	-0.0134
50	荷载组合 17	-40.119	-40.772	-865	8.4589	-6.3394	0.0024
	荷载组合 1	-39.565	-40.246	-842	8.3254	-6.179	0.0024
51	荷载组合 19	35.048	-38.063	-880	12.3232	6.6226	-0.0038
	荷载组合 3	34.223	-37.223	-854	12.0602	6.4054	-0.0038

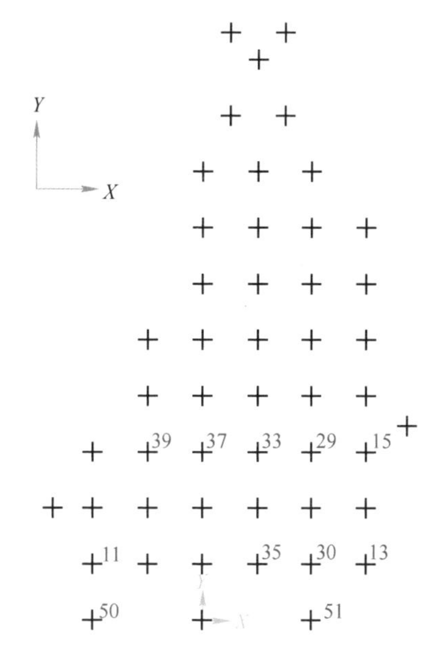

图 11-17　支座节点编号示意图

11.7.2　柱脚锚固措施

为保证柱脚具有足够的抗拔承载力，柱脚采用如图 11-18 所示的构造锚固手段，以保证结构的安全。

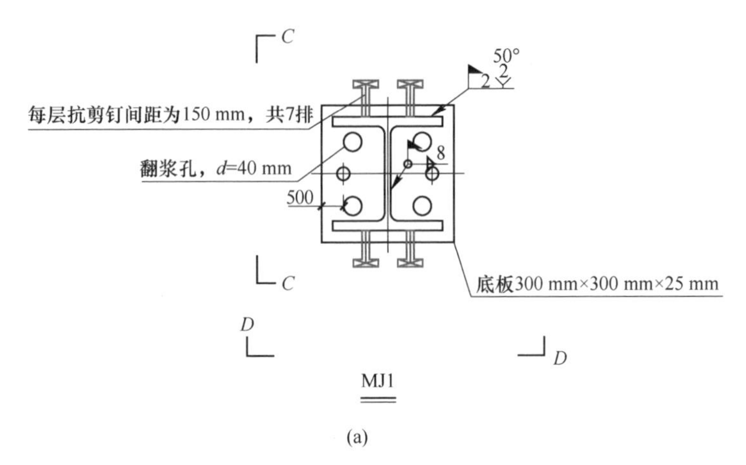

(a)

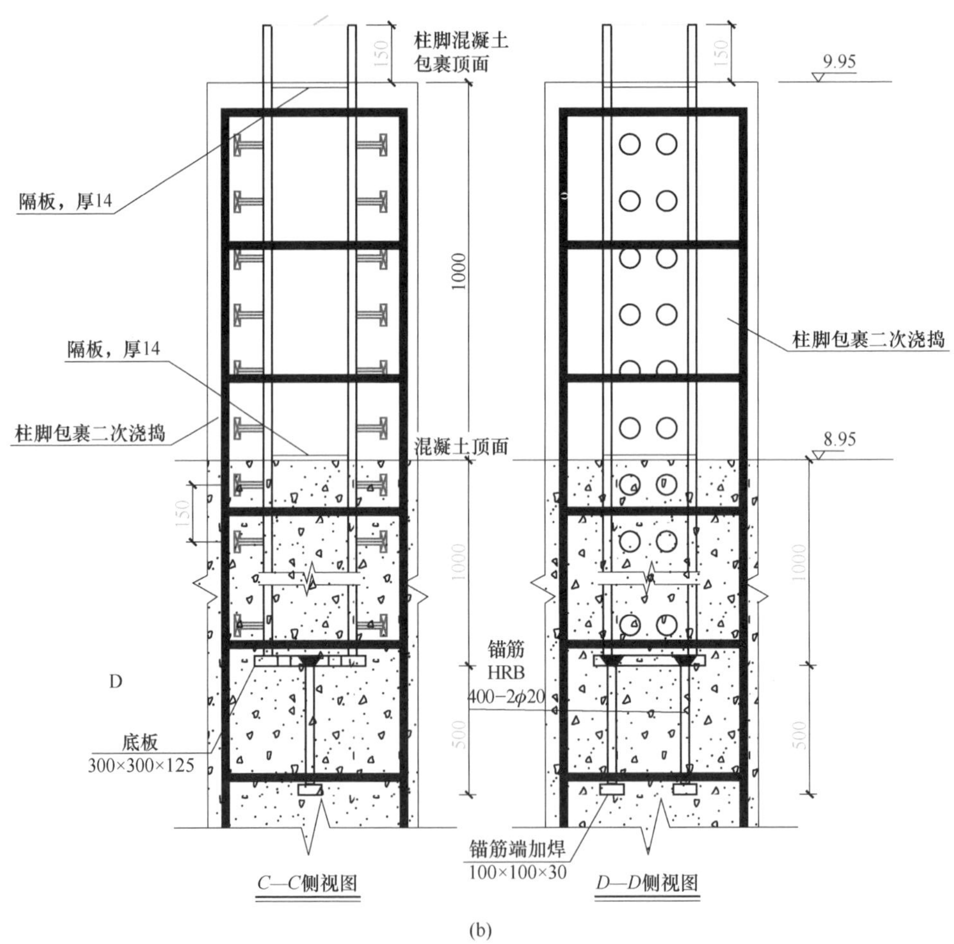

(b)

图 11-18　柱脚构造示意图

（a）柱脚平面示意图；（b）柱脚剖面图

11.8 构件计算

11.8.1 H250 mm×250 mm×9 mm×14 mm

11.8.1.1 基本信息（单位：N，mm）

材料：

材料名称：Q355。

材料强度：

f(腹板)=305，f(翼缘)=305，f_y(腹板)=355，f_y(翼缘)=355

$f_v=175$，$f_u=470$，$E_s=2.0600\times10^5$

截面：

截面形状：工字型截面。

截面特性值：

$H=250.000$，$t_w=9.000$，$B_1=250.000$，$t_{f1}=14.000$，$B_2=250.000$，$t_{f2}=14.000$，$r_1=13.000$，$r_2=0.000$

$A_{rea}=9143.000$，$I_{yy}=1.0689\times10^8$，$I_{zz}=3.6480\times10^7$，$i_y=108.125$，$i_z=63.166$

构件类型：梁。

净截面调整系数：$c=0.85$。

构件长度：$l=1449.423$。

11.8.1.2 板件宽厚比验算

根据规范 GB 50017—2017 中第 3.5.1 条：

工字型梁截面翼缘宽厚比：$b/t=7.679$，小于 S2 级的限值 8.950；

工字型梁截面腹板宽厚比：$h_0/t_w=21.778$，小于 S1 级的限值 52.885。

该梁构件截面等级为 S2 级。

11.8.1.3 内力验算（单位：N，mm）

A 强度验算

按纯弯验算的过程：

内力：$M_y=8.0916\times10^7$，$M_z=2.2367\times10^7$（sLCB7，J 端）。

非抗震组合：$\gamma_0=1.10$。

受力类型：受弯。

根据规范 GB 50017—2017 中公式（6.1.1）：

截面的最不利验算位置为截面的右上端。

截面板件宽厚比等级为 S2 级。

$W_{ny}=I_{ny}/z=8.5512\times10^5$

$W_{nz}=I_{nz}/y=2.9184\times10^5$

$\gamma_y=1.05$，$\gamma_z=1.20$

$\sigma=M_y/(\gamma_y W_{ny})+M_z/(\gamma_z W_{nz})=169.385\leqslant f=305$，满足规范要求。

B　稳定性验算

y 向稳定验算：

按纯弯验算的过程：

内力：$M_y=8.0916\times10^7$，$M_z=2.2367\times10^7$（sLCB7，J 端）。

非抗震组合：$\gamma_0=1.10$。

受力类型：受弯。

根据规范 GB 50017—2017 中公式（6.2.3）：

截面板件宽厚比等级为 S2 级。

$W_y=I_y/z=8.5512\times10^5$

$W_z=I_z/y=2.9184\times10^5$

$\gamma_z=1.20$

$\varphi_b=1.00$

$f=305.00$

$M_y/(\varphi_b W_y f)+M_z/(\gamma_z W_z f)=0.57\leqslant1.0$，满足规范要求。

C　剪切验算

y 向剪切强度验算：

内力：$V_y=-3.2800\times10^4$（sLCB7，I 端）。

非抗震组合：$\gamma_0=1.10$。

根据规范 GB 50017—2017 中公式（6.1.3）：

$I_y=1.0689\times10^8$，$I_z=3.6480\times10^7$

$t_w=9.000$

$S_y=4.6844\times10^5$，$S_z=7.0313\times10^4$

$\tau=V_y S_z/I_z t_w=7.727\leqslant f_v=175.000$，满足规范要求。

z 向剪切强度验算：

内力：$V_z=-9.7893\times10^4$（sLCB7，I 端）

$\tau=V_z S_y/I_y t_w=52.435\leqslant f_v=175.000$，满足规范要求。

D　挠度验算（单位：mm）

构件在目标组合下的最大挠度为：$L/6054$。

挠度限值：$[\gamma]=L/25$。

满足规范要求。

11.8.2　H300 mm×300 mm×10 mm×15 mm

11.8.2.1　基本信息（单位：N，mm）

材料：

材料名称：Q355。

材料强度：

f(腹板) = 295，f(翼缘) = 295，f_y(腹板) = 345，f_y(翼缘) = 345

$f_v = 170$，$f_u = 470$，$E_s = 2.0600 \times 10^5$

截面：

截面形状：工字型截面。

截面特性值：

$H = 300.000$，$t_w = 20.000$，$B_1 = 300.000$，$t_{f1} = 30.000$，$B_2 = 300.000$，$t_{f2} = 30.000$，$r_1 = 0.000$，$r_2 = 0.000$

$A_{rea} = 2.2800 \times 10^4$，$I_{yy} = 3.5244 \times 10^8$，$I_{zz} = 1.3516 \times 10^8$，$i_y = 124.330$，$i_z = 76.994$

构件类型：梁。

净截面调整系数：$c = 0.85$。

构件长度：$l = 1726.268$。

11.8.2.2　长细比验算

没有该项验算内容。

11.8.2.3　板件宽厚比验算

根据规范 GB 50017—2017 中第 3.5.1 条：

工字型梁截面翼缘宽厚比：$b/t = 4.667$，小于 S1 级的限值 7.428；

工字型梁截面腹板宽厚比：$h_0/t_w = 12.000$，小于 S1 级的限值 53.646。

该梁构件截面等级为 S1 级。

11.8.2.4　内力验算（单位：N，mm）

A　强度验算

按纯弯验算的过程：

内力：$M_y = 5.1518 \times 10^7$，$M_z = 3.1834 \times 10^6$（sLCB7，J 端）。

非抗震组合：$\gamma_0 = 1.10$。

受力类型：受弯。

根据规范 GB 50017—2017 中公式（6.1.1）：

截面的最不利验算位置为截面的右上端。

截面板件宽厚比等级为 S1 级。

$W_{ny} = I_{ny}/z = 2.3496 \times 10^6$

$W_{nz} = I_{nz}/y = 9.0107 \times 10^5$

$\gamma_y = 1.05$，$\gamma_z = 1.20$

$\sigma = M_y/(\gamma_y W_{ny}) + M_z/(\gamma_z W_{nz}) = 26.209 \leqslant f = 295$，满足规范要求。

B　稳定性验算

y 向稳定验算：

按纯弯验算的过程：

内力：$M_y = 5.1518 \times 10^7$，$M_z = 3.1834 \times 10^6$（sLCB7，J 端）。

非抗震组合：$\gamma_0 = 1.10$。

受力类型：受弯。

根据规范 GB 50017—2017 中公式（6.2.3）：

截面板件宽厚比等级为 S1 级。

$W_y = I_y/z = 2.3496 \times 10^6$

$W_z = I_z/y = 9.0107 \times 10^5$

$\gamma_z = 1.20$

$\varphi_b = 1.00$

$f = 295.00$

$M_y/(\varphi_b W_y f) + M_z/(\gamma_z W_z f) = 0.09 \leqslant 1.0$，满足规范要求。

C　剪切验算

y 向剪切强度验算：

内力：$V_y = -6142.159$（sLCB22，I 端）

抗震组合：$\gamma_{RE} = 0.75$

根据规范 GB 50017—2017 中公式（6.1.3）：

$I_y = 3.5244 \times 10^8$，$I_z = 1.3516 \times 10^8$

$t_w = 20.000$

$S_y = 1.3590 \times 10^6$，$S_z = 2.2500 \times 10^5$

$\tau = V_y S_z/(I_z t_w) = 0.383 \leqslant f_v = 170.000$，满足规范要求。

z 向剪切强度验算：

内力：$V_z = -5.1911 \times 10^4$（sLCB7，I 端）。

$\tau = V_z S_y/(I_y t_w) = 11.009 \leqslant f_v = 170.000$，满足规范要求。

11.8.2.5　挠度验算（单位：mm）

构件在目标组合下的最大挠度为：$L/1.8684 \times 10^4$

挠度限值：$[\gamma] = L/250$

满足规范要求。

11.8.3　P299 mm×16 mm

11.8.3.1　基本信息（单位：N，mm）

材料：

材料名称：Q355。

材料强度：

$f=305$，$f_y=355$

$f_v=175$，$f_u=470$，$E_s=2.0600\times10^5$

截面：

截面形状：管型截面

截面特性值：

$D=299.000$，$t_w=16.000$

$A_{rea}=1.4225\times10^4$，$I_{yy}=1.4286\times10^8$，$I_{zz}=1.4286\times10^8$，$i_y=100.216$，$i_z=100.216$

构件类型：柱。

净截面调整系数：$c=0.85$。

构件长度：$l=2000.000$。

构件计算长度系数：$\mu_y=1.000$，$\mu_z=1.000$。

构件计算长度：$l_{0y}=2000.000$，$l_{0z}=2000.000$。

11.8.3.2 长细比验算

对于高层钢结构，非抗震时，柱构件长细比限值取 $[\lambda]=81.362$

$\lambda_y=l_{0y}/i_y=2000.000/100.216=19.957$

$\lambda_z=l_{0z}/i_z=2000.000/100.216=19.957$

$\lambda_{max}=\max\{\lambda_y, \lambda_z\}=\max\{19.957, 19.957\}=19.957\leqslant[\lambda]=81.362$，满足规范要求。

11.8.3.3 板件宽厚比验算

根据规范 GB 50017—2017 中第 3.5.1 条：

圆管型柱截面径厚比：$D/t=18.688$，小于 S1 级的限值 33.099。

该柱构件截面等级为 S1 级。

11.8.3.4 内力验算（单位：N，mm）

A 强度验算

内力：$N=-8.6454\times10^5$，$M_y=-2.3551\times10^6$，$M_z=5.0784\times10^6$（sLCB7，J端）。

非抗震组合：$\gamma_0=1.10$。

受力类型：压弯。

根据规范 GB 50017—2017 公式（8.1.1-2）：

$A_n=cA=1.2091\times10^4$

$W_n=I_n/(D/2)=9.5562\times10^5$

$\gamma_m=1.15$

$\sigma=N/A_n+\sqrt{M_y^2+M_z^2}/(\gamma_z W_{nz})=84.255\leqslant f=305$，满足规范要求。

B　稳定性验算

稳定验算：

内力：$N=-8.6454\times10^{5}$，$M_{yA}=2.7366\times10^{6}$，$M_{zA}=-4.8320\times10^{6}$，$M_{yB}=-2.3551\times10^{6}$，$M_{zB}=5.0784\times10^{6}$（sLCB7，J 端）。

非抗震组合：$\gamma_0=1.10$。

受力类型：压弯。

根据规范 GB 50017—2017 公式（8.2.4-1）：

$M=\max(\sqrt{M_{yA}^2+M_{zA}^2},\ \sqrt{M_{yB}^2+M_{zB}^2})=5.5979\times10^{6}$

$\lambda=19.957$，查 GB 50017—2017 中附录 D 得：$\varphi=0.973$

$N_E=\pi^2EA/\lambda^2=7.2616\times10^{7}$

$\beta_y=1-0.35\sqrt{N/N_E}+0.35\sqrt{N/N_E}(M_{2y}/M_{1y})=0.929$

$\beta_z=1-0.35\sqrt{N/N_E}+0.35\sqrt{N/N_E}(M_{2z}/M_{1z})=0.925$

$\beta=\beta_y\beta_z=0.860$

$W=I/(D/2)=9.5562\times10^{5}$

$\gamma_m=1.150$

$f=305.000$

$N/(\varphi Af)+\beta M/[\gamma_m W(1-0.8N/N'_{Ex})f]=0.24\leqslant1.0$，满足规范要求。

11.8.3.5　挠度验算（单位：mm）

构件在目标组合下的最大挠度为：$L/8835$。

挠度限值：$[\gamma]=L/300$。

满足规范要求。

11.8.4　P245 mm×16 mm

11.8.4.1　基本信息（单位：N，mm）

材料：

材料名称：Q355。

材料强度：

$f=305$，$f_y=355$

$f_v=175$，$f_u=470$，$E_s=2.0600\times10^{5}$

截面：

截面形状：管型截面。

截面特性值：

$D=245.000$，$t_w=16.000$

$A_{rea}=1.1511\times10^{4}$，$I_{yy}=7.5823\times10^{7}$，$I_{zz}=7.5823\times10^{7}$，$i_y=81.160$，$i_z=81.160$

构件类型：柱。

净截面调整系数：$c=0.85$。

构件长度：$l=1000.000$。

构件计算长度系数：$\mu_y=1.000$，$\mu_z=1.000$。

构件计算长度：$l_{0y}=1000.000$，$l_{0z}=1000.000$。

11.8.4.2　长细比验算

对于高层钢结构，非抗震时，柱构件长细比限值取［λ］=81.362

$\lambda_y=l_{0y}/i_y=1000.000/81.160=12.321$

$\lambda_z=l_{0z}/i_z=1000.000/81.160=12.321$

$\lambda_{max}=\max\{\lambda_y, \lambda_z\}=\max\{12.321, 12.321\}=12.321\leqslant[\lambda]=81.362$，满足规范要求。

11.8.4.3　板件宽厚比验算

根据规范 GB 50017—2017 中第 3.5.1 条：

圆管型柱截面径厚比：$D/t=15.313$，小于 S1 级的限值 33.099。

该柱构件截面等级为 S1 级。

11.8.4.4　内力验算（单位：N，mm）

A　强度验算

内力：$N=-1.0173\times10^6$，$My=1.7101\times10^7$，$Mz=3.5816\times10^7$（sLCB7，J 端）。

非抗震组合：$\gamma_0=1.10$。

受力类型：压弯。

根据规范 GB 50017—2017 公式（8.1.1-2）：

$A_n=cA=9784.350$

$W_n=I_n/(D/2)=6.1896\times10^5$

$\gamma_m=1.15$

$\sigma=N/A_n+\sqrt{M_y^2+M_z^2}(\gamma_z W_{nz})=175.699\leqslant f=305$，满足规范要求。

B　稳定性验算

稳定验算：

内力：$N=-1.0173\times10^6$，$M_{yA}=-1.8998\times10^7$，$M_{zA}=-3.2766\times10^7$，$M_{yB}=1.7101\times10^7$，$M_{zB}=3.5816\times10^7$（sLCB7，J 端）。

非抗震组合：$\gamma_0=1.10$。

受力类型：压弯。

根据规范 GB 50017—2017 中公式（8.2.4-1）：

$M=\max(\sqrt{M_{yA}^2+M_{zA}^2}, \sqrt{M_{yB}^2+M_{zB}^2})=3.9689\times10^7$

$\lambda=12.321$，查 GB 50017—2017 中附录 D 得：$\varphi=0.989$

$N_E=\pi^2EA/\lambda^2=1.5416\times10^8$

$\beta_y=1-0.35\sqrt{N/N_E}+0.35\sqrt{N/N_E}(M_{2y}/M_{1y})=0.946$

$\beta_z=1-0.35\sqrt{N/N_E}+0.35\sqrt{N/N_E}(M_{2z}/M_{1z})=0.946$

$\beta=\beta_y\beta_z=0.894$

$W=I/(D/2)=6.1896\times10^5$

$\gamma_m=1.150$

$f=305.000$

$N/(\varphi Af)+\beta M/[\gamma_m W(1-0.8N/N'_{Ex})f]=0.50\leqslant1.0$，满足规范要求。

11.8.4.5　挠度验算（单位：mm）

构件在目标组合下的最大挠度为：$L/1376$。

挠度限值：$[\gamma]=L/300$。

满足规范要求。

11.9　工程总结

本工程为铸铜人物雕像，整体外形呈高层悬挑状，其结构形式为异型空间桁架结构。鉴于本结构的特殊性，采取了抗震性能化设计与稳定验算相结合的整体结构分析方法，并且针对重要节点开展了有限元分析，具体结论为：

（1）根据结构的特性确定了本结构的抗震性能目标：竖向部分的抗震性能目标为中震弹性、大震不屈服，水平部分的性能目标为小震弹性、中震不屈服、大震部分屈服。小震弹性分析结果表明，在充分考虑铸铝蒙皮效应时，本结构的位移满足规范要求。中震等效弹性分析结果显示，竖向部分的杆件应力比均在0.85范围之内，水平大部分杆件的应力比处于0.7范围之内，满足中震性能目标。本结构的弹塑性时程分析结果显示，披风处构件的延性系数可达0.96，身体部分构件的延性系数最大值为0.78，底层柱的延性系数均小于0.2，均满足大震抗震性能目标。

（2）采用特征值屈曲分析法和双非线性稳定分析法开展了整体结构的稳定验算。特征值屈曲分析结果说明前三阶屈曲模态集中于悬挑披风竖向变形屈曲，该屈曲模态符合悬挑结构的结构特征。双非线性稳定分析的荷载工况分别为恒载+满布活载（工况1）、恒载+半布活载（工况2）、恒载+风载（工况3），计算结果表明3种工况的临界荷载系数分别为2.1、2.7、3.2，均大于规范限值2.0。水平披风跨中和竖向身体腹部的部分杆件均进入塑性阶段，即率先屈服部位的杆件将是本结构失稳破坏的薄弱环节。

（3）开展披风部分蒙皮效应专项分析，分析结果表明，外挂铜板的蒙皮效应对主体结构刚度具有加强效果。为保证外挂蒙皮与内部刚架的共同工作，在实际设计和施工过程中，应在规范规定范围内适当多布置些外挂与内部刚架的连接

节点。

（4）竖向部分关键节点采取中震弹性荷载设计值，水平部分关键节点选用中震不屈服荷载设计值，建立典型节点有限元模型。通过有限元分析得到了关键节点在设防目标荷载设计值作用下的应力状态。竖向部分关键节点的最大应力为 270 MPa，水平部分关键节点的最大应力为 300 MPa，均保持在弹性阶段，满足抗震性能目标。

（5）根据整体模型的分析，底部支座抗拔力较大，最大抗拔力为 900 kN，为保证支座具有足够的抗拔性能，对柱脚采取了对应的柱脚锚固措施。

12　A 形高层框架剪力墙结构

12.1　工程概况

本工程为福建南安郑成功大型石雕像，位于福建省南安市石井镇古山村的郑成功文化旅游区，雕像占地面积 4200 m^2，总高为 62 m，雕像建筑模型如图 12-1（a）所示。雕像的外轮廓表面拟选用厚度为 30~50 cm 的花岗岩石材，并采用砌筑与干挂相结合的连接方式，与石材相连的混凝土墙厚度达 80 cm 左右，因此整个像体表面外挂石材的自重很大，总质量约达 4000 t。导致该雕像结构若采用常规的钢筋混凝土框架或钢框架，都将无法抵抗巨大的水平地震作用力。后经方案比选，决定采用由型钢混凝土梁、柱构成的异型框架结构加内部变截面剪力墙的复合结构体系，手臂、肩膀及头部等部位采用钢结构（图 12-1（b））。

(a)

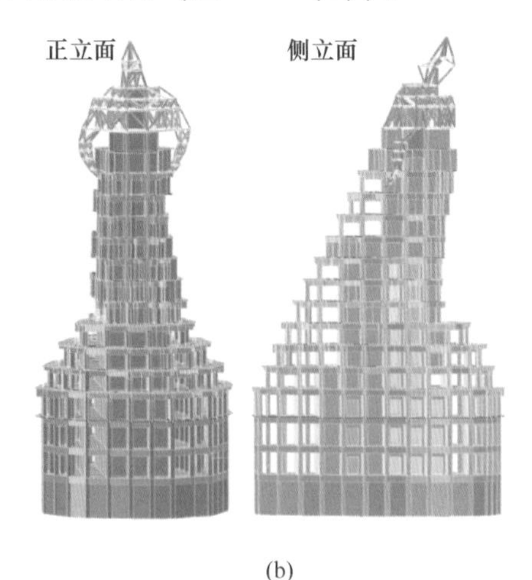

(b)

图 12-1　郑成功雕像概况

（a）建筑模型；（b）结构布置

工程概况详见表 12-1。本工程抗震设防烈度为 7 度，设计基本地震加速度为 0.15g，设计地震分组为第三组，水平地震影响系数 α_{max} 对于多遇地震取 0.12，场地类别为 I_1 类，特征周期值为 0.35 s。基本风压取值为 0.8 kN/m^2（50 年重现期），地面粗糙度为 A 类。

表 12-1　郑成功雕像结构情况

地理位置	福建南安
建筑面积	4200 m^2
楼层数	地下 1 层+地上 17 层+顶部钢结构
抗震设防烈度	7 度（0.15g）
场地类别	I_1 类
场地特征周期	0.35 s
基本风压	0.8 kN/m^2（50 年重现期）
结构材料	混凝土 C40-C50，钢材 Q355
结构体系	型钢混凝土框架+剪力墙+钢结构
基础类型	筏板基础

结构方案见图 12-2。框架柱的尺寸为 650 mm×650 mm，内置交叉工型截面高度为 250 mm，翼缘宽度为 120 mm，腹板和翼缘的厚度均为 16 mm。由于石材吊挂在外部型钢混凝土梁上，所以梁不仅承受竖向均布荷载，同时承受平面外扭转荷载。基于外部框架型钢混凝土梁的受力特点，其截面尺寸为 600 mm×600 mm，内置工字钢截面尺寸为 300 mm×300 mm×20 mm×15 mm。内部梁均采用 400 mm×600 mm（内置工字钢 300 mm×100 mm×12 mm×14 mm）的型钢混凝土梁。内部异型剪力墙均采用厚度为 300 mm 的钢筋混凝土剪力墙。上部异型钢

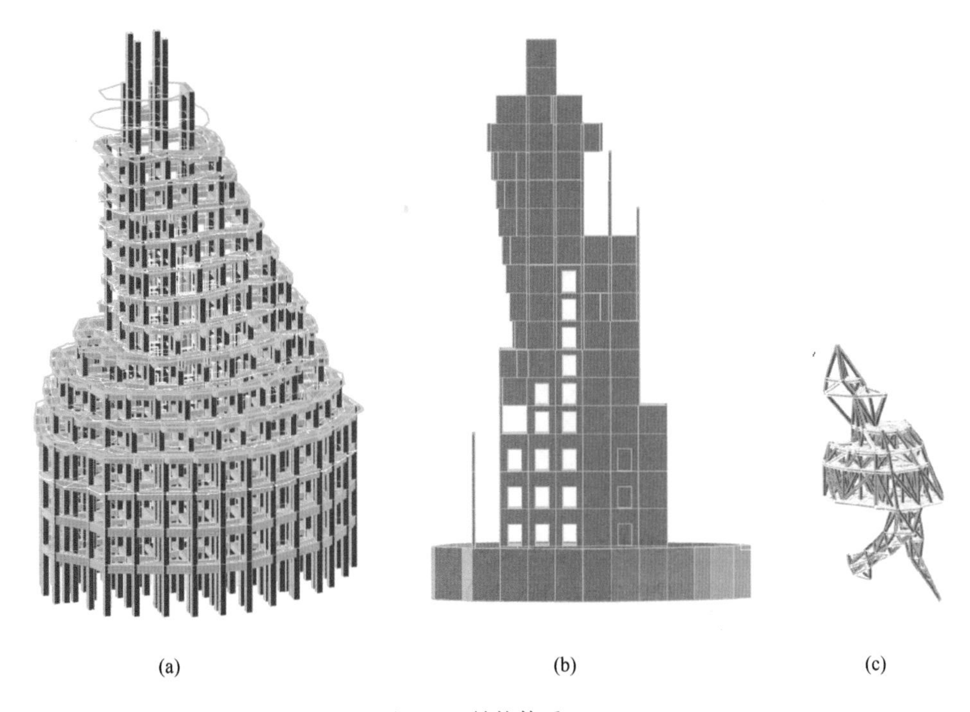

图 12-2　结构体系

（a）型钢混凝土框架；（b）剪力墙；（c）上部钢结构

桁架上下弦杆截面为 250 mm×250 mm×16 mm×18 mm 的工字钢梁，腹杆为 200 mm×200 mm×14 mm×16 mm 的工字钢梁，外围一圈与石材相连的弦杆采用 250 mm×250 mm×18 mm×18 mm 的方钢管。结构的平面和立面布置如图 12-3 所示。

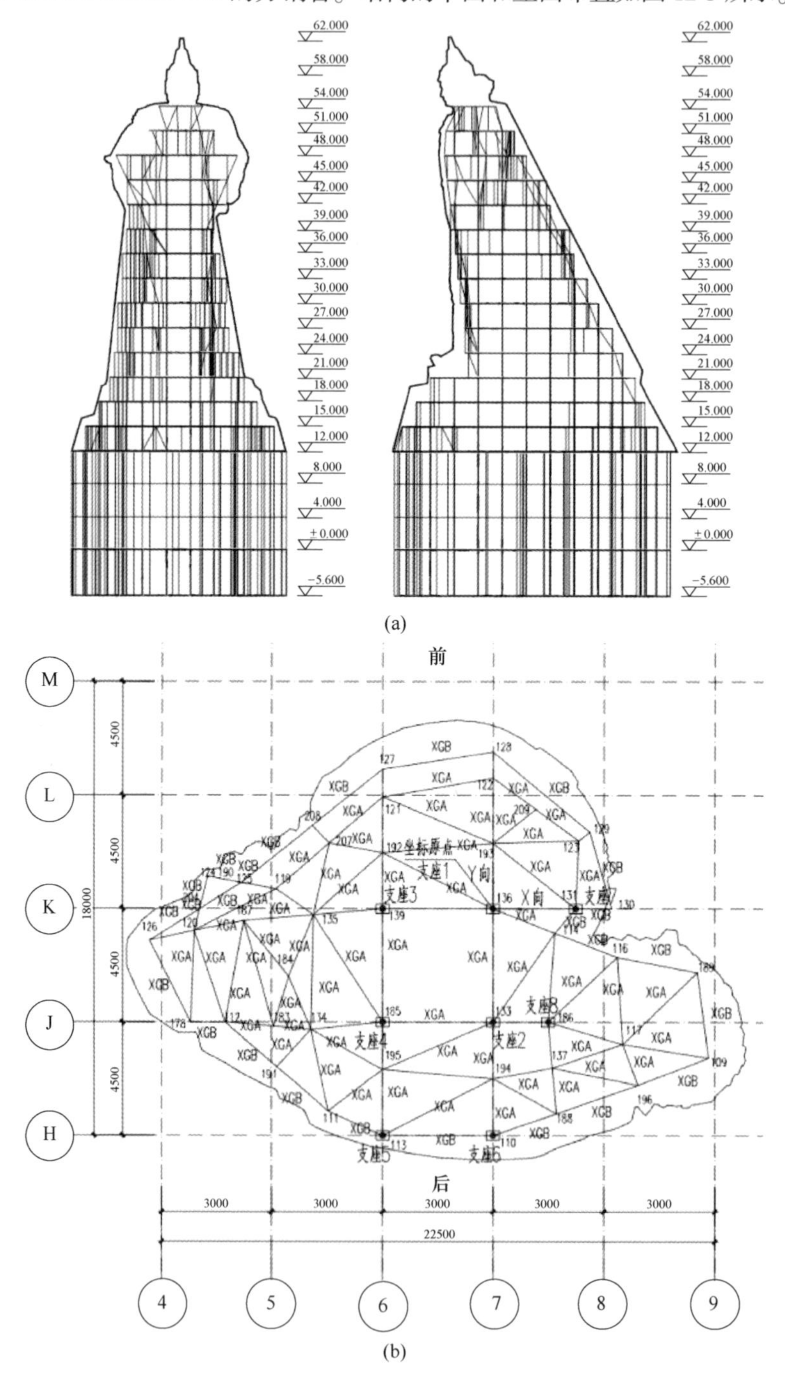

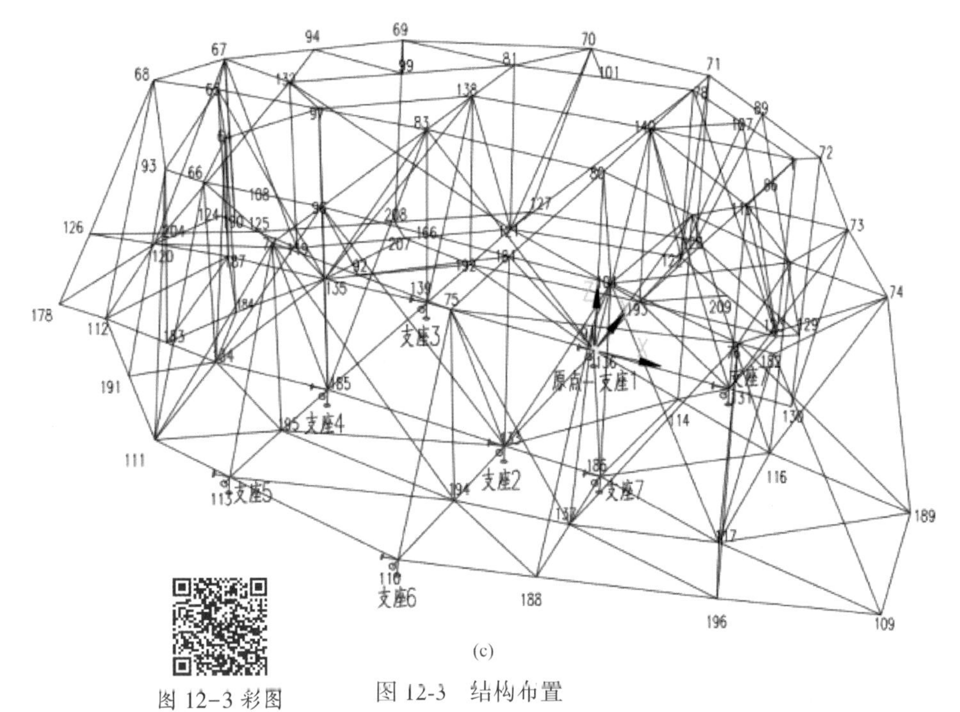

(c)

图 12-3 彩图

图 12-3　结构布置

(a) 立面层高示意图；(b) 上部钢结构平面示意图；(c) 上部钢结构三维示意图

12.2　抗震性能化设计

12.2.1　性能目标

基于性能目标的抗震设计已被广泛应用于超限结构，高层异型结构也可采用。根据《超限高层建筑工程抗震设防专项审查技术要点》对本工程超限项进行审查，结果（表 12-2）显示本工程存在扭转不规则、凹凸不规则、尺寸突变及局部不规则。根据工程的超限项，以《高层建筑混凝土结构技术规程》为依据，综合考虑建筑的功能和规模，最终设定抗震性能目标为 C 级，部分关键构件提高至 B 级（表 12-3）。本工程采用盈建科（YJK）、MIDAS GEN 和 SAUSGE 三种软件进行抗震性能化设计，以确保计算结果的准确性，计算模型见图 12-4。

表 12-2　结构超限检查

分类	判定结果	程度与注释（规范限值）
是否特殊类型高层建筑	否	框架-剪力墙结构
高度超限	否	主屋面结构高度 68 m （小于 A 级最大适用高度 120 m）

续表 12-2

分类		判定结果	程度与注释（规范限值）
不规则类型一	1a. 扭转不规则	是	最大扭转位移比：Y偶然偏心方向 1.21(11层)>1.2
	1b. 偏心布置	否	偏心率<0.15，相邻层质心相差小于相应边长15%
	2a. 凹凸不规则	是	平面凹凸尺寸大于相应边长30%
	2b. 组合平面	否	无细腰形或角部重叠形平面
	3. 楼板不连续	否	楼板有效宽度大于50%，楼板开洞面积小于30%
	4a. 刚度突变	否	楼层侧向刚度均大于相邻上一层的70%（按高规考虑层高修正时，数值相应调整），或大于其上三个楼层侧向刚度平均值的80%
	4b. 尺寸突变	是	竖向构件有缩进大于25%或外挑大于10%和4 m，无多塔
	5. 构件间断	是	有竖向构件不连续，无加强层
	6. 承载力突变	否	楼层最小抗剪承载力比为0.90>0.80
	7. 局部不规则	是	上部异型钢结构
不规则类型二	1. 扭转偏大	否	最大扭转位移比：Y偶然偏心方向 1.21(11层)<1.5
	2. 扭转刚度弱	否	扭转周期比：$T_t/T_1=0.57<0.90$
	3. 层刚度偏小	否	本层侧向刚度大于相邻上层的50%
	4. 塔楼偏置	否	单塔与大底盘的质心偏心距小于底盘相应边长20%
不规则类型三	1. 高位转换	否	无框支墙体的转换
	2. 厚板转换	否	无厚板转换
	3. 复杂连接	否	无错层、连体结构
	4. 多重复杂	否	结构无转换层、加强层、错层、连体和多塔等
超限情况总结		扭转不规则、凹凸不规则、尺寸突变、竖向构件不连续、局部不规则需要进行超限审查	

表 12-3　结构地震性能目标

地震水准	性能指标		
	小震	中震	大震
震后状态	完好	轻度损坏	中度损坏
分析软件及方法	YJK+MIDAS GEN+3D3S 弹性分析	YJK 等效弹性分析	SAUSGE 动力弹塑性分析

续表 12-3

地震水准	性能指标		
	小震	中震	大震
层间位移限值	1/800（上部钢结构 1/400）	—	1/100
关键构件	抗剪弹性+抗弯弹性	抗剪弹性+抗弯弹性	抗剪不屈服+抗弯不屈服
普通构件	抗剪弹性+抗弯弹性	抗剪弹性+抗弯不屈服	抗剪不破坏+抗弯部分屈服
耗能构件	抗剪弹性+抗弯弹性	抗剪不屈服+抗弯部分屈服	抗弯部分屈服
荷载系数	基本组合	弹性取基本组合+不屈服取标准组合	标准组合
内力放大系数	一、二级放大系数	1.0	1.0
材料强度	弹性取设计值	弹性取设计值+不屈服取标准值	均取标准值

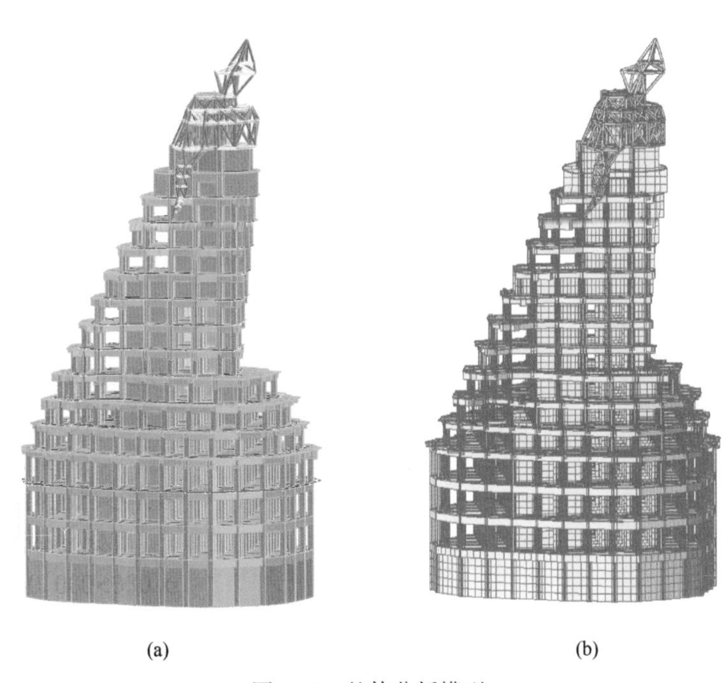

(a)　　(b)

图 12-4　整体分析模型

（a）YJK 模型；（b）MIDAS GEN 模型

12.2.2　小震弹性分析

由于本工程的结构体系为高层异型型钢混凝土框架-剪力墙组合结构，其体型沿高度逐渐变化，属于明显不规则的高层结构，因此需要采用盈建科（YJK）和 MIDAS GEN 两种软件进行弹性计算，以确保计算模型的准确性，计算模型见图 12-4。

两个模型的计算结果见表12-4。通过对比结果可知，两个模型周期误差在2%以内，质量误差仅为1.2%，基底剪力和剪重比误差在5%左右。显然，两个计算结果的误差非常小，证明了模型的有效性。后续将采用YJK模型开展小震弹性及抗风计算，采用MIDAS GEN开展大震弹塑性分析。在小震作用下，Y向最大位移角小于1/800，满足规范要求。X向最大位移角最大约为1/700（17层）。17层为肩膀钢结构，其位移角限值可适当放宽，因此X向地震位移角也满足规范要求。

表12-4　模型结果对比

项目		YJK	MIDAS GEN	误差/%
周期/s	T_1	0.78	0.77	1.3
	T_2	0.58	0.57	1.8
	T_3	0.45	0.44	2.2
质量/t		26318	26002	1.2
基底剪力/kN	X向	18076	17231	4.9
	Y向	24631	23803	3.5
剪重比	X向	8.1%	7.6%	6.5
	Y向	11.1%	10.5%	5.7
混凝土层最大位移角	X向	1/693	1/750	7.6
	Y向	1/1197	1/1258	4.8

为校核多遇地震振型分解反应谱法的计算结果，用YJK对结构开展了小震弹性时程分析。根据《建筑抗震设计规范》选取5组实际地震波和2条人工波，如图12-5所示。

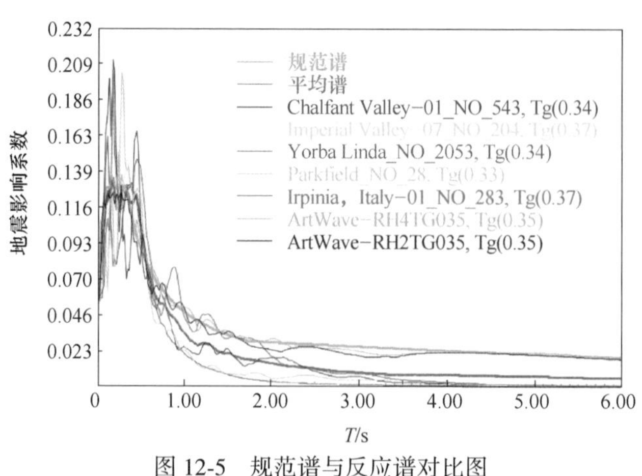

图12-5　规范谱与反应谱对比图

小震弹性时程分析结果如图12-6所示。在X向和Y向地震作用下，时程分析所得 7 条地震波产生的层剪力均小于等于反应谱所得层剪力，因此不需要对反应谱层剪力进行放大。

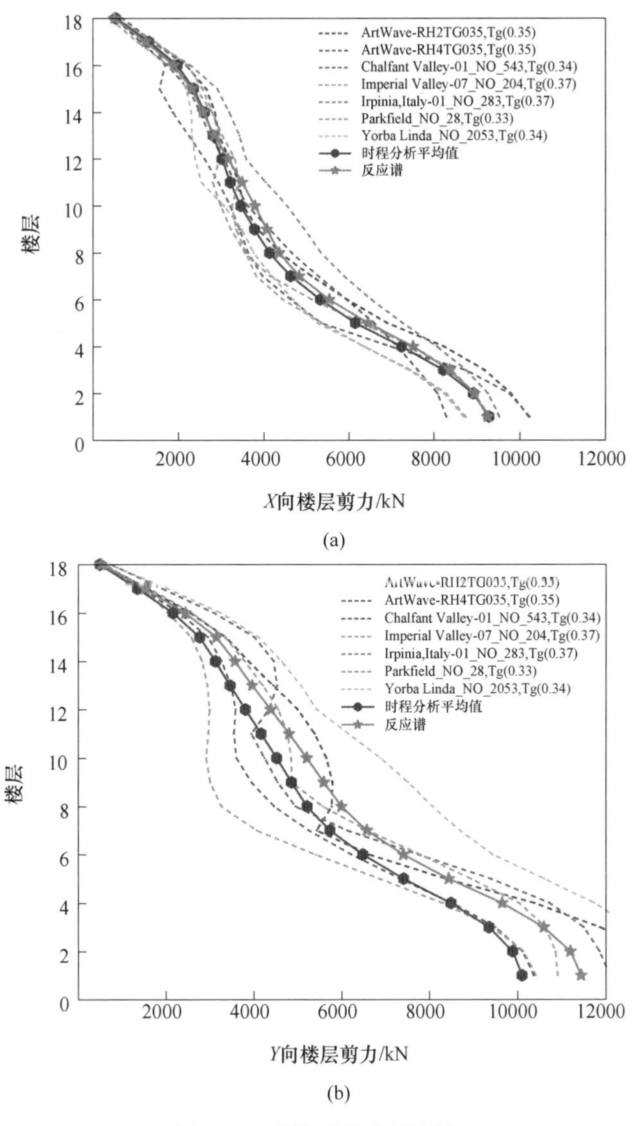

图 12-6　弹性时程分析结果

（a）*X* 向；（b）*Y* 向

本雕像结构外立面是典型的异型结构，无法采用现有规范的体型系数建议值，所以委托南京航空航天大学空气动力研究所低速非定常风洞中，进行了郑成功像模型风载、风压实验。风洞试验模型按郑成功雕像同比例缩放，如图 12-7（a）所示。试验目的是研究郑成功像模型在不同风向角下整体气动力的变化情况，以及模型表面压力的变化情况，如图 12-7（b）所示。最终风荷载标准值根据《郑成功像模型风压实验报告》计算，折算为楼层上的集中荷载。

(a)

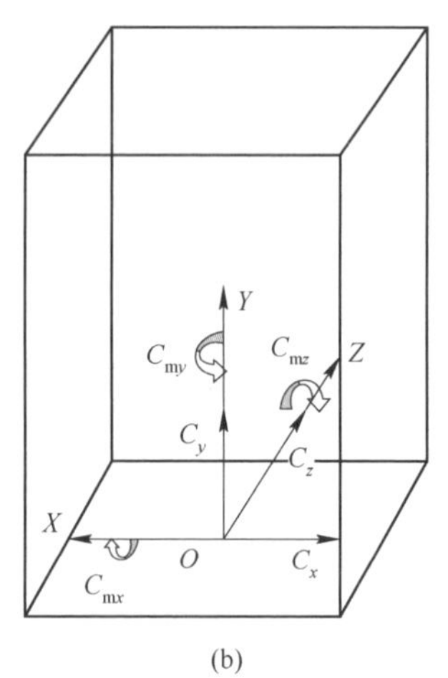

(b)

图 12-7　风洞试验

（a）模型；（b）参考坐标系

将通过风洞试验得到的风荷载通过换算施加至 YJK 分析模型，计算结果如图 12-8 所示。由图可知，结构在 X 向和 Y 向风荷载作用下的最大层间位移角分别为 1/2099 和 1/6099，均满足规范要求 1/800，且远小于地震层间位移角，因此本结构由地震控制。这是由于本结构外层花岗岩自重非常大，结构对地震作用更为敏感。

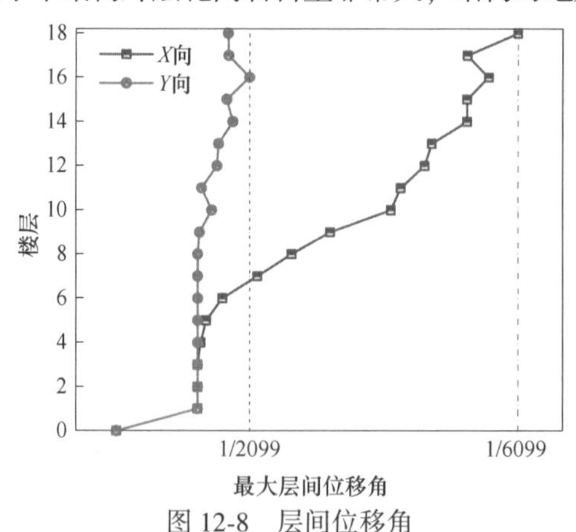

图 12-8　层间位移角

上部钢结构采用 3D3S 软件进行分析计算，计算模型如图 12-9（a）所示。在型钢混凝土柱顶设置铰接支座，同时在手臂下端处型钢混凝土柱顶设置铰接支座。然后将钢结构通过铰接支座与下部结构形成整体。计算结果显示，钢结构的最大竖向位移仅为 12 mm（图 12-9（b）），远小于规范限值。同时，构件的应力比大部分保持在 0.5 以内，只有 9 根构件应力比达 1.1，如图 12-9（c）所示。由于应力比超限幅度较小，只需对超限构件增加纵向加劲肋，无须更换截面尺寸。通过计算分析可知，钢结构的刚度和强度均有较大的安全余度，这是因为作为上部异型钢结构，同时吊挂质量较大的石材幕墙。

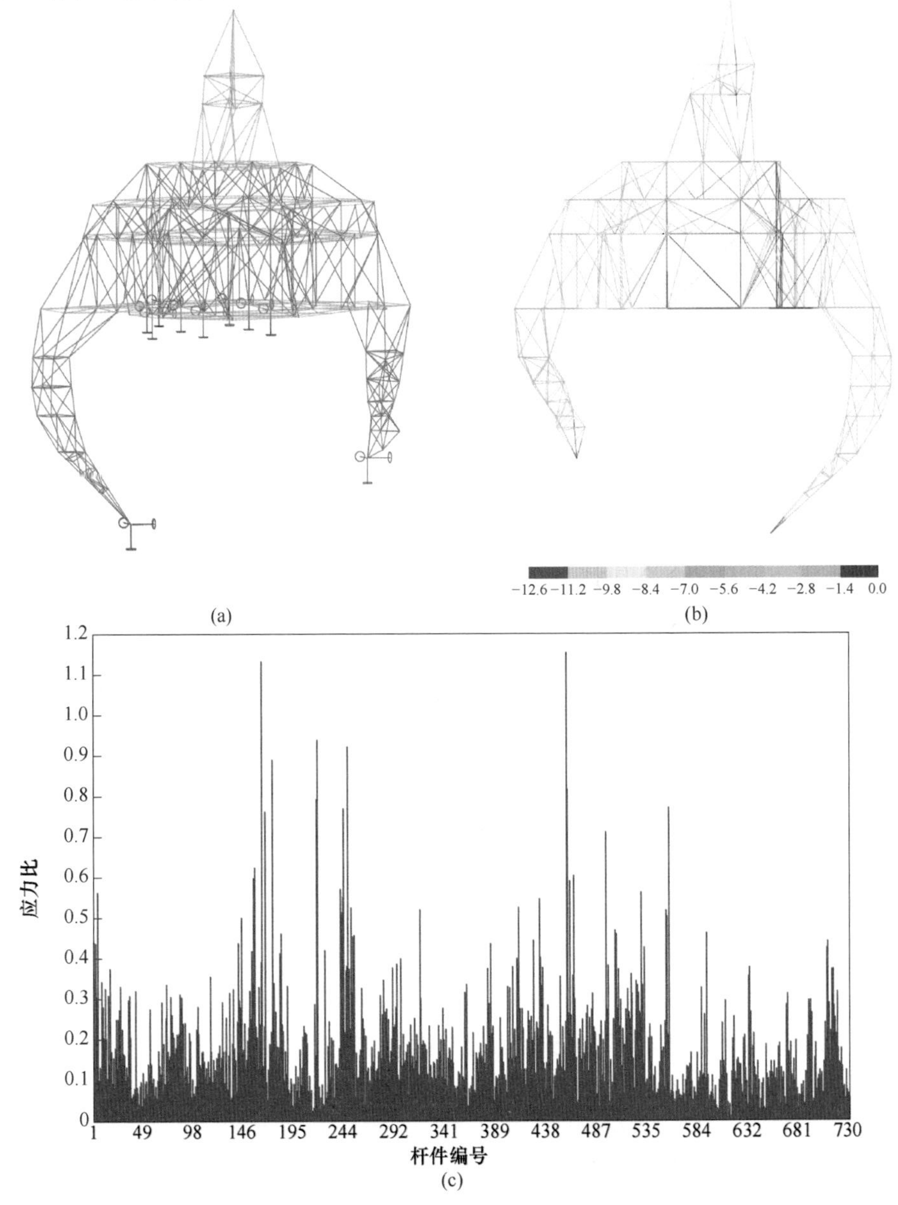

图 12-9　上部钢结构分析模型

（a）分析模型；（b）结构位移；（c）杆件应力比分布图

12.2.3　中震性能设计

按照设定的性能目标要求，需对结构在中震、大震作用下的构件承载力进行复核，确定其达到了本报告设定的构件性能目标要求。采用YJK进行构件的中震承载力验算以及大震承载力验算，计算参数见表12-5。

表12-5　中震和大震计算参数

计算参数	中震弹性	中震不屈服	大震不屈服
作用分项系数	和小震弹性相同	1.0	1.0
材料分项系数	和小震弹性相同	1.0	1.0
抗震承载力调整系数	和小震弹性相同	1.0	1.0
材料强度	采用设计值	采用标准值	采用标准值
活荷载最不利布置	不考虑	不考虑	不考虑
风荷载计算	不计算	不计算	不计算
周期折减系数	1.0	1.0	1.0
地震作用影响系数	0.23	0.23	0.50
阻尼比	0.04	0.04	0.06
特征周期	0.35	0.35	0.40
构件地震力调整	不调整	不调整	不调整
偶然偏心	不考虑	不考虑	不考虑
中梁刚度放大系数	1.0	1.0	1.0
连梁刚度折减系数	0.5	0.5	0.3
计算方法	等效弹性计算	等效弹性计算	等效弹性计算

根据中震性能目标，本工程在设防地震下关键构件需要满足抗弯弹性及抗剪弹性。剪力墙角柱和框架柱均采用型钢混凝土柱，可提供足够的抗剪和抗弯承载力，因此满足抗剪及抗弯弹性的性能目标。剪力墙连梁需增设交叉斜筋来满足抗剪不屈服的性能目标。上部钢结构在中震作用下应力比均小于0.8，满足中震弹性的性能目标。钢结构支座作为上部钢结构和型钢混凝土结构的连接装置，应满足中震弹性的性能目标。在3D3S中进行上部钢结构中震计算，提取支座反力并指导支座设计，最终选取了图12-10所示的支座形式。将上部钢结构的上下弦杆与支座处型钢混凝土柱中的十字型钢直接相连，保证上部钢结构的荷载可以有效传递至下部型钢混凝土结构。

施工图配筋设计时底部加强区及其上一层剪力墙边缘构件以及框架柱的纵筋均采用中震不屈服与小震的包络值，剪力墙水平钢筋和框架柱的箍筋均采用中震弹性与小震的包络值。经查看，剪力墙和框架柱的配筋结果均处于正常范围（图12-11）。其余各层计算结果不一一列举，详见表12-6。

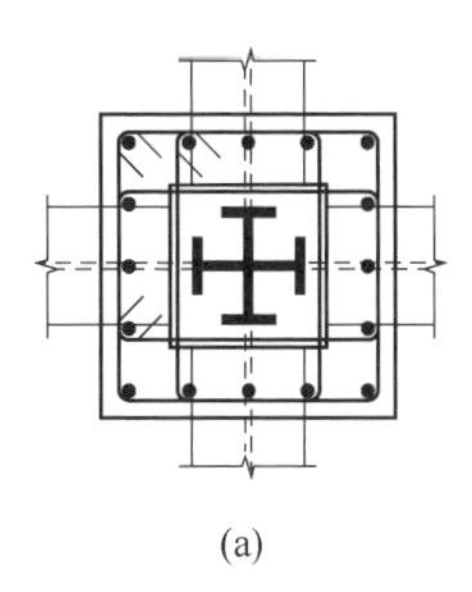

(a)

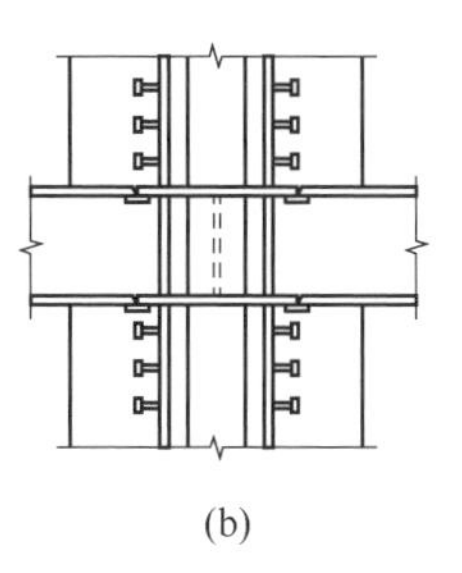

(b)

图 12-10　上部钢结构支座
（a）正视图；（b）剖面图

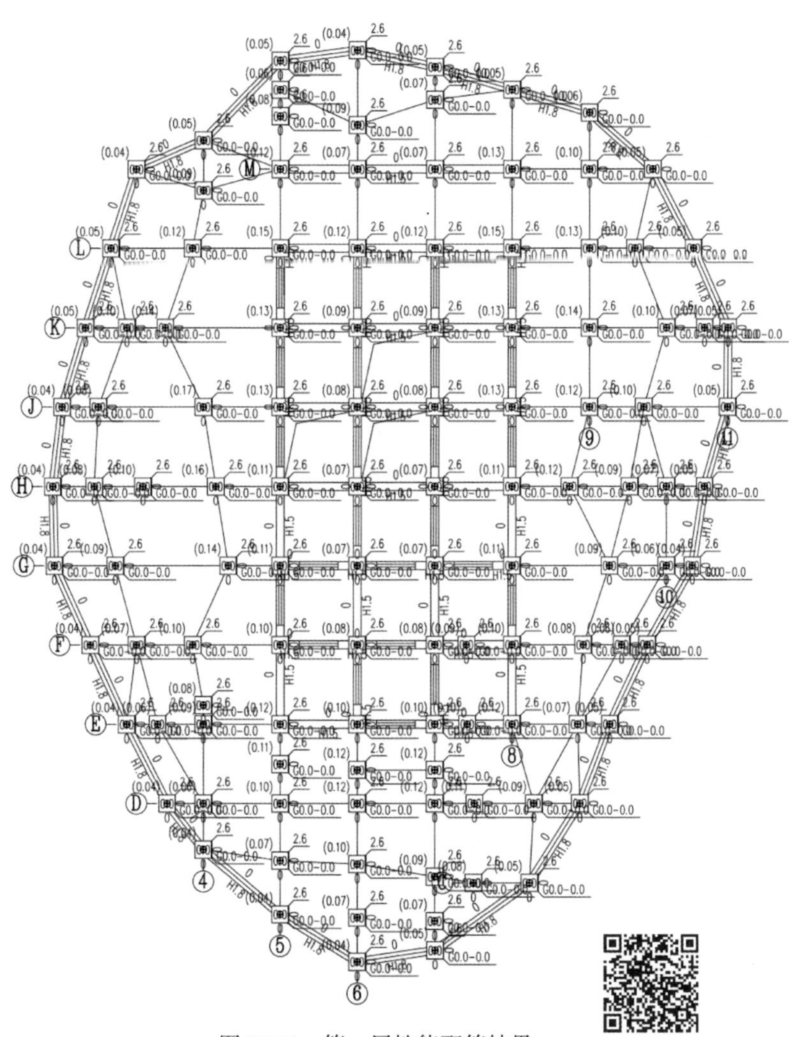

图 12-11　第一层性能配筋结果

图 12-11 彩图

表 12-6　中震弹性验算结果

构件	目标	验算结果
剪力墙	抗剪弹性+抗弯弹性	未超筋
框架柱	抗剪弹性+抗弯弹性	未超筋
剪力墙连梁	抗剪不屈服	设置交叉斜筋
钢结构	中震弹性	应力比小于 0.8
钢结构支座	中震弹性	中震支座返力

12.2.4　大震弹塑性分析

本结构建筑高度虽未超限，但其结构形式及结构布置较为复杂，需要对其在大震下的结构性能进行分析，从而判定结构是否达到罕遇地震性能目标。为探明本结构在大震作用下的结构性能，采用 SAUSGE 进行了动力弹塑性时程分析，模型见图 12-12。它运用一套新的计算方法，可以准确模拟梁、柱、支撑、剪力墙（混凝土剪力墙和带钢板剪力墙）和楼板等结构构件的非线性性能，使实际结构

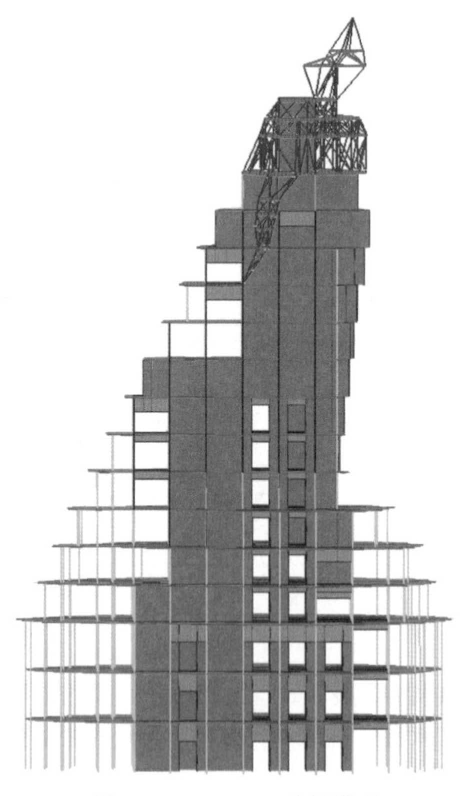

图 12-12　SAUSGE 分析模型

的大震分析具有计算效率高、模型精细、收敛性好的特点。PSAUSAGE软件通过大量的测试，可用于实际工程罕遇地震下的性能评估，具有以下特点：

（1）未作理论上的简化，直接对结构虚功原理导出的动力微分方程进行求解，求解结果更加准确可靠。

（2）材料应力-应变级别的精细模型，一维构件采用非线性纤维梁单元，沿截面和长度方向分别积分。二维壳板单元采用非线性分层单元，沿平面内和厚度方向分别积分。特别地，楼板也按二维壳单元模拟。

（3）高性能求解器：采用Pardiso求解器进行结构施工模拟分析，显示求解器进行大震动力弹塑性分析。

（4）动力弹塑性分析中的阻尼计算创造性地提出了“拟模态阻尼计算方法”，其合理性优于通常的瑞利阻尼形式。

根据相关规范规定，选用了2条天然波和1条人工波进行时程分析，如图12-13所示。分别选取结构的X和Y方向作为地震波输入的主方向，另一方向为次方向。主方向峰值加速度为310 cm/s^2，次方向峰值加速度为264 cm/s^2。经过计算得到了大震弹塑性与小震弹性的基地剪力及剪重比对比结果，详见表12-7。

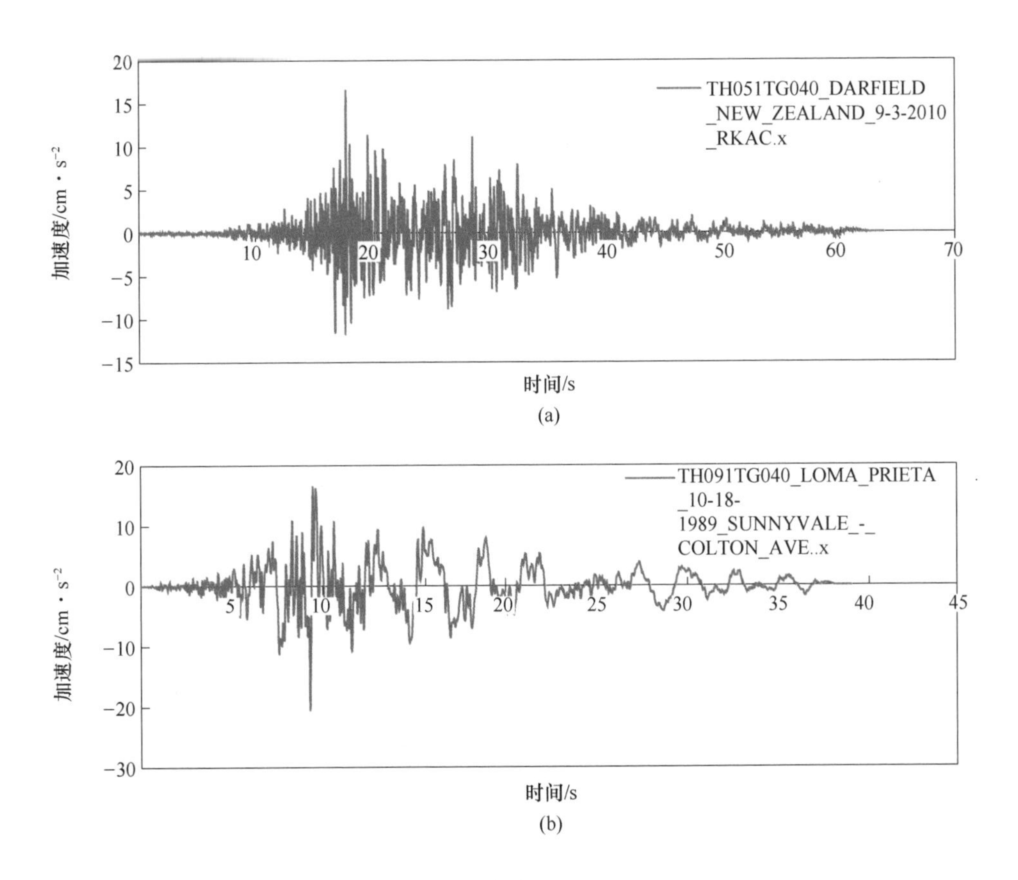

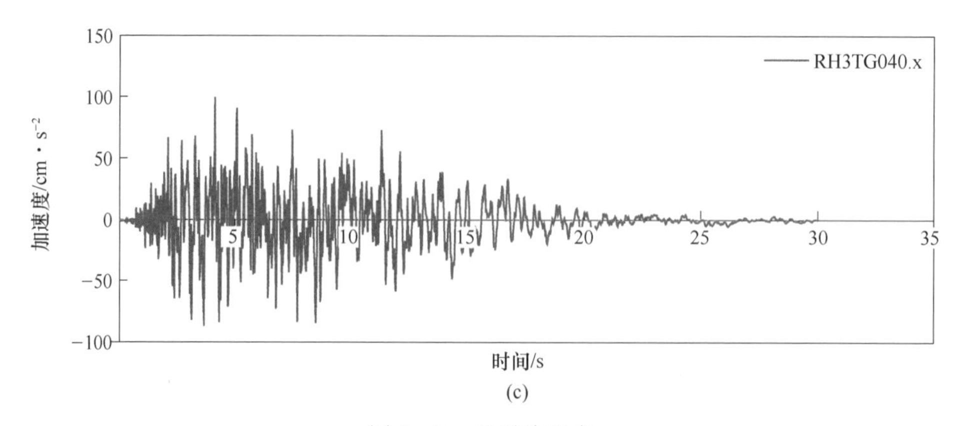

(c)

图 12-13　地震波选波

(a) 天然波1；(b) 天然波2；(c) 天然波3

表12-7的结果表明，结构在大震作用下的X和Y向地震剪力约为小震时的2.3倍。7度区罕遇地震峰值加速度为多遇地震的5.6倍，远大于2.3，说明本结构的地震力在合理范围内，反映出结构在经历罕遇地震时具有良好的整体耗能能力。

表 12-7　小震及大震基地剪力对比

地震波	方向	小震（弹性）		大震（弹塑性）	
		基地剪力/kN	剪重比/%	基地剪力/kN	剪重比/%
天然波1	X向	24200	10.8	51200	22.8
	Y向	28800	12.8	63100	28.1
天然波2	X向	27000	12.0	58000	25.9
	Y向	33200	14.7	75400	33.6
人工波	X向	25400	11.3	54200	24.2
	Y向	31400	14.0	69300	30.9

结构各层在3条地震波作用下的弹塑性位移角包络值如图12-14所示。随着层数的增大，地震位移角逐渐增大，其中在钢结构层（18层）增加较为显著，这是由于结构整体平面尺寸由下至上逐渐缩减，从而导致结构顶部鞭梢效应显著。X向结构的最大弹塑性层间位移角为1/166，Y向为1/204，均小于规范限值1/100。

本结构主要通过剪力墙和连梁来抵抗地震作用，因此需要关注剪力墙和连梁在大震作用下的损伤情况。剪力墙和连梁在三条地震波作用下的损伤情况如图12-15所示。由该图可知，底部剪力墙轻微损坏，连梁轻度破坏。上部剪力墙大部分轻微破坏，部分中度及重度破坏，连梁中度破坏。显然，连梁先于剪力墙

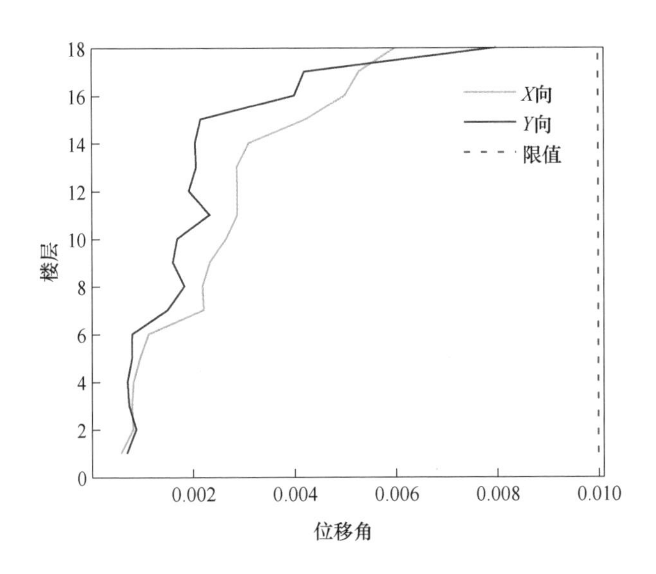

图 12-14　罕遇地震弹塑性位移角

破坏，且下部墙体损坏程度低于上部，剪力墙布置合理。上部重度破坏剪力墙设置加固钢板，并与上部钢结构紧密连接。

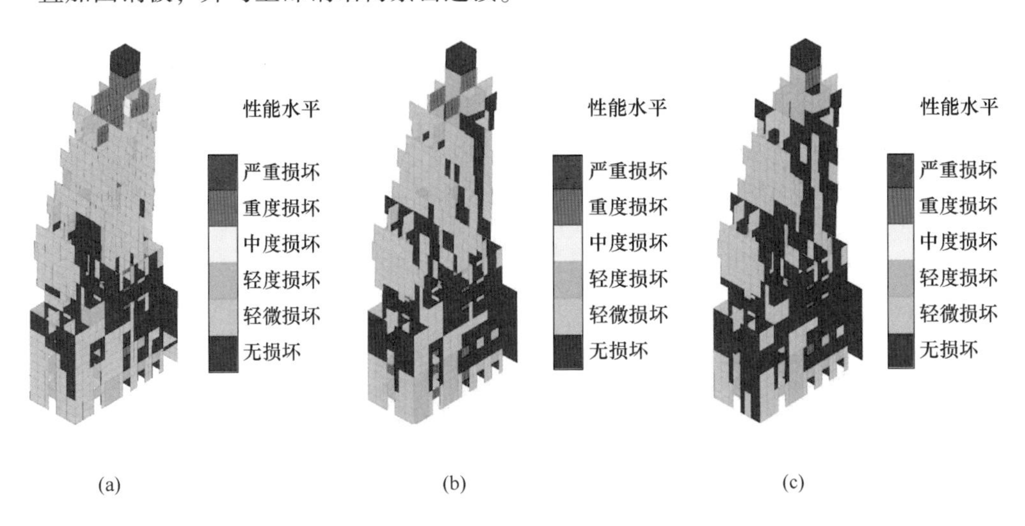

图 12-15　剪力墙和连梁损伤情况

（a）天然波 1；（b）天然波 2；（c）人工波

整体结构的损伤评估如图 12-16 所示。在大震作用下，全楼柱大部分发生轻微损坏，斜撑少部分发生中度损坏，楼板基本无损坏，剪力墙和梁少数发生严重损坏。整体结构的大震性能满足抗震性能目标。

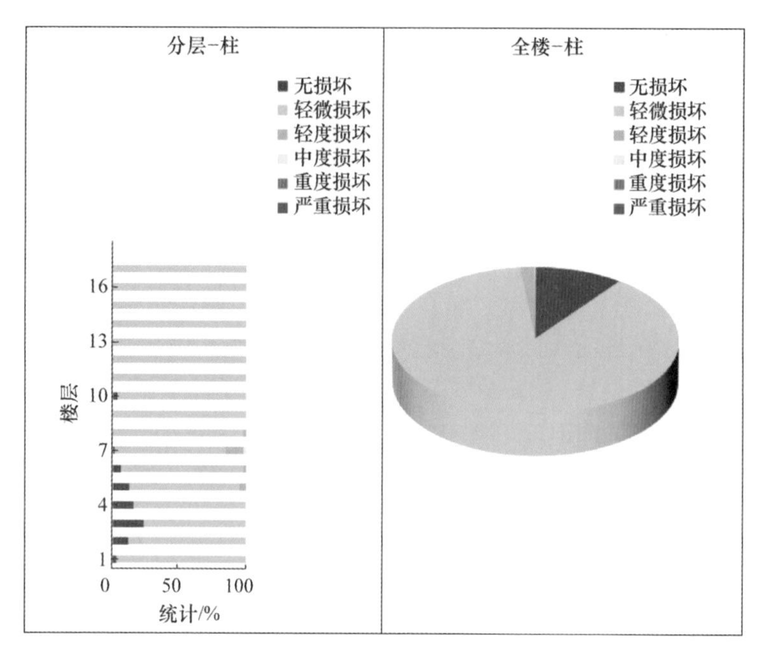
分层-柱
无损坏
轻微损坏
轻度损坏
中度损坏
重度损坏
严重损坏
16
13
10
7
4
1
楼层
0
50
100
统计/%
全楼-柱
无损坏
轻微损坏
轻度损坏
中度损坏
重度损坏
严重损坏

(a)

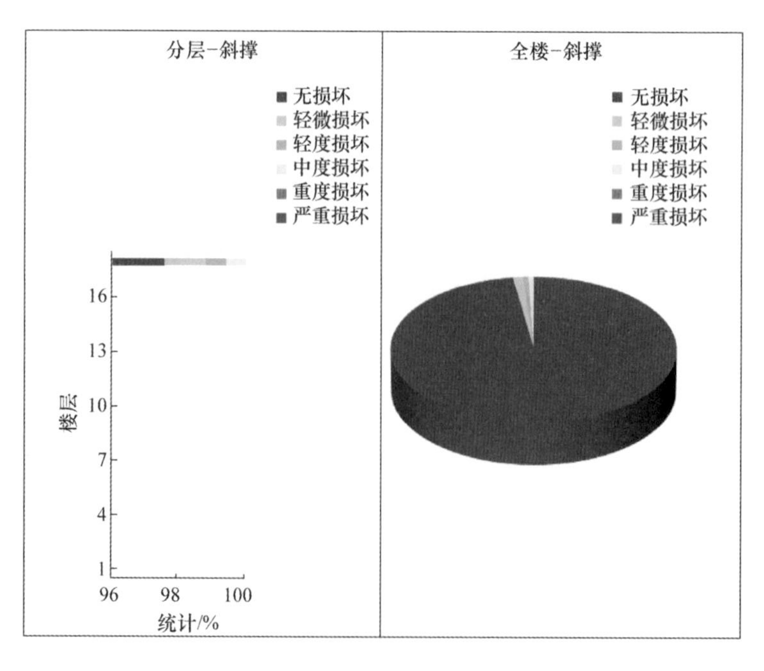
分层-斜撑
无损坏
轻微损坏
轻度损坏
中度损坏
重度损坏
严重损坏
16
13
10
7
4
1
楼层
96
98
100
统计/%
全楼-斜撑
无损坏
轻微损坏
轻度损坏
中度损坏
重度损坏
严重损坏

(b)

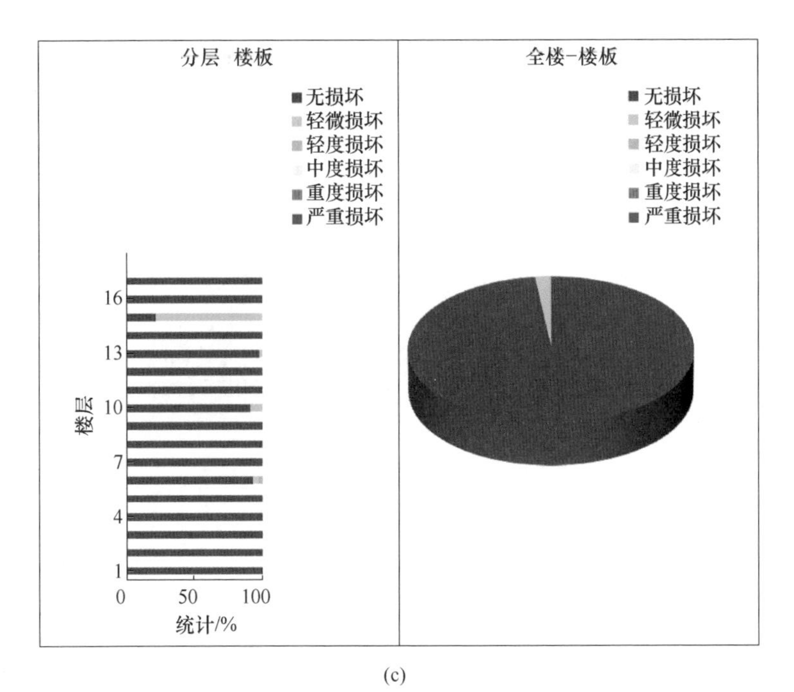

(c)

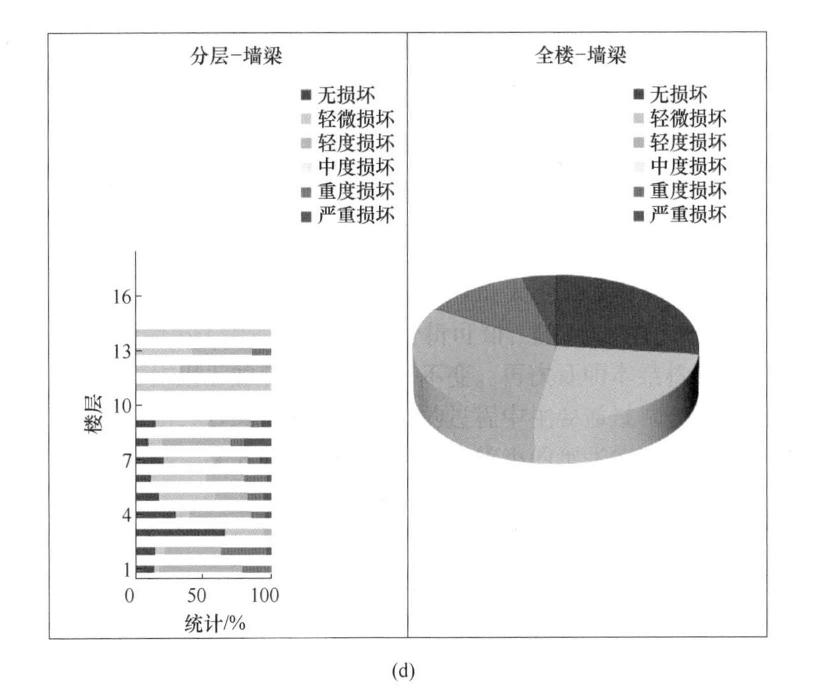

(d)

图 12-16 整体结构损伤评估

(a) 柱损伤；(b) 斜撑损伤；(c) 楼板损伤；(d) 墙梁损伤

在三条地震波作用下，结构的能量消耗情况如图 12-17 所示。结构初始阻尼比混凝土为 5.0%，钢材为 2.0%，各工况包络附加等效阻尼比为 1.6%，结构总阻尼比为 6.6%。

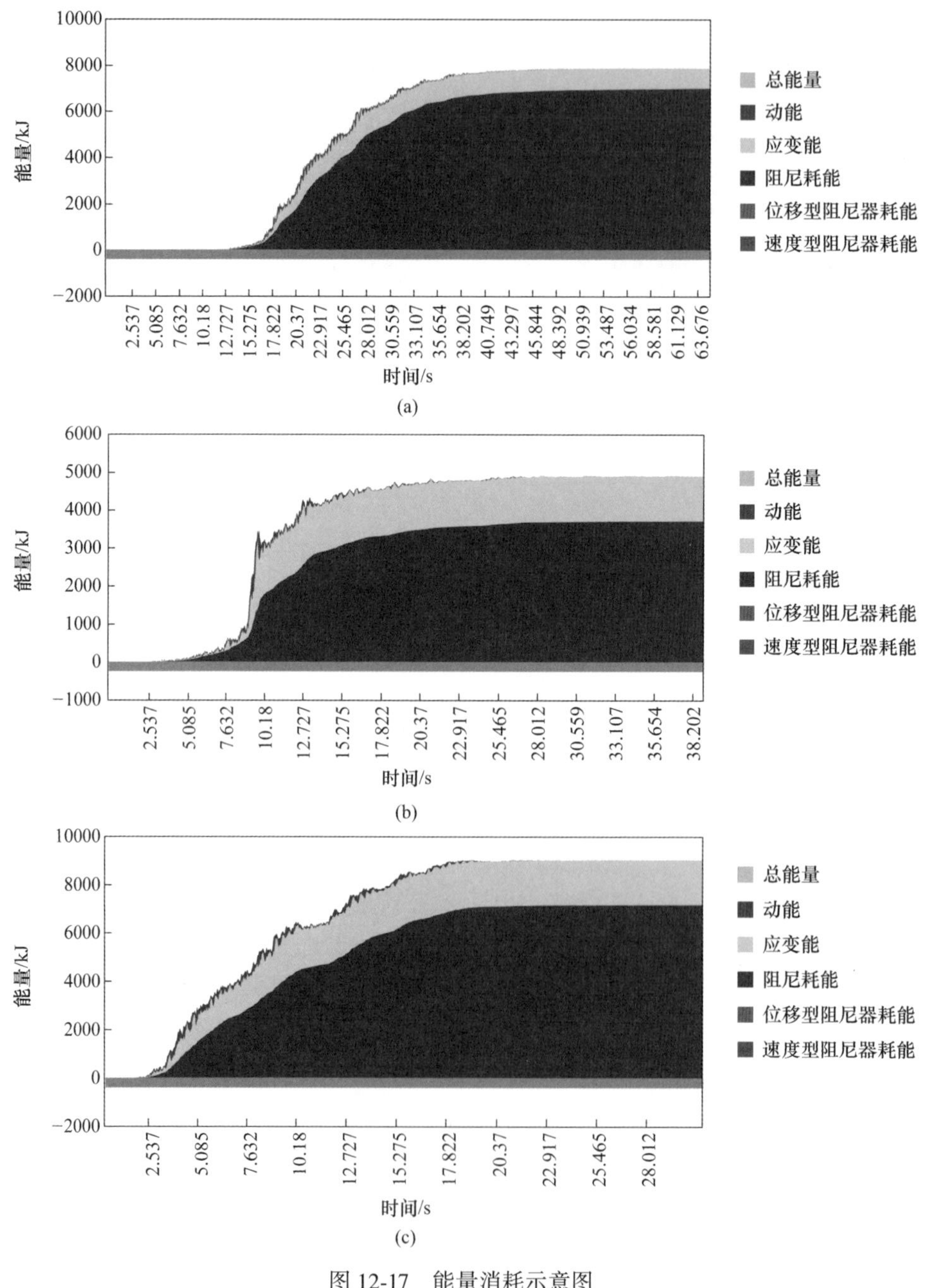

图 12-17　能量消耗示意图

(a) 天然波 1；(b) 天然波 2；(c) 天然波 3

12.3 上部钢结构稳定分析

12.3.1 整体结构屈曲分析

与常规高层结构不同，异型高层结构的稳定性往往起控制作用。因此，需要对本工程开展屈曲分析，探明结构的薄弱处。MIDAS GEN 模型所得前 4 阶屈曲模态均集中于上部钢结构，下部型钢混凝土框架及剪力墙无明显屈曲变形，如图 12-18 所示。图 12-14 也表明在罕遇地震作用下，顶部钢结构位移角显著增加，上部钢结构为本工程的薄弱部位。上部钢结构坐落于框架混凝土柱顶，其胸部及肩膀空间钢桁架造型奇特，两侧手臂桁架非对称布置，受力极为复杂。因此，需要对上部钢结构进行局部稳定性分析。

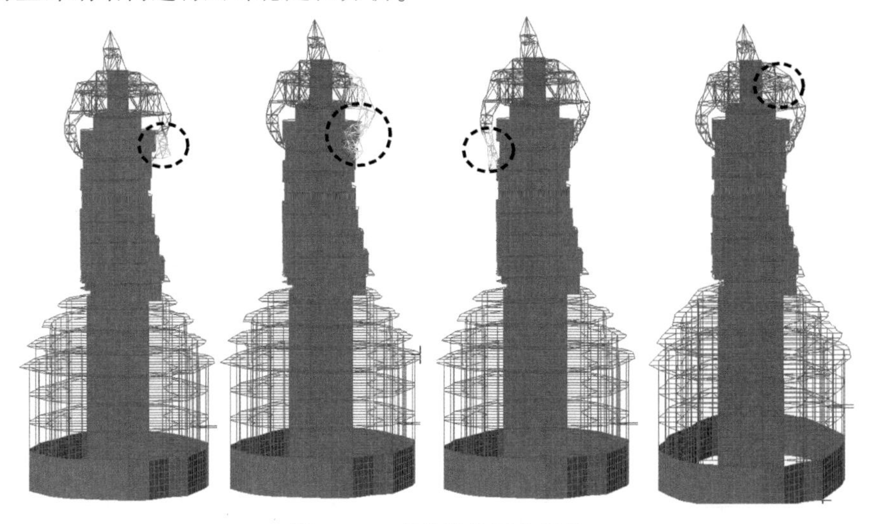

图 12-18 整体结构屈曲模态

12.3.2 上部钢结构屈曲分析

对于空间桁架而言，进行屈曲分析并不关注其稳定安全系数，而是通过屈曲模态找到相对薄弱的部位并进行加固。在 MIDAS GEN 中建立上部钢结构模型进行屈曲分析，结果如图 12-19 所示。前 3 阶屈曲模态均为局部屈曲，分别为两侧手臂及头部屈曲。

为进一步分析手臂和头部屈曲失效后，胸肩部分钢结构的屈曲模态，建立对应的分析模型，结果如图 12-20 所示。结果表明，胸肩部分屈曲模态均为整体屈曲，结构布置合理，无明显薄弱部位。在后续施工中，可以先完成胸肩部分的施工，再进行两侧手臂和头部施工。

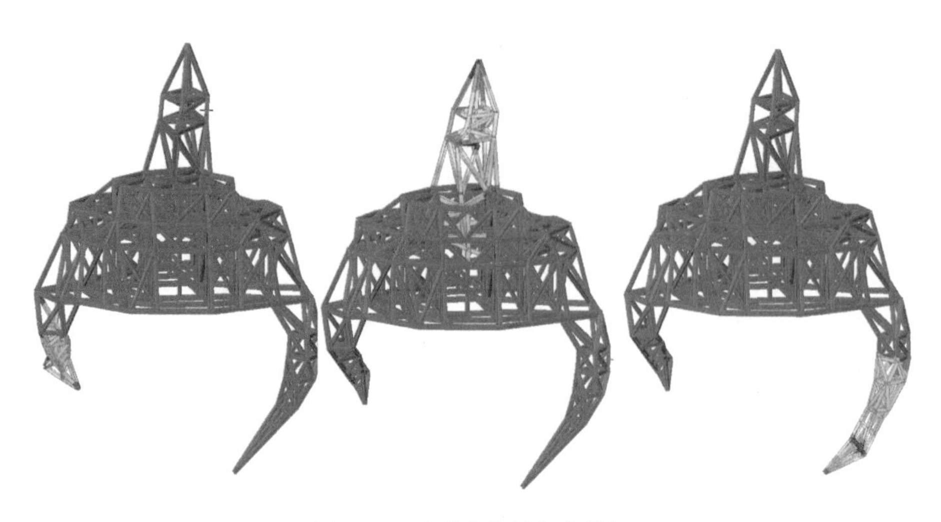

图 12-19　上部钢结构屈曲模态

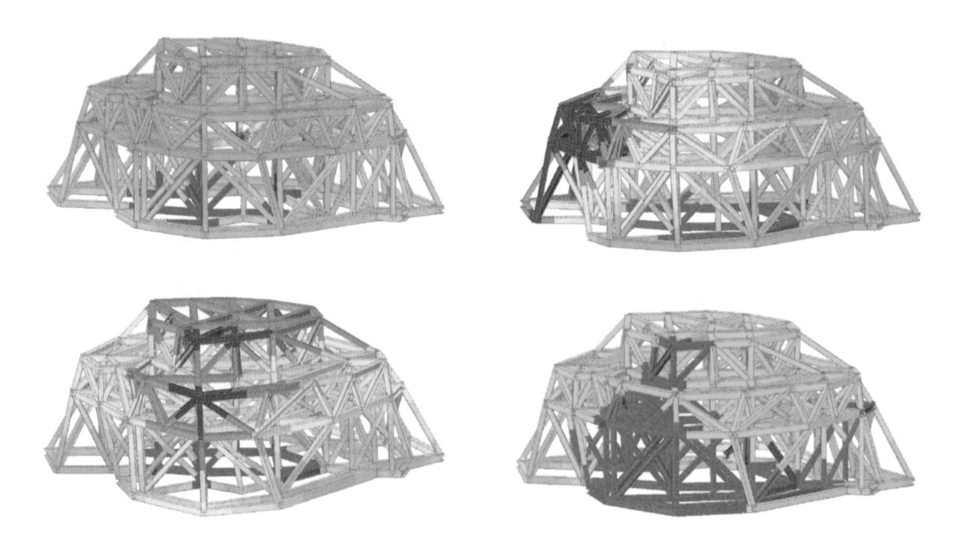

图 12-20　胸肩钢结构屈曲模态

12.3.3　加强措施

通过对上部钢结构进行屈曲分析发现，需对手臂及头部钢结构采取加固措施（图 12-21）。手臂石材吊装通常的做法是在钢结构外围设置吊装钢结构，然后石材通过拉钩与吊装钢结构进行焊接连接。本工程采取在钢结构与吊挂钢结构之间灌注混凝土层的加固措施。此方法既可增强手臂钢结构的整体性能，也为钢结构提供了天然的防腐蚀保护措施。

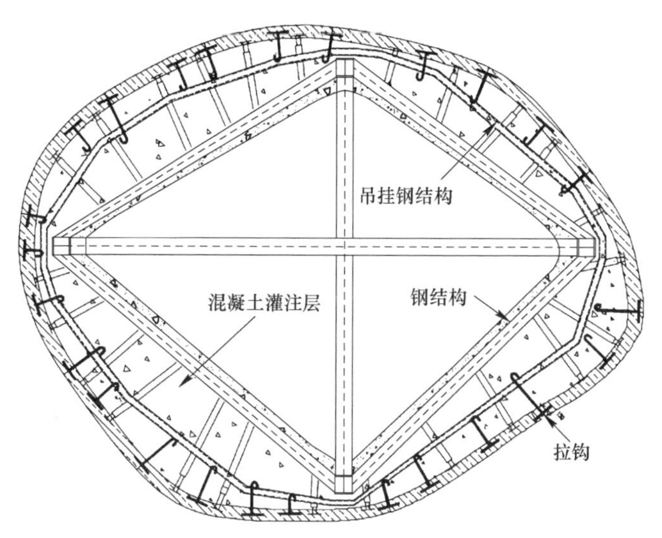

图 12-21　头部及手臂加固措施

12.4　整体结构稳定分析

12.4.1　整体稳定分析

根据《高层建筑混凝土结构技术规程》，高层框架-剪力墙结构满足下式时，弹性计算分析时可不考虑重力二阶效应的不利影响：

$$EJ_{\mathrm{d}} \geqslant 2.7H^2 \sum_{i=1}^{n} G_i \tag{12-1}$$

根据《高层建筑混凝土结构技术规程》，高层框架-剪力墙结构的整体稳定性应符合下列规定：

$$EJ_{\mathrm{d}} \geqslant 1.4H^2 \sum_{i=1}^{n} G_i \tag{12-2}$$

此处需要说明的是，虽然本结构为型钢混凝土组合结构，但由于体型复杂，因此结构整体验算时按混凝土结构验算（表 12-8）。

表 12-8　刚重比验算

荷载形式	X 向刚重比 $EJ_{\mathrm{d}}/(GH^2)$	Y 向刚重比 $EJ_{\mathrm{d}}/(GH^2)$
地震作用	12.559	19.943
风荷载	15.498	28.462

12.4.2　整体抗倾覆分析

根据《高层建筑混凝土结构技术规程》第 12.1.7 条，在重力荷载与水平荷载标准值或重力荷载代表值与多遇水平地震标准值共同作用下，高宽比大于4的高层建筑，基础底面不宜出现零应力区；高宽比不大于4的高层建筑，基础底面与地基之间零应力区面积不应超过基础底面面积的15%。结构的抗倾覆验算结果见表12-9。

表12-9　结构整体抗倾覆验算

工况	抗倾覆力矩 M_r/kN·m	倾覆力矩 M_{ov}/kN·m	比值 M_r/M_{ov}	零应力区/%
X向风	3.387×10^6	2.278×10^5	14.87	0.00
Y向风	4.158×10^6	1.991×10^5	20.89	0.00
X地震	3.340×10^6	7.281×10^5	4.59	0.00
Y地震	4.100×10^6	8.793×10^5	4.66	0.00

12.5　外挂石材连接分析

12.5.1　拉结墙结构

本工程外挂石材所需的拉结墙结构，如图12-22所示。拉结墙结构为型钢混凝土墙体，墙顶通过两个定制单向铰支座与上层圈梁底部相连。定制单向铰支座下各有一型钢柱与下层圈梁相连，钢柱截面为H150 mm×150 mm×7 mm×10 mm，钢柱之间通过两根钢管相连。拉结墙墙体宽2.4 m，厚350 mm，将钢框架包含在内，墙内配置双层双向钢筋C18@150。

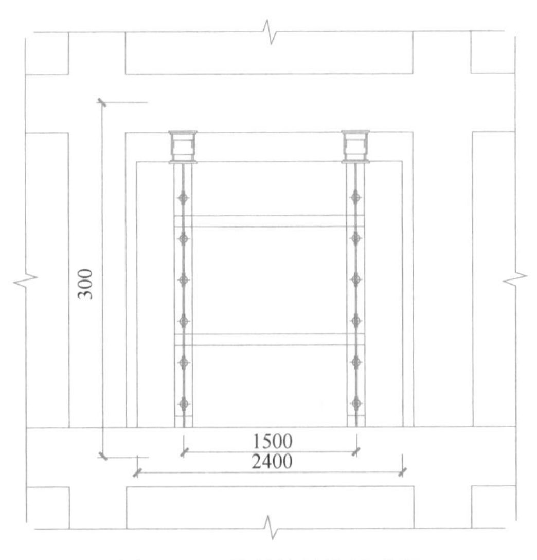

图12-22　拉结墙结构示意图

由于上下两层圈梁中间并非完全对齐，因此在计算时将墙体分成垂直、内倾、外倾三种情况计算。根据雕像的三维模型，内倾时上下两层圈梁在水平方向相错最远距离 3 m，外倾时上下两层圈梁在水平方向相错最远距离 2 m。

在软件中建模时，按宽 2.4 m、高 3 m、厚 350 mm 的钢筋混凝土板在 X-Z 平面内建模。支座条件与实际情况相同，墙底为固定端，墙顶为沿着 Y 向的定向铰支座。

根据墙体内倾（向像体内部倾斜）、外倾（向像体外部倾斜）两种情况分别建模，如图 12-23 所示。墙体上下面配双向钢筋，墙顶支座处设置竖向型钢柱，结构平面规则。在结构底部施加固端约束，结构顶部支座处设置 Y 向的定向铰支座。

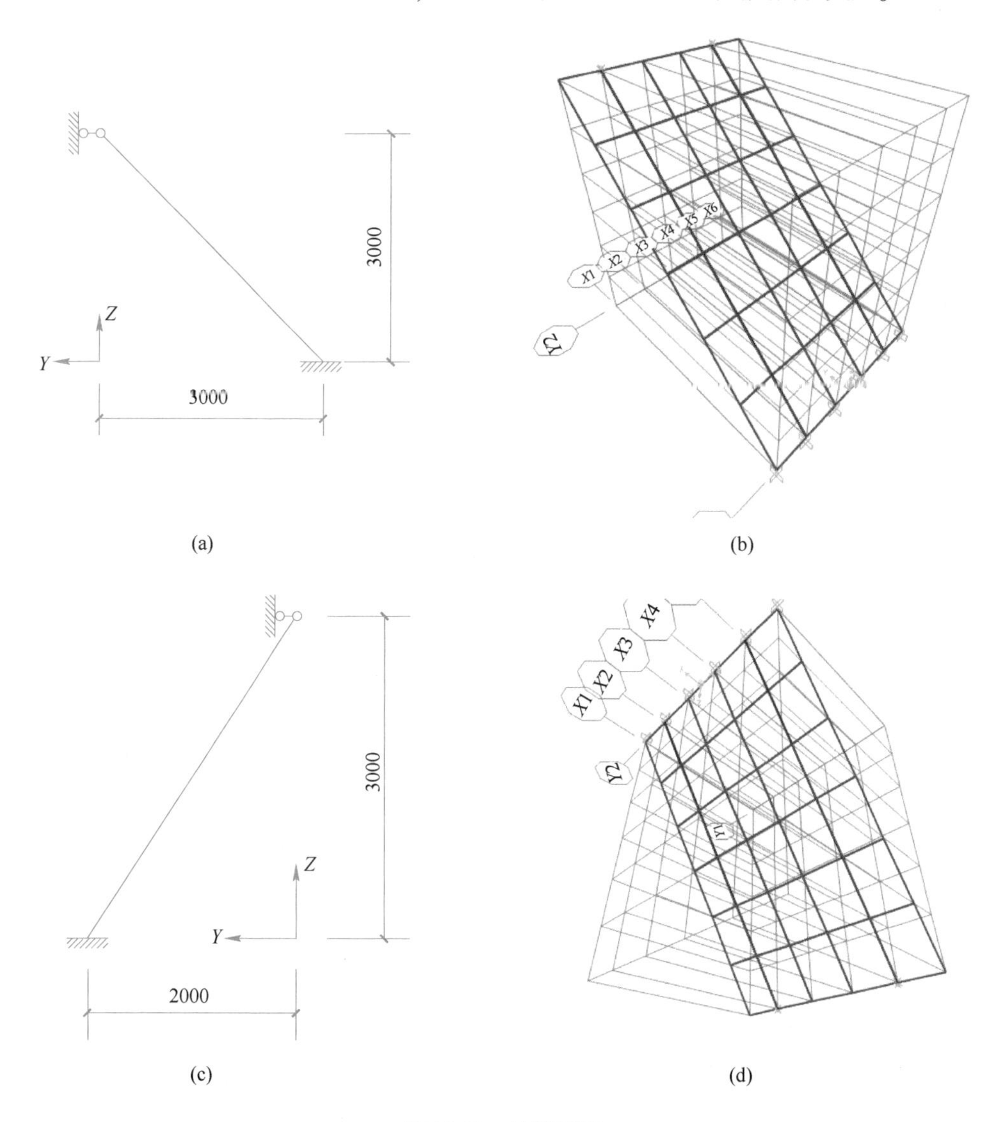

图 12-23　计算模型

（a）内倾模型尺寸；（b）内倾计算模型；（c）外倾模型尺寸；（d）外倾计算模型

12.5.2　计算结果

根据软件计算结果，分别得出拉结墙结构在恒载、地震、风荷载、最不利荷载组合下的支座反力以及弯矩，并得到软件计算的板内最大配筋面积，如图 12-24 所示。软件计算的配筋面积均小于设计配筋 C18@150，配筋面积为 $1527\times10^{-6}\ m^2/m$。

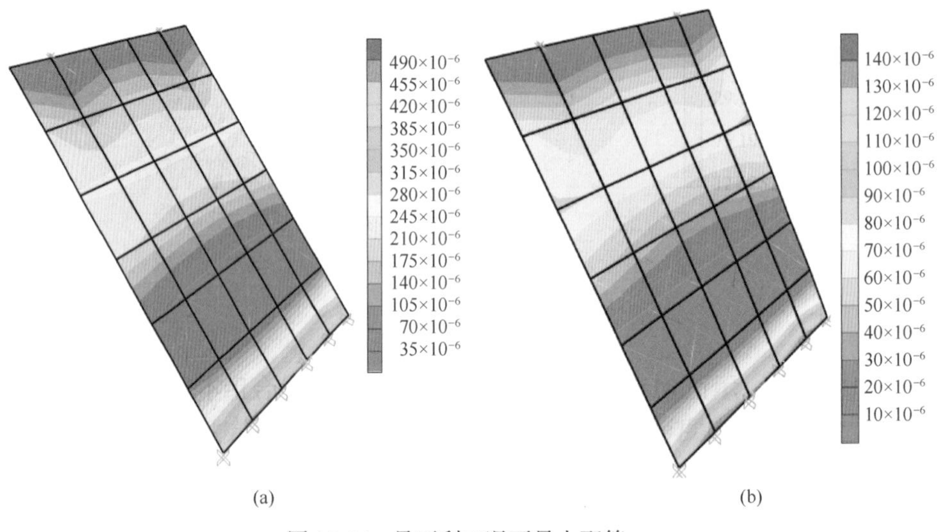

图 12-24　最不利工况下最大配筋
（a）内倾；（b）外倾

根据整体结构计算结果，得出 3 m 层高的结构，第 13 层最大层间位移为 2.73 mm。将其作为位移荷载，沿 Y 向加到拉结墙结构顶部的定向支座上，得出层间位移作用下的支座反力以及弯矩，并得到软件计算的板内最大配筋面积，如图 12-25 所示。软件计算的配筋面积均小于设计配筋 C18@150，配筋面积为 $1527\times10^{-6}\ m^2/m$。

12.5.3　振动台试验

为验证拉结墙在地震作用下的可靠性，制作一个足尺试件，并在东南大学试验中心开展振动试验。试验选取 2 组天然波与 1 组人工波（与表 12-7 所选波一致）。振动过程中，分别输入 3 条波对应的小震、中震及大震振动时程荷载，振动后试件的状态如图 12-26 所示。可知，在经受小震、中震及大震作用后，试件基本保持完好的状态，螺纹钢没有出现断裂或拔出的现象，拉结墙也无明显裂缝。即该类石材与主体结构的连接方式可用于本工程。关于该试验的详细分析与研究将在后续的研究成果中展示，此处仅介绍工程设计所需的结论。

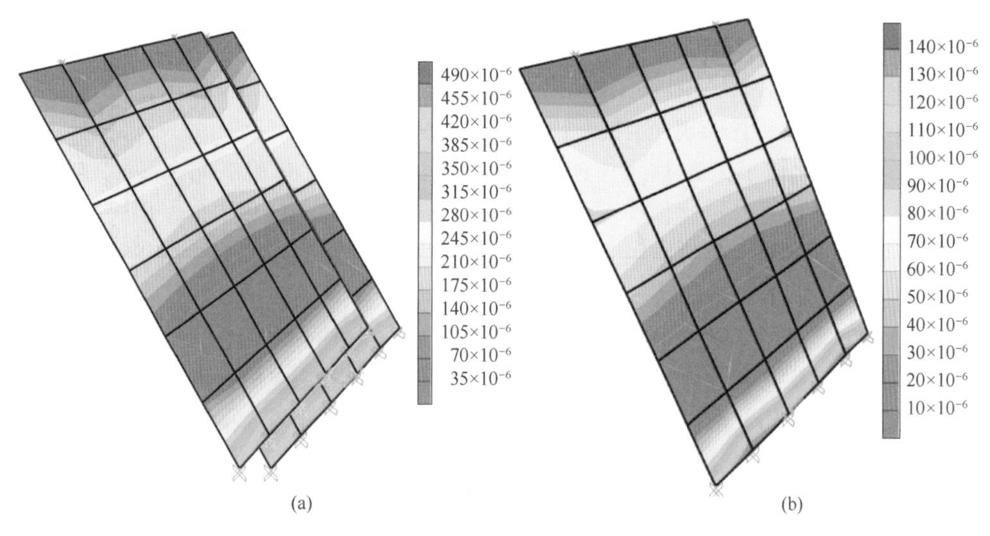

图 12-25 层间位移下最大配筋

（a）内倾；（b）外倾

图 12-26 振动台试验

12.6 工程总结

本工程为国内最高石雕塑结构之一，且存在扭转不规则、凹凸不规则、尺寸突变及局部不规则。综合考虑建筑的功能和规模，设定抗震性能目标为 C 级，部分关键构件提高至 B 级。开展基于性能目标的抗震分析，并通过稳定分析对结构的薄弱处进行加固，具体结论为：

（1）通过 YJK 和 MIDAS GEN 模型进行小震弹性分析。结果显示，最大层间位移角为 1/893，小于规范限值 1/800。最小剪重比为 5.7%，大于规范限值 3.28%。刚重比最小值为 14.6，远大于规范限值 1.4。*X* 向和 *Y* 向在小震作用下抗倾覆力矩与倾覆力矩比值分别为 4.17 和 3.79，零应力区为 0%。开展风洞试验，获取了各层在风荷载作用下的水平剪力，并施加至 YJK 模型，所得风荷载最大层间位移角小于规范限值。

（2）中震等效弹性分析结果表明，剪力墙角柱和框架柱均采用型钢混凝土柱，满足抗剪及抗弯弹性的性能目标。剪力墙连梁需增设交叉斜筋来满足抗剪不屈服的性能目标。上部钢结构在中震作用下应力比均小于 0.8，满足中震弹性的性能目标。将上部钢结构的上下弦杆与支座处型钢混凝土柱中的十字型钢直接相连，实现钢结构支座中震弹性。

（3）SAUSGE 大震弹塑性分析结果表明，结构在大震作用下的 *X* 和 *Y* 向地震剪力约为小震时的 2.3 倍，结构整体耗能能力较好。*X* 向结构的最大弹塑性层间位移角为 1/166，*Y* 向为 1/204，均小于规范限值 1/100。底部剪力墙轻微损坏，连梁轻度破坏，上部剪力墙大部分轻微破坏，部分中度及重度破坏，连梁中度破坏。结构整体性能满足大震性能目标。

（4）上部钢结构屈曲分析结果表明，前 3 阶屈曲模态均为局部屈曲，分别为两侧手臂及头部屈曲，需对屈曲部位进行加固。本工程采取在钢结构与吊挂钢结构之间灌注混凝土层进行加固，同时可为钢结构提供防腐蚀保护措施。

（5）为保证外挂石材与主体结构连接的可靠性，开展了石材吊挂振动台试验。振动试验结果表明，本结构所采取的石材吊挂形式在罕遇地震中仍能正常工作，保证了石材连接的安全。

13 喇叭状高层框架核心筒结构

13.1 工程概况

13.1.1 建筑概况

喇叭状的建筑物往往由于其“细腰”的特征，具有非常美观的流线型外观。由于顶部悬挑空间大，具有开阔视野的优势，该类建筑外形通常被用于观光塔和机场塔台等工程项目。本工程建筑外形呈下窄上宽的不规则喇叭形（图 13-1），高度约 60 m，顶部宽约 60 m，底部宽约 27 m，腰部宽约 10 m。该建筑体型较复杂，高度和悬挑尺度大，迎风面头重脚轻，顶部风荷载占比大，对结构的受力十分不利。同时，由于建筑外表皮为喇叭状异型自由曲面，在进行结构方设计时，结构的布置应保证结构外形的流线型特征。

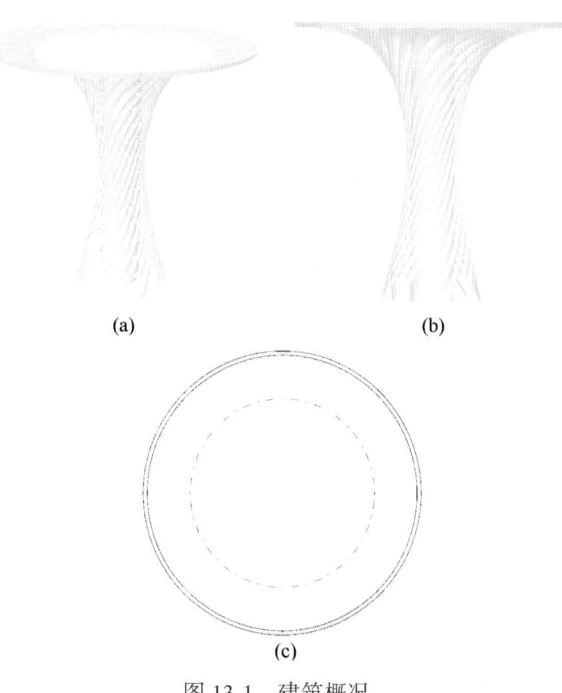

图 13-1 建筑概况
（a）三维视图；（b）正面视图；（c）顶面视图

13.1.2　结构体系

本工程的原结构方案为下部混凝土核心筒+顶部钢桁架，建筑侧面的流线外形由悬挑布置的混凝土环梁提供结构骨架，如图13-2（a）所示。本书作者仅参与了该工程项目的风洞试验及风振分析工作（本书第17章），结构设计由中建西南院完成。为贴近本书的主题，将采用框架核心筒钢结构的结构方案进行案例解析，如图13-2（b）所示。与原结构方案相比，外框架的存在将有效降低屋顶钢桁架的悬挑跨度，从而改善其受力性能，同时外框架的布置可高度还原建筑外形的流线造型。

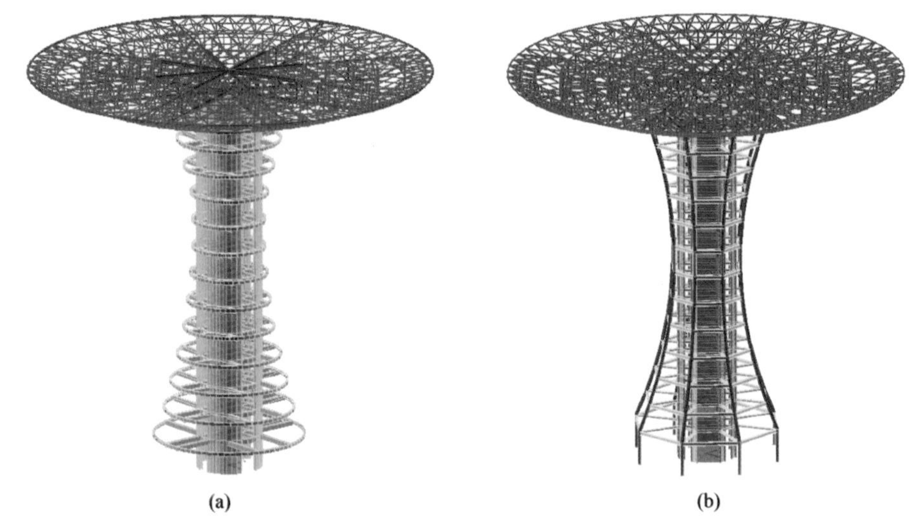

图13-2　结构方案对比
（a）原结构方案；（b）新结构方案

拟采用的框架核心筒结构方案如图13-3所示。屋顶的大悬挑平台采用沿径向和环向布置的空间钢桁架（图13-3（a）），沿径向的主桁架杆件采用P245 mm×10 mm，沿环向的次桁架杆件采用P180 mm×8 mm。由于大悬挑屋顶屋盖的存在，使得本结构存在“头重脚轻”的不利结构特征，为此在顶部采用如图13-3（b）所示的加强层，加强层的桁架杆件采用H340 mm×250 mm×9 mm×14 mm。通过在加强层设置连接桁架来加强外框架与内置核心筒的协同工作性能，同时可为顶部钢桁架提供可靠的支座条件。外框架由圆光管柱与H型钢梁构成，其中圆钢管柱采用P480 mm×14 mm，钢梁采用H488 mm×300 mm×11 mm×18 mm。核心筒由200 mm厚的混凝土剪力墙和P260 mm×8 mm的圆钢管端柱构成。核心筒与外框架由H340 mm×250 mm×9 mm×14 mm钢框架梁进行连接。

各层详细信息见表13-1。楼面恒荷载取2.0 kN/m^2，楼面活荷载为3 kN/m^2，

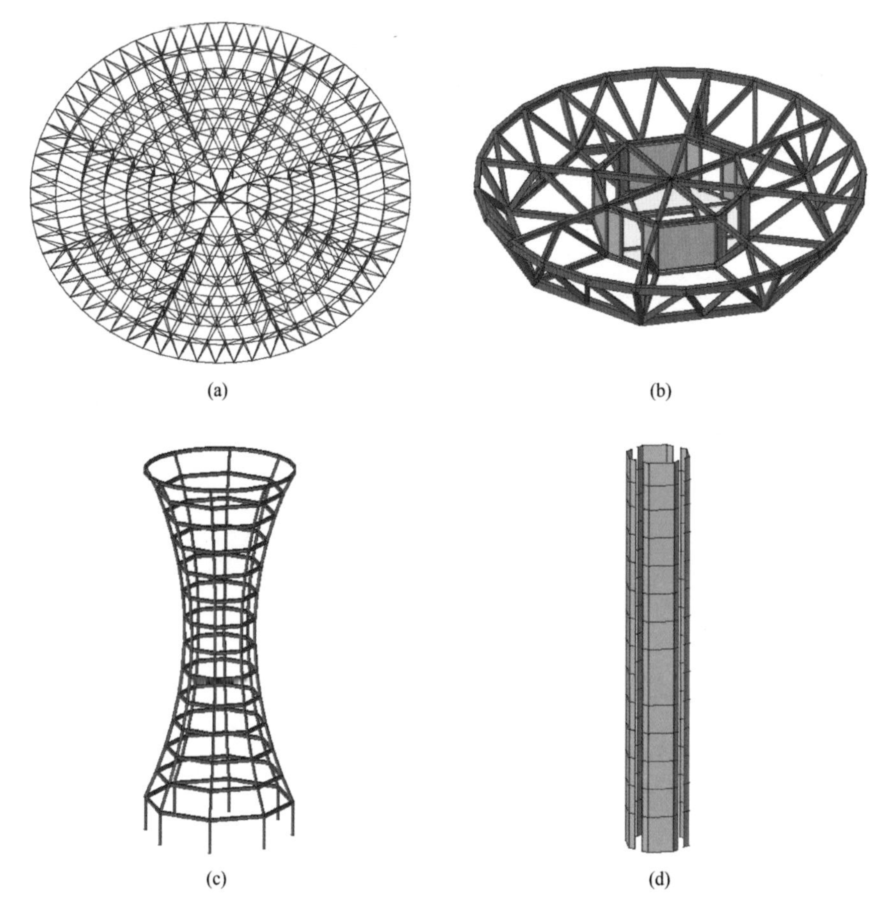

(a)　(b)　(c)　(d)

图 13-3　框架核心筒结构体系

（a）屋盖结构；（b）顶部加强层；（c）外框架结构；（d）内核心筒结构

屋面恒荷载为 4.5 kN/m²，屋面活荷载为 3 kN/m²。风压标准值为 6.0 kN/m²，地面粗糙度为 B 类。抗震设防烈度为 8 度（0.2g），场地类别为Ⅱ类。

表 13-1　楼层参数

标准层	层高	楼面恒荷载/kN·m^{-2}	楼面活荷载/kN·m^{-2}	混凝土强度	钢筋强度	钢材型号
−1	2.95	2	3	C40	HRB400	Q355
1	5	2	3	C40	HRB400	Q355
2	4	2	3	C40	HRB400	Q355
3	4	2	3	C30	HRB400	Q355
4	4	2	3	C30	HRB400	Q355
5	4	2	3	C30	HRB400	Q355

续表 13-1

标准层	层高	楼面恒荷载/kN·m^{-2}	楼面活荷载/kN·m^{-2}	混凝土强度	钢筋强度	钢材型号
6	4	2	3	C30	HRB400	Q355
7	4	2	3	C30	HRB400	Q355
8	4	2	3	C30	HRB400	Q355
9	4	2	3	C30	HRB400	Q355
10	4	2	3	C30	HRB400	Q355
11	4	2	3	C30	HRB400	Q355
12	4	2	3	C30	HRB400	Q355
13	3. 5	2	3	C30	HRB400	Q355
14	3. 25	2	3	C30	HRB400	Q355
15	3	4. 5	3			Q355

13. 2　小震等效弹性分析

13. 2. 1　振型分析

为保证结构模型的有效性，使用 PKPM 和 MIDAS GEN 分别建模，然后进行振型对比，如图 13-4 和表 13-2 所示。由图 13-4 可知，两个模型计算所得振型完全一致，第 1 振型为扭转，第 2 和第 3 振型为平动。表 13-2 证明了两个模型的自振周期基本一致，充分说明了结构模型的有效性。根据振型分析可初步判定，由于大悬挑钢桁架屋盖造成的整体结构“头重脚轻”，后续的结构分析与设计应充分关注屋盖的受力状态。

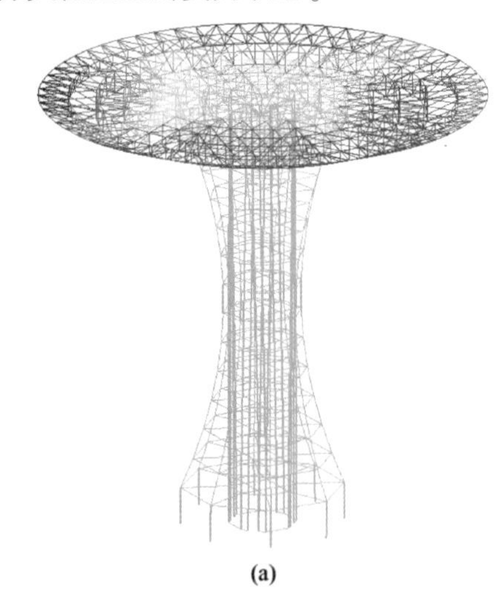

(a)

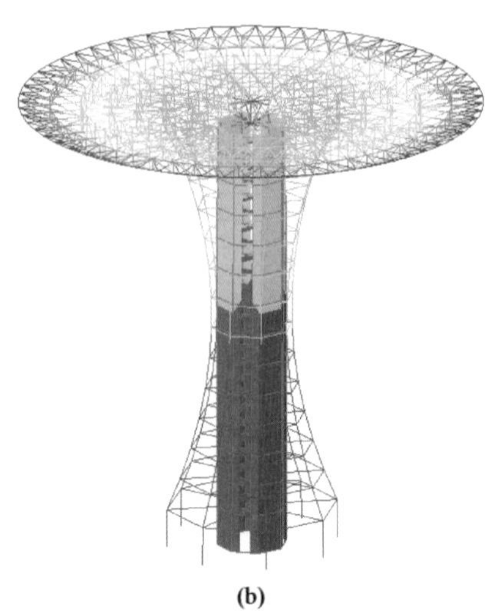

(b)

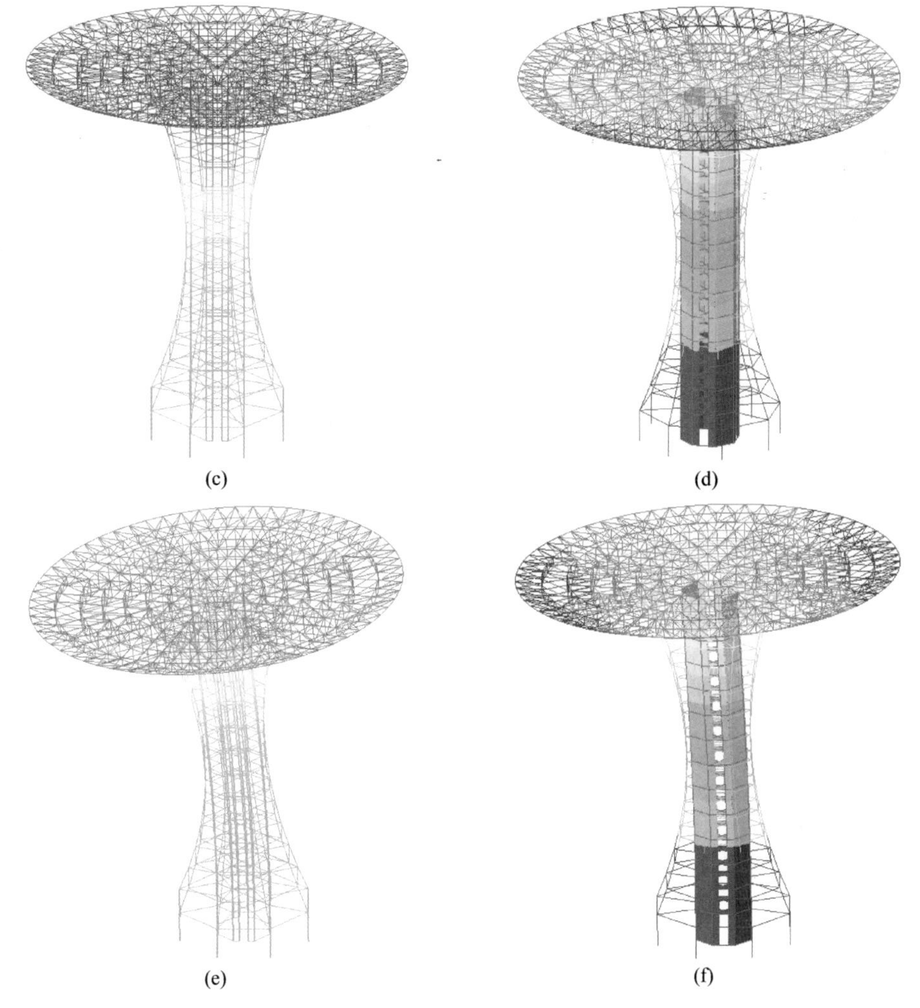

(c) (d)

(e) (f)

图 13-4 振型对比

(a) PKPM 第 1 阶振型（扭转）；(b) MIDAS GEN 第 1 阶振型（扭转）；
(c) PKPM 第 2 阶振型（Y 向）；(d) MIDAS GEN 第 2 阶振型（Y 向）；
(e) PKPM 第 3 阶振型（X 向）；(f) MIDAS GEN 第 3 阶振型（X 向）

表 13-2 计算结果对比

模型	振型	周期/s	模型	振型	周期/s
MIDAS GEN	第 1 阶	2.42	PKPM	第 1 阶	2.41
	第 2 阶	1.33		第 2 阶	1.42
	第 3 阶	1.33		第 3 阶	1.42

根据《高层建筑混凝土结构技术规程》第 3.4.5 条，结构扭转为主的第一自

振周期 T_t 与平动为主的第一自振周期 T_1 之比，A 级高度高层建筑不应大于 0. 9，B 级高度高层建筑、混合结构高层建筑及复杂高层建筑不应大于 0. 85。显然，本结构存在扭转不规则的情况，如图 13-5 所示。

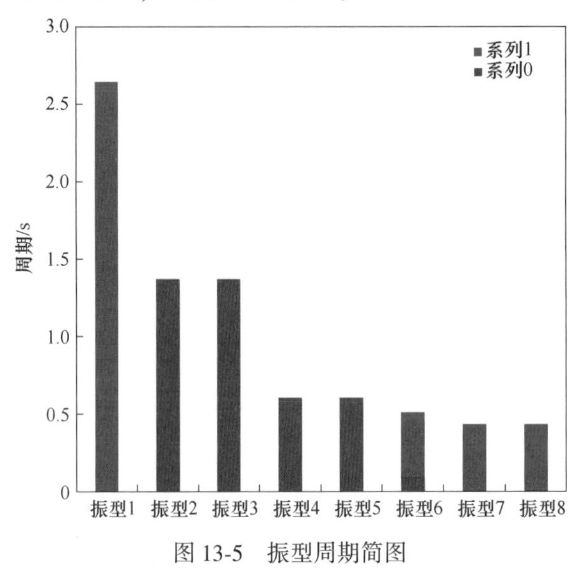

图 13-5　振型周期简图

13. 2. 2　变形指标

结构在各项工况作用下的位移结果如图 13-6 所示。PKPM 模型的结果显示，结构在恒荷载作用下的竖向位移为-23 mm，活荷载作用下的竖向位移为-6 mm，水平地震作用产生的水平位移为 32 mm，竖向地震作用下的竖向位移为 4 mm。MIDAS GEN 模型的结果显示，结构在恒荷载作用下的竖向位移为-25 mm，活荷载作用下的竖向位移为-6 mm，水平地震作用产生的水平位移为 34 mm，竖向地震作用下的竖向位移为 5 mm。两个模型计算所得的结构变形基本一致。

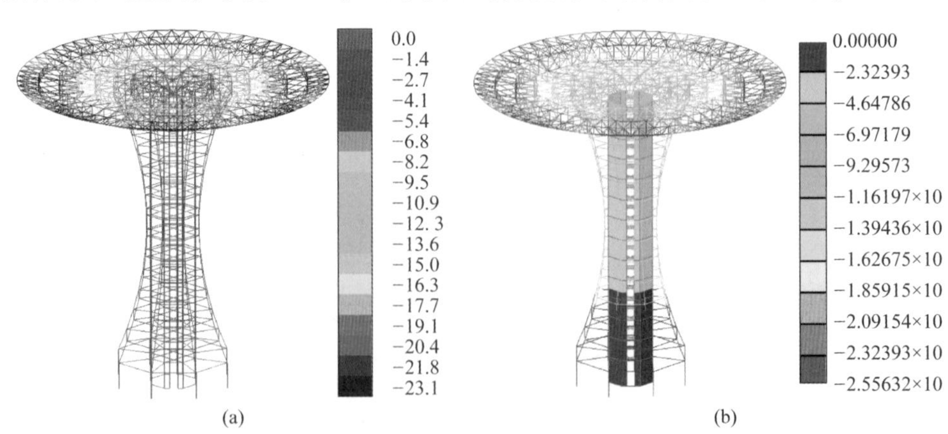

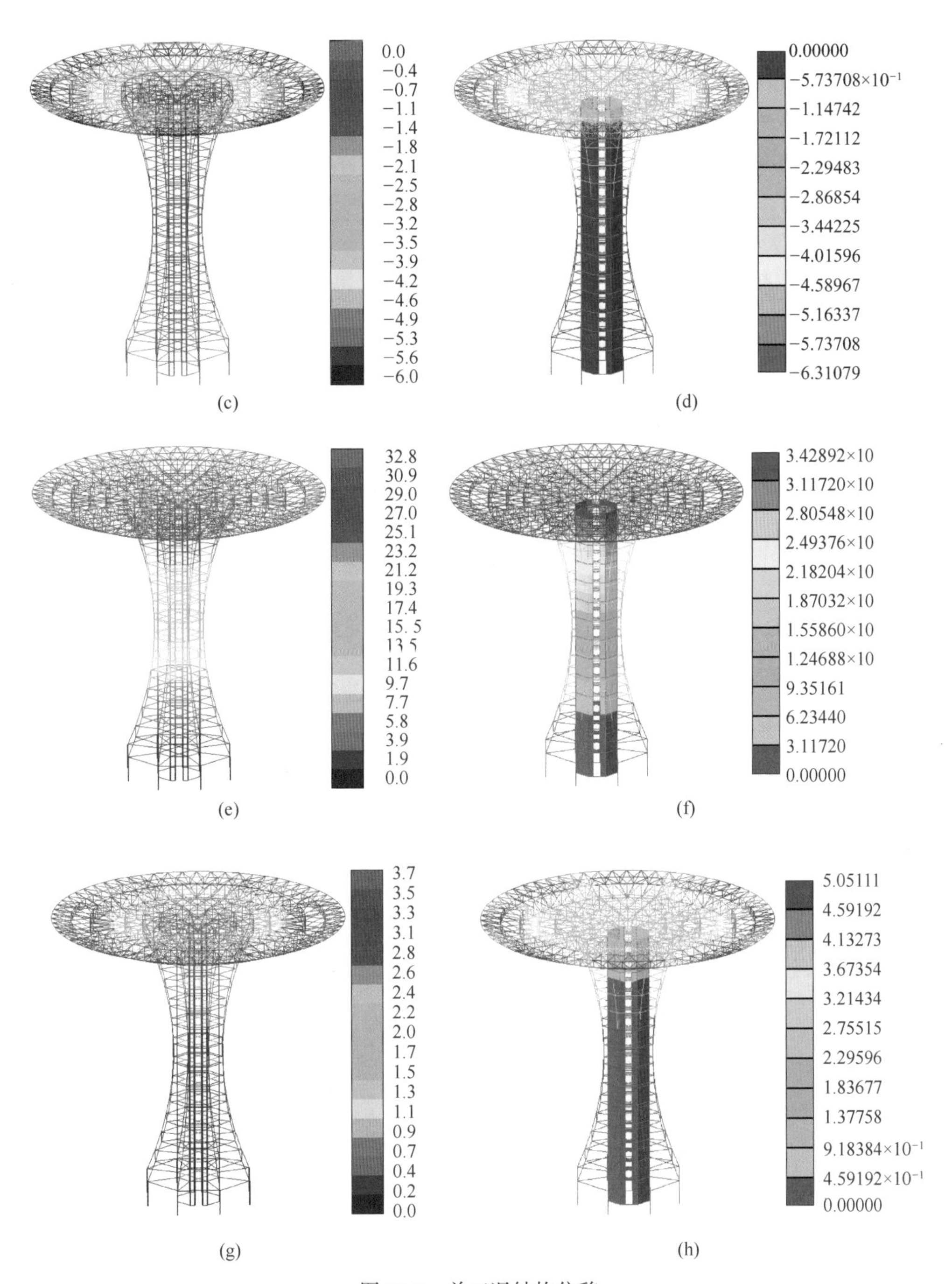

图 13-6　单工况结构位移

（a）PKPM 恒荷载竖向位移；（b）MIDAS GEN 恒荷载竖向位移；（c）PKPM 活荷载竖向位移；（d）MIDAS GEN 活荷载竖向位移；（e）PKPM 水平地震水平位移；（f）MIDAS GEN 水平地震水平位移；（g）PKPM 竖向地震竖向位移；（h）MIDAS GEN 竖向地震竖向位移

根据《高层建筑混凝土结构技术规程》第3.4.5条规定：结构在考虑偶然偏心影响的规定水平地震力作用下，楼层竖向构件最大的水平位移和层间位移，A级高度高层建筑不宜大于该楼层平均值的1.2倍，不应大于该楼层平均值的1.5倍；B级高度高层建筑、超过A级高度的混合结构及复杂高层建筑不宜大于该楼层平均值的1.2倍，不应大于该楼层平均值的1.4倍。结构设定的判断扭转不规则的位移比为1.20，位移比的限值为1.50，结构属于扭转不规则。本结构的位移比计算结果如图13-7所示，再次说明本结构存在扭转不规则。

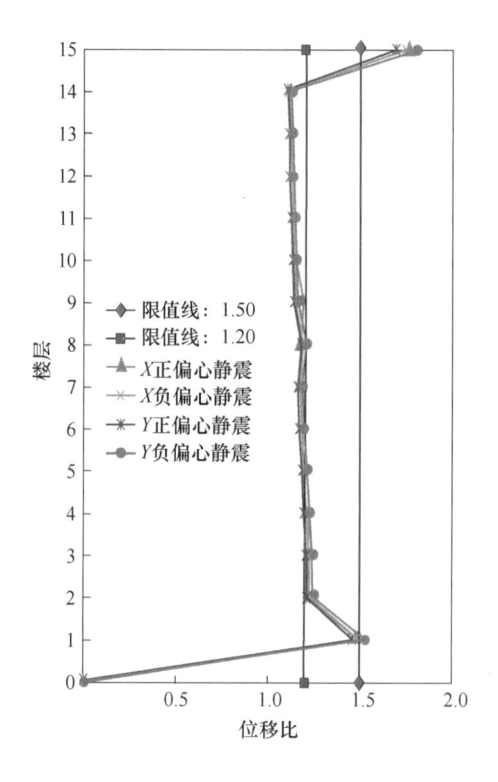

图13-7　结构位移比简图

根据《高层建筑混凝土结构技术规程》第3.7.3条规定：对于高度不大于150 m的框架筒结构，按弹性方法计算的风荷载或多遇地震标准值作用下的楼层层间最大水平位移与层高之比$\Delta u/h$不宜大于1/800，对于高度不小于250 m的高层建筑，其楼层层间最大位移与层高之比$\Delta u/h$不宜大于1/500，结构设定的限值为1/800，结构所有工况下最大层间位移角均满足规范要求。本结构由于采用了混凝土核心筒，因此采用1/800的层间位移角限值。图13-8表明，本结构的层间位移角满足规范要求。

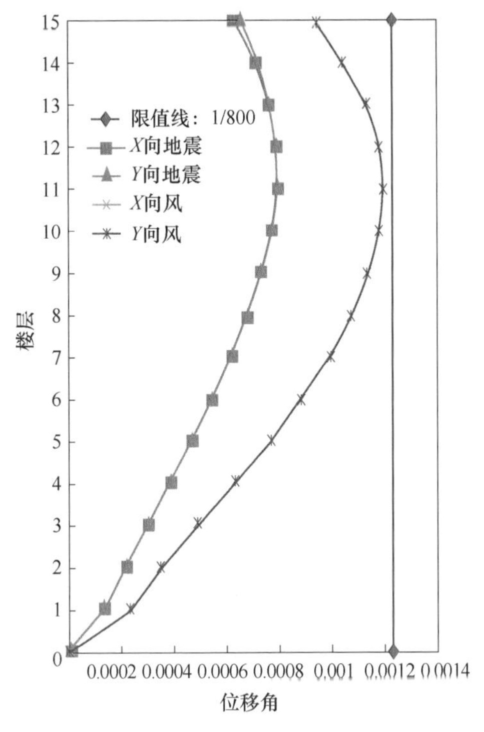

图 13-8 结构位移角简图

13.2.3 强度指标

底部加强层的强度验算结果如图 13-9 所示，该结果来自 PKPM 模型。由该图可知，底部加强层在小震作用下满足小震弹性的抗震性能目标。

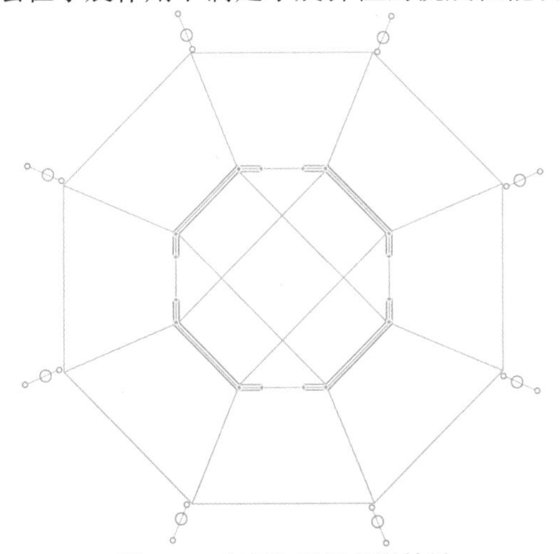

图 13-9 底部加强层超限结果

本结构的中间细腰层位结构薄弱处，因此需要特别关注该层结构的强度特征。中部细腰处的强度验算结果如图 13-10 所示，该结果来自 PKPM 模型。由该图可知，中间细腰层核心筒与外框架的连接梁及核心筒剪力墙之间的连梁均存在抗剪不足的情况，因此需适当增大梁截面。

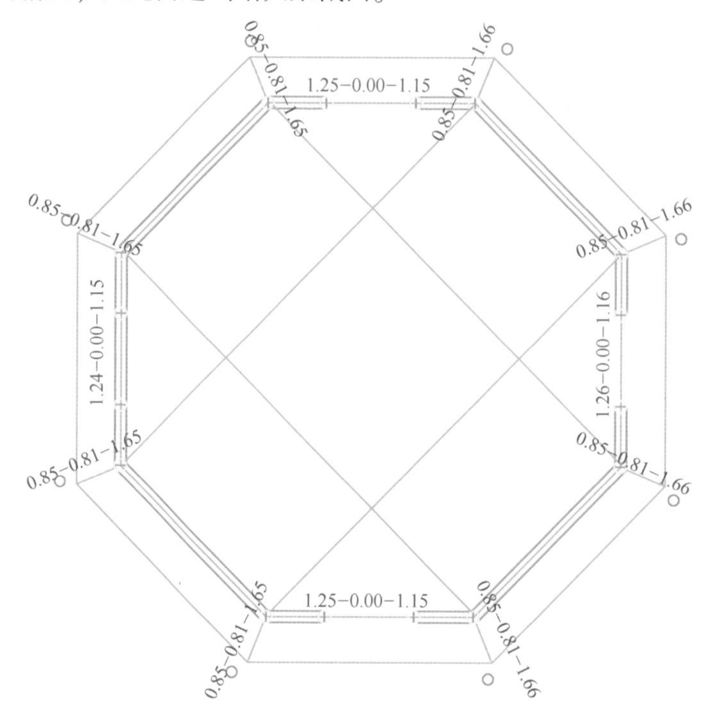

图 13-10　中间细腰层强度验算结果

顶部加强层对整体结构的抗侧性能至关重要，该层结构在小震作用下的强度情况如图 13-11 所示。在小震相关的荷载基本组合作用下，顶部加强层钢结构的最大应力为 120MPa，远小于钢材设计值。

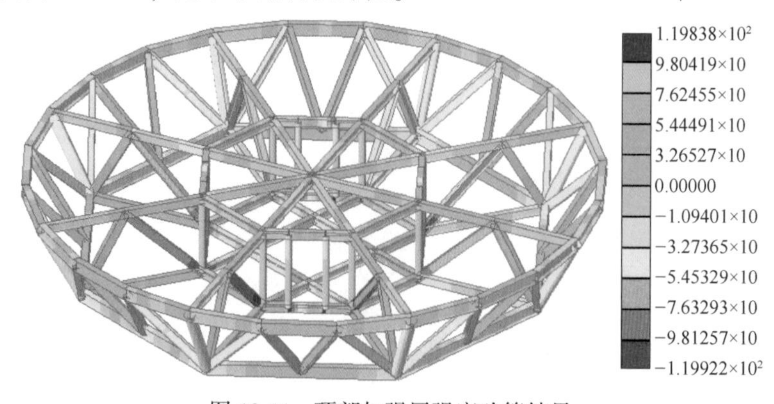

图 13-11　顶部加强层强度验算结果

顶部钢桁架的强度验算结果如图 13-12 所示。由图可知，屋盖桁架的主榀桁架构件应力最大，应力最大值为 240 MPa，小于钢材设计值，即屋盖钢桁架满足强度需求。

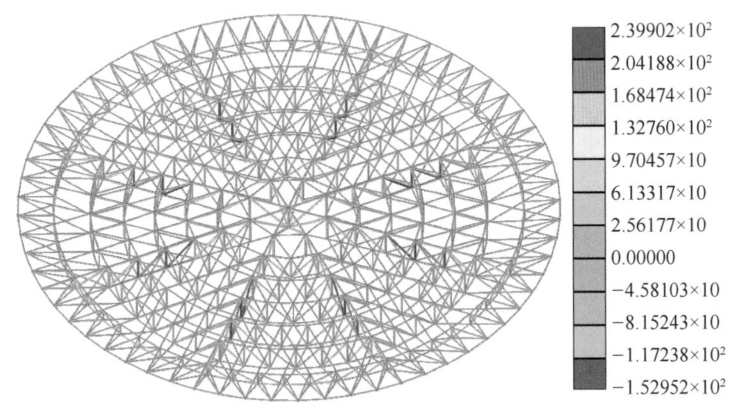

图 13-12　顶部钢桁架强度验算结果

13.3　中震性能设计

13.3.1　混凝土核心筒

混凝土核心筒在中震弹性的荷载基本组合作用下的应力计算结果如图 13-13 所示，该结果来自 MIDAS GEN 模型。在荷载组合包络的工况下，核心筒主要承

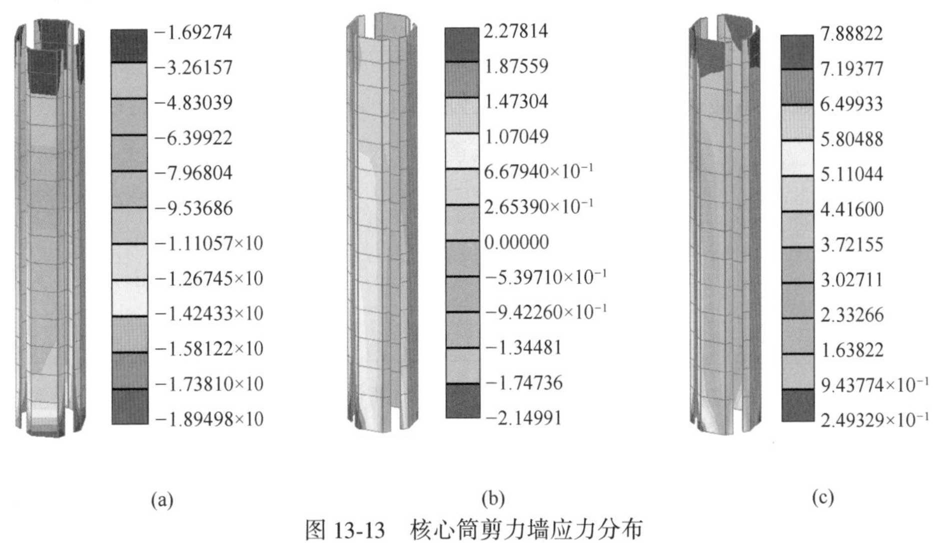

图 13-13　核心筒剪力墙应力分布

（a）荷载组合包络工况；（b）风荷载单工况；（c）水平地震单工况

受压力，压应力最大值为18.9 MPa。在风荷载单独作用下，核心筒底部存在拉应力，最大拉应力值为2.3 MPa。在水平地震作用下，核心筒底部也存在拉应力的作用，其最大拉应力值为7.8 MPa。显然，核心筒在底部存在拉应力超限的情况，因此后续应对其采取加强措施。

13.3.2　外围钢框架柱

外框架柱在中震不屈服的荷载组合作用下的应力比如图13-14所示。底部加强层的应力比值为0.51，中间细腰处楼层的应力比为0.42，顶部的应力比为0.2。显然，本结构的外框架柱具有足够的安全余度，且后续深化设计时可适当降低上部楼层的钢管柱壁厚，从而达到最佳的经济效益。

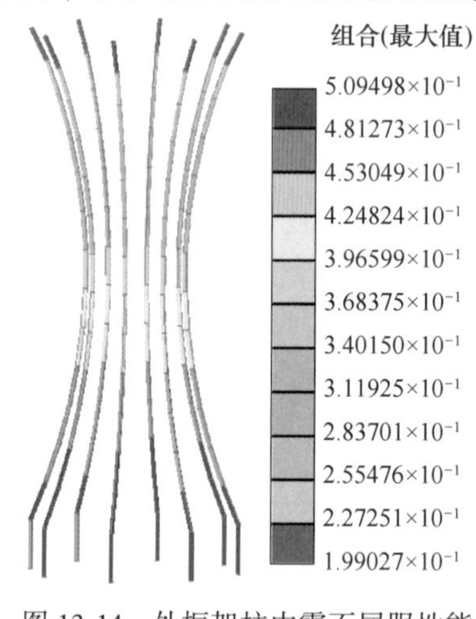

图13-14　外框架柱中震不屈服性能

13.3.3　屋盖钢桁架杆

根据屋盖钢桁架小震弹性的分析结果可知，屋盖的主桁架受力较大，因此需要进行中震弹性的性能设计，结果如图13-15所示。屋盖主桁架在中震弹性荷载基本组合作用下的应力比最大值为0.85，满足中震弹性的性能目标。

13.4　大震弹塑性时程分析

13.4.1　模型建立

使用SAUSAGE计算软件建立大震弹塑性分析模型，如图13-16所示。钢材的动力硬化模型如图13-16所示，钢材的非线性材料模型采用双线性随动硬化模型，在循环过程中，无刚度退化，考虑了包辛格效应。钢材的强屈比设定为

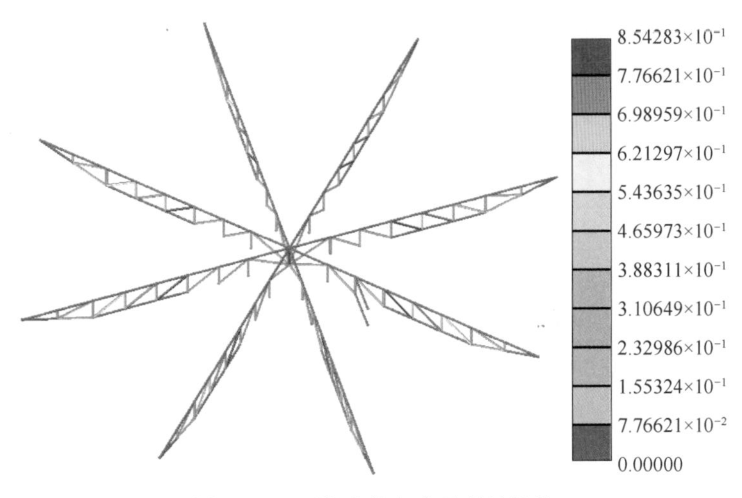

图 13-15　顶部主桁架中震弹性性能

1.2，极限应力所对应的极限塑性应变为 0.025。剪力墙、楼板采用弹塑性分层壳单元，该单元采用弹塑性损伤模型本构关系，可考虑多层分布钢筋的作用，适合模拟剪力墙和楼板在大震作用下进入非线性的状态。

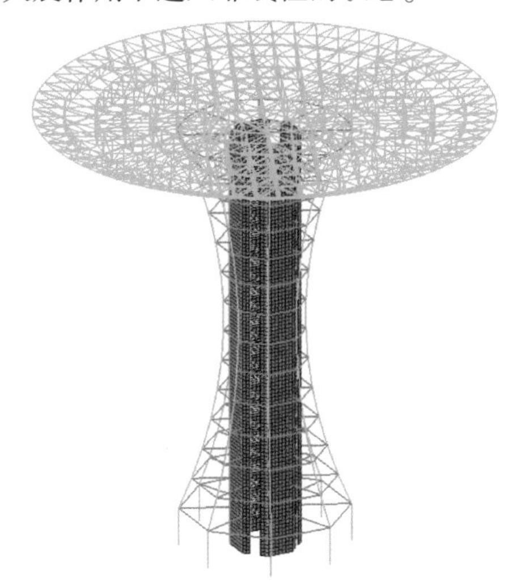

图 13-16　SAUSAGE 模型

为保证 SAUSAGE 计算模型与原计算模型的一致性，在进行大震弹塑性分析之前，应先进行振型分析，结果如图 13-17 所示。由振型分析结果可知，SAUSAGE 模型计算所得前 3 阶振型分别为扭转振型、平动振型和平动振型，自振周期分别为 2.76 s、1.47 s 和 1.47 s。显然，SAUSAGE 模型的振型结果与前面所得振型基本一致，因此该 SAUSAGE 模型可用于本结构的大震弹塑性时程分析工作。

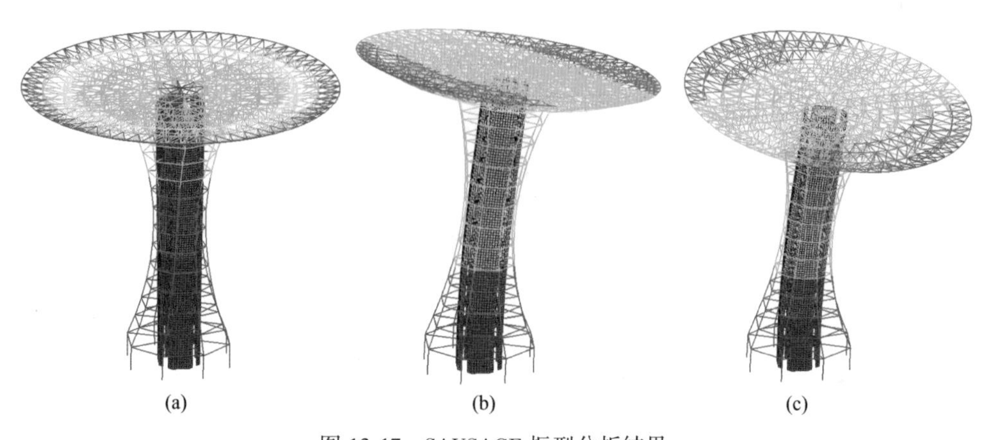

图 13-17　SAUSAGE 振型分析结果

（a）第 1 振型（2.76 s）；（b）第 2 振型（1.47 s）；（c）第 3 振型（1.47 s）

13.4.2　选择地震波

根据规范的选波准则，选取了 2 条天然波和 1 条人工波，如图 13-18 所示。选用的自然波每组应包括双向水平和竖向实测记录。对于每组自然波，定义峰值最大的方向为主方向，另外 2 个方向为次方向。主方向自然波应整体缩放，以满足加速度时程峰值的要求，次方向自然波应整体缩放，以满足加速度时程峰值为主方向加速度时程峰值 85%和 65%的要求。本结构不仅应该选用的自然波进行水平地震动分析，同时应特别关注竖向地震作用为主方向的地震工况。

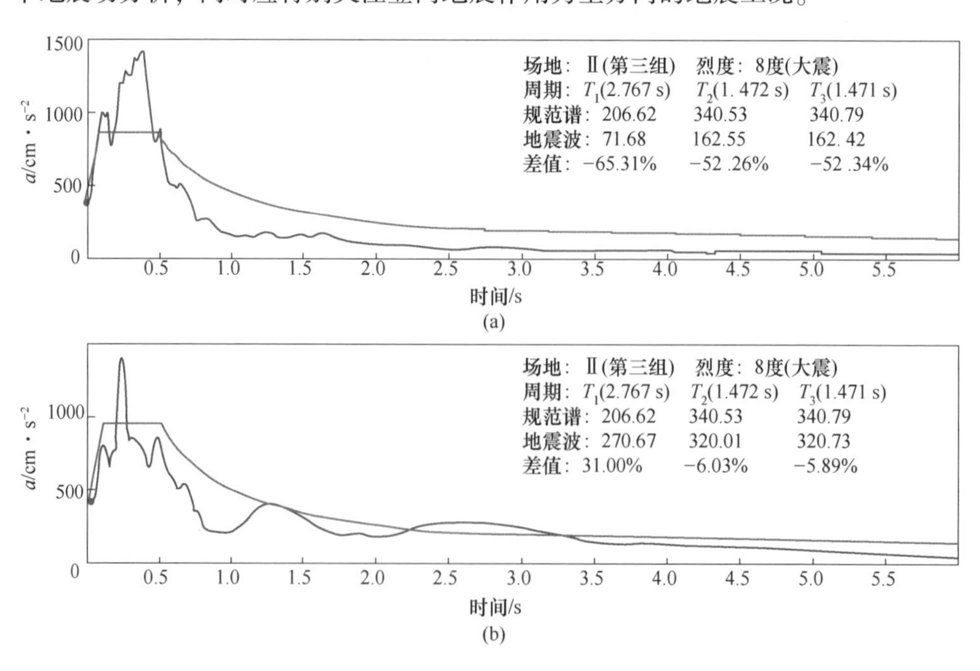

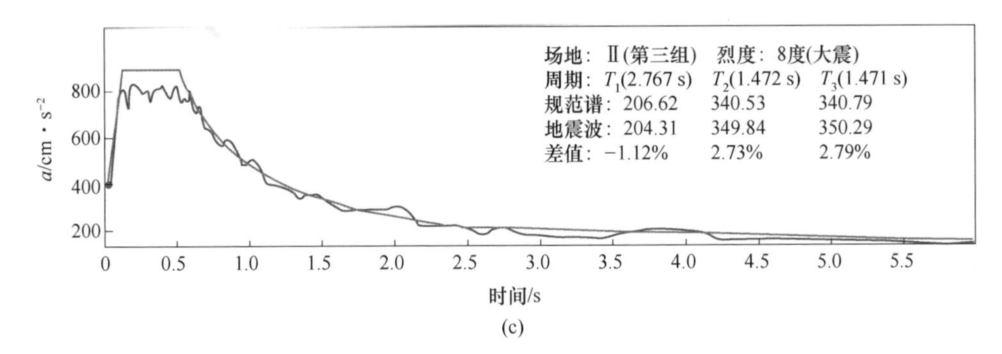

(c)

图 13-18 地震波的选择

（a）天然波 1；（b）天然波 2；（c）人工波

13.4.3 结构性能

本结构在罕遇地震作用下的弹塑性层间位移角如图 13-19 所示，随着层高的增加各层的层间位移角逐渐增大，其中层间位移角最大值约为 1/200，小于限值 1/200。综上所示，本结构在罕遇地震作用下的变形指标满足规范要求。

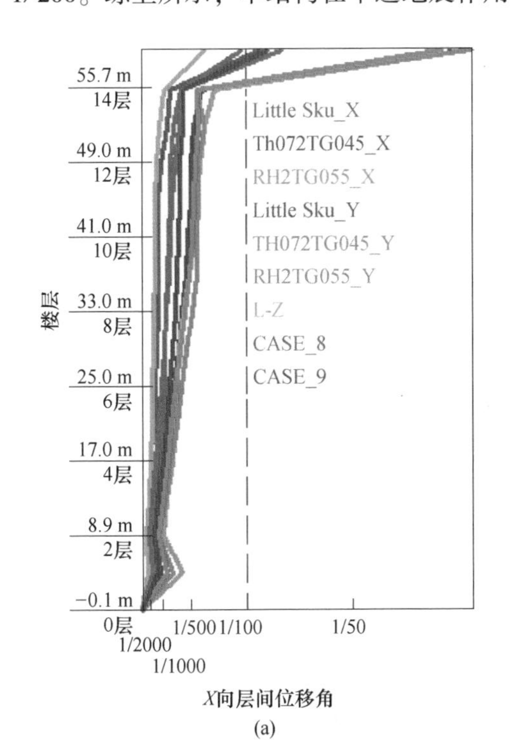

(a)

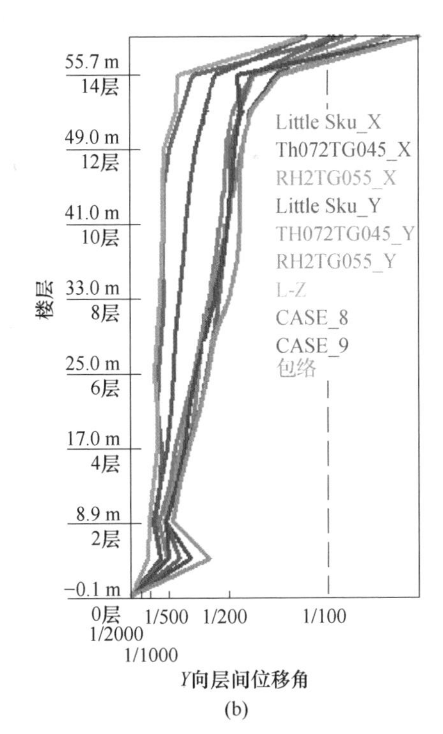

(b)

图 13-19 层间位移角

（a）X 向；（b）Y 向

本结构在3条地震波作用下的罕遇地震构件性能包络结果如图13-20所示。由图可知，屋盖钢桁架和外围钢框架均为明显的损坏，混凝土核心筒在底部发生部分严重损坏，上部发生中度损坏。同时，中震性能设计时也发现混凝土核心筒底部发生超限的拉应力。为提高核心筒底部的抗震性能，在250 mm厚的混凝土剪力墙内设置16 mm厚的钢板，从而改善底部加强层核心筒的受力状态。

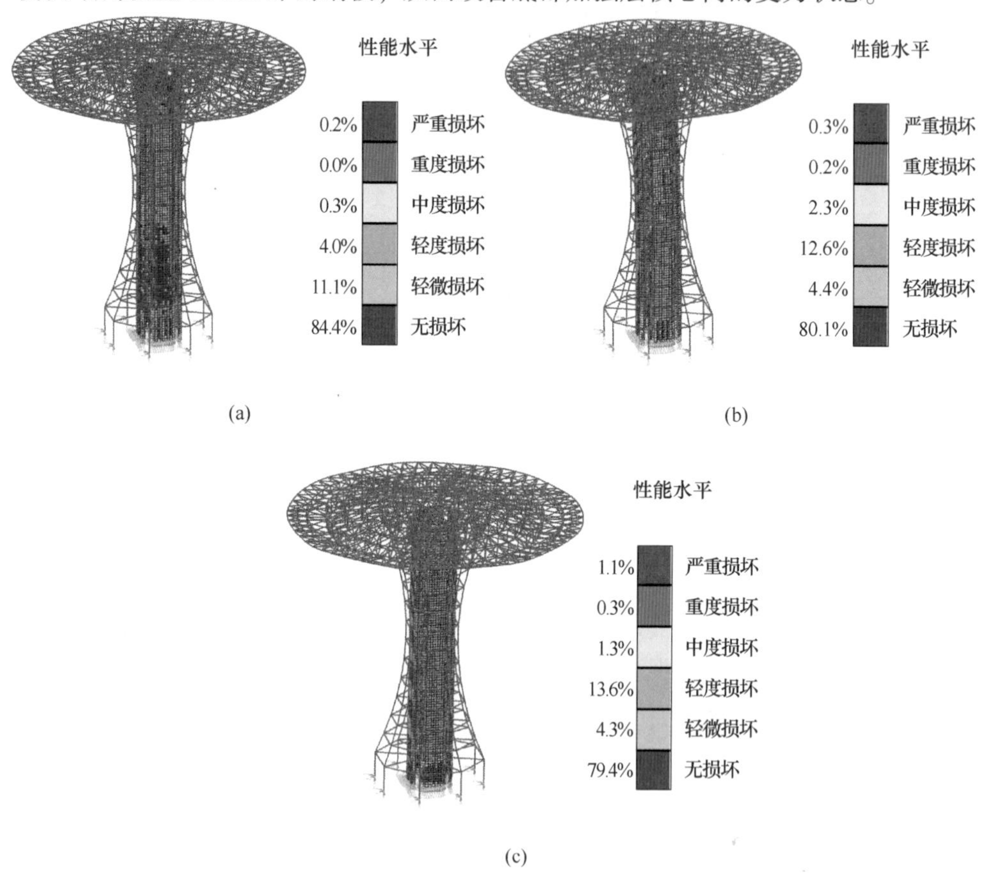

图13-20　大震包络单元性能水平

（a）天然波1；（b）天然波2；（c）人工波

本结构在罕遇地震时的能量耗散情况如图13-21所示。结构在经历天然波1的作用时，结构的阻尼耗能为84%，应变耗能为16%。结构在经历天然波2的作用时，阻尼耗能为64%，应变耗能为36%。结构在经历人工波的作用时，阻尼耗能为60%，应变耗能为40%。

罕遇地震作用下，底部加强层的框架柱P-M-M曲线如图13-22所示，结果显示底部加强层框架柱具有足够的安全余度。整体结构在大震作用下的抗震性能较好，这是由于本工程所在地地震烈度较低，风荷载较大，因此结构主要由风荷载控制。

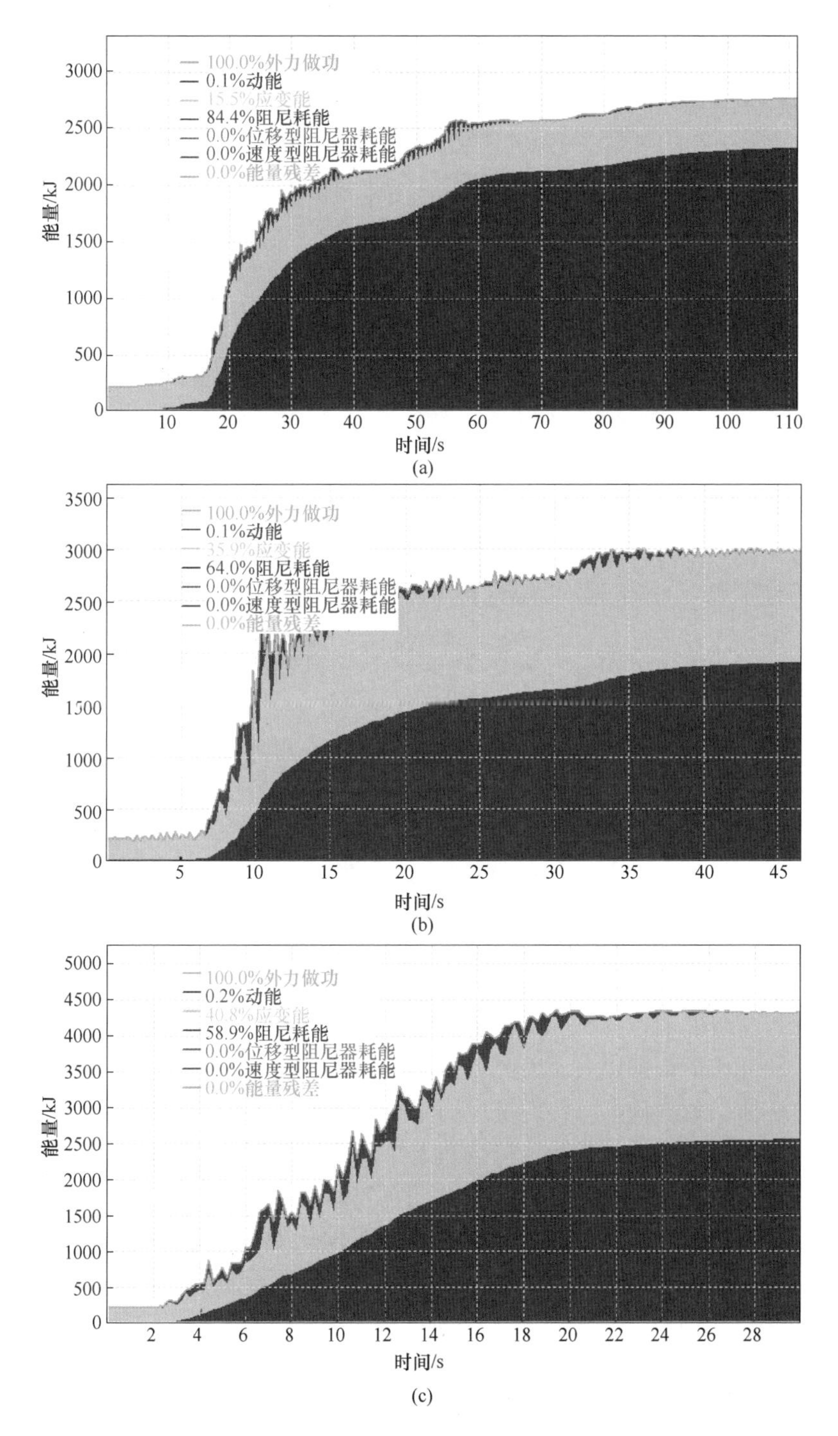

图 13-21　大震能量曲线

(a) 天然波 1；(b) 天然波 2；(c) 人工波

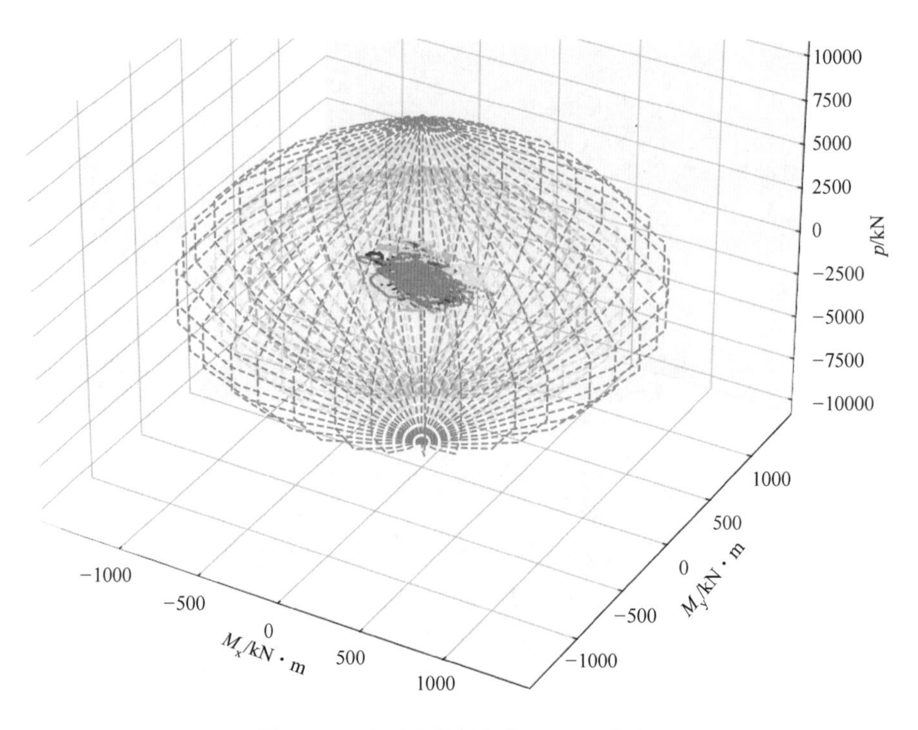

图 13-22　大震底层框架柱 P-M-M 曲线

13.5　抗风稳定性能验算

13.5.1　抗风屈曲模态

本工程建筑外形呈下窄上宽的不规则喇叭形，高度和悬挑尺度大，迎风面头重脚轻，顶部风荷载占比大，因此需要特别关注屋盖钢结构在风荷载作用下的抗倾覆稳定性能。为确认本结构的抗风稳定性，需要采用最危险的荷载工况。恒荷载采用满布的方式，活荷载和风荷载基于倾覆弯矩最大的原则采用图 13-23 所示的分布情况。后续抗风稳定分析采用恒+活+风的基本组合。

本结构在抗风基本组合作用下的抗风验算使用 MIDAS GEN 模型。结构的抗风屈曲模态如图 13-24 所示，前 2 阶抗风屈曲模态均呈现为屋盖倾覆失稳，屈曲特征值为 57。

13.5.2　抗风稳定验算

使用 MIDAS GEN 模型对本结构开展抗风几何非线性稳定分析，其中初始几何缺陷采用第 1 阶屈曲模态的分布形状，初始缺陷幅值取屋盖最大悬挑长度的

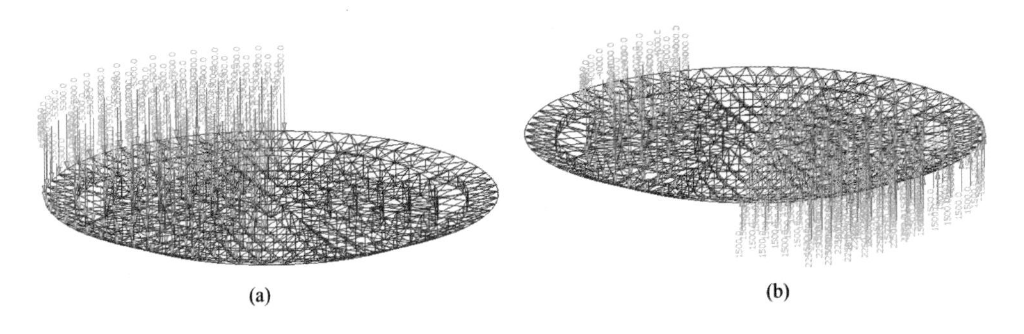

图 13-23　抗风稳定计算工况

（a）活荷载工况；（b）风荷载工况

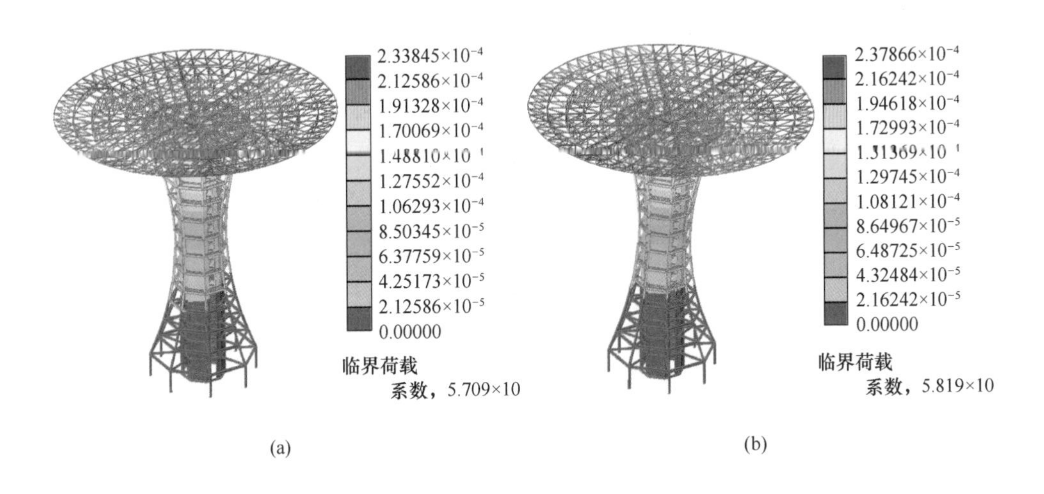

图 13-24　抗风屈曲模态

（a）第 1 阶屈曲模态；（b）第 2 阶屈曲模态

1/150。《空间网格结构技术规程》中对单层网壳结构的几何非线性稳定荷载系数限值为 4.2。经过计算，本结构在恒荷载+活荷载+风荷载的基本组合作用下的几何非线性荷载位移曲线如图 13-25 所示，本结构的荷载系数为 22。

本结构在发生抗风失稳时，屋盖钢桁架的应力状态如图 13-26 所示。本结构的钢结构失稳时，最大应力出现在主桁架处，最大应力为 4457 MPa，约为强度设计值的 12 倍。本结构的抗风荷载安全系数除以 12 等于 2.3。该值大于《空间网格结构技术规程》中对单层网壳结构的双非线性稳定荷载系数限值为 2.0。综上所述，本结构具有足够的抗风稳定性能。

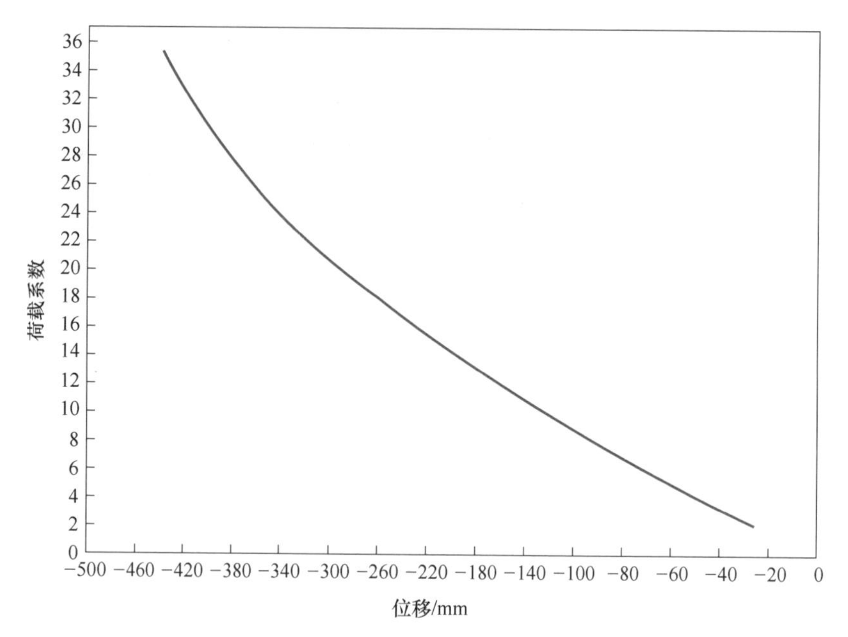

图 13-25　抗风荷载系数

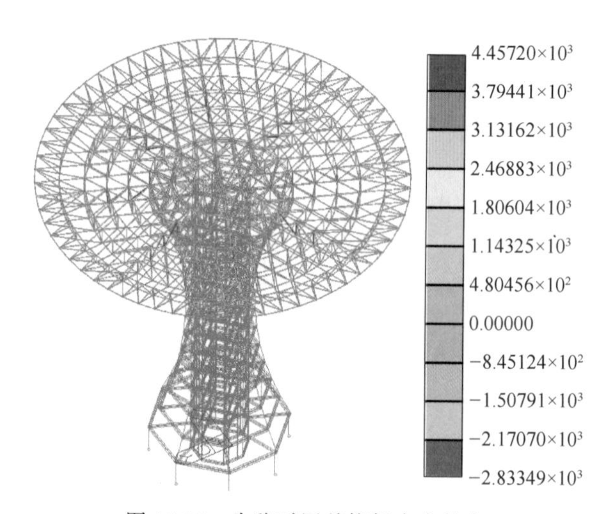

图 13-26　失稳时屋盖桁架应力状态

13.6　工程总结

本工程建筑外形呈下窄上宽的不规则喇叭形，建筑体型较复杂，高度和悬挑尺度大，迎风面头重脚轻，对结构的受力十分不利。针对本结构开展了抗震性能

化设计和抗风稳定验算，主要结论为：

（1）第1振型为扭转，第2和第3振型为平动，本结构存在扭转不规则，结构在小震作用下的层间位移角小于1/800，结构各部分构件的强度均满足小震弹性的性能目标。

（2）在中震抗震性能的分析中发现，核心筒在底部存在拉应力超限的情况，因此后续应对其采取加强措施。屋盖主桁架在中震弹性荷载基本组合作用下的应力比最大值为0.85，满足中震弹性的性能目标。

（3）大震弹塑性时程分析结果显示，随着层高的增加各层的层间位移角逐渐增大，其中层间位移角最大值约为1/200，小于限值1/200。混凝土核心筒在底部发生部分严重损坏，为提高核心筒底部的抗震性能，在250 mm厚的混凝土剪力墙内设置16 mm厚的钢板，从而改善底部加强层核心筒的受力状态。

（4）本结构的钢结构失稳时，最大应力出现在主桁架处，最大应力为4457 MPa，约为强度设计值的12倍。本结构的抗风荷载安全系数除以12等于2.3，大于双非线性稳定荷载系数限值为2.0。

14　高烈度区基础隔震框架结构

14.1　工程概况

14.1.1　建筑概况

本项目为永久性方舱医院，位于内蒙古某地，为多层公共建筑，地上层数为2层，地下层数为1层（图14-1）。设置六部封闭楼梯间，满足功能及消防要求。建筑风格主要采用现代风格，整体体现“现代、新颖、简洁、大气”的意识形态。建立核心轴线区遵循现代建筑简洁，实用的形式逻辑，将绿色生态共享融入其中。根据“某市活动断层探测与地震危险性评价项目”成果及相关研究，工程所在地属于《建筑与市政工程抗震通用规范》（GB 55002—2021）第4.1.1条所描述的发震断裂带，因此在进行隔震设计时应考虑放大系数1.25。

图14-1　建筑效果图

14.1.2　结构方案

鉴于本项目为医疗建筑，因此其设防类别为乙类（重点设防类），且由于其位于近断层附近，因此采用基础隔震的钢框架结构体系。地上部分层高一层和二层层高为6 m，机房层层高为4.2 m，地下隔震层层高为2 m，如图14-2所示。其中下支墩层和上支墩层采用混凝土结构，支墩柱截面尺寸为矩形截面1200 mm×

1200 mm，与支墩柱相连的梁截面尺寸为矩形截面 1000 mm×800 mm。地上一层和二层采用钢框架结构体系，其中框架柱为 B550 mm×550 mm×20 mm，框架梁为 H750 mm×300 mm×10 mm×20 mm。铅芯橡胶隔震支座沿下支墩层最外围一圈支墩柱顶布置，支座型号为 LRB700 和 LRB900，内部布置 LNR700 橡胶支座。

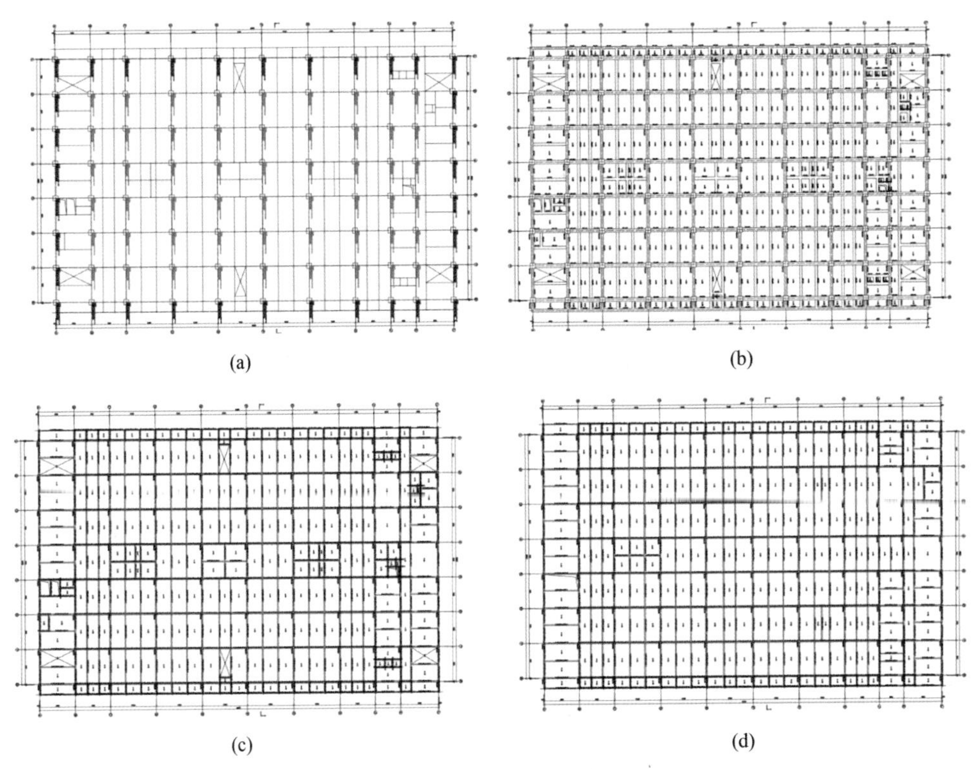

(a)　(b)　(c)　(d)

图 14-2　结构标准层示意图

（a）下支墩层；（b）上支墩层；（c）地上一层；（d）地上二层

14.2　分析模型

14.2.1　结构模型

使用 YJK 软件进行隔震分析与设计，模型如图 14-3 所示。基本风压为 0.55 kN/m^2（重现期 50 年），地面粗糙度类别为 B 类，风压高度变化系数 z 及风振系数 z 依据《建筑结构荷载规范》取用。基本雪压：0.25 kN/m^2（重现期 50 年），屋面积雪分布系数按《建筑结构荷载规范》取用。抗震设防烈度为 8 度，设计基本地震加速度值为 0.20g，设计地震分组为第二组，场地类别为Ⅲ类。隔震支座的力学参数见表 14-1。

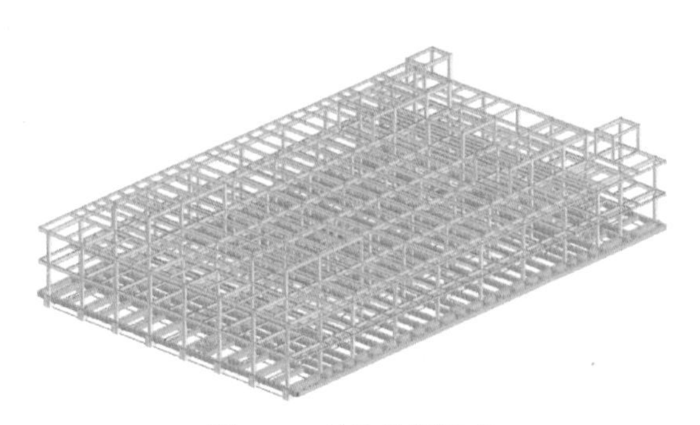

图 14-3　结构分析模型

表 14-1　隔震支座参数

型号	竖向抗压刚度 /kN · mm^{-1}	等效水平刚度 /kN · mm^{-1}	等效阻尼比 /%	屈服力 /kN	屈服后刚度 /kN · mm^{-1}
LRB700	1894	13. 456	25	116. 8	1. 036
LRB900	2480	17. 241	5	211. 7	1. 328
LNR700	1962	1. 072	5	—	—

14. 2. 2　振型对比

隔震与非隔震结构方案时的振型分析结果如图 14-4 所示。隔震时结构的前 3

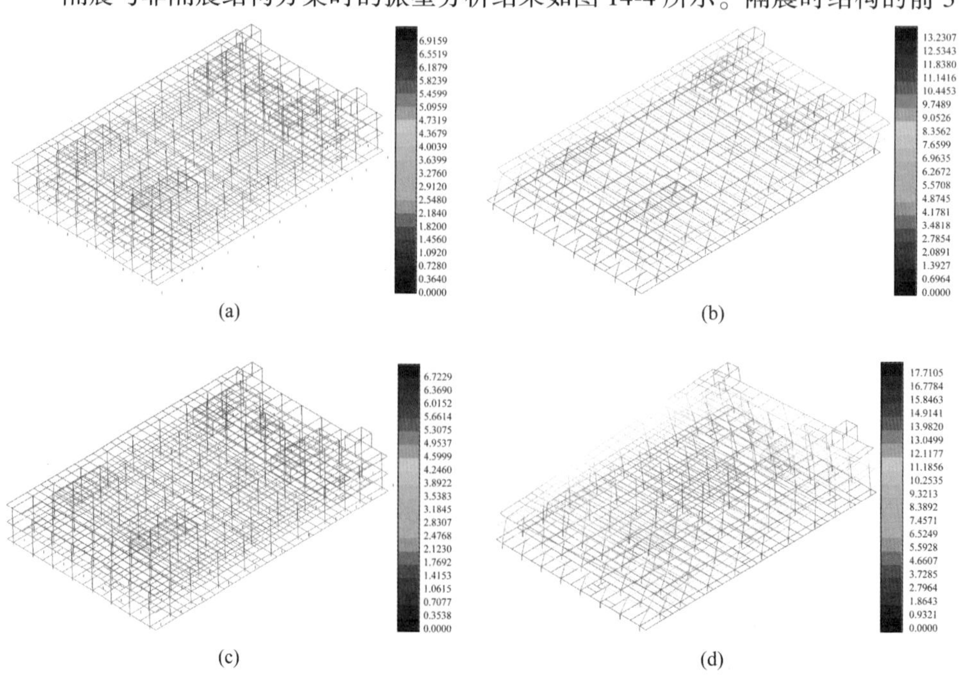

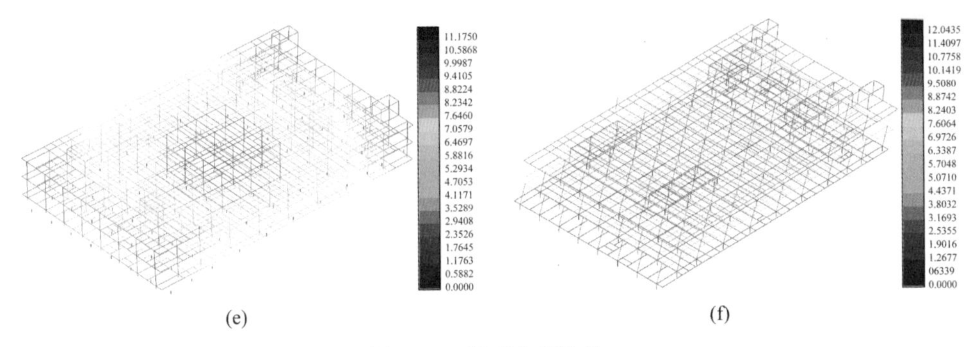

(e) (f)

图 14-4 振型分析结构

(a) 隔震 1 阶振型（T=2.65 s）；(b) 非隔震 1 阶振型（T=1.02 s）；

(c) 隔震 2 阶振型（T=2.63 s）；(d) 非隔震 2 阶振型（T=0.91 s）；

(e) 隔震 3 阶振型（T=2.33 s）；(f) 非隔震 3 阶振型（T=0.85 s）

阶振型分别为 X 向平动、Y 向平动及 XY 平面扭转振动，振型周期分别为 2.65 s、2.63 s 及 2.33 s。非隔震时结构的前 3 阶振型分别为 X 向平动、XY 平面扭转振动及 Y 向平动，其周期分别为 1.02 s、0.91 s 及 0.85 s。显然，由于隔震支座的存在，有效提高了结构的自振周期，从而发挥减震的作用。

14.3 等效弹性分析

14.3.1 上部结构

隔震与非隔震结构方案的楼层剪力结果如图 14-5 所示。采用隔震方案时，地上 1 层 X 向地震剪力约为 8000 kN，Y 向地震剪力为 8300 kN。采用非隔震方案时，地上 1 层 X 向地震剪力约为 40000 kN，Y 向地震剪力为 42000 kN。上部结构隔震前后，不同地震动输入方向下的结构层间剪力比值的最大值为 0.2，隔震效果达到降低 1 度的目标。

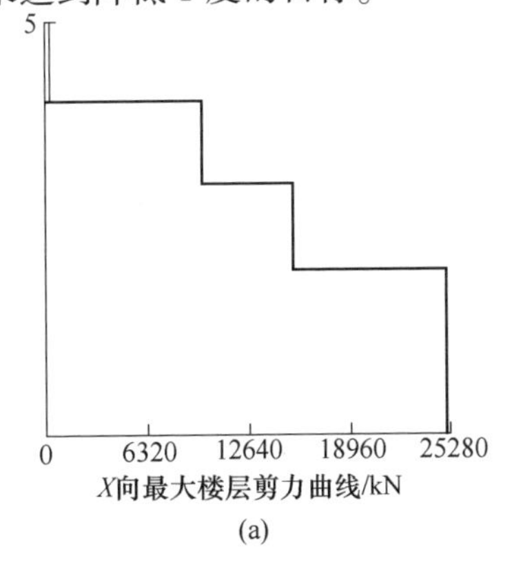

(a)

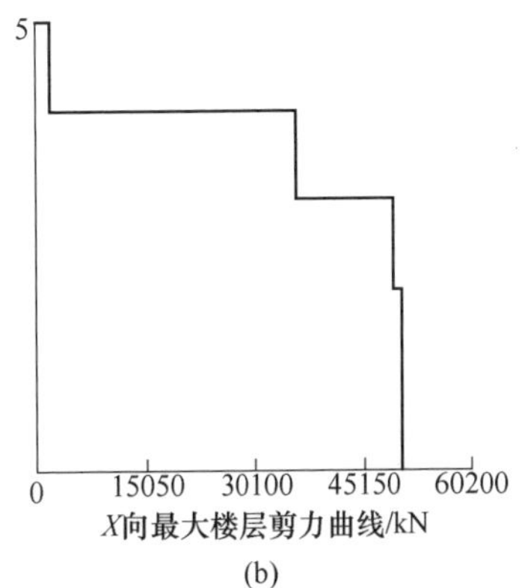

(b)

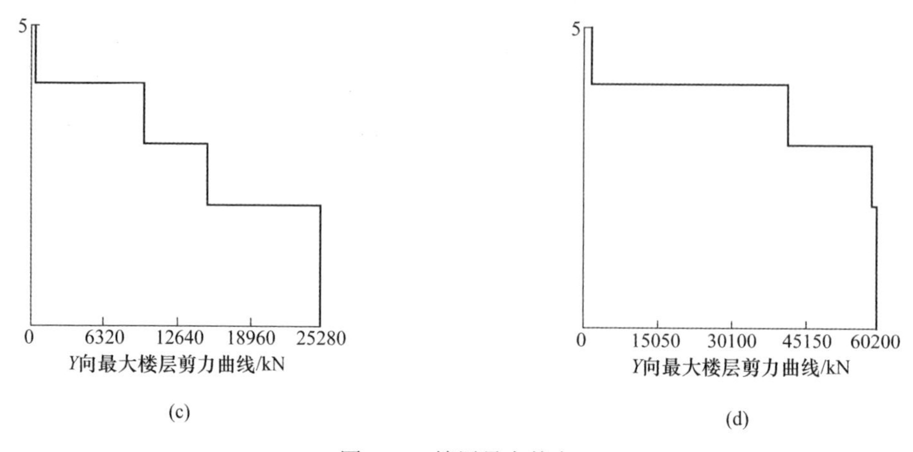

图 14-5　楼层最大剪力

（a）隔震 X 向；（b）非隔震 X 向；（c）隔震 Y 向；（d）非隔震 Y 向

结构在中震作用下的层间位移角如图 14-6 所示。在 X 向和 Y 向地震作用下，地上 1 层和 2 层的层间位移角均小于 1/250，满足隔震规范要求。

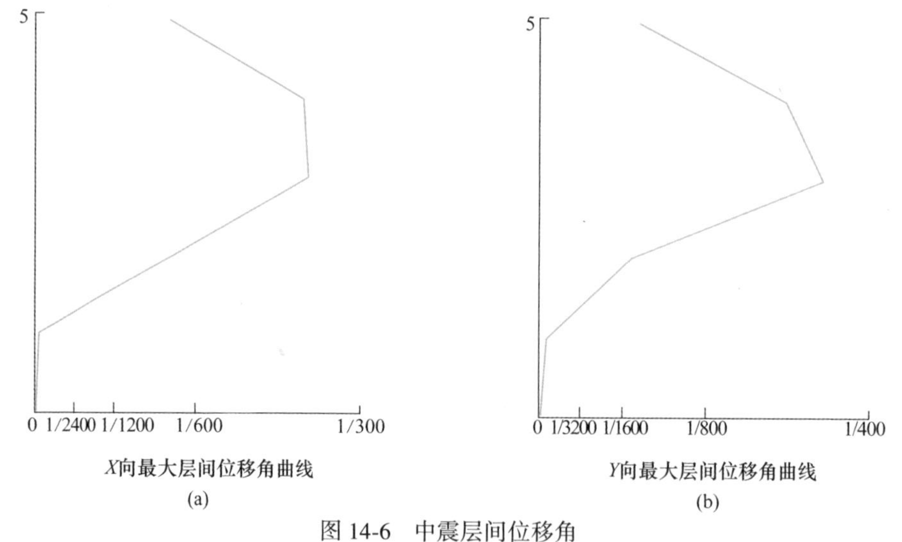

图 14-6　中震层间位移角

（a）X 向层间位移角；（b）Y 向层间位移角

14.3.2　隔震支座

结构的扭转效应往往由偏心率控制。当隔震层的偏心率较大时，隔震层会产生较大的扭转，影响隔震装置的抗震性能。因此《建筑隔震设计标准》第 4.6.2 条规定，隔震层刚度中心与质量中心宜重合，设防烈度地震作用下的偏心率不宜大于 3%。本结构隔震支座的偏心率如表 14-2 所示。

表 14-2 隔震支座偏心率

方向	重心坐标/mm	刚心坐标/mm	偏心距/m	弹力半径/m	偏心率/%
X 向	34.15	34.20	0.26	39.40	0.13
Y 向	50.72	50.47	0.05	39.48	0.66

隔震支座的工作机理是在地震过程中，率先进入屈服状态，减弱传递至上部结构的地震作用，与非隔震层相比，隔震层的水平屈服力较小。建筑结构承受的主要水平荷载除了地震作用还有风荷载作用，且风荷载的发生频率远大于地震作用。因此，需要验算隔震层的抗风承载力，保证隔震层的屈服力大于风荷载设计值。本结构隔震支座的抗风验算结果见表 14-3。

表 14-3 隔震支座抗风验算

方向	风荷载水平剪力标准值/kN	隔震层抗风承载力设计值/kN
X 向	1372	8833
Y 向	813	8833

隔震层主要的构件是隔震支座，在隔震结构设计时，应格外关注支座的工作状态。根据《建筑隔震设计标准》4.6.3 条、4.6.6 条、6.2.1 条，中震时隔震支座验算主要包含两个方面：长期应力、短期应力。

长期应力指隔震支座在重力荷载代表值作用下，隔震支座产生的平均应力值。荷载取值应按照《建筑结构荷载规范》（GB 50009—2012）的相关规定。橡胶支座在仅承受竖向荷载时，极限承载力可达 90～120 MPa。在隔震结构中，隔震支座长期处于仅承受竖向荷载，无剪切变形的状态。在长期应力验算时，应力限值的安全系数取值如下，特殊设防类建筑取 9，重点设防类建筑取 7.5，标准设防类建筑取 6，长期应力限值见表 14-3。此外，当橡胶支座第二形状系数小于 5.0 但不小于 4 时，压应力限值降低 20%；当第二形状系数小于 4 时，降低 40%；支座外径小于 300 mm 时，标准设防类建筑压应力限值取 10 MPa。

短期应力指在罕遇地震和重力荷载代表值作用下，隔震支座产生的拉、压应力。在罕遇地震作用下，隔震支座可能产生了大变形，导致支座截面受力极不均匀，需要限制隔震支座在罕遇地震下的竖向最大压应力值。橡胶支座受拉屈服力为 1.5 MPa，一旦橡胶支座达到屈服拉应力，支座内部的橡胶与钢板将迅速分离破坏，因此需要保证隔震支座的拉应力在安全的范围内。短期应力的荷载组合如下：短期压应力=1.0×恒荷载+0.5×活荷载+1.0×罕遇水平地震作用产生的最大轴力+0.4×竖向地震作用产生的轴力；短期拉应力=0.9×活荷载−罕遇水平地震作用产生的最大轴力−0.5×竖向地震作用产生的轴力。

本结构的支座长期及短期应力验算结果见图 14-7，由图可知支座的长期和短期应力均满足规范要求。

支座编号: 1(橡胶支座)
S1: 4.83 < 12.00
S2: 6.14 < 25.00
S3: 0.00 < 1.00

支座编号: 71(橡胶支座)
S1: 9.17 < 12.00
S2: 9.78 < 25.00
S3: 0.00 < 1.00

支座编号: 72(橡胶支座)
S1: 7.81 < 12.00
S2: 8.46 < 25.00
S3: 0.00 < 1.00

支座编号: 73(橡胶支座)
S1: 7.57 < 12.00
S2: 8.12 < 25.00
S3: 0.00 < 1.00

支座编号: 74(橡胶支座)
S1: 8.11 < 12.00
S2: 8.79 < 25.00
S3: 0.00 < 1.00

支座编号: 75(橡胶支座)
S1: 7.89 < 12.00
S2: 8.55 < 25.00
S3: 0.00 < 1.00

支座编号: 76(橡胶支座)
S1: 8.78 < 12.00
S2: 9.42 < 25.00
S3: 0.00 < 1.00

支座编号: 77(橡胶支座)
S1: 4.50 < 12.00
S2: 5.82 < 25.00
S3: 0.00 < 1.00

支座编号: 2(橡胶支座)
S1: 3.60 < 12.00
S2: 4.87 < 25.00
S3: 0.00 < 1.00

支座编号: 70(橡胶支座)
S1: 6.57 < 12.00
S2: 7.44 < 25.00
S3: 0.00 < 1.00

支座编号: 69(橡胶支座)
S1: 6.34 < 12.00
S2: 7.11 < 25.00
S3: 0.00 < 1.00

支座编号: 68(橡胶支座)
S1: 6.48 < 12.00
S2: 7.16 < 25.00
S3: 0.00 < 1.00

支座编号: 67(橡胶支座)
S1: 6.91 < 12.00
S2: 7.67 < 25.00
S3: 0.00 < 1.00

支座编号: 66(橡胶支座)
S1: 6.71 < 12.00
S2: 7.51 < 25.00
S3: 0.00 < 1.00

支座编号: 65(橡胶支座)
S1: 6.64 < 12.00
S2: 7.52 < 25.00
S3: 0.00 < 1.00

支座编号: 64(橡胶支座)
S1: 3.45 < 12.00
S2: 4.72 < 25.00
S3: 0.00 < 1.00

支座编号: 3(橡胶支座)
S1: 4.73 < 12.00
S2: 6.11 < 25.00
S3: 0.00 < 1.00

支座编号: 57(橡胶支座)
S1: 8.28 < 12.00
S2: 8.88 < 25.00
S3: 0.00 < 1.00

支座编号: 58(橡胶支座)
S1: 8.63 < 12.00
S2: 9.15 < 25.00
S3: 0.00 < 1.00

支座编号: 59(橡胶支座)
S1: 9.13 < 12.00
S2: 9.71 < 25.00
S3: 0.00 < 1.00

支座编号: 60(橡胶支座)
S1: 9.08 < 12.00
S2: 9.65 < 25.00
S3: 0.00 < 1.00

支座编号: 61(橡胶支座)
S1: 8.60 < 12.00
S2: 9.11 < 25.00
S3: 0.00 < 1.00

支座编号: 62(橡胶支座)
S1: 8.24 < 12.00
S2: 8.83 < 25.00
S3: 0.00 < 1.00

支座编号: 63(橡胶支座)
S1: 4.78 < 12.00
S2: 6.16 < 25.00
S3: 0.00 < 1.00

图 14-7　部分支座验算结果

14.3.3　隔震层构件

《建筑隔震设计标准》第 4.7.2 条指出，隔震层支墩、支柱及相连构件应采用在罕遇地震作用下隔震支座底部的竖向力、水平力和弯矩进行承载力验算，且应按抗剪弹性、抗弯不屈服考虑。本结构的隔震层构件均采用罕遇地震弹性的性能目标进行验算，超限验算结果如图 14-8 所示。显然，隔震层构件无超限现象，即满足大震弹性的性能目标。

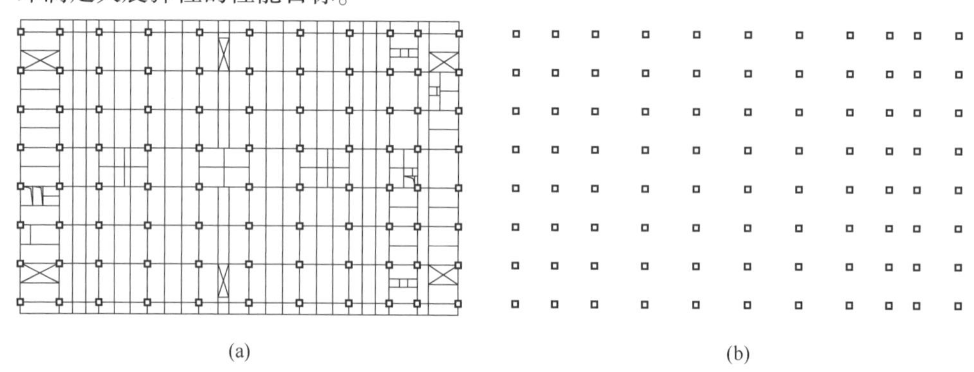

图 14-8　隔震层构件超限验算结果
（a）上支墩层；（b）下支墩层

14.4　弹性时程分析

14.4.1　选波结果

进行弹塑性分析时，需要通过输入地震波来施加地震作用，因此需要选择足够数量的地震波来确保时程分析的准确性。《建筑隔震设计标准》（GB/T 51408—2021）规定，进行时程分析时，宜选取不少于 2 组人工模拟加速度时程曲线和不少于 5

组实际强震记录或修正的加速度时程曲线，地震作用取 7 组加速度时程曲线计算结果的峰值平均值。由于本结构较为简单，因此选用 3 条地震波进行弹性时程分析，如图 14-9 所示。时程的分析结果应与振型分解反应谱法接近。每条时程曲线计算所得的结构底部剪力与振型分解反应谱法计算结果的比值，不应小于 0.65，也不应大于 1.35。多条时程曲线计算所得的底部剪力平均值与振型分解反应谱法结果比值，不应小于 0.8，也不应大于 1.2。

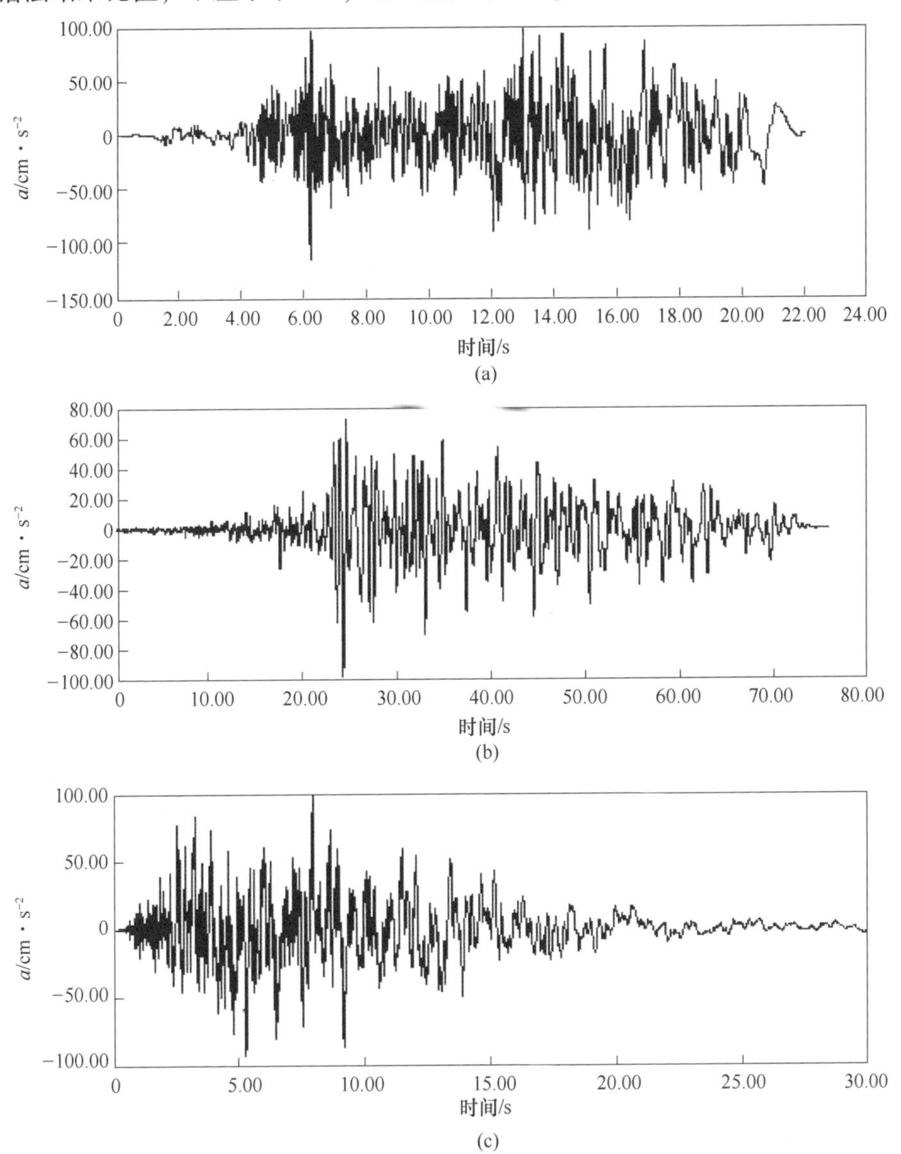

图 14-9　地震波的选择

(a) 天然波 1；(b) 天然波 2；(c) 人工波

14.4.2 支座变形

支座发生水平的剪切变形时，引起橡胶层和钢板层错动，导致有效受压面积随之减小，当水平变形积累到一定程度，支座发生失稳破坏。《建筑隔震设计标准》4.6.6 条指出，隔震支座在地震作用下的水平位移应符合表 14-4。

表 14-4　隔震支座的水平位移限值

支座类型	罕遇地震	特殊设防类建筑极罕遇地震
隔震橡胶支座	0.55 倍支座直径和 3.0 倍橡胶厚度的较小值	4.0 倍橡胶厚度
弹性滑板支座	0.75 倍水平极限位移	水平极限位移
摩擦摆隔震支座	0.85 倍水平极限位移	水平极限位移

本结构的大震弹性时程分析结果显示，隔震层各支座的水平位移满足规范要求，如图 14-10 所示。

本结构的地震能量曲线如图 14-11 所示。由图 14-11 可知，隔震层耗散了大部分地震能量，橡胶支座耗能占结构总塑性耗能约 80%，大幅降低了上部结构地震能量，从而保证结构在地震作用下不发生较为严重的损伤。

14.4.3 结构性能

《建筑隔震设计标准》第 4.6.9 条指出，隔震建筑应进行结构整体抗倾覆验算。隔震层进行抗倾覆验算时，应按罕遇地震计算倾覆力矩，并应按上部结构重力荷载代表值计算抗倾覆力矩，抗倾覆力矩与倾覆力矩之比不应小于 1.1。本结构的罕遇地震抗倾覆计算结果见表 14-5。

表 14-5　罕遇地震抗倾覆验算　(kN·m)

方向	X 向抗倾覆力矩	X 向倾覆力矩	Y 向抗倾覆力矩	Y 向倾覆力矩
天然波 1	7.48×10^6	3.00×10^5	1.15×10^6	2.50×10^5
天然波 2	7.48×10^6	2.23×10^5	1.15×10^6	2.90×10^5
人工波	7.48×10^6	3.70×10^5	1.15×10^6	2.56×10^5

设防地震层间位移角限值对应的是弹性层间位移角，而罕遇地震和极罕遇地震对应的是弹塑性层间位移角。本结构的罕遇地震层间位移角采用弹性时程分析的结果，如图 14-12 所示。由图 14-12 可知，本结构的 X 向和 X 向层间位移角均小于 1/100，满足规范要求。

ID=85(橡胶支座) HDM=368.33 <495.00
ID=84(橡胶支座) HDM=368.98 <495.00
ID=83(橡胶支座) HDM=368.80 <495.00
ID=82(橡胶支座) HDM=368.68 <495.00
ID=81(橡胶支座) HDM=368.63 <495.00
ID=80(橡胶支座) HDM=368.58 <495.00
ID=79(橡胶支座) HDM=368.66 <495.00
ID=78(橡胶支座) HDM=368.95 <495.00

ID=1(橡胶支座) HDM=368.69 <495.00
ID=71(橡胶支座) HDM=369.37 <385.00
ID=72(橡胶支座) HDM=369.24 <385.00
ID=73(橡胶支座) HDM=369.22 <385.00
ID=74(橡胶支座) HDM=369.31 <385.00
ID=75(橡胶支座) HDM=369.05 <385.00
ID=76(橡胶支座) HDM=369.08 <385.00
ID=77(橡胶支座) HDM=368.28 <495.00

ID=2(橡胶支座) HDM=368.55 <495.00
ID=70(橡胶支座) HDM=369.22 <385.00
ID=69(橡胶支座) HDM=369.04 <385.00
ID=68(橡胶支座) HDM=369.06 <385.00
ID=67(橡胶支座) HDM=369.02 <385.00
ID=66(橡胶支座) HDM=368.87 <385.00
ID=65(橡胶支座) HDM=368.94 <385.00
ID=64(橡胶支座) HDM=368.15 <495.00

ID=3(橡胶支座) HDM=368.47 <495.00
ID=57(橡胶支座) HDM=368.96 <385.00
ID=58(橡胶支座) HDM=368.88 <385.00
ID=59(橡胶支座) HDM=368.85 <385.00
ID=60(橡胶支座) HDM=368.79 <385.00
ID=61(橡胶支座) HDM=368.70 <385.00
ID=62(橡胶支座) HDM=368.68 <385.00
ID=63(橡胶支座) HDM=368.07 <495.00

ID=4(橡胶支座) HDM=368.19 <495.00
ID=56(橡胶支座) HDM=368.74 <385.00
ID=55(橡胶支座) HDM=368.59 <385.00
ID=54(橡胶支座) HDM=368.56 <385.00
ID=53(橡胶支座) HDM=368.50 <385.00
ID=52(橡胶支座) HDM=368.42 <385.00
ID=51(橡胶支座) HDM=368.45 <385.00
ID=50(橡胶支座) HDM=367.79 <495.00

ID=5(橡胶支座) HDM=367.95 <495.00
ID=40(橡胶支座) HDM=368.42 <385.00
ID=41(橡胶支座) HDM=368.35 <385.00
ID=42(橡胶支座) HDM=368.30 <385.00
ID=43(橡胶支座) HDM=368.24 <385.00
ID=44(橡胶支座) HDM=368.18 <385.00
ID=49(橡胶支座) HDM=368.14 <385.00
ID=48(橡胶支座) HDM=367.55 <495.00

ID=6(橡胶支座) HDM=367.71 <495.00
ID=39(橡胶支座) HDM=368.25 <385.00
ID=38(橡胶支座) HDM=368.11 <385.00
ID=37(橡胶支座) HDM=368.06 <385.00
ID=36(橡胶支座) HDM=368.00 <385.00
ID=45(橡胶支座) HDM=367.94 <385.00
ID=46(橡胶支座) HDM=367.97 <385.00
ID=47(橡胶支座) HDM=367.31 <495.00

ID=7(橡胶支座) HDM=367.48 <495.00
ID=32(橡胶支座) HDM=367.94 <385.00
ID=33(橡胶支座) HDM=367.87 <385.00
ID=34(橡胶支座) HDM=367.84 <385.00
ID=35(橡胶支座) HDM=367.78 <385.00
ID=86(橡胶支座) HDM=367.70 <385.00
ID=87(橡胶支座) HDM=367.66 <385.00
ID=88(橡胶支座) HDM=367.08 <495.00

ID=8(橡胶支座) HDM=367.26 <495.00
ID=31(橡胶支座) HDM=367.81 <385.00
ID=30(橡胶支座) HDM=367.66 <385.00
ID=29(橡胶支座) HDM=367.63 <385.00
ID=28(橡胶支座) HDM=367.58 <385.00
ID=27(橡胶支座) HDM=367.48 <385.00
ID=26(橡胶支座) HDM=367.52 <385.00
ID=25(橡胶支座) HDM=366.86 <495.00

ID=9(橡胶支座) HDM=366.99 <495.00
ID=11(橡胶支座) HDM=367.63 <385.00
ID=12(橡胶支座) HDM=367.53 <385.00
ID=15(橡胶支座) HDM=367.41 <385.00
ID=17(橡胶支座) HDM=367.43 <385.00
ID=20(橡胶支座) HDM=367.40 <385.00
ID=21(橡胶支座) HDM=367.35 <385.00
ID=24(橡胶支座) HDM=366.58 <495.00

ID=10(橡胶支座) HDM=366.21 <495.00
ID=14(橡胶支座) HDM=366.84 <495.00
ID=13(橡胶支座) HDM=366.66 <495.00
ID=16(橡胶支座) HDM=366.60 <495.00
ID=18(橡胶支座) HDM=367.66 <385.00
ID=19(橡胶支座) HDM=366.60 <495.00
ID=22(橡胶支座) HDM=366.57 <495.00
ID=23(橡胶支座) HDM=365.82 <495.00

图 14-10　罕遇隔震支座位移

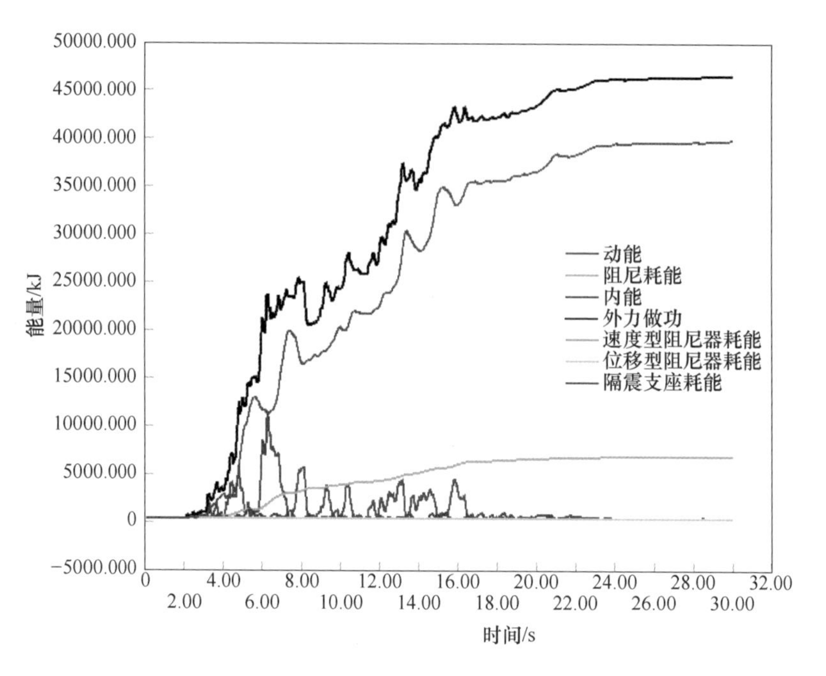

图 14-11　罕遇地震能量

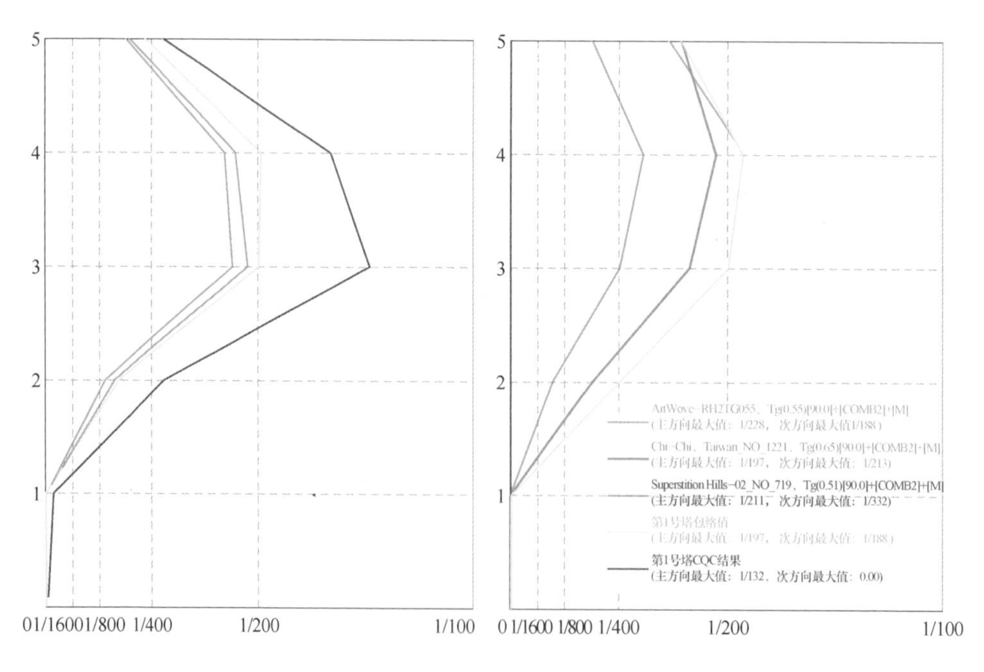

图 14-12　罕遇地震层间位移

14.5　弹塑性时程分析

14.5.1　结构模型

计算软件采用由广州建研数力建筑科技有限公司开发的新一代“GPU+CPU”高性能结构动力弹塑性计算软件 SAUSAGE（Seismic Analysis Usage），它运用一套新的计算方法，可以准确模拟梁、柱、支撑、剪力墙（混凝土剪力墙和带钢板剪力墙）和楼板等结构构件的非线性性能，使实际结构的大震分析具有计算效率高、模型精细、收敛性好的特点。SAUSAGE 软件经过大量的测试，可用于隔震结构的极罕遇地震下的性能评估，如图 14-13 所示。

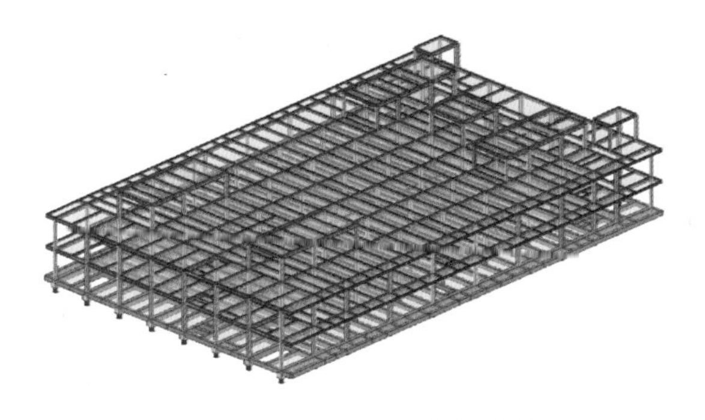

图 14-13　SAUSAGE 分析模型

为保证 SAUSAGE 模型与 YJK 模型的一致性，对 SAUSAGE 模型进行振型分析，结果如图 14-14 所示。由图可知，SAUSAGE 的前 3 阶振型分别为 X 向水平平动、Y 向水平平动及 XY 平面扭转，自振周期分别为 2.72 s、2.68 s 及 2.39 s。显而易见，SAUSAGE 模型的振型和周期与 YJK 基本一致。

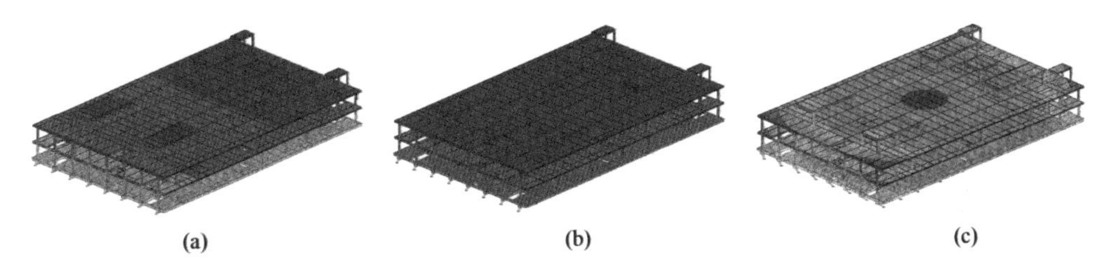

图 14-14　SAUSAGE 振型分析结果

（a）第 1 阶振型（T=2.72 s）；（b）第 2 阶振型（T=2.68 s）；（c）第 1 阶振型（T=2.39 s）

在对结构进行极大震动力弹塑性时程分析时，地震波选用弹性时程分析的选波结果，如图 14-15 所示。

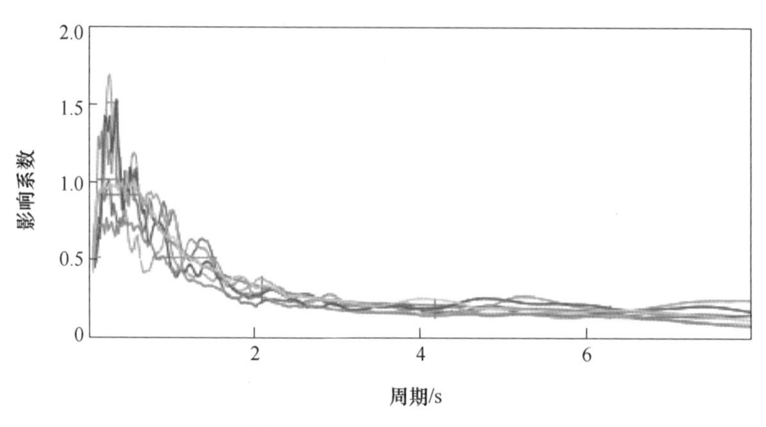

图 14-15　地震动谱示意图

14.5.2　支座性能

本结构在极罕遇地震作用下的地震动能量统计结果如图 14-16 所示。天然波 1 的隔震支座耗能占比 64.2%，天然波 2 的隔震支座耗能占比 64.9%，人工波的隔震支座耗能占比 61.2%。显然，本结构的隔震层在极罕遇地震作用下耗散了 60%的地震能量，极大程度地减轻了上部结构的地震动能量。

根据隔震标准的要求，特殊设防类建筑极罕遇地震时隔震支座的水平位移限值为 4.0 倍橡胶厚度。本结构在极罕遇地震作用下的水平位移限值验算结果如表 14-6 所示，各支座的水平位移满足规范要求。

表 14-6　极罕遇地震支座水平位移验算结果

支座类型	支座型号	极罕遇地震水平极限位移/mm	上限值/mm	是否满足
橡胶支座	LNR700	520	572	满足
铅芯橡胶支座	LNR900	520	736	满足
铅芯橡胶支座	LNR900	520	572	满足

隔震支座在经历地震作用后应具有足够的自复位能力，因此其弹性恢复力应满足相关规范要求。本结构在极罕遇地震作用下的弹性恢复力验算结果如表 14-7 所示，显然隔震支座在经历极罕遇地震后依然具有足够的自复位能力。

表 14-7　极罕遇地震弹性恢复力验算结果

方向	弹性恢复力/kN	1.2×(隔震层屈服力+摩阻尼)/kN	是否满足
X 向	35666.9	5752.8	满足
Y 向	37284.0	5752.8	满足

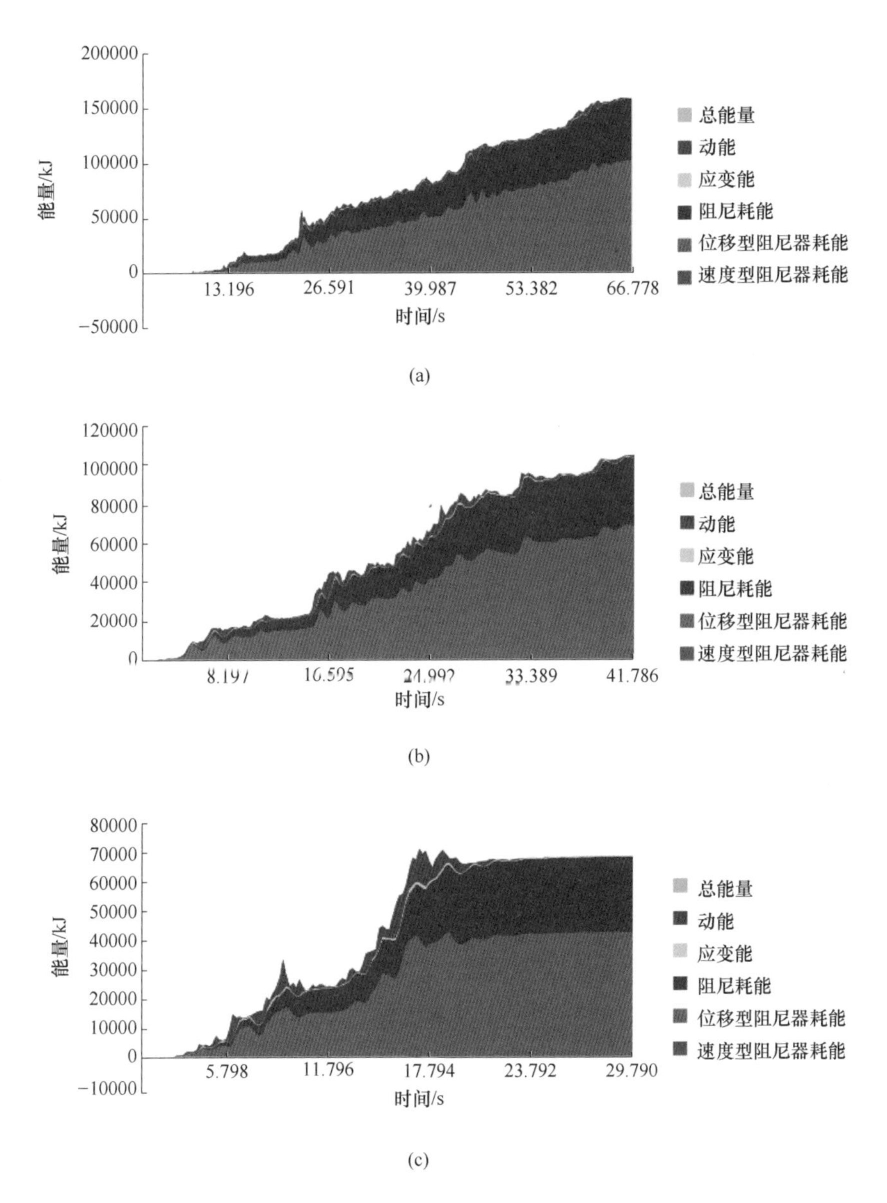

图 14-16　极罕遇地震能量示意图

(a) 天然波 1；(b) 天然波 2；(c) 人工波

14.5.3　上部结构

《建筑隔震设计标准》中极罕遇地震下的弹塑性位移角限值与《建筑抗震设计规范》中罕遇地震位移角限值一致，保证结构不至于发生倒塌破坏。本结构在极罕遇地震作用下的层间位移角验算结果如图 14-17 和表 14-8 所示，显然本结构的层间位移角最大值为 1/105，小于限值 1/50。

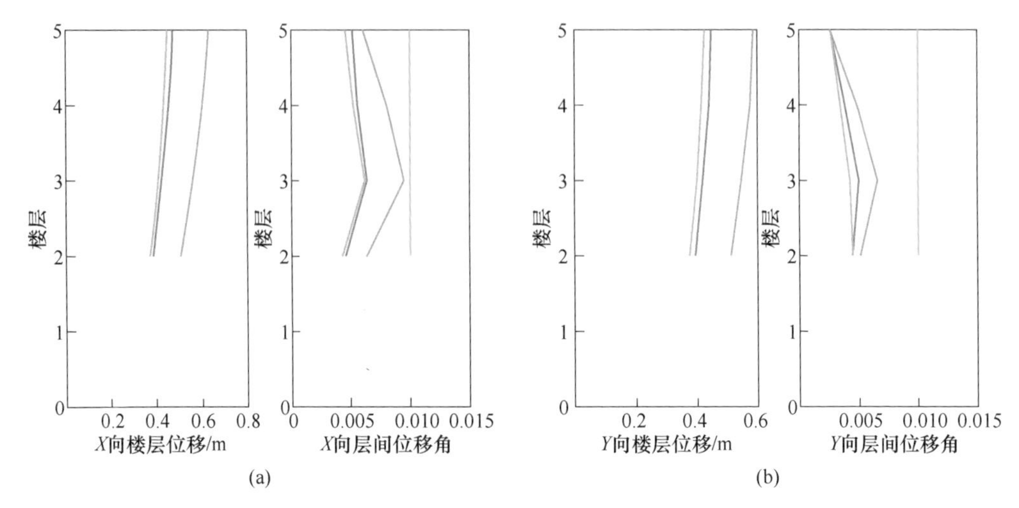

图 14-17　极罕遇楼层位移

（a）X 向；（b）Y 向

表 14-8　极罕遇地震层间位移角验算结果

工况	主方向	最大顶部位移	对应层号	最大层间位移角	位移角限值
人工波 1	X 主向	0.632	3	1/105	1/50
人工波 2	X 主向	0.473	3	1/156	1/50
天然波	X 主向	0.454	3	1/159	1/50
人工波 1	Y 主向	0.589	3	1/150	1/50
人工波 2	Y 主向	0.450	3	1/199	1/50
天然波	Y 主向	0.428	2	1/217	1/50

14.5.4　隔震层构件

本结构在经历极罕遇地震作用时，隔震层构件的抗震性能水平如图 14-18 所示。由图 14-18 可知，隔震层外圈支墩柱发生轻微损坏，隔震层框架梁发生大范围的轻微损坏，隔震层楼板在周边及中间支墩柱附近发生轻微损坏。本结构隔震层构件在经历极罕遇地震时，均未发生严重损坏，可保证结构在极罕遇地震来临时将地震力有效传递至隔震层的支座，从而有效耗散地震能量。

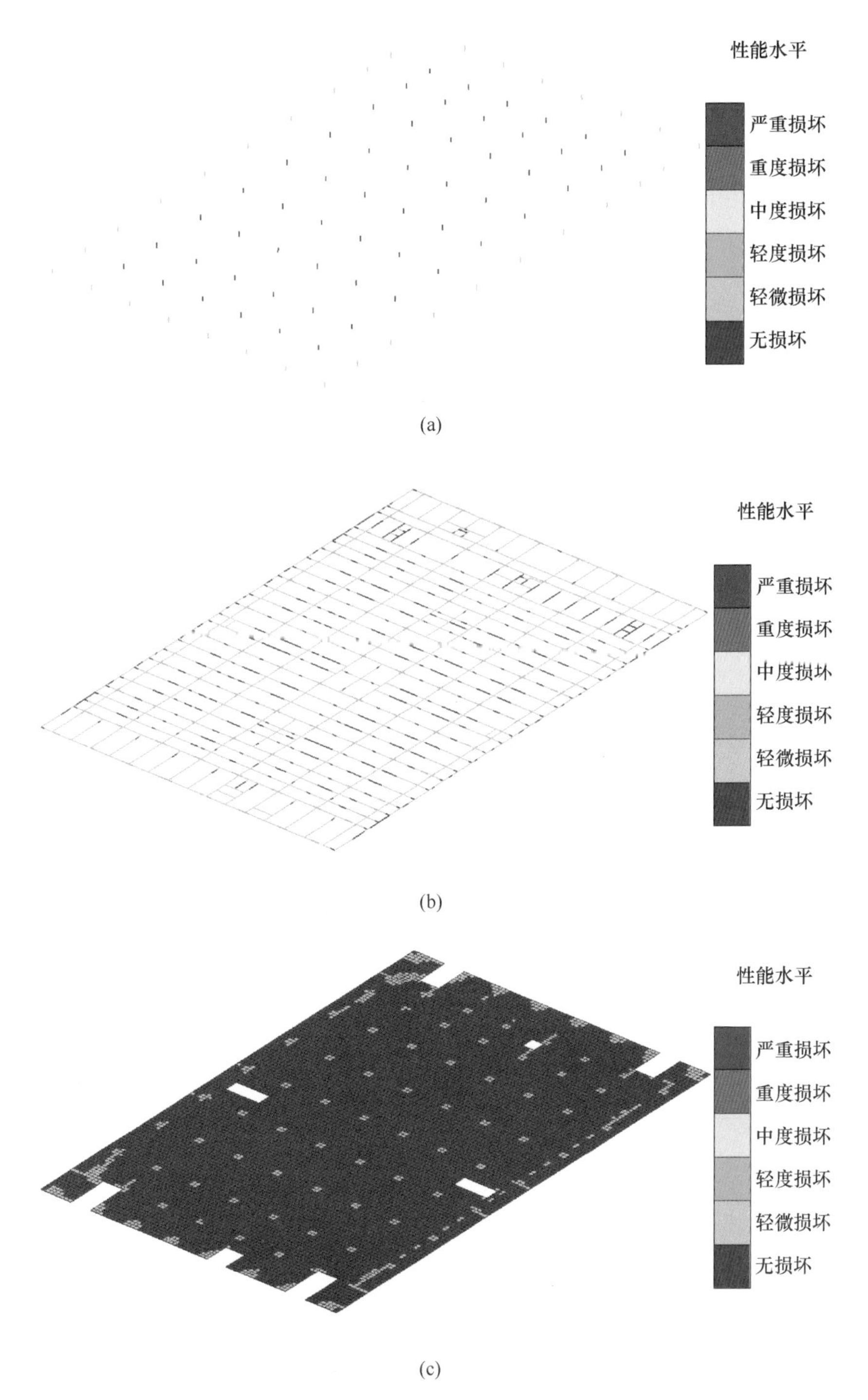

图 14-18　极罕遇地震隔震层构件包络性能

（a）隔震层支墩柱；（b）隔震层框架梁；（c）隔震层楼板

14.6 工程总结

本项目为永久方舱医院，位于高烈度区，其设防类别为乙类（重点设防类），且由于其位置处于近断层附近，所以采用了基础隔震的钢框架结构体系，对本结构开展了基于性能的隔震直接设计，主要结论如下：

（1）基于中震弹性的隔震性能目标，开展了等效弹性分析，结果显示不同地震动输入方向下的结构层间剪力比值的最大值为0.2，隔震效果达到降低1度的目标，结构的各项性能均满足性能目标。

（2）开展罕遇地震弹性时程分析进行补充验算，结果表明隔震层各支座的水平位移小于0.55倍支座直径，上部结构层间位移角均小于1/100，满足规范要求。

（3）根据极罕遇地震的弹塑性时程分析结果，本结构的隔震层在极罕遇地震作用下耗散了60%的地震能量，本结构在极罕遇地震作用下的水平位移小于4.0倍橡胶厚度，隔震层构件在经历极罕遇地震时均未发生严重损坏。

15　圆柱状高层钢板筒仓结构

15.1　工程概况

15.1.1　工程概况

相较于钢筋混凝土筒仓，钢板筒仓具有单个仓体贮存量大、节省投资、出库率高等优点。随着我国钢材产量逐年提高，钢板筒仓的建造数量也越来越多。住房和城乡建设部和国家质检总局于2001年颁布的国家规范《粮食钢板筒仓设计规范》，旨在推广钢板筒仓在粮食储藏方面的应用，并为此提供结构设计的依据。2013年住房和城乡建设部和中国有色金属工业协会颁布了《钢筒仓技术规范》，进一步对钢板筒仓的设计规范进行完善，促进了我国钢板筒仓建设的进一步发展。

然而，钢板筒仓作为一种薄壳结构，在实际工程中承受荷载变形的情况相当复杂，支撑情况、梁的截面形式、加劲肋的布置方式、卸料速度的不同都会对钢板筒仓的强度和稳定性能产生影响，尽管对于钢板筒仓的设计已经有了大量的实验和理论研究，对于超大型钢板筒仓的设计仍有所欠缺。基于这种背景下，对于某超大型粉煤灰钢板筒仓进行有限元分析，在研究其等效弹性分析的基础上进行钢板筒仓在空仓和满仓状态下的稳定性分析。

本工程为粉煤灰钢板仓，直径为40 m，总高度为45.0 m，穹顶矢高为8.0 m，如图15-1所示。筒仓结构主要由钢板直筒、承重型钢桁架、库顶钢板及库顶爬梯等部分组成。结构设计使用年限为30年，基本风压取0.45 kN/m^2，基本雪压取0.27 kN/m^2，抗震设防烈度为7度，建筑场地类别为Ⅲ类，地面粗糙度B类，抗震等级三级，结构安全等级二级。

15.1.2　结构体系

竖向加劲肋以库底板为基准，材质为Q355，自下而上1~4节为2C28a，15~11节为2C25a，12~21节为C25a。库顶上下弦杆为L110 mm×10 mm，腹杆为L80 mm×8 mm。钢板厚度详见表15-1，随着高度的增加钢板厚度逐渐减小。

图 15-1　建筑结构示意图

表 15-1　钢板厚度汇总

位置（自下而上）	高度/m	板厚/mm	钢材型号
1 圈	2.0	32	Q355
2~3 圈	2.0	28	Q355
4~5 圈	2.0	24	Q355
6~7 圈	2.0	22	Q355
8~9 圈	2.0	18	Q355
10~12 圈	1.5	16	Q355
13~14 圈	1.5	14	Q355
15~17 圈	1.5	12	Q355
18~20 圈	1.5	12	Q355
21 圈	1.5	12	Q355
仓顶		8	Q235

15.2　结构模型

15.2.1　分析模型

针对钢板筒仓结构，需要开展整体结构的等效弹性分析与设计，从而保证整体结构满足强度和刚度需求。本项目采用 MIDAS GEN 建立弹性分析模型，如图 15-2 所示。

根据《钢筒仓技术规范》（GB 50884—2013）的相关规定，钢板筒仓的竖向

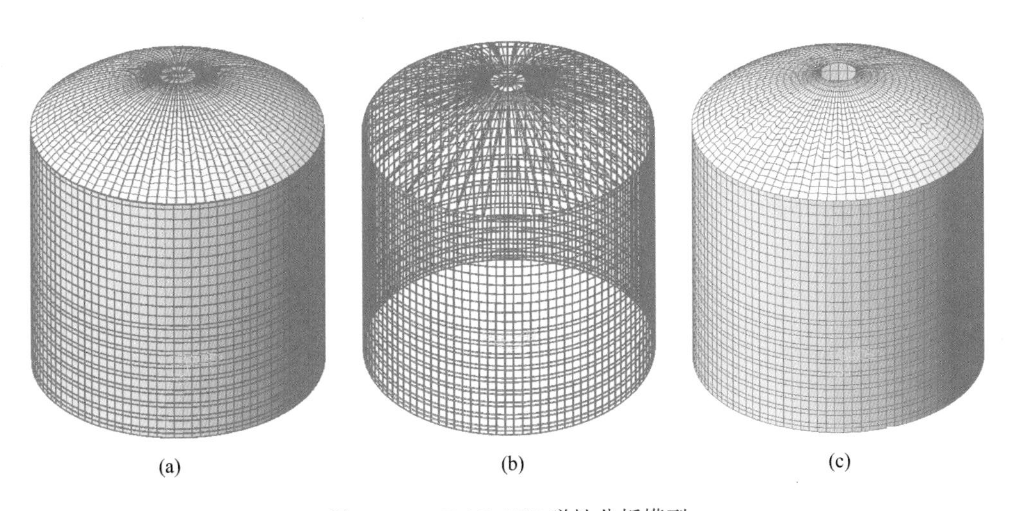

(a)　(b)　(c)

图 15-2　MIDAS GEN 弹性分析模型

（a）整体结构；（b）加劲肋模型；（c）钢板模型

仓壁及加劲肋应进行稳定分析，因此采用 RFEM 建立了稳定分析模型，如图 15-3 所示。由于稳定分析主要关注的对象是竖向筒仓壁，因此没有建立筒仓仓顶部分的结构模型。在后续稳定分析中只需将仓顶部分的荷载等效加载至仓壁顶圈梁上即可。

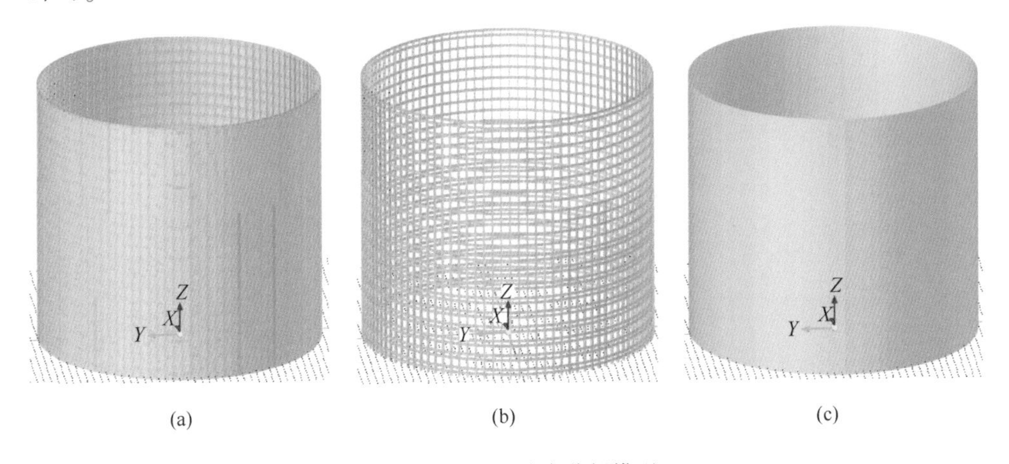

(a)　(b)　(c)

图 15-3　RFEM 稳定分析模型

（a）RFEM 整体结构；（b）RFEM 加劲肋模型；（c）RFEM 钢板模型

15.2.2　荷载工况

本结构恒荷载主要为结构自重，仓顶积灰荷载考虑 1.0 kN/m^2，按不上人屋面荷载，取 0.5 kN/m^2。仓壁为圆柱截面构筑物，根据《建筑结构荷载设计规范》（GB 50009—2012），进行结构整体验算时，风荷载体型系数分别按旋转翘顶和圆截面构筑物考虑。根据《钢筒仓技术规范》（GB 50884—2013）的相关规定，储料主要产生作用于仓壁单位面积上的水平压力标准值和筒仓内壁单位面积上的竖向摩擦力标准值。本工程预计合拢时间为夏季，暂定合拢温度为26 ℃，因此筒仓升温幅值为10 ℃，降温幅值为-38 ℃。本结果的荷载工况如图15-4所示。

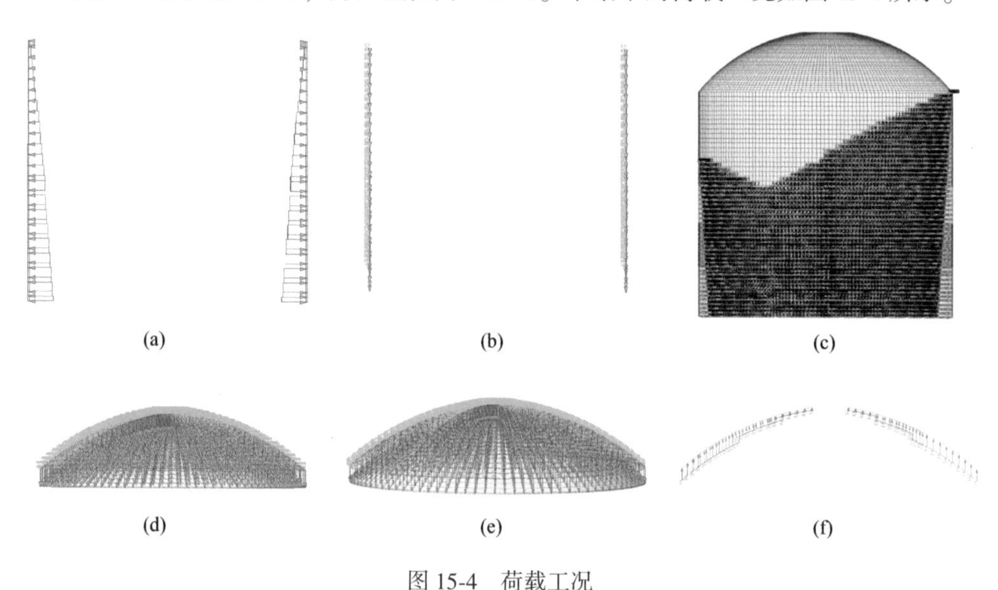

图15-4　荷载工况

（a）储料侧压力；（b）储料竖向摩擦力；（c）偏心卸料荷载；（d）活荷载；（e）积灰荷载；（f）屋盖风荷载

15.3　等效弹性分析

15.3.1　结构振型

本结构的前3阶自振振型如图15-5所示，即前3阶振型主要集中于钢板筒仓的竖向仓壁沿面外振动，前3阶自振周期分别为0.582 s、0.581 s及0.578 s。显然，本结构的低阶振型和周期较为集中，符合钢板筒仓结构的振动规律。

15.3.2　强度指标

结构的强度验算结果主要通过其在荷载基本组合作用下的应力值大小进行判断。对于钢板筒仓结构而言，常用的荷载基本组合主要有4类，分别为活荷载控制、风荷载控制、温度荷载控制及地震作用控制。为充分说明本结构的强度是否满足规范要求，现对结构各部分分别进行介绍。

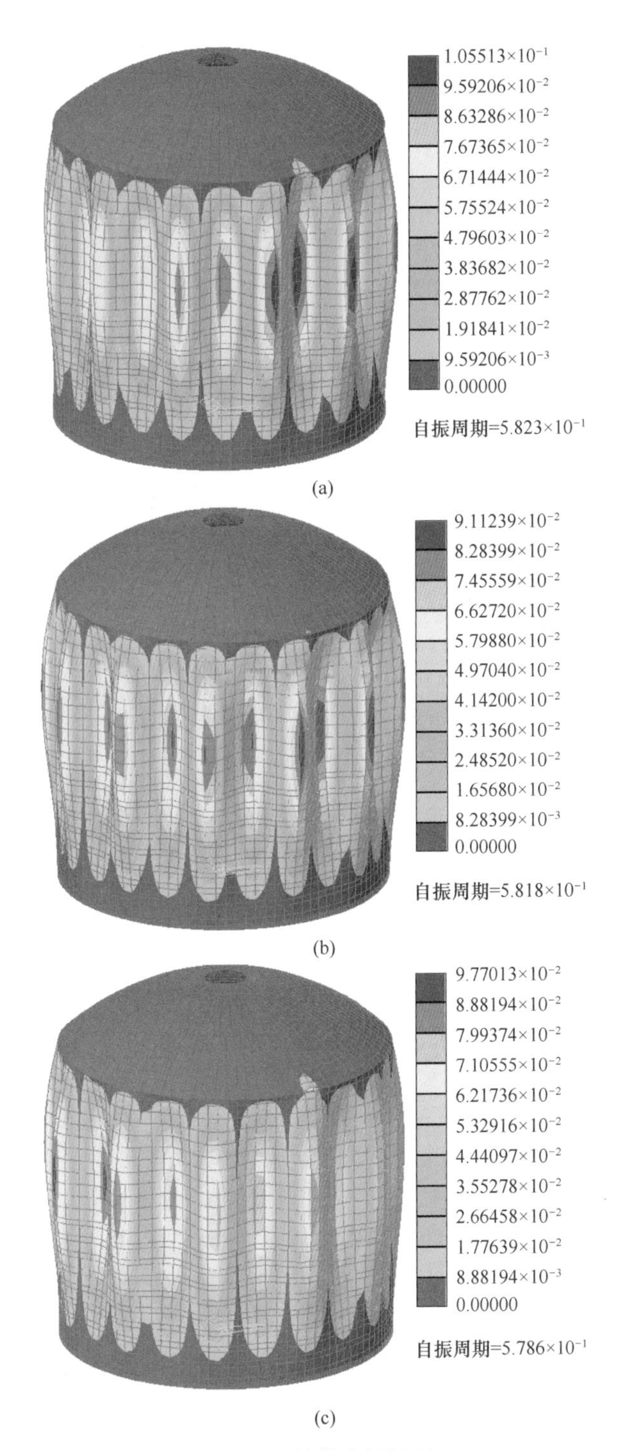

图 15-5　结构自振振型

(a) 第一阶振型；(b) 第二阶振型；(c) 第三阶振型

竖向仓壁加劲肋在荷载基本组合作用下的应力计算结果如图 15-6 所示。仓壁加劲肋在活荷载控制的基本组合作用下最大应力为 273 MPa，在风荷载控制的基本组合作用下最大应力为 194 MPa，在温度荷载控制的基本组合作用下最大应力为 218 MPa，在地震作用控制的基本组合作用下最大应力为 179 MPa。显然，仓壁加劲肋在各类基本组合作用下的最大应力值小于 355 MPa，满足强度要求。

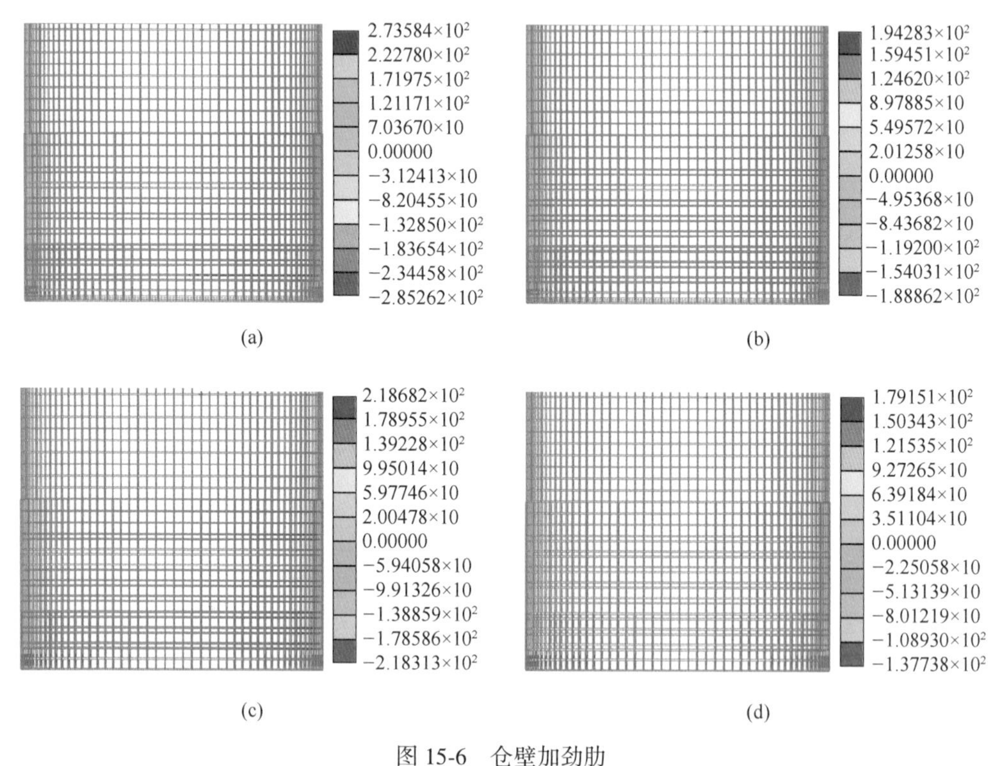

图 15-6　仓壁加劲肋

（a）活荷载控制；（b）风荷载控制；（c）温度荷载控制；（d）地震作用控制

竖向仓壁钢板在荷载基本组合作用下的应力计算结果如图 15-7 所示。仓壁钢板在活荷载控制的基本组合作用下最大应力为 274 MPa，在风荷载控制的基本组合作用下最大应力为 195 MPa，在温度荷载控制的基本组合作用下最大应力为 334 MPa，在地震作用控制的基本组合作用下最大应力为 155 MPa。显然，仓壁加劲肋在各类基本组合作用下的最大应力值小于 355 MPa，满足强度要求。

仓顶杆件在荷载基本组合作用下的应力计算结果如图 15-8 所示。仓顶杆件在活荷载控制的基本组合作用下最大应力为 204 MPa，在风荷载控制的基本组合作用下最大应力为 128 MPa，在温度荷载控制的基本组合作用下最大应力为 148 MPa，在地震作用控制的基本组合作用下最大应力为 136 MPa。显然，仓壁加劲肋在各类基本组合作用下的最大应力值小于 235 MPa，满足强度要求。

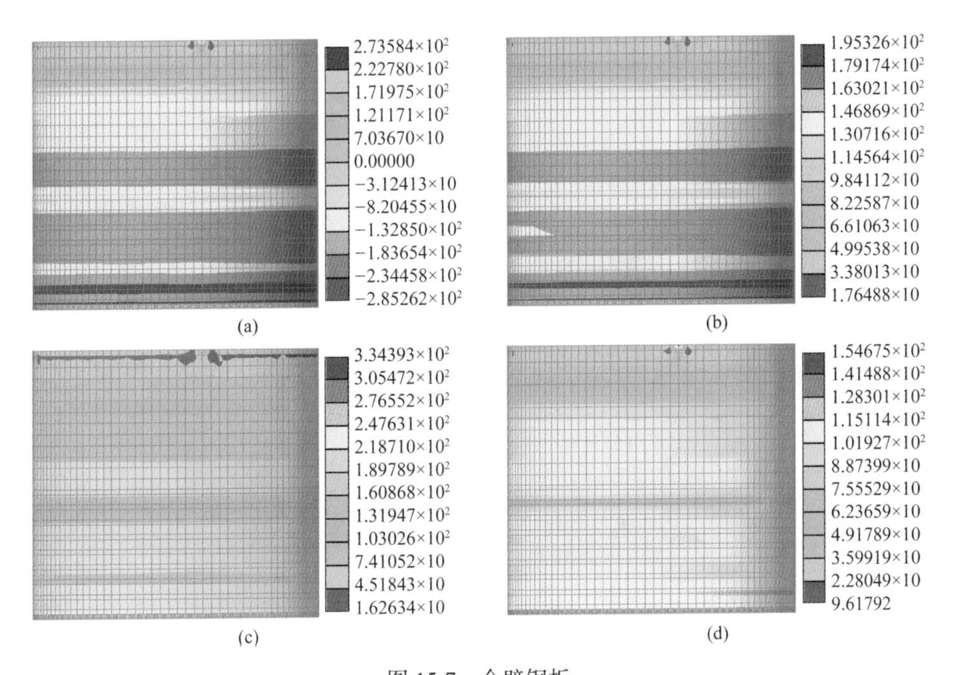

图 15-7　仓壁钢板

(a) 活荷载控制；(b) 风荷载控制；(c) 温度荷载控制；(d) 地震作用控制

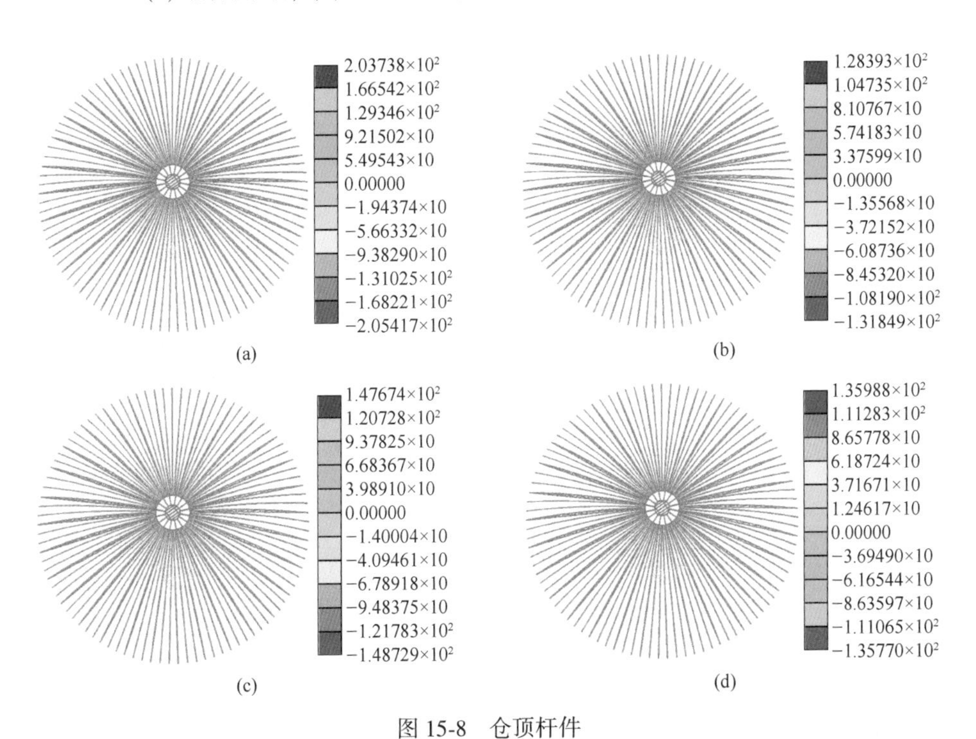

图 15-8　仓顶杆件

(a) 活荷载控制；(b) 风荷载控制；(c) 温度荷载控制；(d) 地震作用控制

仓顶钢板在荷载基本组合作用下的应力计算结果如图 15-9 所示。仓顶钢板在活荷载控制的基本组合作用下最大应力为 236 MPa，在风荷载控制的基本组合作用下最大应力为 166 MPa，在温度荷载控制的基本组合作用下最大应力为 187 MPa，在地震作用控制的基本组合作用下最大应力为 150 MPa。显然，仓壁加劲肋在各类基本组合作用下的最大应力值小于 235 MPa，满足强度要求。

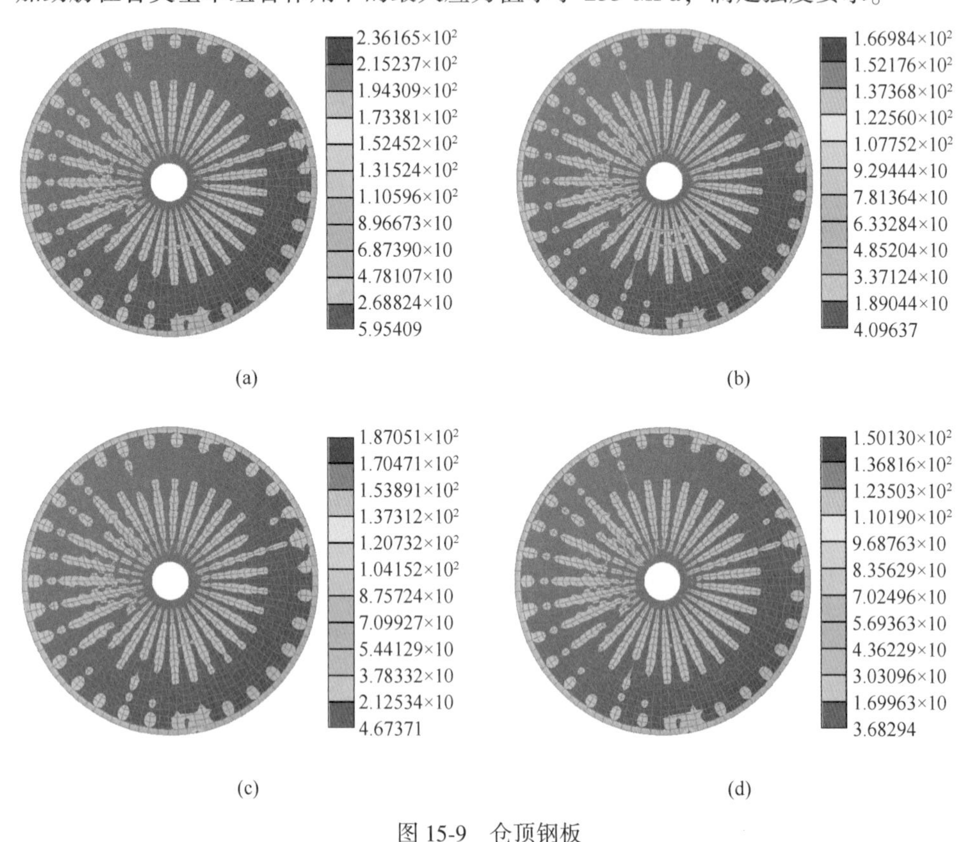

图 15-9　仓顶钢板

（a）活荷载控制；（b）风荷载控制；（c）温度荷载控制；（d）地震作用控制

15.3.3　变形指标

钢板筒仓结构不仅需要对其强度进行验算，同时应保证结构变形满足相关规范要求。《钢筒仓技术规范》（GB 50884—2013）规定，按正常使用极限设计时，仓壁钢板的弯曲挠度不应大于加劲肋间距的 1/100。本结构仓壁钢板的最大挠度为 14 mm（图 15-10），小于 1500 mm/100。

仓顶的竖向位移可根据大跨空间结构的变形指标进行验算。本结构仓顶在荷载标准组合作用下的最大竖向位移为 36 mm，小于跨度的 1/300（40000/300 = 133 mm），如图 15-11 所示。

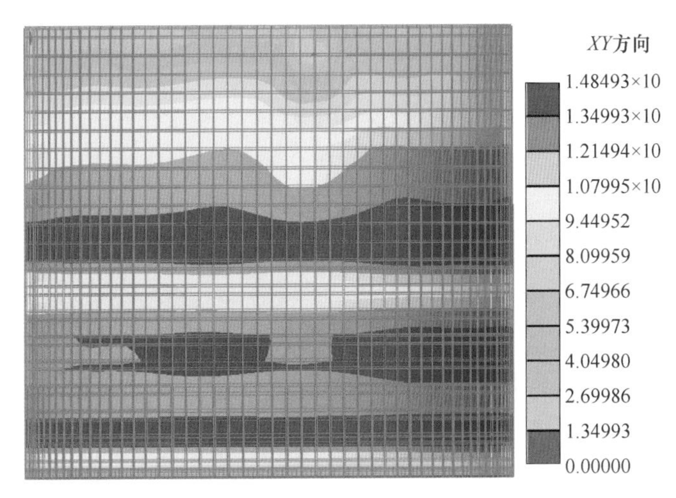

图 15-10 仓壁水平位移

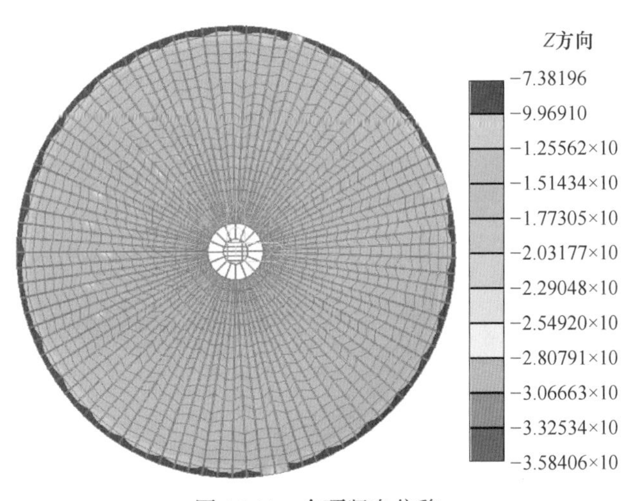

图 15-11 仓顶竖向位移

15.4 稳定性分析

对于钢板筒仓结构而言，在使用的过程中主要存在两种工作状态，分别为空仓工作状态和满仓工作状态。在进行结构强度和变形分析时，往往只需关注其满仓状态即可，而对该类结构的稳定分析而言，需要同时对空仓和满仓进行分别验算。

15.4.1 空仓稳定分析

筒仓结构在空仓状态下，筒仓壁的荷载主要由筒仓顶传递而来，具体包含筒仓顶的自重、积灰荷载、活荷载及风荷载。本结构的筒仓壁屈曲模态如图 15-12 所示。当处于空仓的工作状态时，筒仓壁在顶部传递来的竖向荷载作用下，屈曲模态主要表现为顶部仓壁沿径向翘曲失稳，屈曲特征值的最小值为 120。

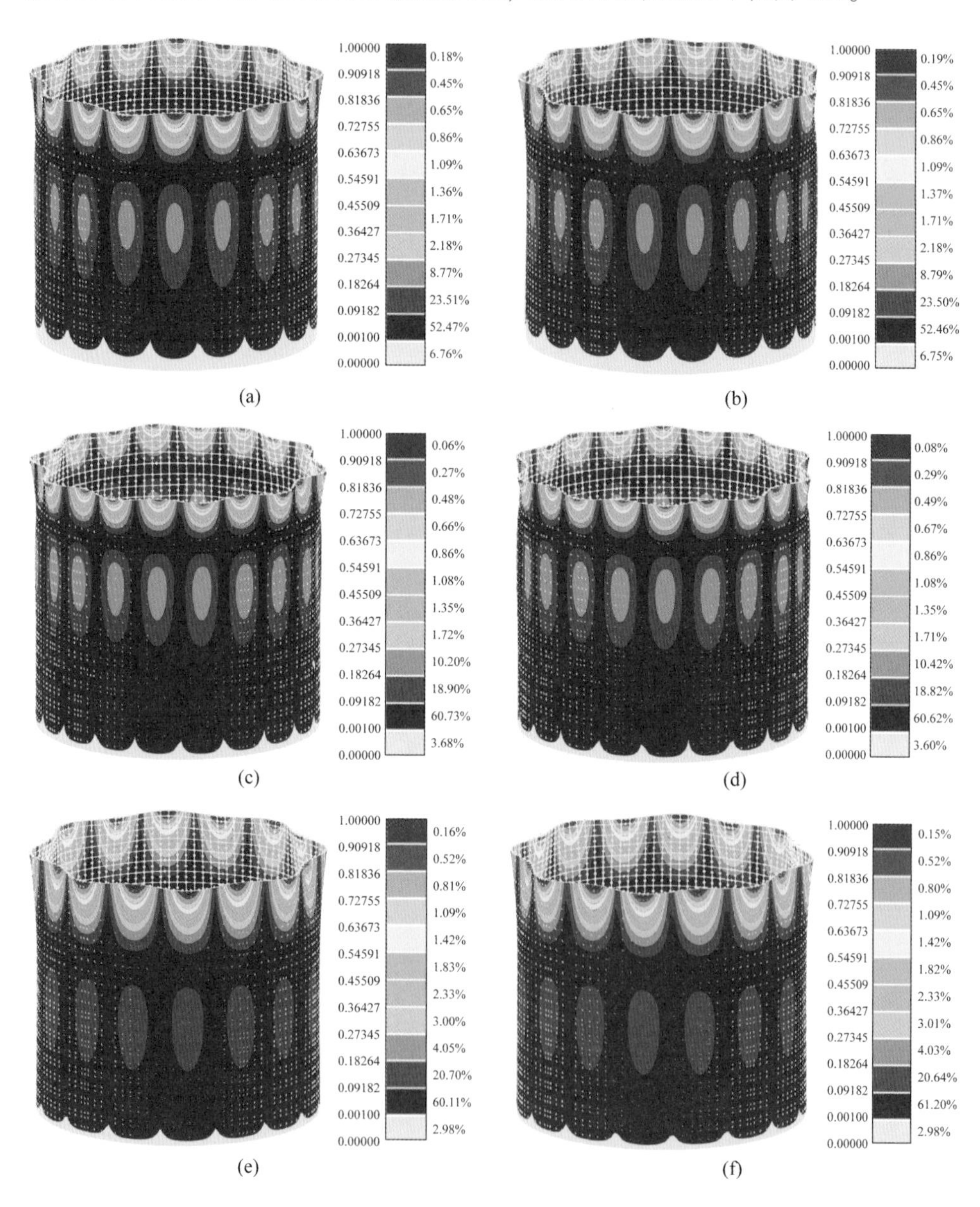

图 15-12　空仓仓壁屈曲模态

（a）1 阶屈曲模态（特征值 121.37）；（b）2 阶屈曲模态（特征值 121.38）；
（c）3 阶屈曲模态（特征值 124.53）；（d）4 阶屈曲模态（特征值 124.54）；
（e）5 阶屈曲模态（特征值 124.73）；（f）6 阶屈曲模态（特征值 124.79）

筒仓仓壁在空仓状态时开展双非线性稳定分析，分析结果如图 15-13 所示。本结构空仓时，仓壁在竖向荷载作用下的荷载系数为 10.2，大于规范限值 2.0。同时，根据筒仓壁的塑性发展情况和设计利用率结果可知，空仓屈曲时仓壁钢板未发生塑性变形，即空仓时结构承载性能由强度控制。

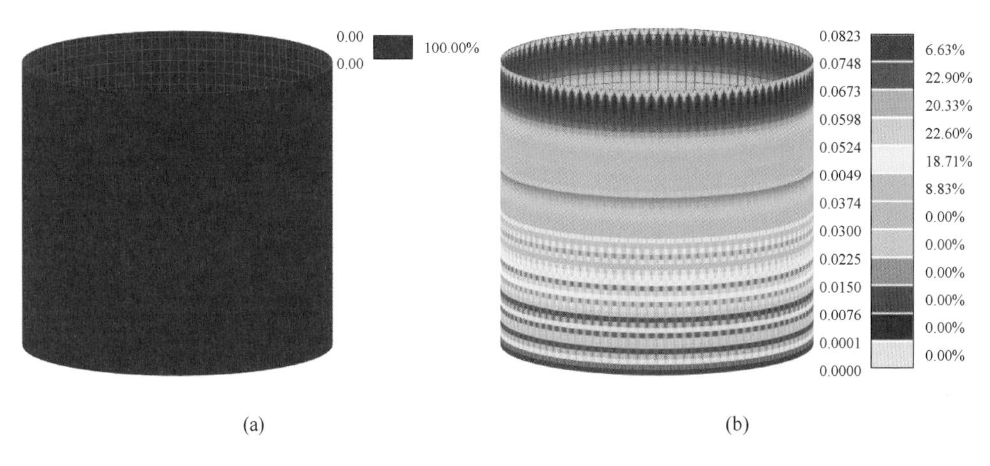

图 15-13　空仓仓壁非线性稳定分析结果

（a）塑性发展情况；（b）设计利用率

15.4.2　满仓稳定分析

当钢板筒仓结构处于满仓的工作状态时，仓壁钢板除了承受仓顶传递来的竖向荷载以外，还承受储料传递来的竖向摩擦力和水平压力。本结构的仓壁在满仓状态时的屈曲模态如图 15-14 所示。由于储料摩擦力和水平压力的作用，相较于空仓的屈曲特征，满仓的屈曲模态主要表现为仓壁底部发生屈曲破坏，屈曲特征值最小为 92，小于空仓的屈曲特征值。

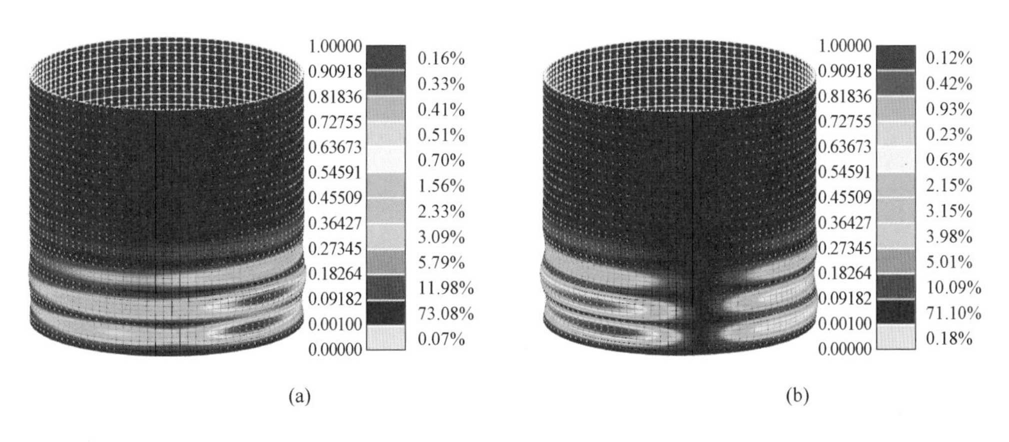

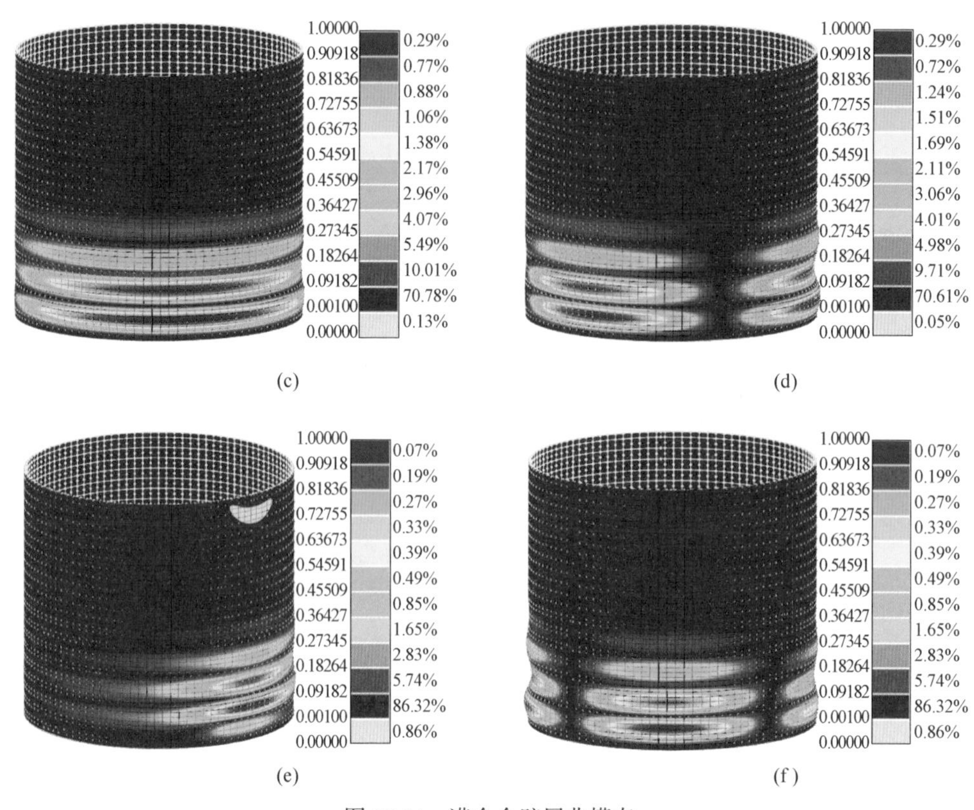

图 15-14　满仓仓壁屈曲模态

（a）1 阶屈曲模态（特征值 92.67）；（b）2 阶屈曲模态（特征值 93.97）；
（c）3 阶屈曲模态（特征值 94.46）；（d）4 阶屈曲模态（特征值 97.19）；
（e）5 阶屈曲模态（特征值 98.80）；（f）6 阶屈曲模态（特征值 99.15）

筒仓仓壁在满仓状态时开展双非线性稳定分析，分析结果如图 15-15 所示。

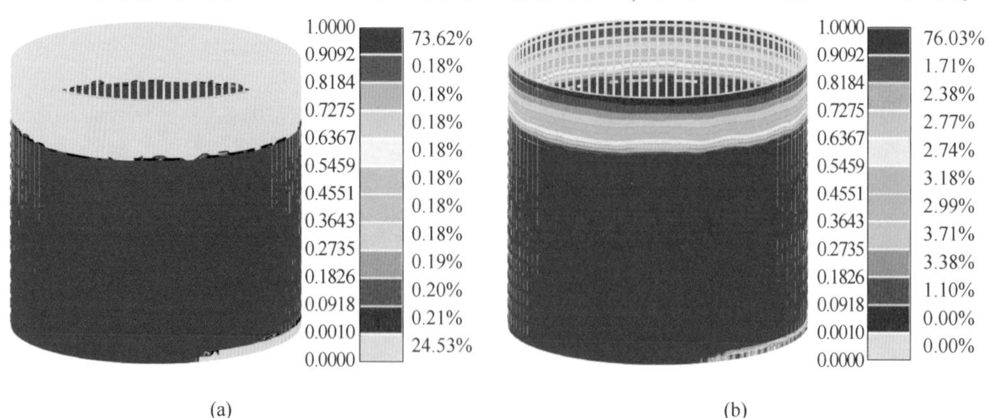

图 15-15　满仓仓壁非线性稳定分析结果

（a）塑性发展情况；（b）设计利用率

本结构空仓时，仓壁在竖向荷载作用下的荷载系数为3.6，大于规范限值2.0。同时，根据筒仓壁的塑性发展情况和设计利用率结果可知，满仓结构失稳时仓壁钢板大范围进入塑性状态，即满仓时结构承载性能由稳定控制。

15.5 工程总结

本工程为粉煤灰钢板仓，主要由钢板直筒、承重型钢桁架、库顶钢板及库顶爬梯等部分组成。针对本结构主要开展了等效弹性分析和稳定性分析，主要结论如下：

（1）本结构在活荷载控制、风荷载控制、温度荷载控制及地震作用控制的荷载基本组合作用下，结构各部位的应力最大值均小于材料设计值。本结构仓壁钢板的最大挠度为14 mm，小于1500 mm/100。

（2）经过双非线性稳定分析，空仓时荷载系数为10.2，满仓荷载系数为3.6，均大于规范限值2.0，即本筒仓的仓壁在竖向荷载作用下不会发生失稳破坏。

第4篇

复杂钢结构专项分析实例

Special Analysis of Complex Irregular Steel Structures

16　空间结构风振及多点激励抗震分析

16.1　工程概况

本项目为西双版纳机场航站楼，计算风荷载的基本风压为 0.50 kN/m^2（考虑 100 年风压），地面粗糙度为 B 类，结构三维效果图如图 16-1 所示。航站楼屋盖是一个具有复杂外形的空间大跨曲面，其表面风荷载分布复杂多变，且结构表现为对风荷载较为敏感。依据现有建筑荷载规范难以对其结构的风荷载参数给出较为精确合理的取值，故本项目借助数值风洞技术来获得结构空间表面的风荷载分布。研究借助高性能计算工作站并结合数值风洞技术实现三维结构全尺寸模型的生成。通过对全流场区域的网格划分、求解空间流场的分布来获得结构不同区域处风向角下的风荷载分布，从而为结构的风荷载安全设计评估提供可靠的参数依据。

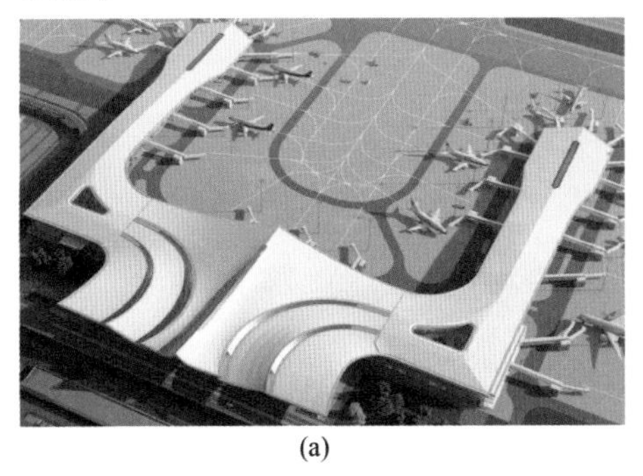
(a)

(b)

图 16-1　建筑概况示意图

（a）建筑鸟瞰图；（b）建筑正立面图

主要分析研究工作如下：

（1）建立航站楼三维几何模型。

（2）建立空间的流场区域划分网格，从而数值求解不同风向角下建筑周围的流场分布；考虑结构的对称性，风向角取值范围为 0°～180°，角度间隔 45°，共 5 个模拟工况。

（3）针对不同的风向角模拟工况，分别给出每个风向角下空间结构表面不同位置的风压分布，提供整体结构的风荷载计算值，以及流场对应的压力场分布图。

16.2　风洞数值模型

16.2.1　几何建模

风在遇到阻碍时改变方向，发生绕流。在距离阻碍物一定距离后，风向重新回到原来的方向。建筑物对来流的影响范围在 CFD 数值模拟中称为计算域。计算域的计算目前主要采用的是控制阻塞率的方法。计算域需满足阻塞率<3%的要求。阻塞率定义如下式：

$$a = \frac{A_0}{A_1} \times 100\% \tag{16-1}$$

式中，A_0 为建筑物最大迎风面积；A_1 为计算域横截面面积。

在计算过程中建立了 1∶1 足尺度模型（图 16-2（a）），计算域为 700 m×700 m×100 m（分别对应 x、y、z 轴），模型置于距计算域入口 120 m 处。本项目运用 ANSYS FLUENT 软件进行全尺度（即 1∶1 模型）数值风洞模拟分析，数值模型如图 16-2（b）所示。依据《建筑工程风洞试验方法标准》（JGJ/T 338—2014）第 3.2.5 条可知，阻塞率宜小于 5%，不应超过 8%。通过计算得到风洞几何尺寸为 $D_x = 700$ m、$D_y = 700$ m、$D_z = 100$ m，如图 16-2（b）所示。

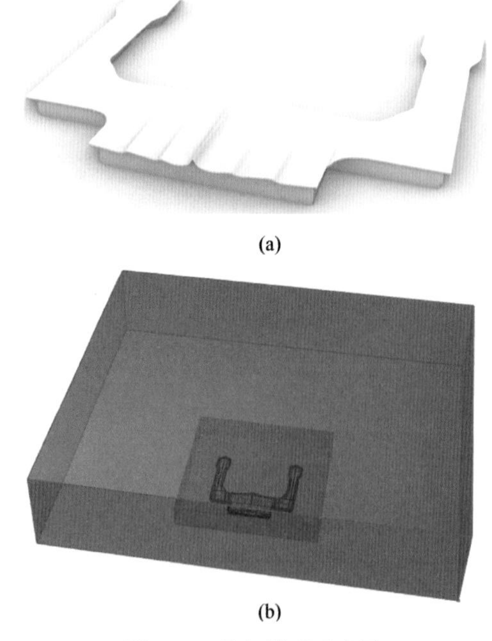

图 16-2　几何模型示意图
（a）建筑模型；（b）计算域模型

16.2.2 网格划分

结构化网格的网格质量及网格数量较非结构网格好，故该项目将计算域划分为内外两部分，采用混合网格技术，如图 16-3 所示。在靠近建筑形体较为复杂的部分采用尺寸较小的非结构化网格，而在入口及交界面处采用较大尺寸的网格，中间运用 ICEM 中的 Tetra size ratio 功能实现由密到疏的过渡，得到了质量较好的非结构化网格；在远离建筑物的外部采用结构化网格；最后将两部分网格进行组合，形成混合网格划分。模型的总网格数约为 926 万。

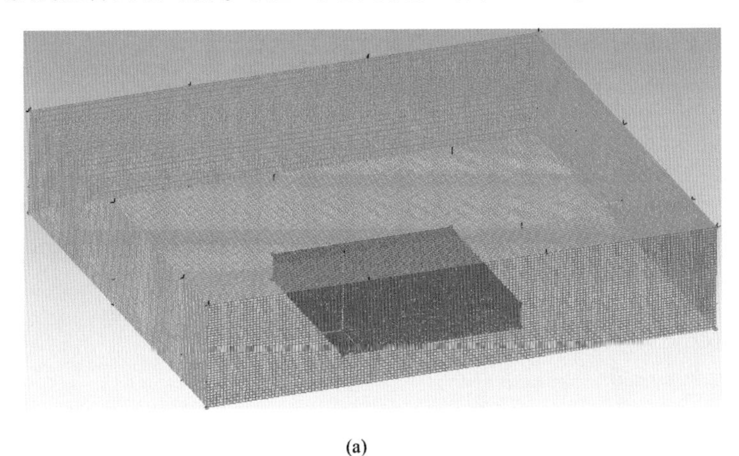

(a)

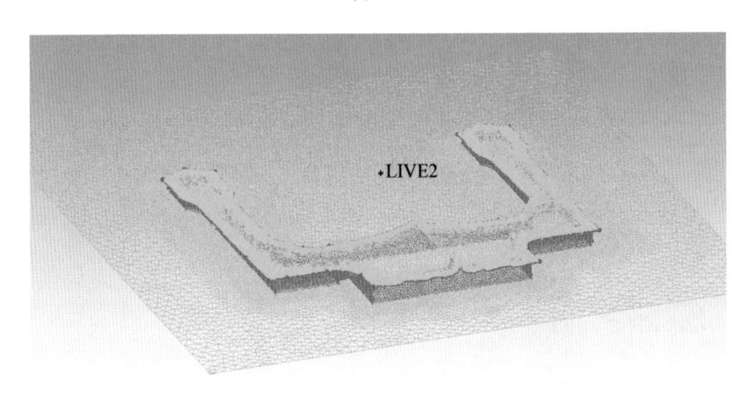

(b)

图 16-3 网格划分示意图

(a) 结构化网格区域；(b) 非结构化网格区域

16.2.3 边界条件

入口边界条件：设置来流为剪切流，并模拟 B 类地貌，沿 y 方向的风速剖面为：

$$V(z) = V_a(z/z_a)^\alpha \tag{16-2}$$

式中，V_a 为标准参考高度处（规范取 10 m 高度）的平均风速 29.665 m/s；z_a = 10 m；α 为 0.15；z 为高度；自建筑物底部算起，x、z 向速度为零。

来流湍流特性通过直接给定湍流动能 k 和湍流耗散率 ε 值的方式来定义：

$$k = \frac{3}{2}[V(z) \cdot I]^2, \quad \varepsilon = \frac{0.09^{\frac{3}{4}} k^{\frac{3}{2}}}{l} \tag{16-3}$$

式中，l 为湍流特征尺度；I 为湍流强度。

流体域顶部和两侧：自由滑移的壁面条件。

建筑物表面和地面：无滑移的壁面条件。

16.3　风洞数值结果

16.3.1　风向角定义

风向角以正对入口处的来风定义为 0°，顺时针选择 45°一个间隔共 5 个风向角，入口风速采用 B 类地表的风剖面，如图 16-4 所示共模拟了 5 个工况下的空间流场分布。

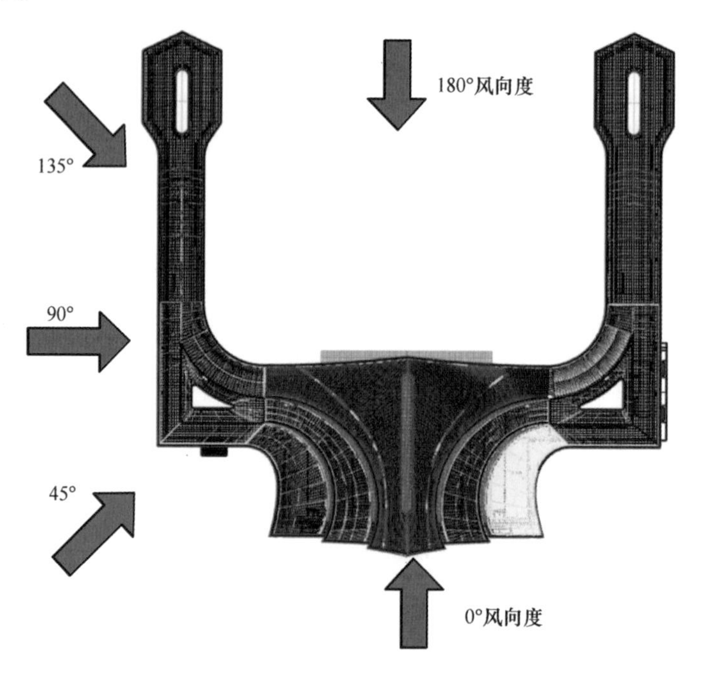

图 16-4　风向角定义

16.3.2　风压系数

当风荷载沿0°风向角作用于建筑物时，风压系数的结果如图16-5所示。正对风向的墙面最大风压系数为1.0，侧墙面的风压系数为-0.2。屋面最大风压系数为0.2，屋面（屋檐处）最小风压系数为-0.8，屋面平均风压系数约为0.4。

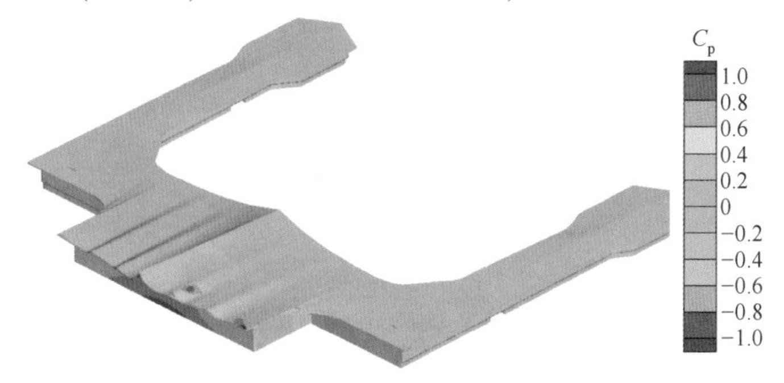

图16-5　0°风向角风压系数

当风荷载沿45°风向角作用于建筑物时，风压系数的结果如图16-6所示。正对风向的两个，墙面风压系数为0.4，垂直风向墙面的风压系数约为-0.2，屋盖屋檐处达到最小风压系数-1.0，屋面风压系数大范围为-0.5。

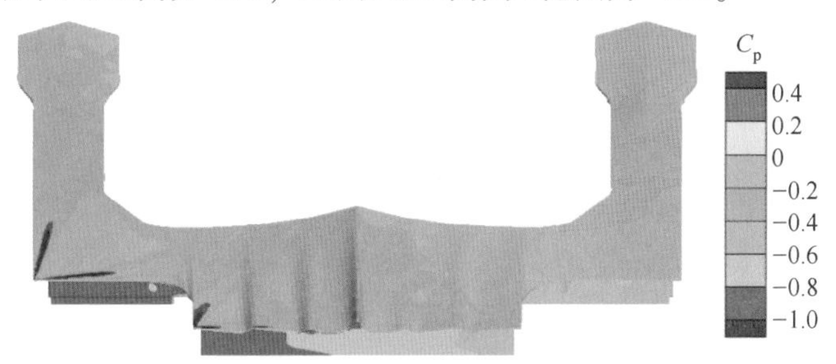

图16-6　45°风向角风压系数

当风荷载沿90°风向角作用于建筑物时，风压系数的结果如图16-7所示。正

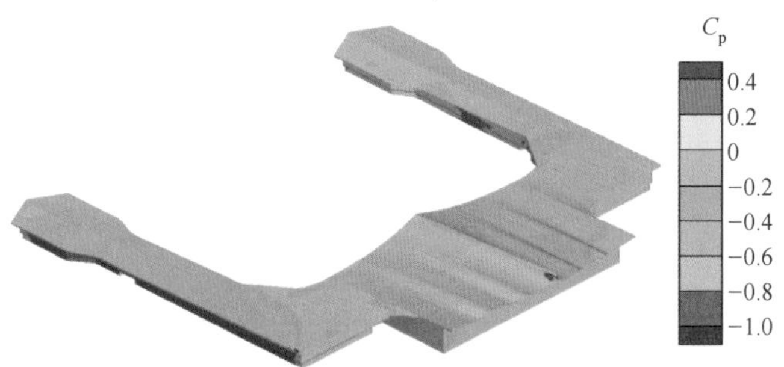

图16-7　90°风向角风压系数

对风向的墙面风压系数为 0.4，垂直风向墙面的风压系数约为-0.3，屋盖屋檐处达到最小风压系数-1.0，屋面风压系数大范围为-0.5。

当风荷载沿 135°风向角作用于建筑物时，风压系数的结果如图 16-8 所示。正对风向的两个，墙面风压系数为 0.2，屋盖屋檐处达到最小风压系数-0.4，屋面风压系数大范围为-0.2。

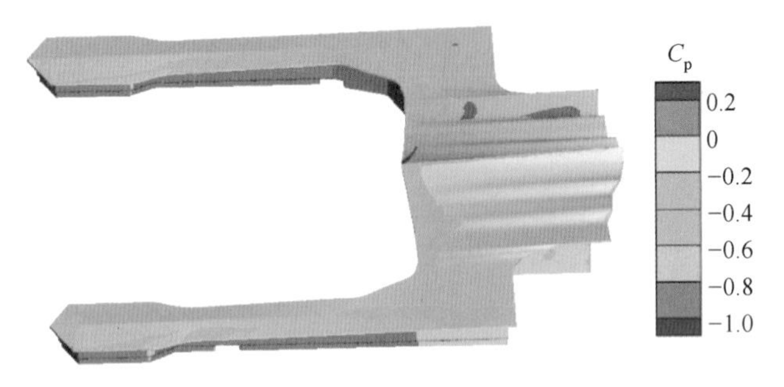

图 16-8　135°风向角风压系数

当风荷载沿 180°风向角作用于建筑物时，风压系数的结果如图 16-9 所示。正对风向的墙面风压系数为 0.2，屋盖最小风压系数-0.4，屋面风压系数大范围为-0.2。

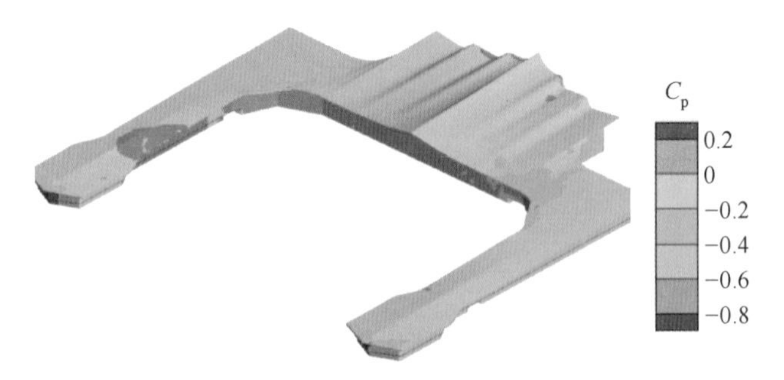

图 16-9　180°风向角风压系数

16.3.3　体型系数

风荷载体型系数一般采用平均风压系数，规范上称之为体型系数。风荷载体型系数用面上第 i 点的风压系数与该点所属表面面积 A_i 的乘积加权平均得到，其值为：

$$\mu_s = \frac{\sum_i \mu_{si} A_i}{A}$$

其中风压系数意义为建筑表面上一点沿顺风向的净压力除以建筑物前方上游自由

流风的平均动压得到的无量纲系数，表达式为：

$$\mu_{si} = \frac{\omega_i}{\frac{1}{2}\rho\bar{v}^2}$$

本建筑物主体屋盖部分体系系数如图 16-10 和表 16-1 所示。

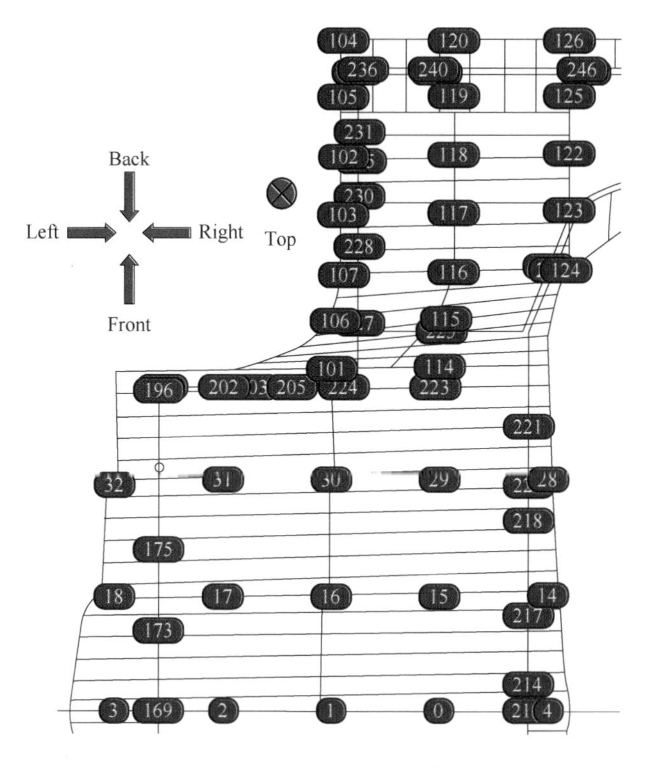

图 16-10 屋盖部分测点编号

表 16-1 0°风向角下屋盖部分测点体型系数

编号	X	Y	Z	0°体型系数
1	456. 14	1020. 90	35. 70	-0. 1437
2	421. 89	1020. 90	37. 81	-0. 19111
3	387. 64	1020. 90	39. 93	-0. 34542
14	490. 39	985. 28	24. 50	-0. 16591
15	490. 39	1056. 60	25. 90	-0. 16316
16	456. 14	1056. 40	27. 05	-0. 166
17	421. 89	1056. 20	28. 08	-0. 24536
18	387. 64	1056. 10	28. 94	-0. 5169

续表 16-1

编号	X	Y	Z	0°体型系数
28	490. 39	949. 61	21. 29	-0. 17547
29	490. 39	1092. 20	22. 69	-0. 18859
30	456. 14	1091. 90	24. 03	-0. 2141
31	421. 89	1091. 50	25. 19	-0. 30087
32	387. 64	1091. 20	26. 16	-0. 5264
33	353. 39	1090. 80	25. 48	0. 254575
105	425. 53	1227. 80	21. 69	-0. 56672
106	425. 53	1210. 50	21. 70	-0. 55729
117	460. 61	1156. 80	21. 69	-0. 36601
118	460. 60	1174. 80	21. 52	-0. 45109
119	460. 60	1192. 80	21. 35	-0. 41717
120	460. 60	1210. 80	21. 15	-0. 45307
121	460. 59	1227. 80	20. 87	-0. 44596
122	460. 59	1227. 80	19. 47	-0. 46796
123	496. 68	1193. 30	20. 98	-0. 20714
124	496. 68	1175. 60	21. 32	-0. 1851
125	495. 69	1157. 80	21. 66	-0. 18401
126	496. 67	1211. 10	20. 57	-0. 21082
127	496. 66	1227. 80	20. 02	-0. 25014

16. 4　风洞数值结果

16. 4. 1　结构分区

根据结构方案，本结构主要分为 A 区、B 左区及 B 右区，各区屋盖钢结构通过隔震缝进行有效分割，如图 16-11 所示。后续风振响应分析将根据结构分区方案进行分别建模计算。

16. 4. 2　分析模型

使用 ABAQUS 建立 A 区和 B 区风振响应分析模型，如图 16-12 所示。

16. 4. 3　时程风压

根据结构方案的分区方案，提取不同分区建筑屋盖的典型时程风压曲线，如

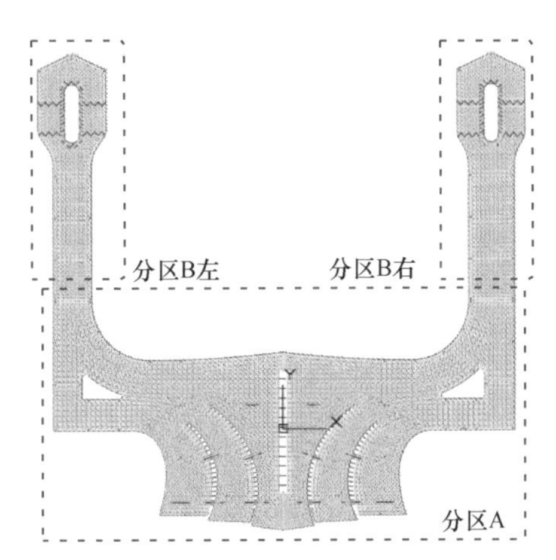

图 16-11　结构分区方案

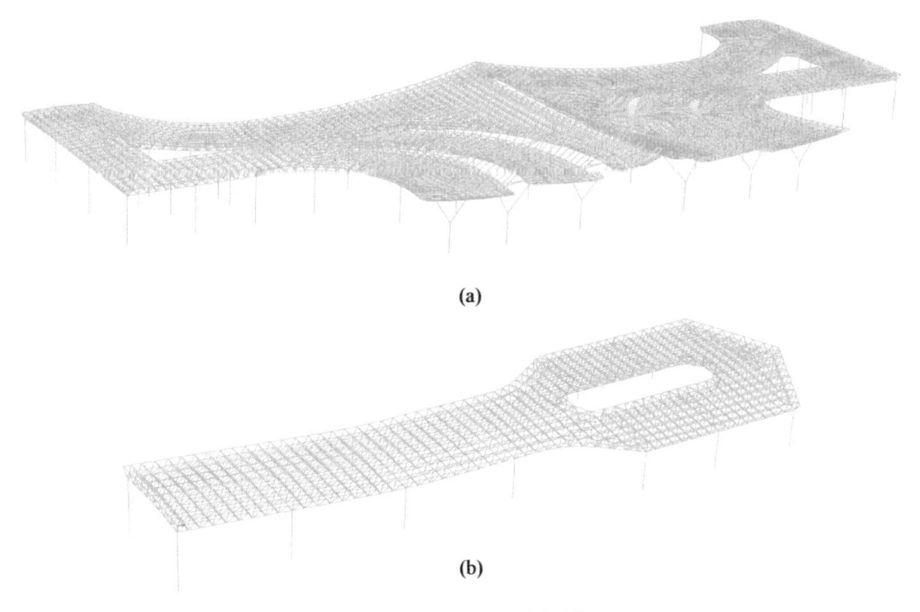

(a)

(b)

图 16-12　ABAQUS 分析模型
（a）A 区分析模型；（b）B 区分析模型

图 16-13 所示。在进行风振响应分析时应根据结构的特性合理截取时程曲线的中间段，因为在初始段风流没有吹过全部建筑物表面，而在末尾段风流正在脱离建筑物。

16.4.4　风振响应结果

A 区在 0°风向角风荷载作用下的风振响应结果如图 16-14 所示。A 区屋盖在

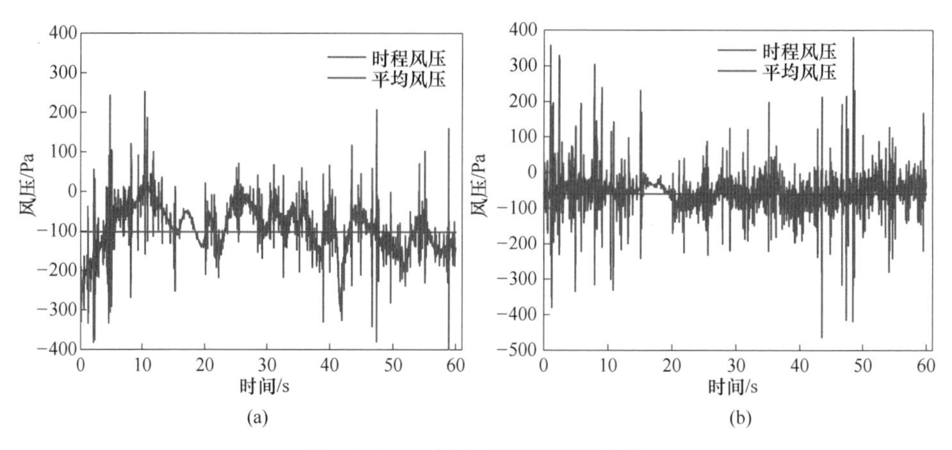

图 16-13　0°风向角风压时程曲线

(a) 分区 A；(b) 分区 B

时程风荷载和平均风荷载作用下的竖向位移均为竖直向上，即风荷载产生风吸力。同时可以发现，时程风荷载作用下的位移明显大于平均风荷载，A 区屋盖结构存在明显的风振效应。

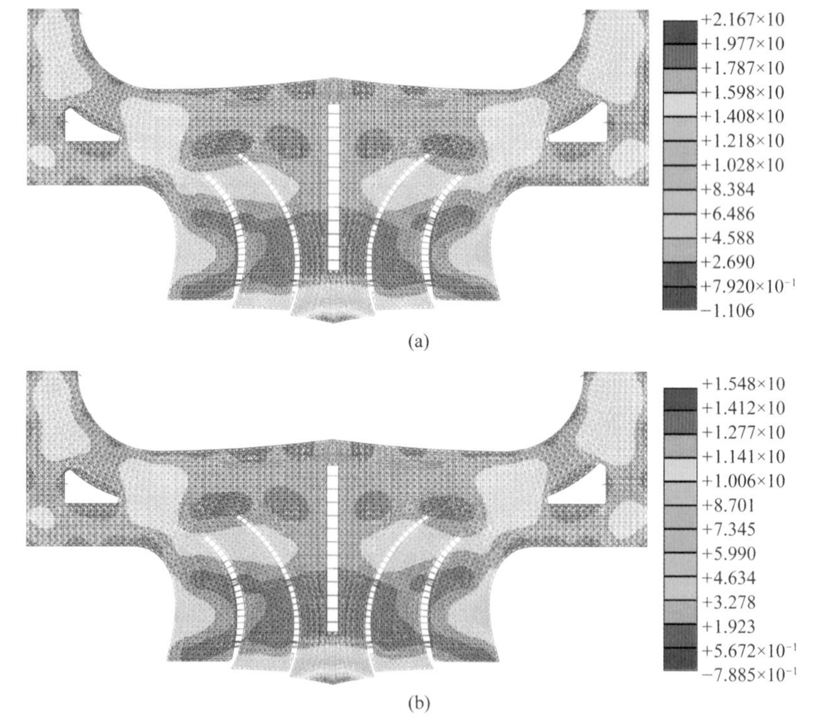

图 16-14　A 区 0°风向角风振响应

(a) 风压时程；(b) 平均风压

B 区在 0°风向角风荷载作用下的风振响应结果如图 16-15 所示。B 区屋盖在时程风荷载和平均风荷载作用下的竖向位移均为竖直向上，最大竖向位移发生在屋盖开洞边缘处。而且，时程风荷载作用下的竖向位移与平均风荷载竖向位移较为接近，即 B 区的风振效应较小。

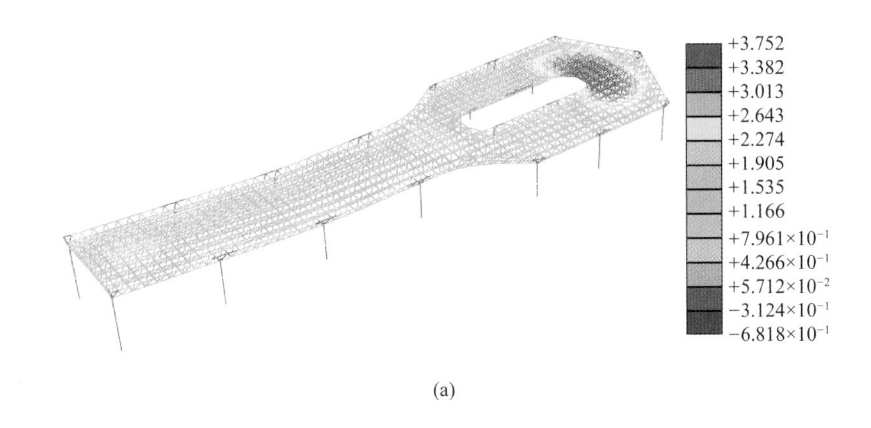

(a)

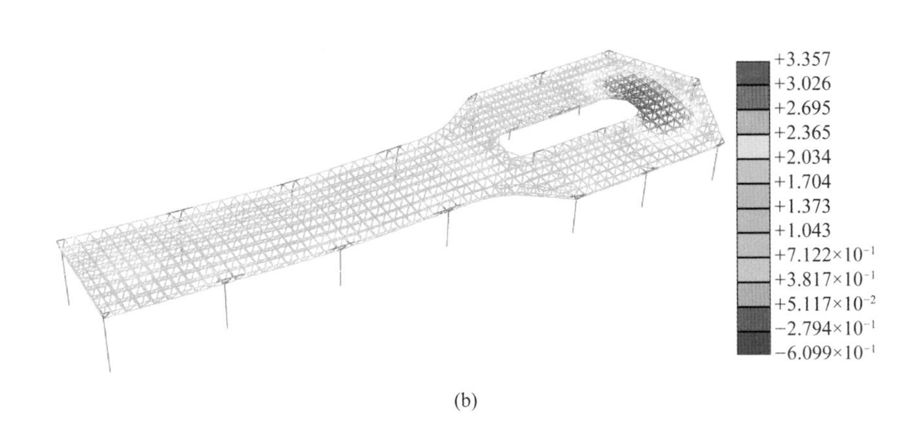

(b)

图 16-15　B 区 0°风向角风振响应
(a) 风压时程；(b) 平均风压

16.4.5　风振系数

风振系数是指风荷载的总响应与平均风产生响应的比值，风荷载的总响应包括平均风产生的响应和脉动风产生的响应。本建筑屋盖钢结构的风振系数如表 16-2 所示。

表 16-2　风振系数计算结果

分区	风向角/(°)	时程风压位移/mm	平均风压位移/mm	风振系数
A	0	21.67	15.48	1.40
	45	53.84	34.56	1.55
	90	11.86	8.12	1.46
	135	19.46	12.77	1.52
	180	58.65	42.36	1.38
B	0	3.75	3.36	1.11
	45	11.12	9.19	1.21
	90	17.57	14.69	1.19
	135	9.21	8.09	1.14
	180	7.91	6.59	1.20

16.5　多向多点地震响应

16.5.1　分析模型

西双版纳机场 T3 航站楼由中央大厅和南、北两条指廊组成，整体呈“U”造型，下部混凝土平面轮廓尺寸约为 408.7 m×385.25 m。通过两条上下部结构缝将指廊和大厅屋面结构分开，分区内部不再设缝。除分区的贯通结构缝外，大厅地面以上、钢屋盖以下部分设缝划分为三个分区。中央大厅下部混凝土平面尺寸 408.7 m×175.55 m，南、北指廊均未超过 300 m，按照现行《建筑抗震设计规范》要求，仅需对中央大厅进行多向多点地震分析。以往的研究及地震工程实践表明，对于这种平面超长的复杂结构，地震波行波效应相对显著，按现行《建筑抗震设计规范》要求，有必要对中央大厅进行多点输入地震反应分析。在考虑行波效应进行多点时程分析时，地震波波形不变，而到达各支座的时间有差异。在 MIDAS GEN 程序中多点时程分析是通过对各支座输入地震波位移时程，并根据地震波传播方向以及波速确定地震波到达各支座的时间差来实现的。进行时程分析时，采用直接积分法，结构阻尼考虑为瑞利阻尼。为验证其有效性，将多点时程分析中各支座时间差设置为 0，与一致输入加速度时程得到的杆件内力比较，二者结果非常接近。MIDAS 分析模型如图 16-16 所示，分析时地震波传播方向分别考虑 X 向及 Y 向。

16.5.2　X 向分析结果

图 16-17 为钢结构网架构件在 X 向地震波作用下的轴力行波效应系数的频数

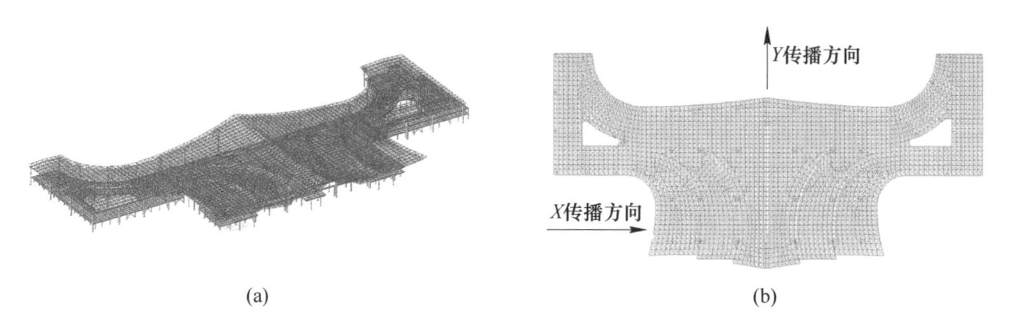

(a)　　(b)

图 16-16　多向多点激励分析模型

（a）MIDAS GEN 模型；（b）地震波传播方向

分布图。散点图的横坐标为一致输入下地震作用下轴力的基本组合最大值 P_{max} 与杆件稳定承载力 P_{cr} 之比，纵坐标为行波效应系数。

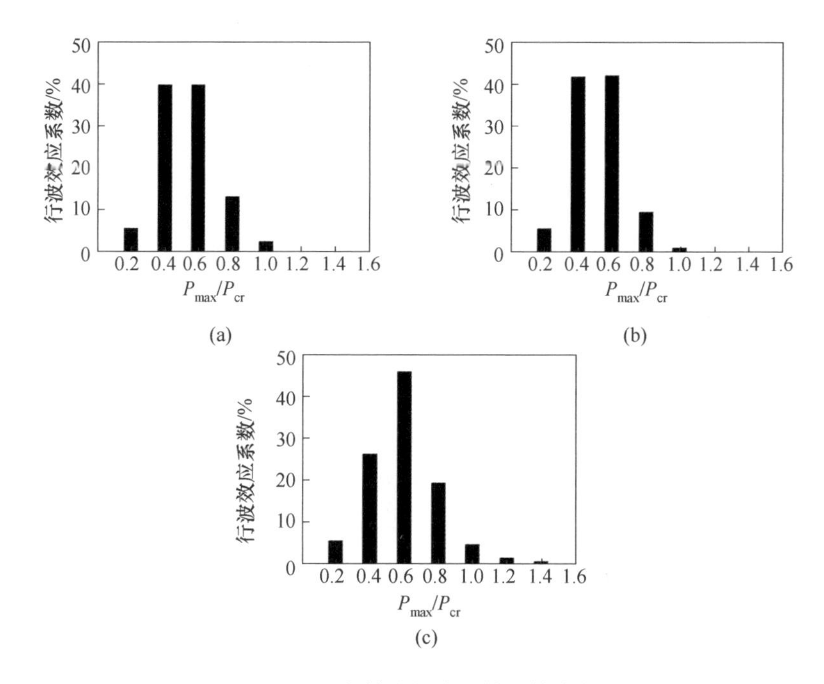

图 16-17　X 向轴力行波系数频数分布图

（a）TH027 波；（b）TH061 波；（c）RGB1 波

在 TH027 波 X 向作用下，大部分的钢结构网架构件内力小于一致输入的情况，超载杆件数占 0.2%，超载杆件的行波效应系数多数在 1.0~1.2 之间。在 TH061 波作用下，绝大部分的钢结构网架构件内力小于一致输入的情况，超载杆件数占 0.1%，超载杆件的行波效应系数多数在 1.0~1.2 之间。虽然个别杆件的行波效应系数接近1.4，但在地震作用下引起的钢结构内力本身并不大。在RGB1波X向作用下，绝大部分的钢结构网架构件内力小于一致输入的情况，超载杆件数占2.1%，超载杆件的行波效应系数多数在1.0~1.3之间。

16.5.3 Y向分析结果

图16-18为钢结构网架构件在Y向地震波作用下的轴力行波效应系数的频数分布图。在TH027波Y向作用下，仅小部分钢结构网架构件内力大于一致输入的情况，超载杆件数占0.1%，超载杆件的行波效应系数多数在1.0~1.2之间。在TH061波Y向作用下，仅小部分钢结构网架构件内力大于一致输入的情况，超载杆件数占3.1%，超载杆件的行波效应系数在1.0~1.2之间，虽然很小一部分杆件的行波效应系数超过1.2，但在地震波作用下引起的钢结构内力本身不大。在RGB1波Y向作用下，仅小部分的钢结构网架构件内力大于一致输入的情况，超载杆件数占0.5%，超载杆件的行波效应系数多数在1.0~1.2之间。

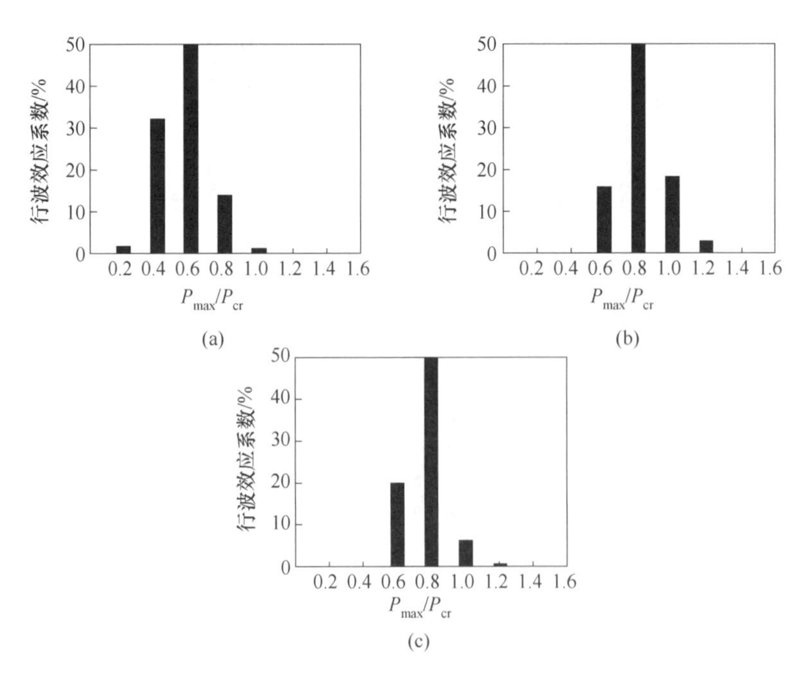

图16-18 Y向轴力行波系数频数分布图

（a）TH027波；（b）TH061波；（c）RGB1波

16.5.4 结果总结

基地地震力的时程曲线如图16-19所示。由时程曲线的比较可见，一致输入的基底剪力比多点输入时大。其原因归结于考虑行波效应时，各杆件振动步调不一致，基底剪力叠加时有部分相互抵消，总基底剪力小于一致输入的情况。

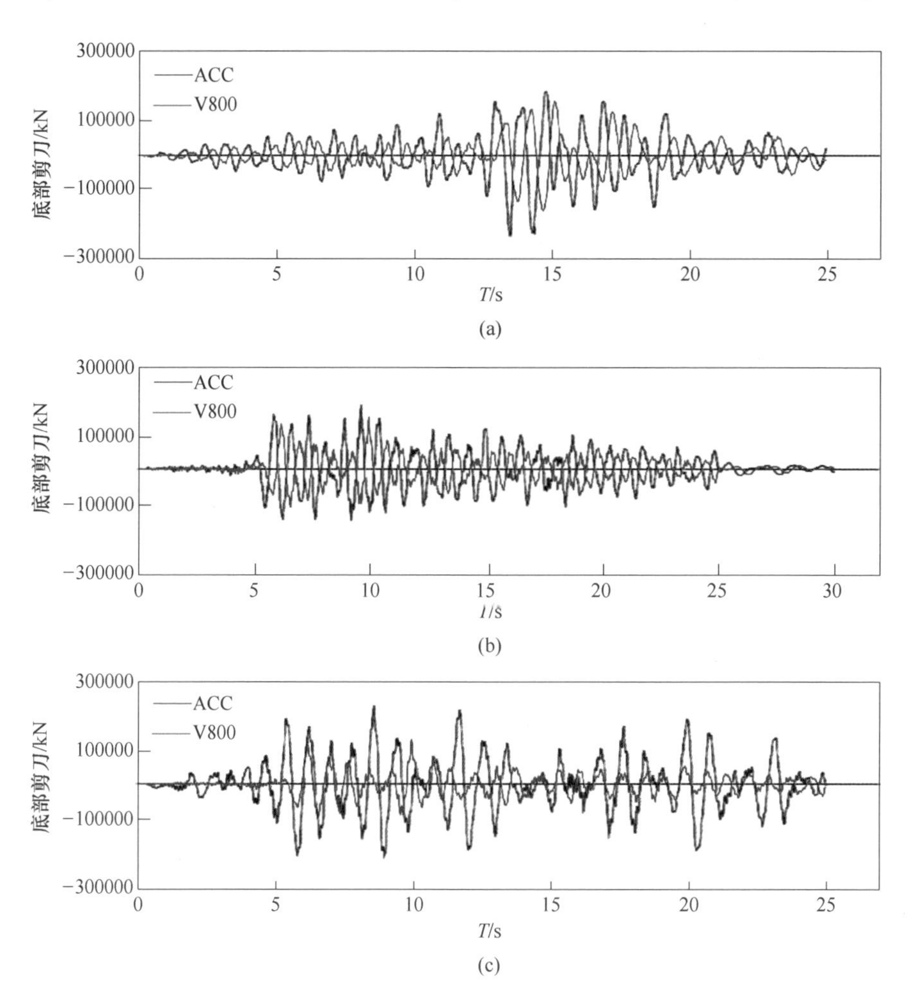

图 16-19　基底地震力时程曲线

（a）TH027 波；（b）TH061 波；（c）RGB1 波

16.6　工程总结

航站楼屋盖是一个具有复杂外形的空间大跨曲面，其表面风荷载分布复杂多变，且结构表现为对风荷载较为敏感。为确定本建筑结构最真实的风荷载作用情况，对其开展了风洞数值模拟及风振响应分析，主要结论如下：

（1）风洞数值模拟结果表明，屋盖以风吸力为主，正对风荷载来向的墙面以风压力为主，不同风向角作用下风压系数分布存在明显差异。

（2）风振响应分析结果表明，在时程风荷载作用下 A 区屋盖存在较为明显的风振响应，而 B 区风振响应较小。根据规范的相关计算公式，给出了本建筑结构的体型系数和风振系数建议值。

（3）多向多点地震响应分析结果表明，钢结构屋盖构件的内力小于一致输入的情况，无须进行调整。

17 高层结构风洞试验及风振分析

17.1 工程概况

本工程建筑外形呈下窄上宽的不规则喇叭形（图 17-1（a）），高度约 60 m，顶部宽约 60 m，底部宽约 27 m，腰部宽约 10 m。根据建筑造型选用了图 17-1（b）所示网架核心筒复合结构体系。核心筒结构（图 17-1（c））地下一层，层高为 2.95 m，地上 14 层，首层层高为 4.2 m，其余层高为 4 m 和 3.5 m，顶部采用高度为 3.5 m 的钢桁架结构（图 17-1（d））。每层设置与核心筒相连的悬挑主梁，同时根据建筑外形设置与悬挑主梁相连的圆环状次梁，该次梁作为建筑表皮的结构支撑体系。

该建筑体型较复杂，高度和悬挑尺度大，迎风面头重脚轻，顶部风荷载占比大，对结构的受力十分不利。而且该建筑为航管重要设施，属超限高大悬挑结构，更应高度重视风荷载的取值。因为无法直接套用国家现行荷载规范计算风荷载，根据《工程结构通用规范》（GB 55001—2021）第 4.6 节要求，本项目应进行风洞试验，通过风洞试验获取建筑的水平体系系数，建立数值风洞模型来计算其竖向体型系数，并结合风振响应分析得出对应的风振系数。

(a)

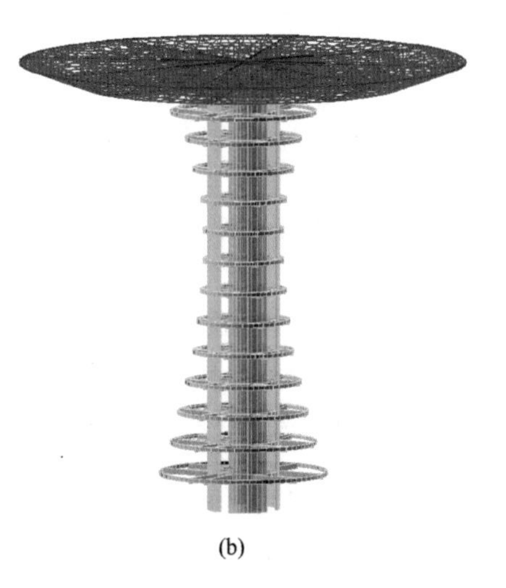

(b)

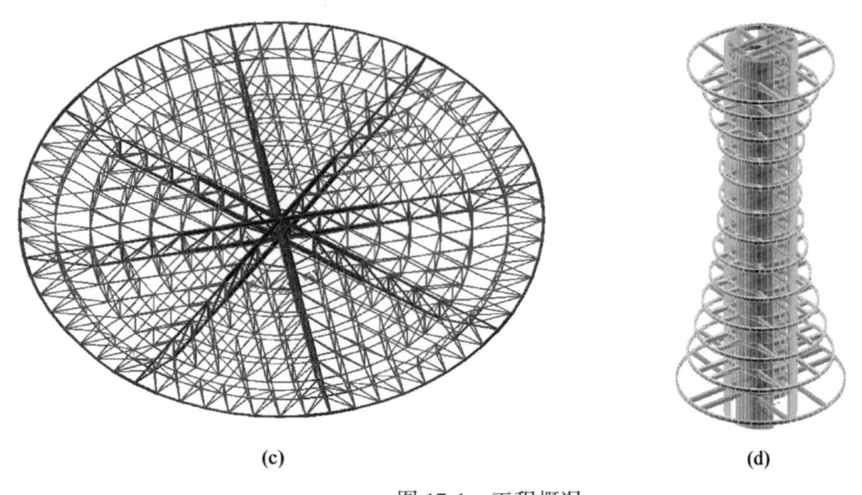

图 17-1　工程概况

（a）建筑模型；（b）结构模型；（c）顶部钢结构；（d）下部核心筒结构

17.2　风洞试验研究

17.2.1　试验模型

建筑模型测压风洞试验要求在模拟的大气边界层紊流风场中进行，模拟风场的类别需根据建筑物上游 2000 m 范围内的地形地貌情况而定。《建筑结构荷载规范》（GB 50009—2012）把地貌（或地表粗糙度）划分为 A、B、C 和 D 类：A 类指近海海面和海岛，海岸及沙漠地区，梯度风高度（即大气边界层高度）$H_G = H_{G,A} = 300$ m，表征平均风速剖面的幂函数指数 $\alpha = \alpha_A = 0.12$；B 类指田野、乡村、丛林、丘陵以及房屋比较稀疏的乡镇和城市郊区，$H_G = H_{G,B} = 350$ m，$\alpha = \alpha_B = 0.15$；C 类指有密集建筑群的城市市区，$H_G = H_{G,C} = 450$ m，$\alpha = \alpha_C = 0.22$；D 类有密集建筑群且有大量高层建筑的城市市区，$H_G = H_{G,D} = 550$ m，$\alpha = \alpha_C = 0.30$。考虑到本项目实际所处地貌的特征，采用 B 类地貌风场，如图 17-2（a）所示。

风洞试验缩尺比为 1∶100，模型的设计和制作要重点满足以下相似条件：几何相似、结构阻尼比相似、质量和刚度分布相似，风洞模型如图 17-2（b）所示。模型高 590 mm，顶部最大直径为 600 mm，底部直径为 227 mm，最小直径（高度 290 mm 处）为 117 mm。

17.2.2　数据测量

在风洞中选一个不受建筑模型影响且离风洞洞壁边界层足够远的位置作为试

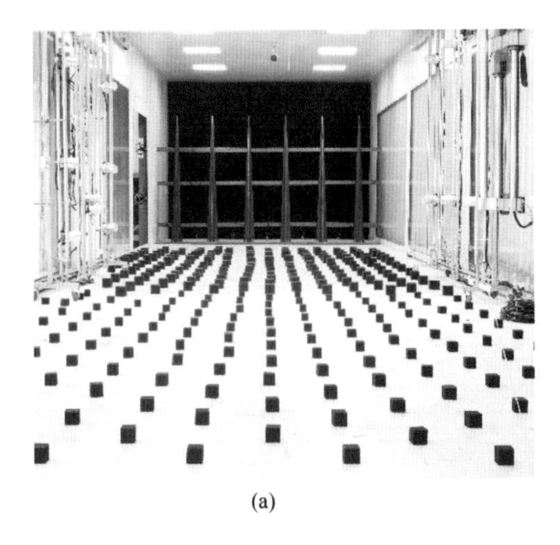

(a)

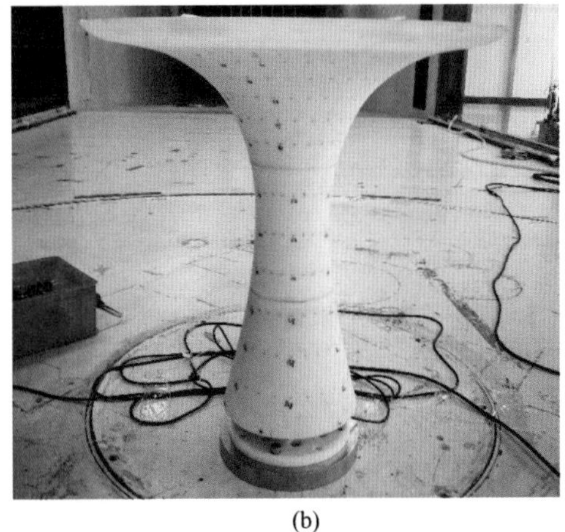

(b)

图 17-2　风洞试验
（a）试验场地；（b）风洞模型

验参考点，在该处设置了一根皮托管来测量参考点风压，用于计算各测点上与参考点高度有关但与试验风速无关的无量纲风压系数。

在导航台的表面合理布置测压点，测试风压分布，如图 17-3 所示。测点的布置均基于建筑的外形特征、风向以及后期分析，对结构高差变化较大处、边缘、凹凸拐角以及大悬挑等位置采取了加密布置。测试工况按 0°～360°每 15°一个工况，共不少于 24 个工况，其中一个工况与所在场地最大风速时的来流风向一致。各层测点对应高度见表 17-1。

图 17-3　测点布置示意图

表 17-1　各层测压点高度

层数	A	B	C	D	E	F	G
高度/m	0. 390	0. 450	0. 510	0. 570	0. 630	0. 690	0. 765
速度/m · s^{-1}	6. 7200	6. 9097	7. 0758	7. 2264	7. 3664	7. 4996	7. 6609
动压/Pa	29. 1949	30. 8665	32. 3685	33. 7611	35. 0815	36. 3615	37. 9426
层数	H	I	J	K	L	M	N
高度/m	0. 799	0. 829	0. 855	0. 875	0. 884	0. 895	0. 895
速度/m · s^{-1}	7. 7331	7. 7965	7. 8514	7. 8935	7. 9124	7. 9355	7. 9355
动压/Pa	38. 6611	39. 2980	39. 8528	40. 2814	40. 4747	40. 7113	40. 7113

层数	Q	R	S	O	P
高度/m	0. 895	0. 895	0. 895	0. 895	0. 895
速度/m · s^{-1}	7. 9355	7. 9355	7. 9355	7. 9355	7. 9355
动压/Pa	40. 7113	40. 7113	40. 7113	40. 7113	40. 7113

17. 2. 3　测力结果

试验模型的参考面积为最小横截面面积，位于离地高度 0. 29 m 处，横截面积为 0. 0430 m^2，参考长度为最小的横截面直径 0. 1170 m。

模型的参考坐标如图 17-4 所示，坐标原点位于模型底部几何中心，坐标系为体轴坐标系。β 位于 XY 平面内，图示方向为顺时针旋转方向。

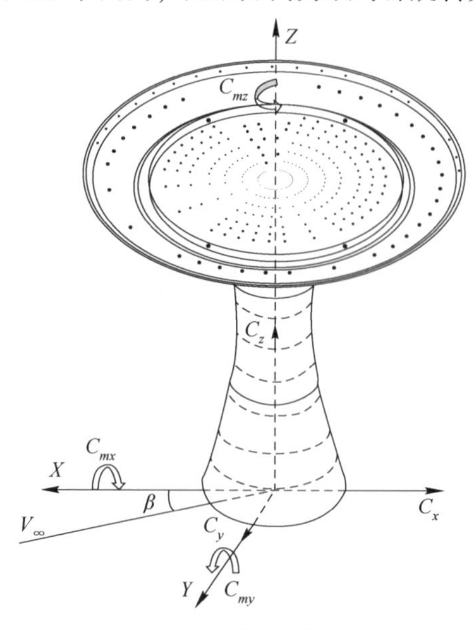

图 17-4　参考坐标系

模型上的气动力系数公式为：

$$C_{(x,y,z)} = \frac{(X,Y,Z)}{(P_0 - P_\infty)S} \tag{17-1}$$

模型上的气动力矩系数公式为：

$$C_{(mx,my,mz)} = \frac{M_x, M_y, M_z}{(P_0 - P_\infty)SL} \tag{17-2}$$

测力结果如表 17-2 所示。结果表明，在 X 向风荷载作用下，本结构主要产生 X 向支座反力和沿 Y 轴的弯矩，同时伴随向上的抗拔力及 Y 向的横向风振作用。

表 17-2 模型测力结果

β	C_x	C_y	C_z	C_{mx}	C_{my}	C_{mz}
0.0	2.8407	−0.3668	0.5102	−0.4306	−11.9946	−0.0013

17.2.4 测压结果

模型的压力系数的计算公式为：

$$C_{P_i} = \frac{P_i - P_\infty}{P_0 - P_\infty} \tag{17-3}$$

式中，P_i 为模型上各测量点的相对压力；P_∞ 为来流相对静压；P_0 为来流相对总压。

最底层、中间细腰处及最顶层压力系数沿全截面的二维分布状态如图 17-5 所示。由该图可知，圆形截面的压力系数在正对风向（0°）时达到正峰值，即呈现风压力的作用形式。在两侧（±90°）达到负压力系数峰值，由两侧向北侧（180°）负压力系数值逐渐降低，均呈现风吸力的作用形式。最底层及中间细腰处压力系数较为接近，屋顶处压力系数明显降低。

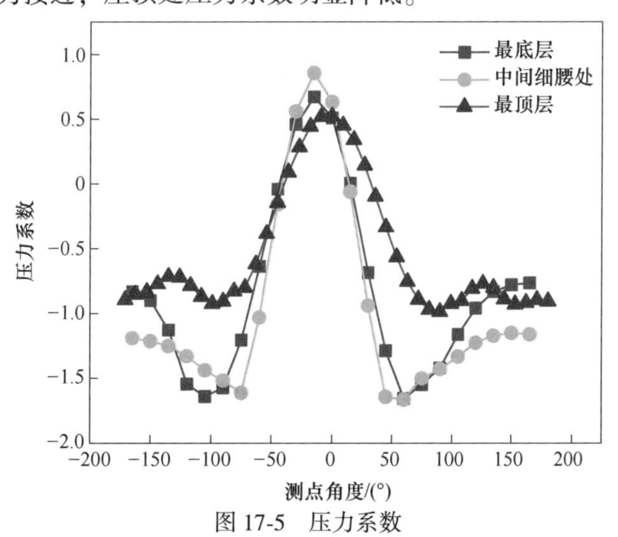

图 17-5 压力系数

17.2.5　水平体形系数

根据本试验测得的不同高度 z 各测点的平均风压系数（$C_{Pmean,i}$），可容易地换算得到各测点相应的点体型系数（μ_{si}）：

$$\mu_{si} = C_{Pmean,i} \times \left(\frac{60}{z}\right)^{0.30}\text{（应用于 B 类地貌）} \tag{17-4}$$

由风洞试验测得各测点的平均风压系数（图 17-6（a）），通过公式（17-4）计算得到各测点对应的体型系数（图 17-6（b））。为便于结构分析，需将各测点的体型系数转换为每层的体型系数，结果汇总于表 17-3。对应的计算公式为：

$$\mu_{s,b} = \frac{\sum_{i=1}^{n}\mu_{si}\mu_{zi}A_i}{\mu_{z,b}A} \tag{17-5}$$

式中，μ_{zi} 为风压高度变化系数；A_i 为体型系数对应的面积；A 为分块的总面积；$\mu_{z,b}$ 为分块中心的风压高度变化系数；n 为 A 分块内的测点总数。

表 17-3　各层体型系数汇总

层数	层高/mm	体型系数
1	4200	1.14
2	4000	1.33
3	4000	1.52
4	4000	1.57
5	4000	1.47
6	4000	1.38
7	4000	1.3
8	4000	1.15
9	4000	1.08
10	4000	1
11	4000	0.92
12	4000	1
13	4000	1.15
14	3550	1.15
屋盖水平	2900	1.20

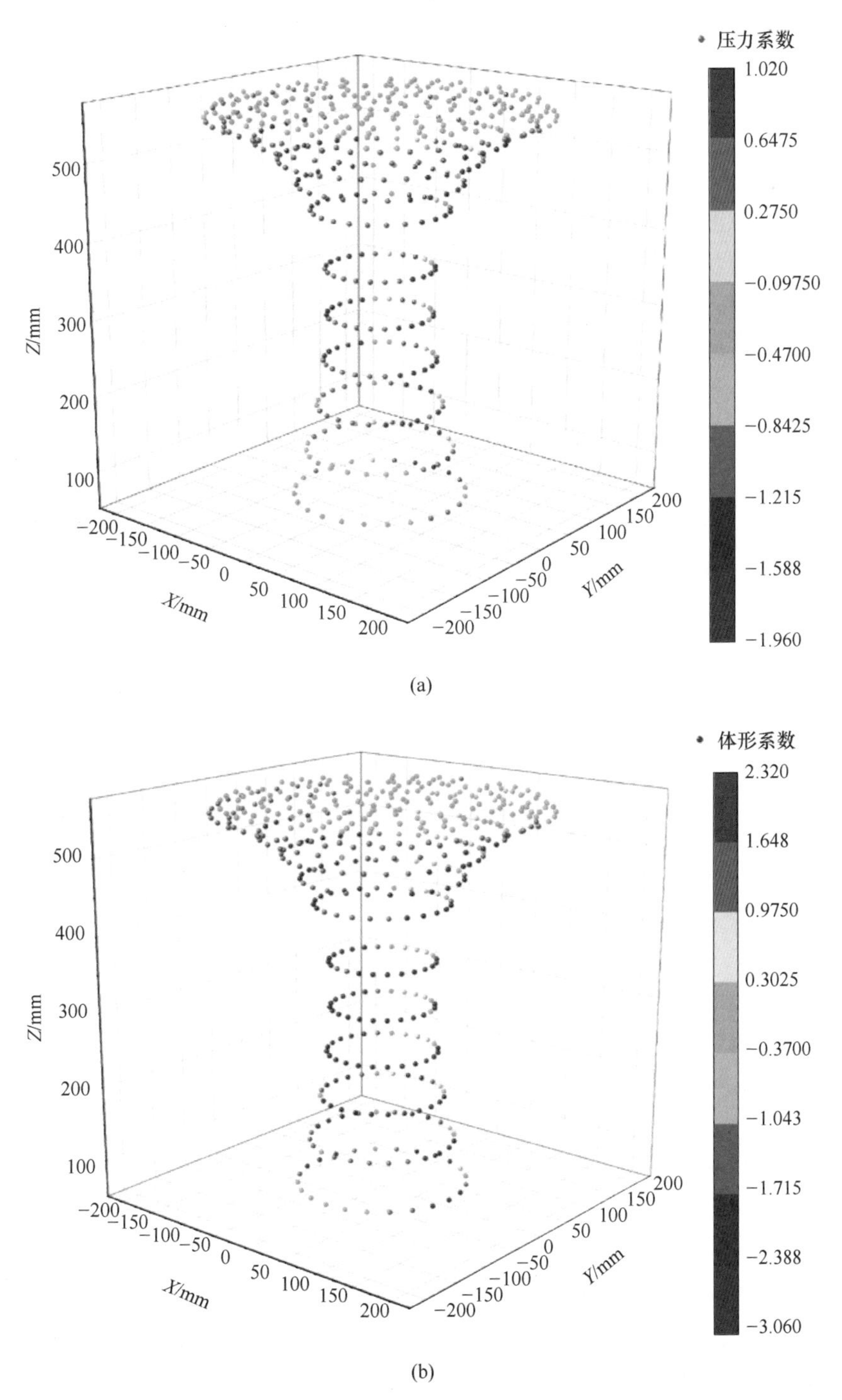

图 17-6　体型系数计算过程

(a) 平均压力系数三维分布图；(b) 体型系数三维分布图

17.3 风洞数值分析

17.3.1 数值模型

使用 Dlubal-Rwind 计算软件进行风洞数值模拟，数值模型如图 17-7 所示。建筑模型采用足尺模型，即 1 ∶ 1 模型。由《建筑工程风洞试验方法标准》（JGJ/T 338—2014）第 3.2.5 条可知，阻塞率宜小于 5%，不应超过 8%。通过计算得到风洞的尺寸为 $D_x=334$ m、$D_y=278$ m、$D_z=169$ m。为获取屋盖顶面各方位的风压系数，对屋盖顶面进行区域划分，如图 17-7（b）所示。网格划分时，建筑物表面附近的网格进行加密处理，从而保证计算结果的有效性。

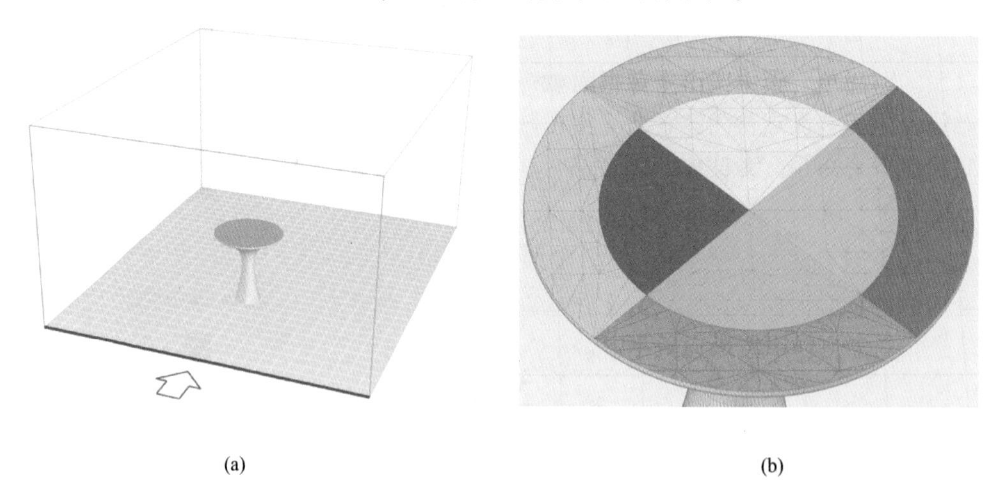

(a)　　(b)

图 17-7　数值风洞模型

（a）整体模型；（b）区域划分

17.3.2 风速模拟

由《建筑工程风洞试验方法标准》（JGJ/T 338—2014）第 3.3.2 条计算平均风速剖面和湍流强度剖面，然后施加至数值风洞模型，形成图 17-8 所示的风速流线。随着高度的增大，风速逐渐增大，且在建筑物背风侧形成风流旋涡，如图 17-8（a）所示。在建筑横风向两侧风速流线基本呈现对称的分布特征。

17.3.3 结果验证

为验证数值风洞模型的有效性，需将其水平风压系数的结果与试验结果进行对比。数值风洞模型的计算结果如图 17-9 所示，风洞试验的结果如图 17-6（a）

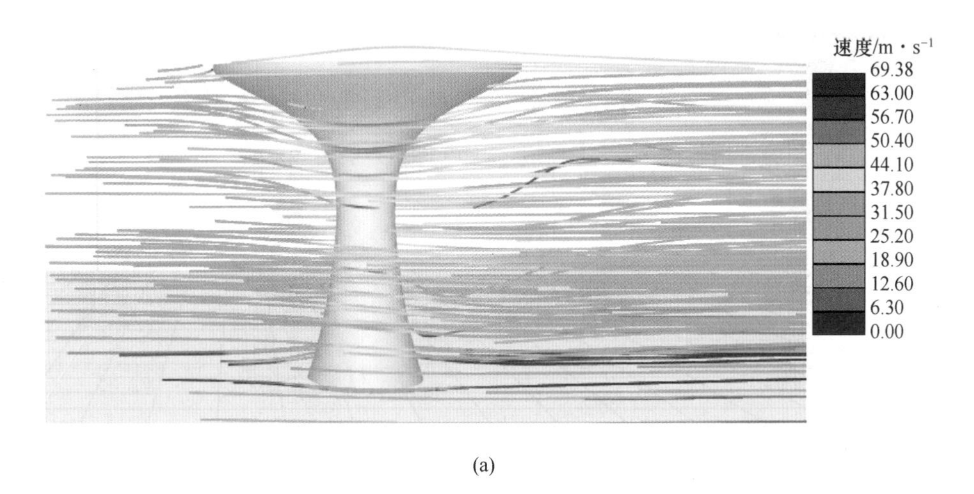

(a)

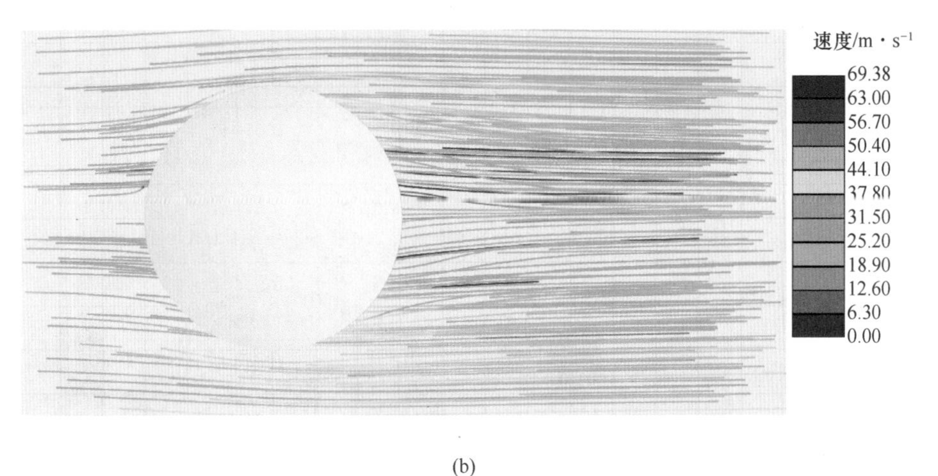

(b)

图 17-8 风速流线

（a）正视图；（b）俯视图

所示。风洞数值模拟的结果显示，风压系数的分布范围是-2.147~1.002，风洞试验对应的风压系数分布范围是1.02~1.96，二者极为接近。数值风洞和试验的风压系数分布规律基本一致，迎风面均为正值，两边侧面达到负值，背面均为负值，符合圆形截面的风压分布规律。通过上述分析可知，本数值风洞模型具有足够的精度，可用于竖向体型系数的分析与计算。

17.3.4 竖向体系系数

通过数值风洞获取了建筑屋盖的竖向风向系数，如图 17-10 所示。屋盖顶面的竖向风压系数均为负值，其中在近风端绝对值达到峰值，最大负值为0.84，然

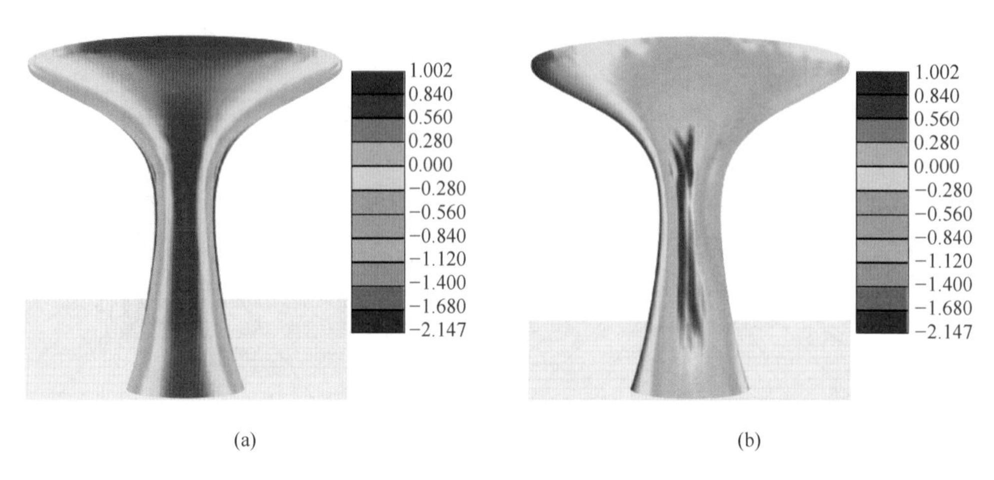

(a)　(b)

图 17-9　数值模拟水平风压系数

（a）正视图；（b）侧视图

后顺着风向逐渐减小，最小负值为 0.13，但在最远端达到 0.48。屋盖底面的风压系数在近风端为正值，最大正值为 0.8，两侧和背风端为负值，最大负值为 −0.9。由屋盖的竖向风压系数分布状态可知，近风端和背风端差异较大，左右两端完全对称分布。因此，在结构设计的过程中，应特别关注顺风向的掀翻弯矩。

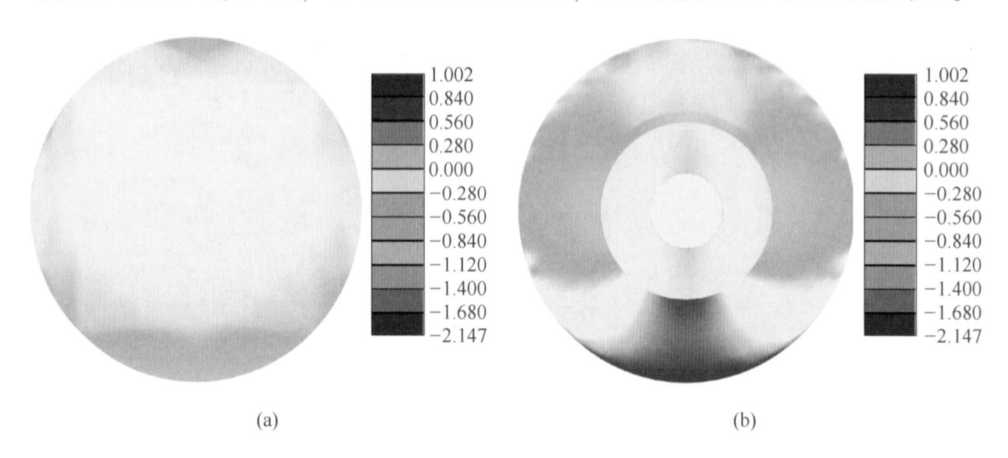

(a)　(b)

图 17-10　屋盖竖向风压系数

（a）屋盖顶面；（b）屋盖底面

由数值模拟所得屋盖竖向风压系数，通过式（17-4）和式（17-5）可得屋盖顶面和底面的竖向体型系数，如图 17-11 所示。为便于结构设计使用，根据风压系数的分布规律将屋盖顶面和底面分为 4 个区域，每个区域均给出了竖向体型系数计算值。

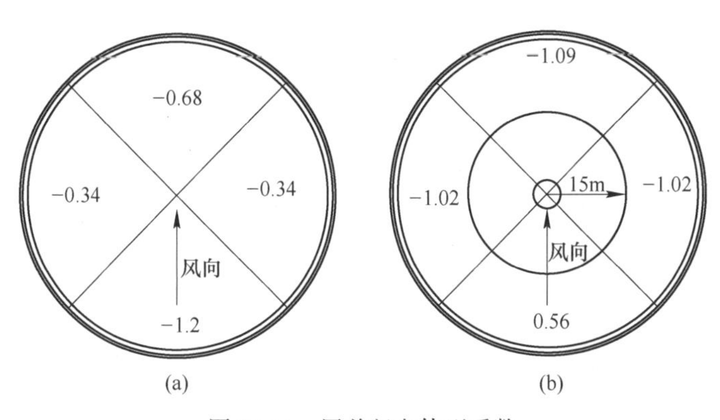

图 17-11　屋盖竖向体型系数

（a）屋盖顶面；（b）屋盖底面

17.4　风振响应分析

17.4.1　分析模型

基于大型有限元分析软件 ABAQUS 建立结构风振响应分析模型，如图 17-12 所示。其中，采用桁架单元模拟屋盖钢结构，采用梁单元模拟各层悬臂主梁和次梁，采用壳单元模拟核心筒剪力墙，各构件的截面尺寸与结构设计模型一致，这里不再赘述。根据《建筑结构荷载规范》（GB 5009—2012）的规定，对一般钢结构（如构架钢结构）、有墙体材料填充的房屋钢结构和钢筋混凝土或砖石砌体结构，阻尼比分别取 1%、2%和 5%。因此，本项目顶部钢结构阻尼比为 1%，下部混凝土核心筒和悬臂梁均采用 5%。在风振响应分析中，根据结构的前 2 阶振型，计算得到各部分的瑞利阻尼参数。

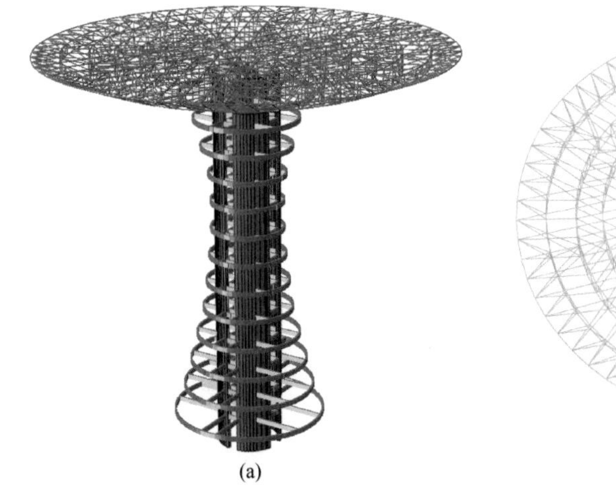

(a)

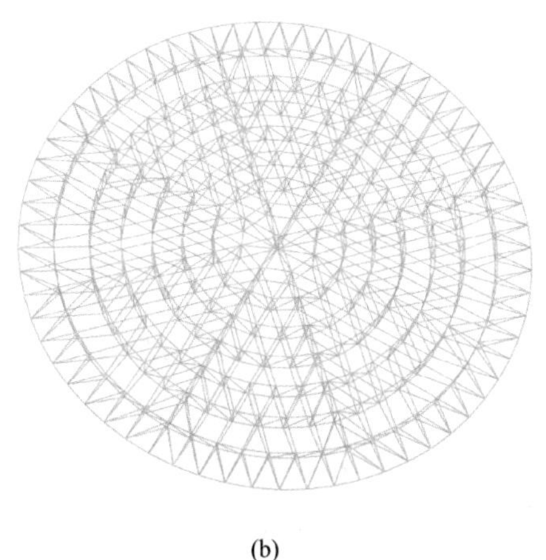

(b)

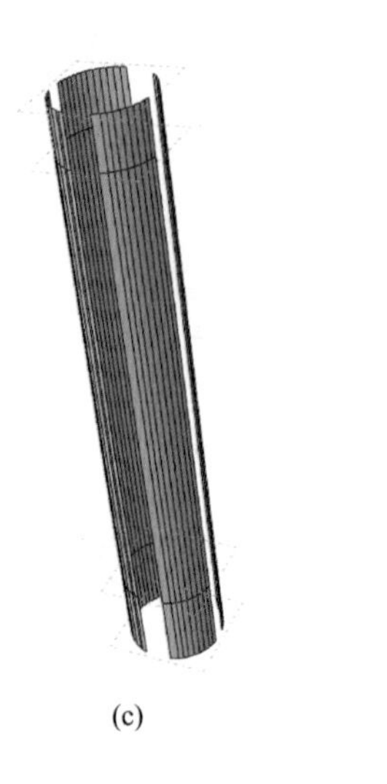

(c)

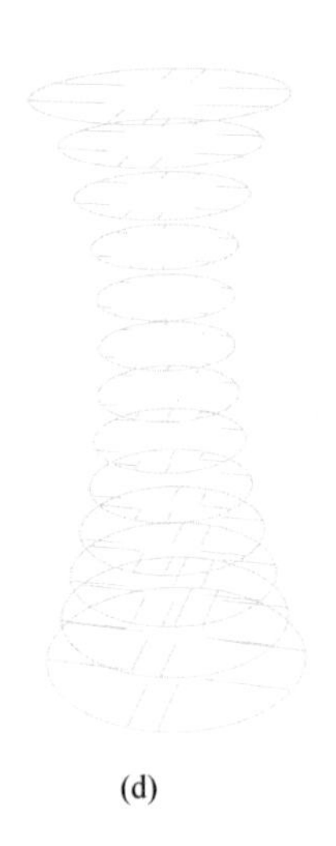

(d)

图 17-12 ABAQUS 分析模型

（a）整体模型；（b）顶部钢桁架；（c）剪力墙；（d）悬挑梁

17.4.2 时程荷载

根据风洞试验测量得到的脉动风压结果，采用时域直接积分法对该结构抖振响应进行分析。其中，典型的风压系数时程曲线如图 17-13 所示。最底层水平风压系数的时程变化范围为 0.0~1.0，中间细腰处变化范围为 0.0~1.2，顶层水平变化范围是 0.2~0.8，顶层竖向变化范围是−1.2~0.2。

17.4.3 风振响应

通过风振分析得到了结构在时程风荷载的位移响应，如图 17-14 所示。顺风向水平位移（图 17-14（a））随着层高的增加逐渐增大，最大顺风向水平位移为 41.8 mm，最大水平位移发生在屋盖钢结构层。横风向水平位移（图 17-14（b））在下部核心筒范围内基本保持一致（位移约为 6 mm），在屋盖钢结构层发生最大水平位移 21.4 mm。竖向位移（图 17-14（c））主要集中于屋盖钢结构层，靠近风荷载来向端发生竖直向下的位移（位移值为 16.7 mm），背离风荷载来向出现竖直向上位移（位移值为 13 mm）。通过分析位移风振响应结果可知，在时程风荷载作用下顺风向发生较大的水平位移，且由于横向风振的作用产生了横向位移，屋盖钢结构产生了倾覆位移。在结构设计的过程中，应充分考虑结构在风荷载作用下的响应特征，从而确保结构安全。

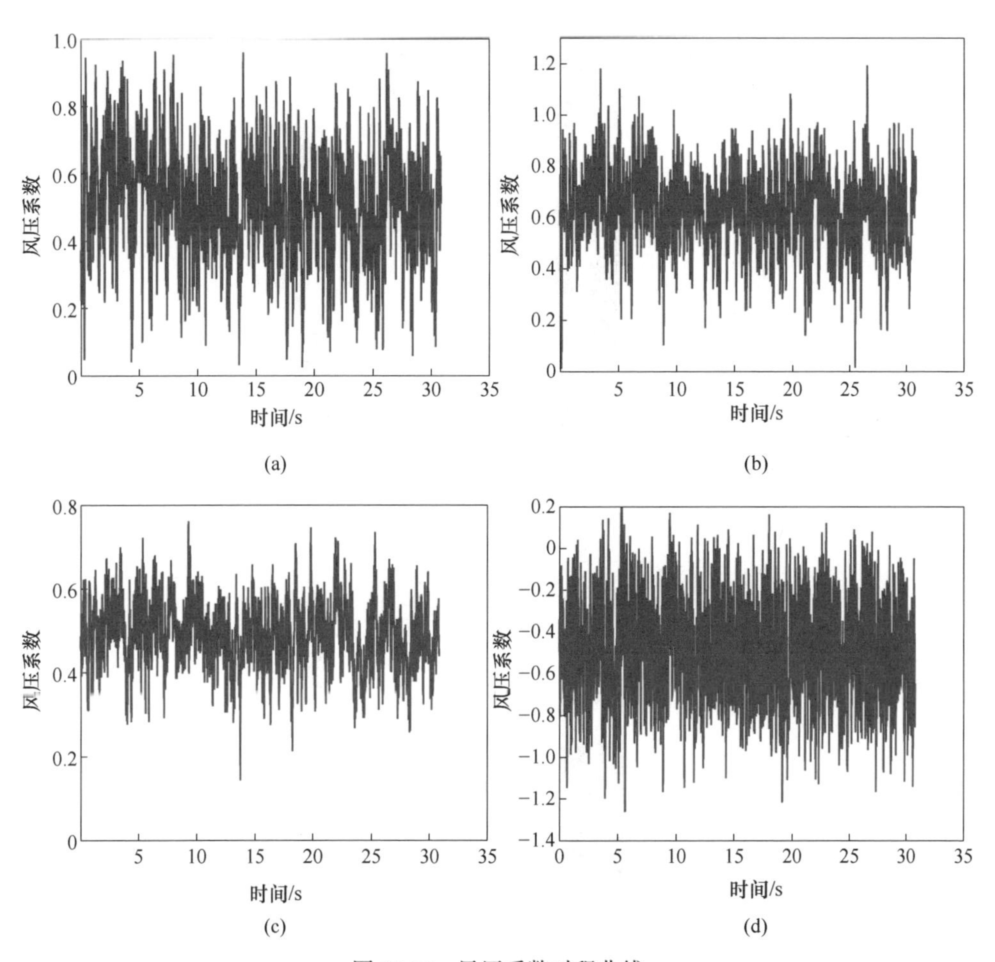

图 17-13　风压系数时程曲线

（a）最底层水平；（b）中间细腰处水平；（c）最顶层水平；（d）最顶层竖向

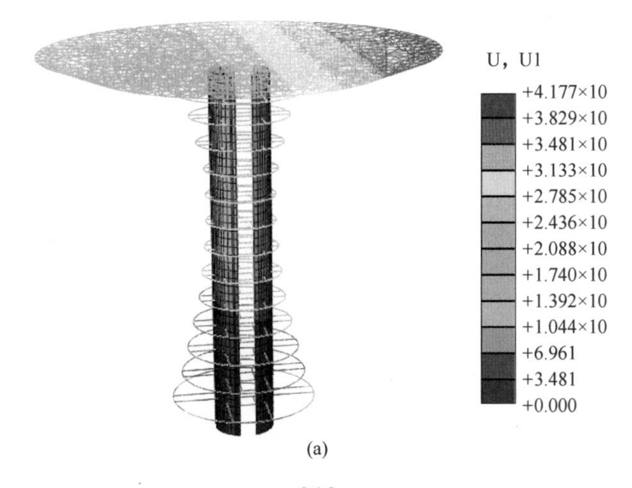

(a)

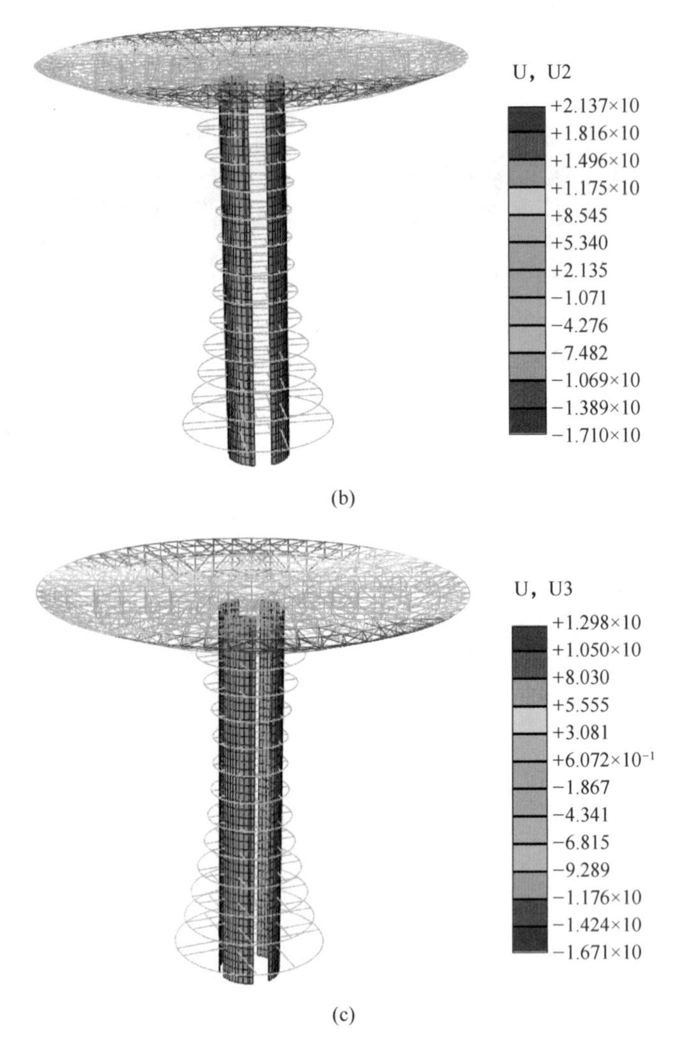

图 17-14　风振响应分析结果

（a）顺风向位移响应；（b）横风向位移响应；（c）竖向位移响应

17.4.4　风振系数

风振系数是指风荷载的总响应与平均风产生响应的比值，风荷载的总响应包括平均风产生的响应和脉动风产生的响应。因此结构上任意点的风振系数为：

$$\beta_i = 1 + \frac{\tilde{\mu}_i}{\bar{\mu}_i} \tag{17-6}$$

式中，β_i 为任意点的风振系数；$\tilde{\mu}_i$ 为该点的平均风位移；$\bar{\mu}_i$ 为该点脉动风响应的最大位移。

通过式（17-6）最终获得了各层风振系数，详见表 17-4。随着层高的增加，风振系数逐渐增大，这是因为随着高度的增加距离底部约束越远从而振动越发明显。屋盖钢结构的竖向风振系数略大于水平风振系数，这是因为大跨钢结构对竖向刚度更为敏感。

表 17-4　各层风振系数汇总

层数	层高/mm	风振系数
1	4200	1.26
2	4000	1.26
3	4000	1.27
4	4000	1.30
5	4000	1.31
6	4000	1.31
7	4000	1.32
8	4000	1.33
9	4000	1.34
10	4000	1.35
11	4000	1.36
12	4000	1.37
13	4000	1.38
14	3550	1.42
屋顶钢结构水平	2900	1.44
屋顶钢结构竖向	2900	1.54

17.5　工程总结

本工程建筑外形呈下窄上宽的不规则喇叭形，高度和悬挑尺度大，迎风面头重脚轻，顶部风荷载占比大，对结构的受力十分不利，属于典型的超限高大悬挑结构。为确定本建筑结构最真实的风荷载作用情况，对其开展了风洞试验、风洞数值模拟及风振响应分析，主要结论如下：

（1）风洞试验结果表明，建筑截面的水平压力系数在正对风向（0°）时达到正峰值，即呈现风压力的作用形式。在两侧（±90°）达到负压力系数峰值，由两侧向北侧（180°）负压力系数值逐渐降低，均呈现风吸力的作用形式。最底层及中间细腰处压力系数较为接近，屋顶处压力系数明显降低。

（2）风洞数值模拟结果表明，屋盖的竖向风压系数分布状态为：近风端和背风端差异较大，左右两端完全对称分布。因此，在结构设计的过程中，应特别关注顺风向的掀翻弯矩。

（3）风振响应分析结果表明，在时程风荷载作用下顺风向发生较大的水平位移，且由于横向风振的作用产生了横向位移，屋盖钢结构产生了倾覆位移。

（4）根据规范的相关计算公式，给出了本建筑结构的体型系数和风振系数建议值。

18　网架支撑柱施工偏心受力复核

18.1　工程概况

18.1.1　结构体系

某小学报告厅屋顶采用网架钢结构体系，项目位于鄂尔多斯市乌审旗。网架形式为球节点正放四角锥网架，节点形式为螺栓球节点，采用下弦支撑的方式放置于钢管柱顶。网架结构的平面布置如图 18-1 所示，该网架的平面形式呈现不规则的四边形状，属于典型的平面不规则网架结构。网架上方长度为 85 m，左侧长度为 17.5 m，左下长度为 62.8 m，右下侧长度为 59 m。钢柱采用 P630 mm×17 mm 钢管柱，柱高均为 14.2 m，柱采用 Q345 钢材。

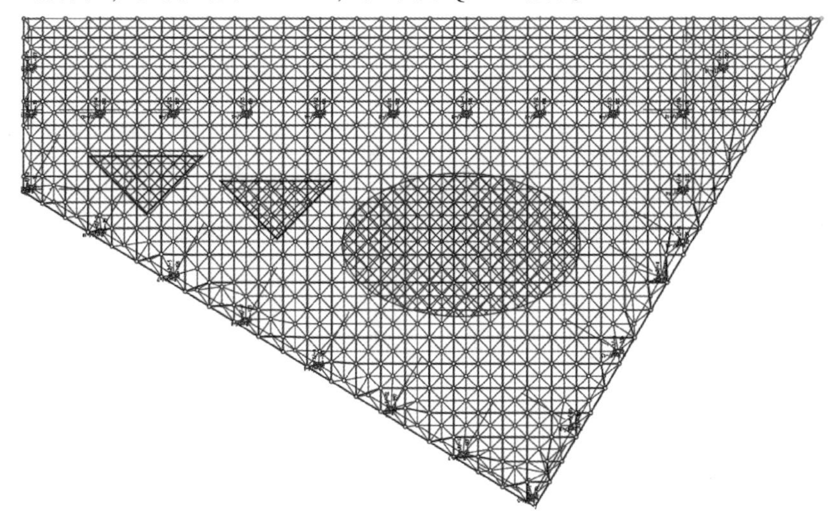

图 18-1　结构平面图

18.1.2　支座误差

在原结构设计中，网架支座的平面位置如图 18-2（a）所示，支座沿左下斜边、右下斜边、正上居中 3 条线均匀布置。网架下弦杆螺栓球节点坐落于十字隔板的支座上，支座放置于钢柱顶面，支座的构造形式如图 18-2（b）所示。

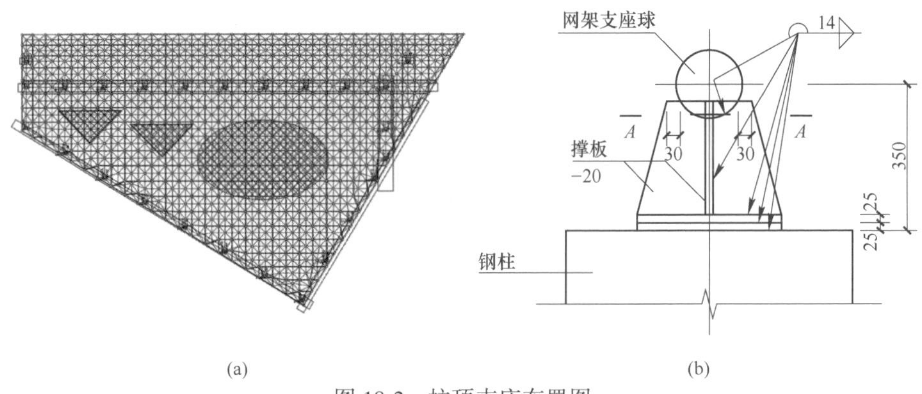

图 18-2　柱顶支座布置图
（a）支座布置；（b）支座构造

在施工的过程中，由于施工精度控制不足，导致施工完成时网架支座与柱顶出现了明显的偏心现象，如图 18-3 所示。由于柱的半径为 315 mm，因此上部支座偏心距最大值为 200 mm，即偏心距小于等于 200 mm。原结构设计时，计算模型中的网架支座与柱中心线重合，并未考虑可能出现的偏心距。显然上部支座偏心必将向柱顶传递偏心荷载，这与初始结构设计时的计算模型完全不同，从而导致结构存在安全隐患。

图 18-3　支座偏心情况
（a）支座一；（b）支座二；（c）支座三；（d）支座四

18.2 计算模型

18.2.1 结构模型

将CAD图纸导入RHINO，然后进行网架模型复原，如图18-4（a）所示。将不同截面尺寸的杆件建成不同的图层，然后转为DXF格式的文件并导入MIDAS GEN模型，如图18-4（b）所示。网架支座采用梁单元进行模拟，并适当放松该梁单元的转动约束，从而形成铰接支座。柱底采用固结约束的边界条件，即约束柱底各方向的平动与转动。

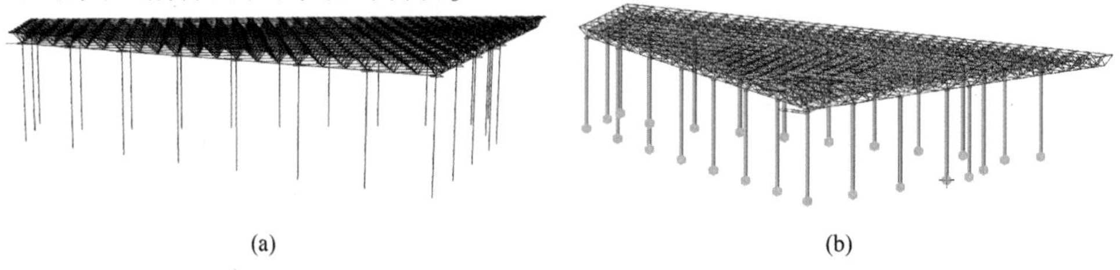

(a) (b)

图18-4 结构模型复原

（a）RHINO模型；（b）MIDAS GEN模型

18.2.2 荷载工况

本模型采用原结构设计的荷载工况，如表18-1所示。结构分析的规范主要采用《钢结构设计规范》（GB 50017—2003）和《空间网格结构技术规程》（JGJ 7—2010）。荷载组合如图18-5所示。模型的偏心工况分为无偏心、单向偏心及双向偏心，偏心距取200 mm。

表18-1 荷载信息

建筑结构安全等级	一级
设计使用年限	50年
建筑抗震设防类别	乙类
抗震设防烈度	6度（0.05g，第一组）
场地土类别	Ⅱ类
基本风压	0.50 kN/m^2
基本雪压	0.35 kN/m^2
屋面活荷载	0.50 kN/m^2
上弦静载	0.60 kN/m^2（屋面玻璃顶区域1.2 kN/m^2）
下弦静载	0.30 kN/m^2

1	sLCB1	基本组合 D(1.350) +	相加	L(0.980)	
2	sLCB2	基本组合 D(1.200) +	相加	L(1.400)	
3	sLCB3	基本组合 D(1.000) +	相加	L(1.400)	
4	sLCB4	基本组合 D(1.200) +	相加	WIND(1.400)	
5	sLCB5	基本组合 D(1.200) +	相加	WIND(-1.400)	
6	sLCB6	基本组合 D(1.000) +	相加	WIND(1.400)	
7	sLCB7	基本组合 D(1.000) +	相加	WIND(-1.400)	
8	sLCB8	基本组合 D(1.200) +	相加	L(1.400) +	WIND(0.840)
9	sLCB9	基本组合 D(1.200) +	相加	L(1.400) +	WIND(-0.840)
10	sLCB10	基本组合 D(1.000) +	相加	L(1.400) +	WIND(0.840)
11	sLCB11	基本组合 D(1.000) +	相加	L(1.400) +	WIND(-0.840)
12	sLCB12	基本组合 D(1.200) +	相加	L(0.980) +	WIND(1.400)
13	sLCB13	基本组合 D(1.200) +	相加	L(0.980) +	WIND(-1.400)
14	sLCB14	基本组合 D(1.000) +	相加	L(0.980) +	WIND(1.400)
15	sLCB15	基本组合 D(1.000) +	相加	L(0.980) +	WIND(-1.400)
16	sLCB16	基本组合 D(1.200) +	相加	L(0.600) +	RX(1.300)
17	sLCB17	基本组合 D(1.200) +	相加	L(0.600) +	RY(1.300)
18	sLCB18	基本组合 D(1.200) +	相加	L(0.600) +	RX(-1.300)
19	sLCB19	基本组合 D(1.200) +	相加	L(0.600) +	RY(-1.300)
20	sLCB20	基本组合 D(1.000) +	相加	L(0.500) +	RX(1.300)
21	sLCB21	基本组合 D(1.000) +	相加	L(0.500) +	RY(1.300)
22	sLCB22	基本组合 D(1.000) +	相加	L(0.500) +	RX(-1.300)

23	sLCB23	基本组合 D(1.000) +	相加	L(0.500) +	RY(-1.300)
24	sLCB24	基本组合 D(1.200) +	相加	L(0.600) +	RZ(1.300)
25	sLCB25	基本组合 D(1.200) +	相加	L(0.600) +	RZ(-1.300)
26	sLCB26	基本组合 D(1.000) +	相加	L(0.500) +	RZ(1.300)
27	sLCB27	基本组合 D(1.000) +	相加	L(0.500) +	RZ(-1.300)
28 +	sLCB28	基本组合 D(1.200) + RZ(0.500)	相加	L(0.600) +	RX(1.300)
29 +	sLCB29	基本组合 D(1.200) + RZ(0.500)	相加	L(0.600) +	RY(1.300)
30 +	sLCB30	基本组合 D(1.200) + RZ(-0.500)	相加	L(0.600) +	RX(1.300)
31 +	sLCB31	基本组合 D(1.200) + RZ(-0.500)	相加	L(0.600) +	RY(1.300)
32 +	sLCB32	基本组合 D(1.200) + RZ(0.500)	相加	L(0.600) +	RX(-1.300)
33 +	sLCB33	基本组合 D(1.200) + RZ(0.500)	相加	L(0.600) +	RY(-1.300)
34 +	sLCB34	基本组合 D(1.200) + RZ(-0.500)	相加	L(0.600) +	RX(-1.300)
35 +	sLCB35	基本组合 D(1.200) + RZ(-0.500)	相加	L(0.600) +	RY(-1.300)
36 +	sLCB36	基本组合 D(1.000) + RZ(0.500)	相加	L(0.500) +	RX(1.300)
37 +	sLCB37	基本组合 D(1.000) + RZ(0.500)	相加	L(0.500) +	RY(1.300)
38 +	sLCB38	基本组合 D(1.000) + RZ(-0.500)	相加	L(0.500) +	RX(1.300)
39 +	sLCB39	基本组合 D(1.000) + RZ(-0.500)	相加	L(0.500) +	RY(1.300)
40 +	sLCB40	基本组合 D(1.000) + RZ(0.500)	相加	L(0.500) +	RX(-1.300)

图 18-5　荷载组合

18.3　结果分析

18.3.1　振型对比

不同偏心工况下的振型如图18-6所示。显而易见，不同偏心工况下的振型形态完全一致，第一振型为Y向平动，第二振型为X向平动，第三振型为XY平面扭转。三种扭转工况的周期（表18-2）呈现逐渐减小的变化规律，但整体变化幅度较小，可忽略不计。

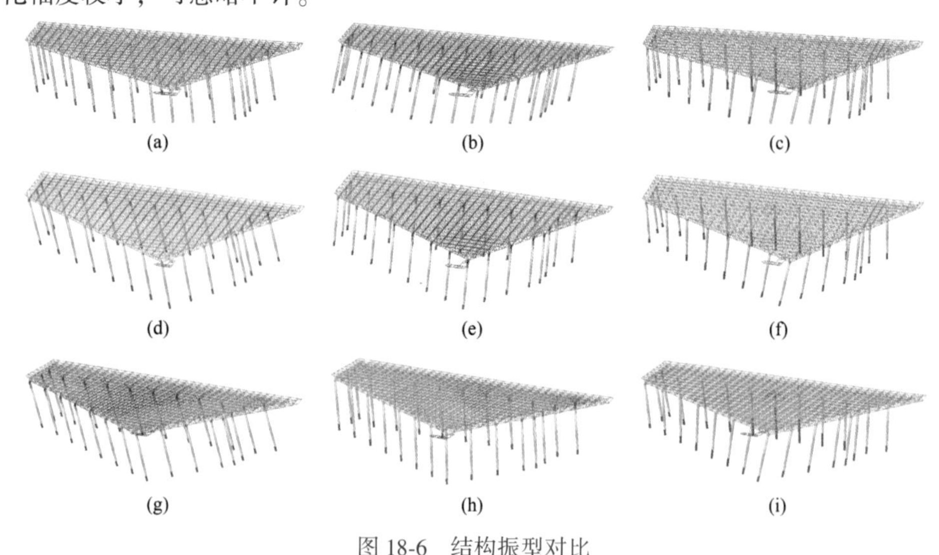

图18-6　结构振型对比

（a）无偏心第一振型；（b）无偏心第二振型；（c）无偏心第三振型；
（d）单向偏心第一振型；（e）单向偏心第二振型；（f）单向偏心第三振型；
（g）双向偏心第一振型；（h）双向偏心第二振型；（i）双向偏心第三振型

表18-2　自振周期对比　（s）

模型工况	第一振型周期	第二振型周期	第三振型周期
无偏心	2.210	2.201	1.747
单向偏心	2.208	2.173	1.739
双向偏心	2.203	2.168	1.745

18.3.2　变形对比

不同偏心工况下的柱水平位移如图18-7所示。无偏心时柱顶最大水平位移为9.9 mm，该最大位移柱位于右下处。单向偏心时，柱顶最大水平位移为11.7 mm，其位置与无偏心时一致。双向偏心时，柱顶最大水平位移为13.6 mm，最大位移柱则位于上端中间处。单向偏心的最大位移较无偏心时增大了18%，双向偏心时增大了37%。显然，双向偏心对于柱的刚度更为不利。在后续的使用期间要重点关注位移最大处柱顶的水平位移，以便提前对结构安全做出预警和判断。

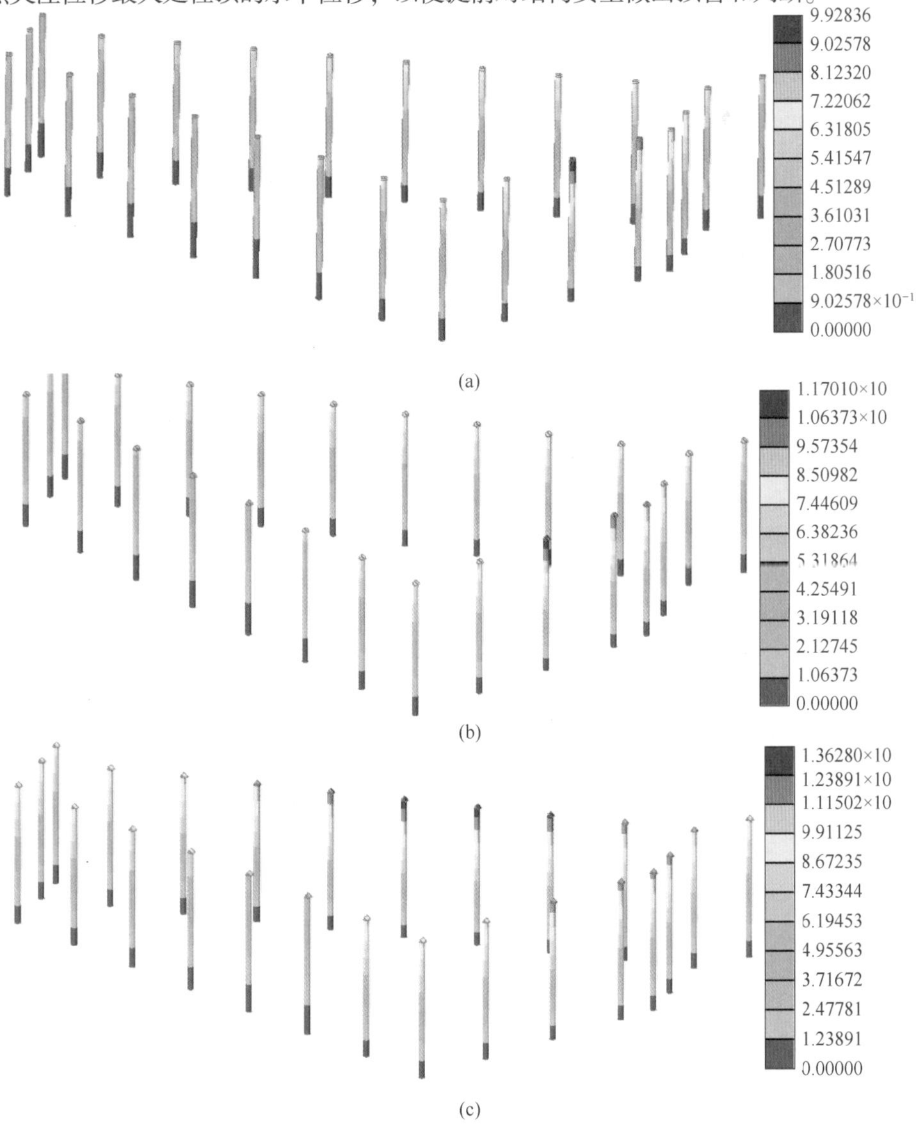

图 18-7　水平位移

（a）无偏心；（b）单向偏心；（c）双向偏心

18.3.3　截面验算

使用《钢结构设计规范》（GB 50017—2003）对不同偏心工况柱截面进行验

算，结果如图 18-8 所示。当无偏心时截面验算比最大值为 0. 167，单向偏心时截面验算比最大值为 0. 194，双向偏心时截面验算比最大值为 0. 259。显然，随着偏心距的出现，柱将承受偏心力产生的附加弯矩，从而导致构件的截面验算比降低。截面验算比最大的柱位于上端中间处。由于最大截面验算比均小于 0. 3，且远小于 1. 0，所以柱截面具有足够的安全储备。支座偏心并不会引起柱截面失效，即 200mm 的偏心距内支撑柱的承载力满足规范要求。

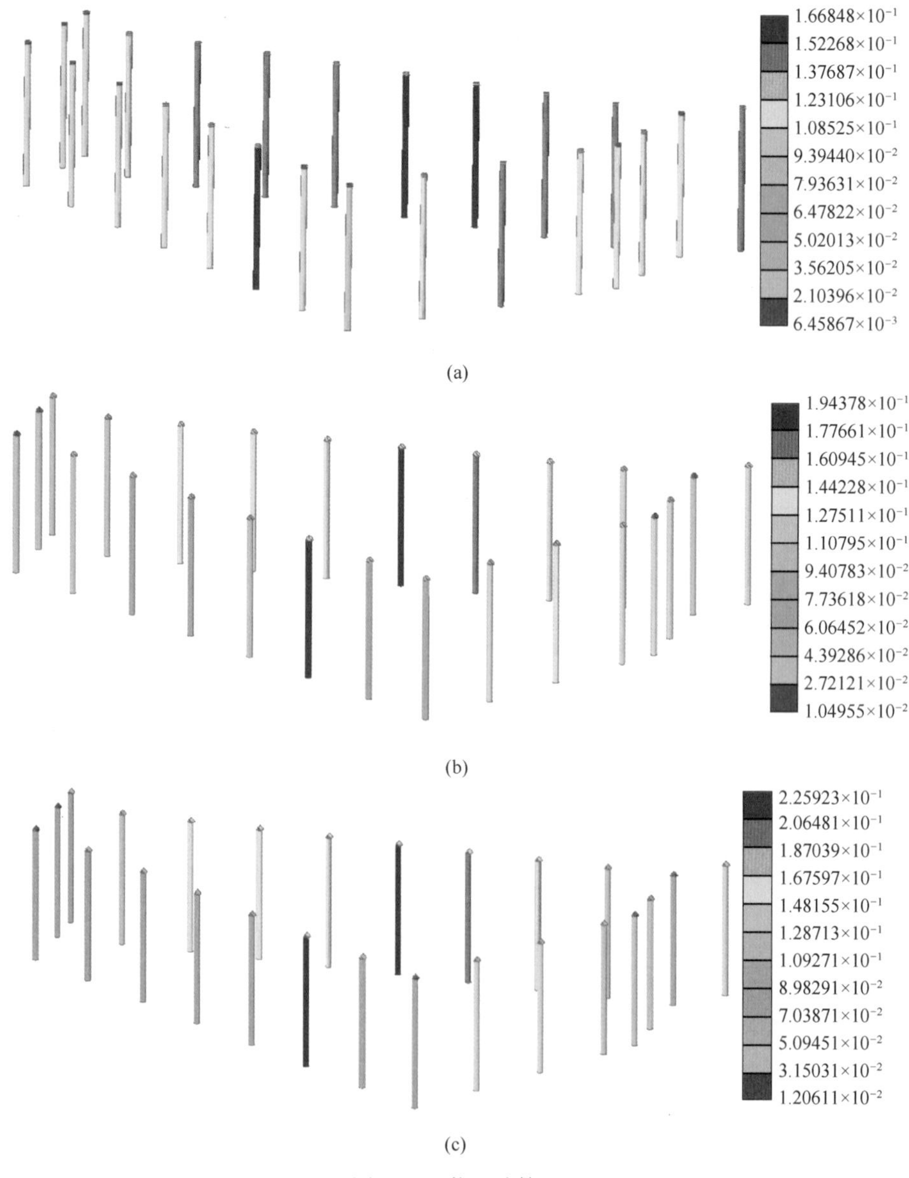

(a)

(b)

(c)

图 18-8　截面验算比

(a) 无偏心；(b) 单向偏心；(c) 双向偏心

18.4 结论

针对某学校报告厅屋盖网架支座偏心引起的支撑柱受力安全隐患，基于原结构施工图建立结构分析模型，并根据实际情况设置了三种偏心工况（无偏心、单向偏心 200mm、双向偏心 200mm）进行结构分析，通过对柱的水平位移和截面验算比分析来验证结构的安全性，具体结论为：

（1）不同偏心工况下的振型形态完全一致，第一振型为 *Y* 向平动，第二振型为 *X* 向平动，第三振型为 *XY* 平面扭转，振型周期基本一致。

（2）单向偏心的最大位移较无偏心时增大了 18%，双向偏心时增大了 37%。显然，双向偏心对于柱的刚度更为不利。在后续的使用期间需重点关注位移最大处柱顶的水平位移，以便提前对结构安全做出预警和判断。

（3）随着偏心距的出现，柱将承受偏心力产生的附加弯矩，从而导致构件的截面验算比增大，验算比最大的柱位于上端中间处。偏心距保持在 200mm 范围内时支撑柱的承载力满足规范要求。

19　体育场馆屋盖结构施工过程分析

19.1　工程概况

19.1.1　结构概况

本项目为重庆市某职业学院（图19-1）综合中心训练馆和多功能球馆屋盖钢结构施工受力分析。本屋面钢结构属于大跨度钢结构项目，高处吊装作业多，施工难度大，为确保钢结构顺利施工，有必要对本屋面钢结构的施工受力进行专项计算。

训练馆屋面结构结构体系（图19-2）采用双向钢结构桁架，轴线范围为23~34和F~Q，主桁架的轴线跨度42.55m（共6榀），纵向次桁架长度51.25 m（共5榀），主次桁架互为各自的平面外支撑，形成双向桁架共同受力形成整体。钢结构主次桁架与周边型钢混凝土柱中的型钢连接，材质均为Q355。训练馆主次桁架上下弦和腹杆均采用H型钢，腹杆为单斜杆，桁架总高度5.2 m，主次桁架均为刚接连接。短向主桁架跨中设置2个拼接点，将桁架分为3个运输单元。长向次桁架被主桁架自动分为6个安装单元，和主桁架带出来的短牛腿连接，形成正交正放的双向桁架体型。

(a)

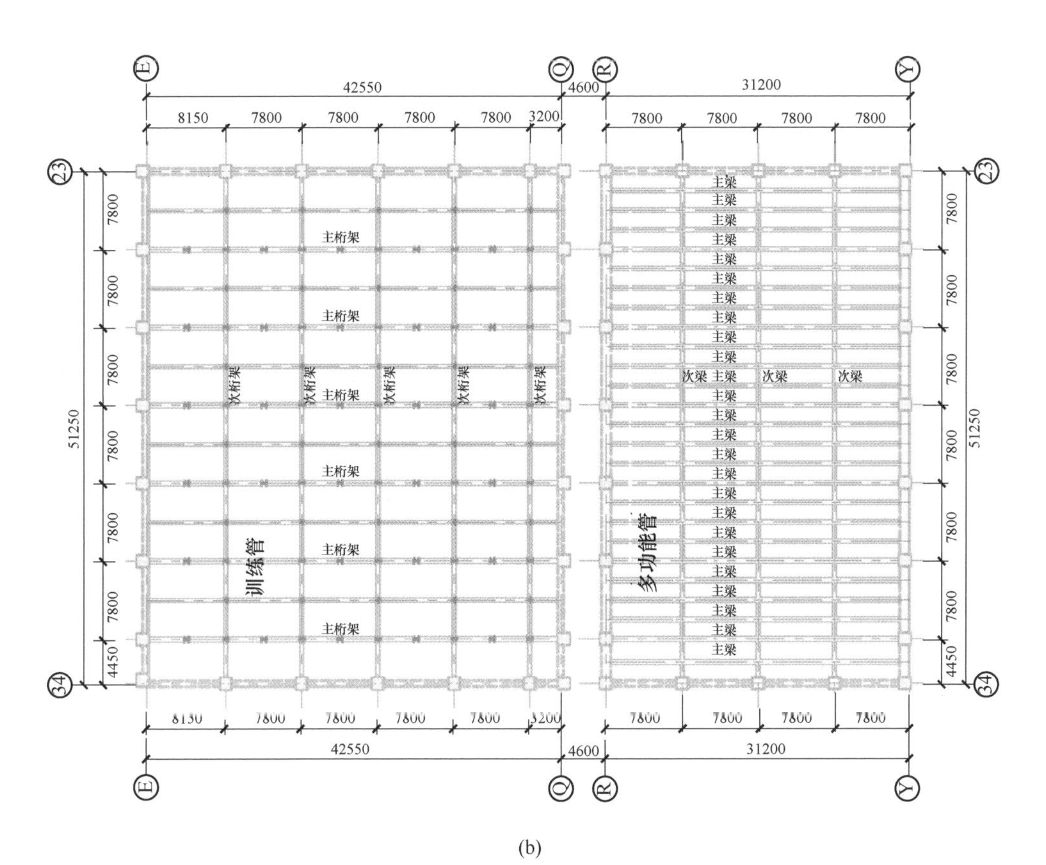

(b)

图 19-1 结构概况

(a) 建筑效果图；(b) 平面示意图

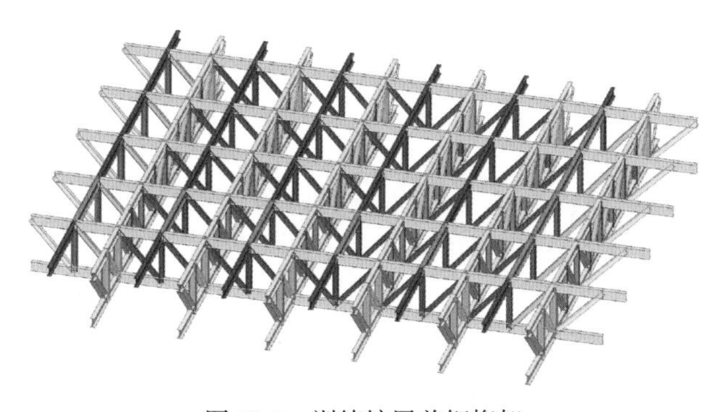

图 19-2 训练馆屋盖钢桁架

多功能球馆屋面结构体系（图 19-3）采用双向钢结构实腹梁，轴线范围为 23~34 和 R~Y，钢结构主梁轴线跨度 31.2 m，共 25 根。纵向次梁跨度 51.25 m，共 3 榀。钢结构主次梁与型钢混凝土柱中的型钢、型钢混凝土梁中的型钢连接，材质均为 Q355。多功能球馆主次梁均采用焊接 H 型钢，主梁高 2 m，次梁高 1 m，主次梁采用单剪板的铰接连接。

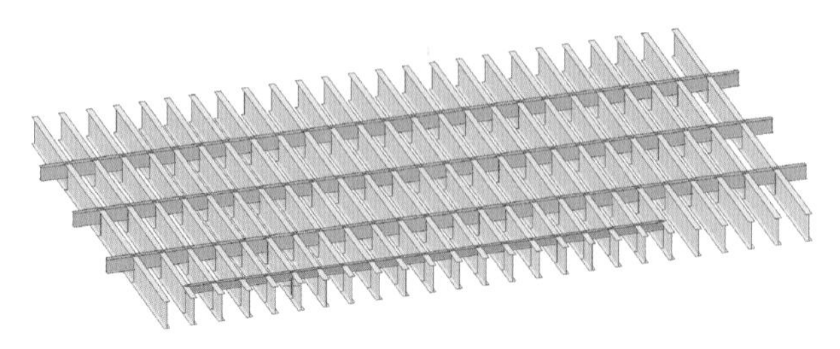

图 19-3　多功能球馆屋盖钢结构

19.1.2　施工方案

结合本项目特点，屋面钢结构拟采用“地面拼装主桁架主梁，单榀整体吊装主桁架主梁，高空安装次桁架次梁”的安装方案。此方案的特点为：无须搭设临时支撑，主桁架主梁地面拼装，焊接质量好，高空次结构安装，可以有效地保证施工质量。

训练馆屋盖钢桁架施工流程如图 19-4 所示。

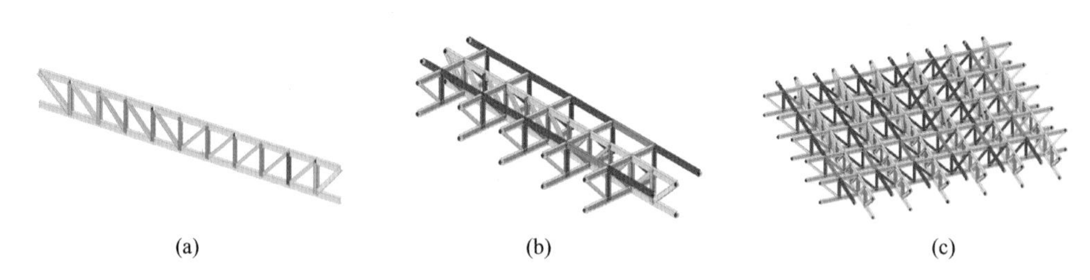

(a)　(b)　(c)

图 19-4　训练馆屋盖钢桁架施工流程
（a）单榀吊装；（b）单榀安装；（c）安装完成

多功能球馆屋盖钢结构施工流程如图 19-5 所示。

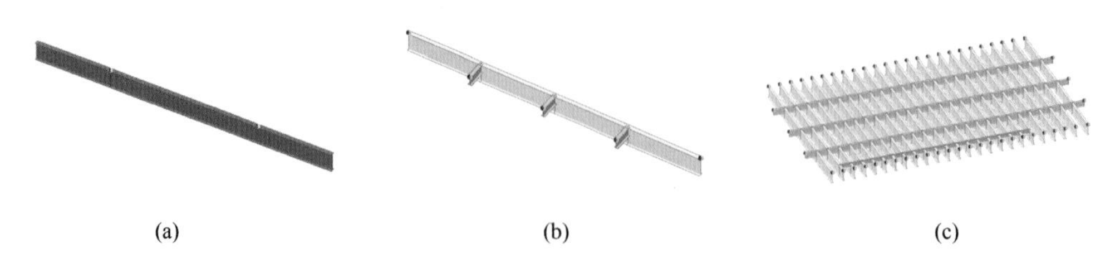

(a)　(b)　(c)

图 19-5　多功能球馆屋盖钢结构施工流程
（a）主梁吊装；（b）主梁安装；（c）安装完成

19.2 施工计算

19.2.1 训练馆屋盖

单榀吊装时最大位移为 0.43 mm，最大应力比为 0.02，如图 19-6 所示，满足规范要求。

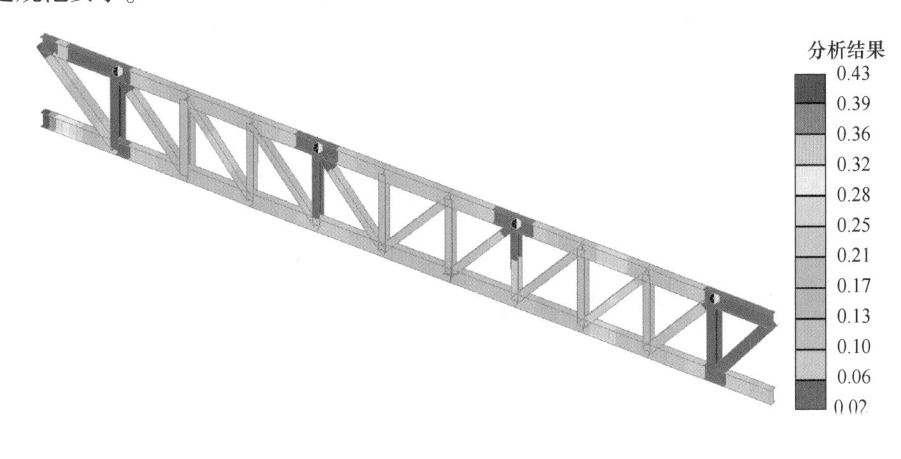

(a)

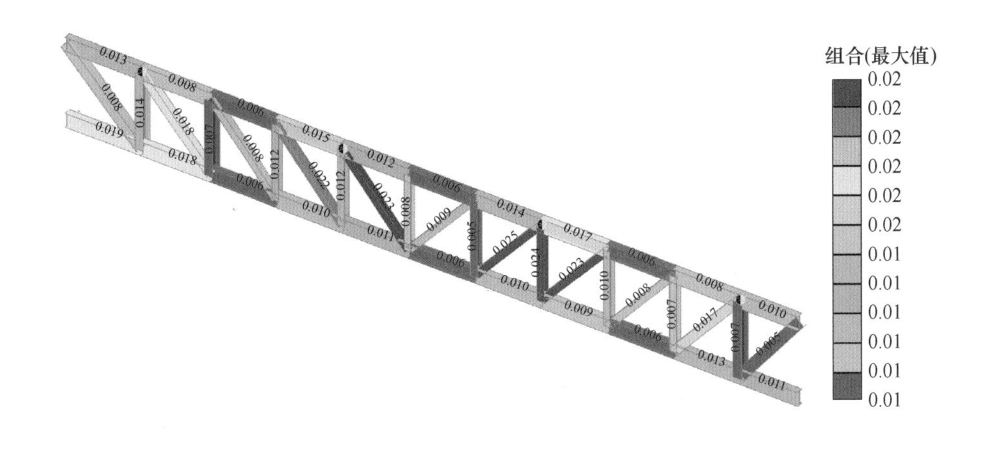

(b)

图 19-6 单榀吊装

(a) 竖向挠度（mm）；(b) 强度应力比

单榀安装时最大位移为 2.31 mm，最大应力比为 0.08，如图 19-7 所示，满足规范要求。

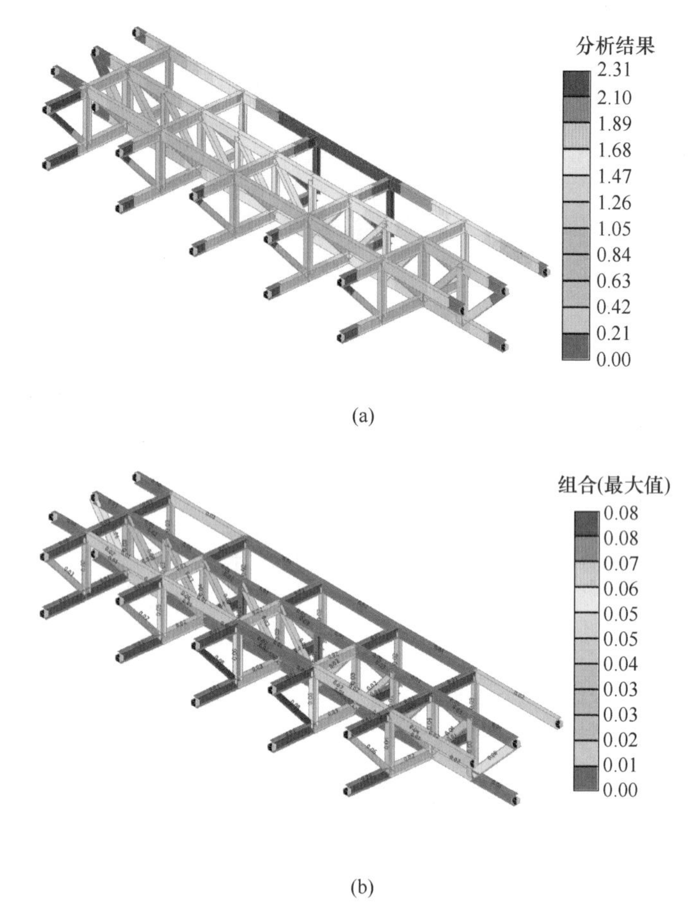

(a)

(b)

图 19-7　单榀安装

（a）竖向挠度（mm）；（b）强度应力比

安装完成时最大位移为 5.6 mm，最大应力比为 0.12，如图 19-8 所示，满足规范要求。

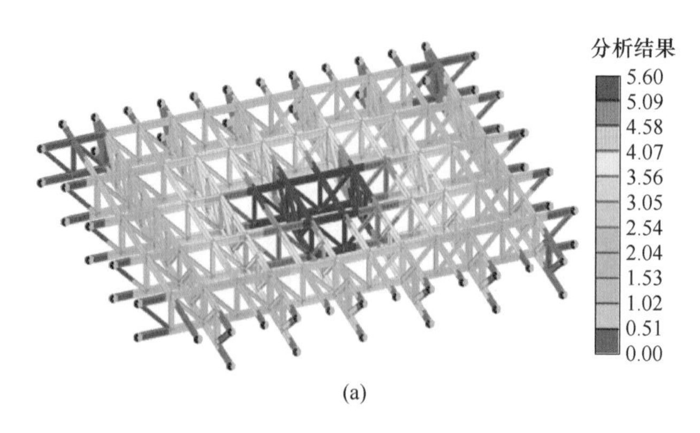

(a)

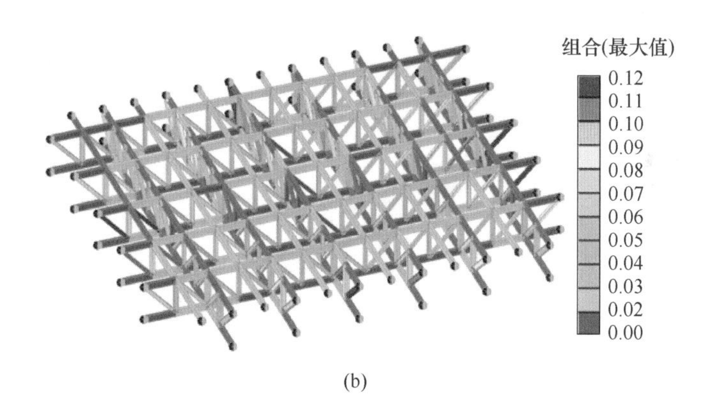

(b)

图 19-8 安装完成
（a）竖向挠度（mm）；（b）强度应力比

训练馆单榀桁架起吊过程采用四点起吊，单榀桁架平面外的稳定应力较小，可以保证单榀桁架吊装过程中平面外的稳定问题。训练馆单榀桁架吊装到位脱钩前，须同步安装长向的次桁架以保证主桁架的外面稳定。训练馆屋面钢结构桁架跨度较大，桁架安装时预起拱 1/1000，可以有效控制安装后桁架挠度。

19.2.2 多功能球馆屋盖

单根主梁吊装时最大位移为 1.15 mm，最大应力比为 0.03，如图 19-9 所示，满足规范要求。

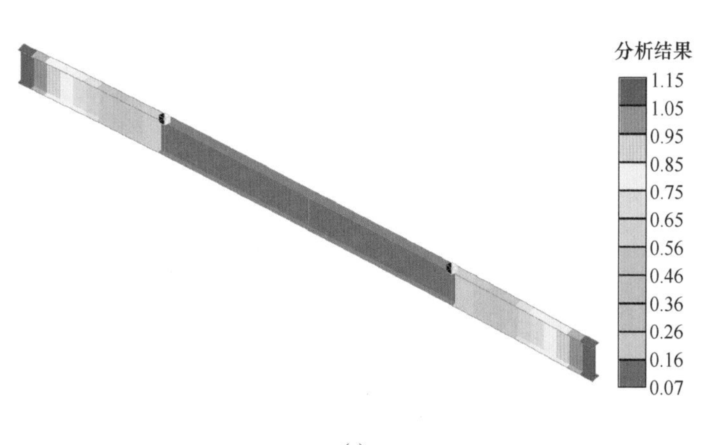

(a)

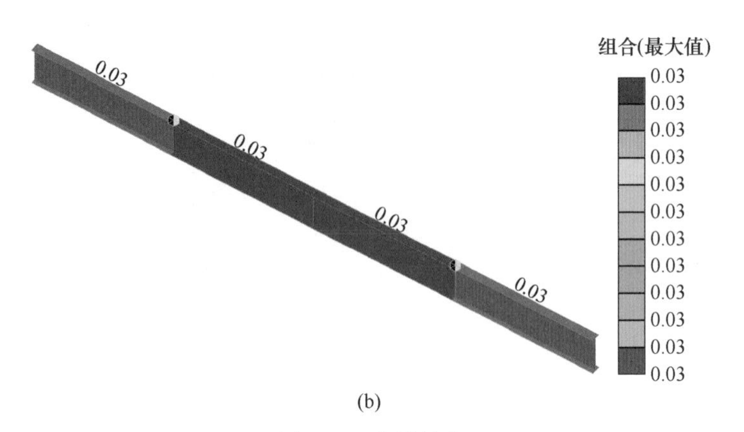

(b)

图 19-9　主梁吊装

（a）竖向挠度（mm）；（b）强度应力比

单根主梁安装时最大位移为 11.58 mm，最大应力比为 0.15，如图 19-10 所示，满足规范要求。

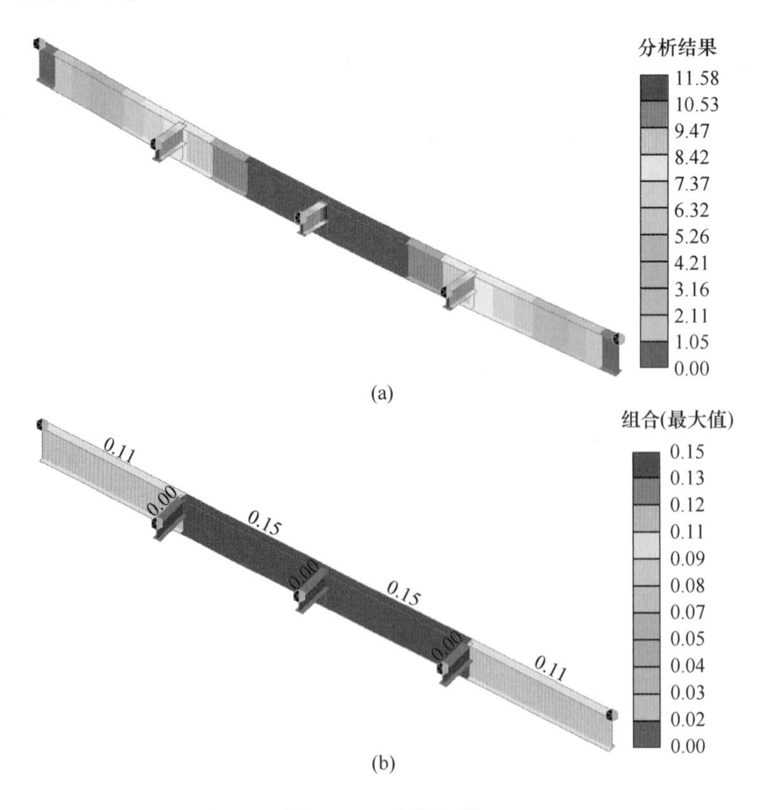

(b)

图 19-10　主梁安装

（a）竖向挠度（mm）；（b）强度应力比

安装完成时最大位移为 12.92 mm，最大应力比为 0.17，如图 19-11 所示，满足规范要求。

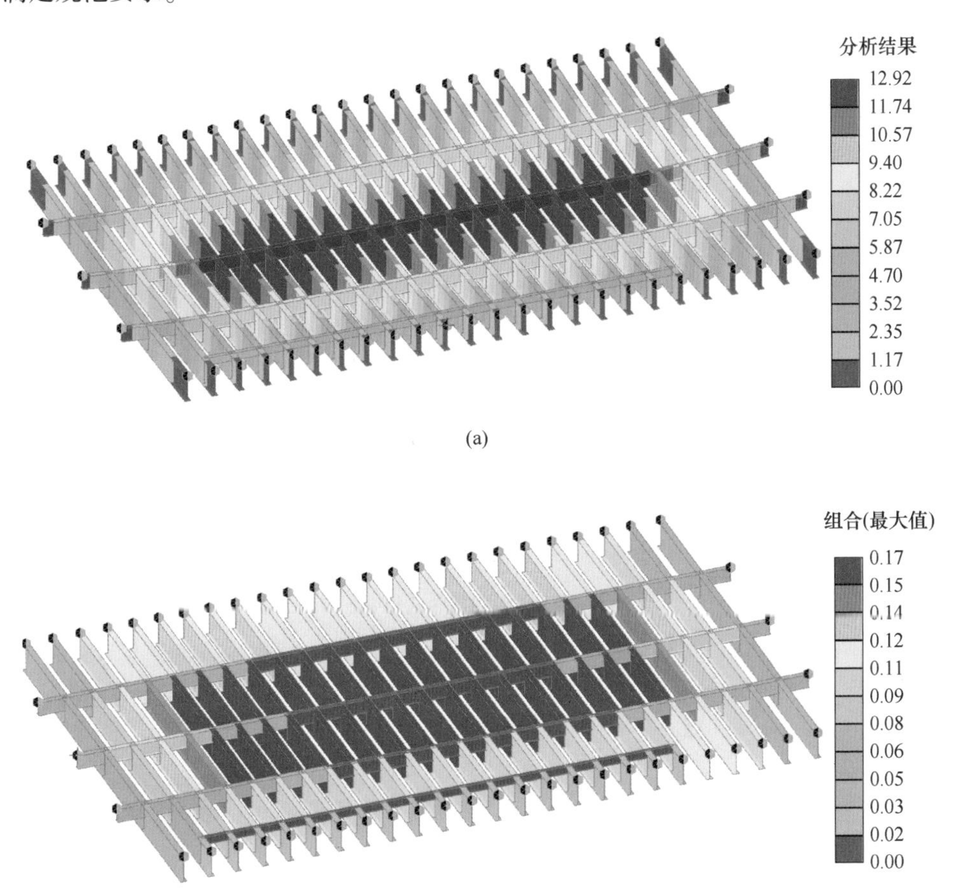

图 19-11 安装完成
(a) 竖向挠度 (mm)；(b) 强度应力比

多功能球馆单根主梁起吊过程采用两点起吊，主梁平面外的稳定应力较小，可以保证单根主梁吊装过程中平面外的稳定问题。多功能球馆单根主梁吊装到位脱钩前，须同步安装长向的次梁以保证主梁的外面稳定。多功能球馆屋面钢梁跨度较大，主梁安装时预起拱 1/1000，可以有效控制安装后主梁挠度。

19.3 工程总结

根据施工受力分析可知：

（1）训练馆单片桁架起吊过程，采用 4 点起吊桁架平面外的稳定应力较小，可以满足桁架截面的平面外稳定要求。在主桁架安装脱钩前，必须同步安装长向的次桁架，以保证桁架的平面外稳定。

（2）多功能球馆单梁可以采用 2 点起吊，平面外稳定应力比较小，满足要求。

（3）因为桁架和大梁跨度较大，建议主梁和主桁架预起拱 1/1000。

20　复杂异型钢结构相关企业与机构

20.1　引言

对于复杂异型钢结构而言，从建筑形态到结构设计，然后由结构深化到构件制作，最后进行施工安装，各个环节均存在超乎常规结构的挑战。随着复杂形态建筑钢结构的兴起，国内出现了一系列企业和研究机构从事该领域的技术攻关和工程实践。这些企业和机构对于复杂异型钢结构在国内乃至世界范围内的发展做出了突出贡献，本章将对其中一些典型企业或机构进行介绍，便于读者深入了解本领域。

20.2　研究机构

东南大学空间结构及形态研究所赵才其教授研究团队，长期从事大跨空间结构及异型复杂结构的分析、设计及试验研究。作为项目负责人及核心成员，先后主持和参与完成多项国家自然科学基金项目的研究。在新型空间结构体系的研究方面，率先提出基于高性能蜂窝板的铝合金组合网壳和铝木复合网壳结构体系及其设计方法，研发了多种铝合金网壳新型节点。申请和授权国家发明专利十余项，发表学术论文 50 多篇，其中 SCI 论文 26 篇。结合大型复杂工程项目开展应用研究，先后主持完成了中国药科大学体育馆等多项大跨空间结构的分析设计及试验研究工作，以及长沙千手观音像（高 99 m）等 20 余座高度在 60 m 以上的大型复杂雕像结构的分析设计工作。针对不规则异型结构的风载模拟、混合节点的优化分析及铜壁板的蒙皮效应等关键问题开展应用研究。本专著大部分实例均来自该研究团队，主要工程项目如图 20-1 所示。

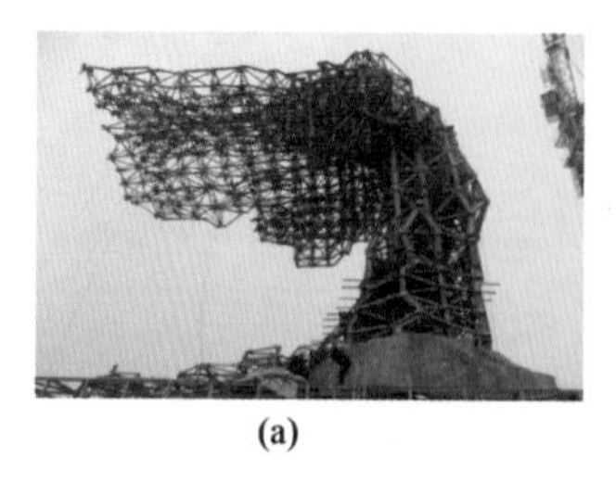
(a)

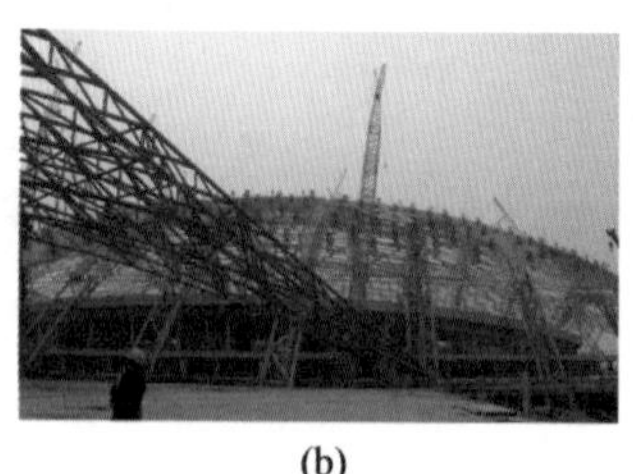
(b)

(c)

图 20-1　东南大学空间结构及形态研究所工程项目
（a）丰县刘邦像；（b）南通体育会展中心；（c）南京新街口人行天桥

20.3　加工企业

常州市阳凯光精制钢结构有限公司（以下简称“阳凯光”）是一家从事特殊异型钢结构设计、制造、安装施工一体化的专业型企业，以结构冷弯、热弯工序加工及工艺技术的特长为根基，志在打造“中国异型钢结构与精制钢第一品牌”。

阳凯光精制钢结构有限公司为中国钢结构协会会员单位，积极参与编制精制钢行业标准《建筑裸露钢结构技术标准》。公司多年深耕国内外精制钢结构领域，具备欧标资质证书 EN1090 EX4。经过多年的技术研发与工程实践，公司已形成了完善的技术人才梯队，其中包含国际焊接工程师 IWE 2 人，美国焊接协会焊接检验师 CWI 3 人，欧标 EN 持证焊工 32 人。公司包含冷弯生产线、热弯生产线及装焊生产线等多条生产线，如图 20-2 所示。

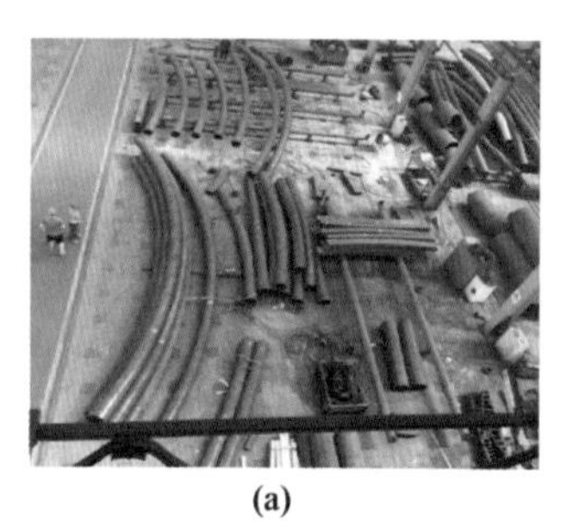
(a)

(b)

(c)

图 20-2　阳凯光生产线
（a）冷弯生产线；（b）热弯生产线；（c）装焊生产线

近年来，阳凯光完成了多项具有挑战的复杂钢结构加工任务，形成了两套主要技术。第一项为“矩形管弯扭加工成套技术”，该项技术已成功应用于杭州西站“云门”项目和深圳中兴通讯总部大厦项目，如图 20-3 所示。

(a)　(b)　(c)

(d)　(e)　(f)

图 20-3　阳凯光矩形管弯扭加工技术

（a）“云门”效果图；（b）“云门”加工；（c）“云门”安装；
（d）“中兴”效果图；（e）“中兴”加工；（f）“中兴”局部

第二项为“异型板成型加工成套技术”，该技术已成功应用于三一树根互联办公楼，如图 20-4 所示。

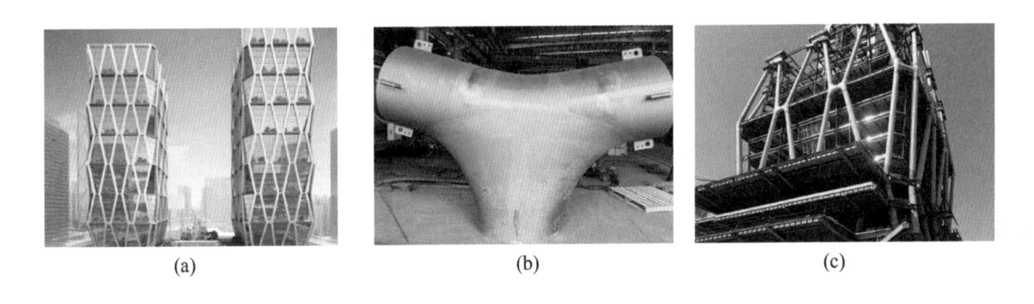

(a)　(b)　(c)

图 20-4　阳凯光异型板成型加工技术

（a）“三一”效果图；（b）“三一”加工；（c）“三一”安装

截至目前，在 ESS 精制钢结构领域阳凯光参与完成的项目还有海南海花岛国际会议中心、杨凌国际网球运动中心、榆林职业技术学院体育馆及杭州亚运会乒乓球馆等一系列代表工程，如图 20-5 所示。

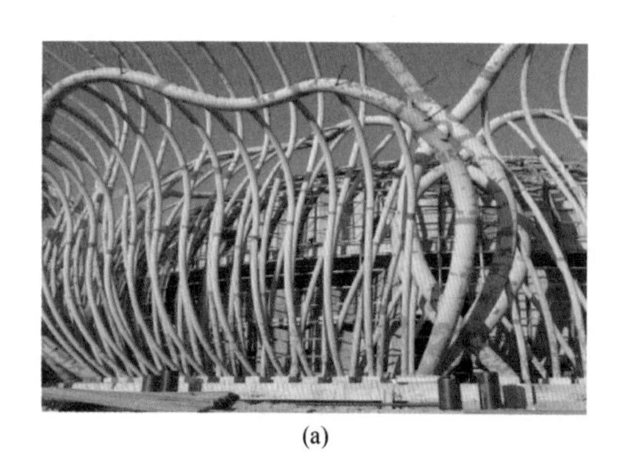

(a)

(b)

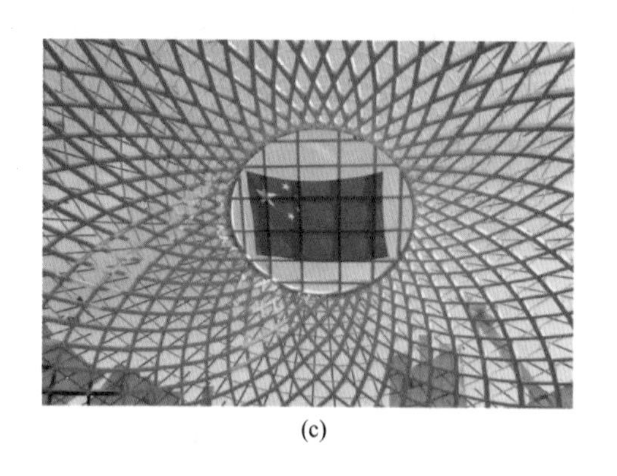

(c)

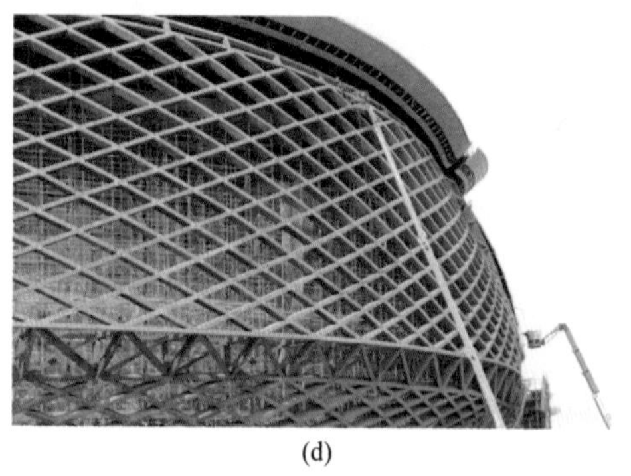

(d)

图 20-5　阳凯光代表工程项目

（a）海南海花岛国际会议中心；（b）杨凌国际网球运动中心；

（c）榆林职业技术学院体育馆；（d）杭州亚运会乒乓球馆

20. 4　施工企业

上海方远钢结构（集团）有限公司（以下简称“方远钢构”），总部技术中心位于上海市浦东新区绿地国际商务中心，临近浦东国际机场，拥有三大生产基地（扶沟基地、南通基地、宁波杭州湾新区基地）。企业总占地 500 亩（含方远扶沟、方远鸿昌、方远南通三大基地），年产能 15 万吨，拥有国内一流的激光切割、数控焊接等数字化设备，车间最大起重 80 t，拥有 10 条重钢线、2 条轻钢线、1 条桥梁线与 1 个完整钢品配件（楼层板、檩条等）公司，如图 20-6 所示。

图 20-6　方远钢构技术设备

目前，方远钢构已形成了与建筑钢结构工程施工、加固（结构补强）等相适应的资质体系，技术管理人员体系和工程业绩体系。成功完成阿里巴巴二期展示中心钢结构的工程、迪士尼大型交通枢纽、临港集团松江科技城、金桥集团临港特斯拉辅助车间及高层钢结构公寓、上海老年医学中心、台州公交集团大型停车场及郑州地铁 6 号线、沪东造船厂、台州中央公园 103 m 远景大厦，台州华鸿 206 m 超高层等上百项工程，如图 20-7 所示。

(a)

(b)

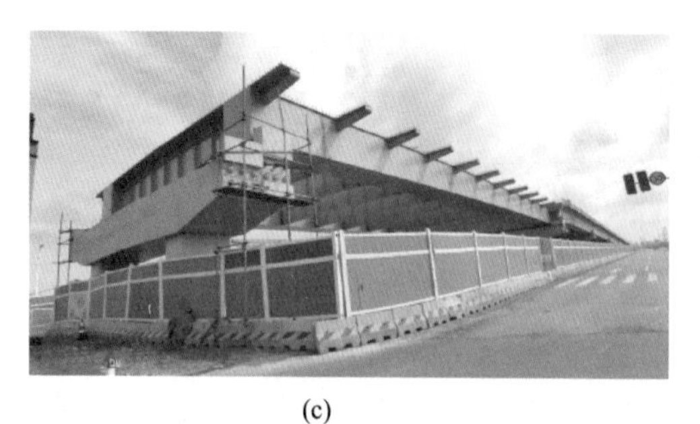

(c)

(d)

图 20-7　方远钢构代表工程项目

（a）台州中央商务区大厦项目；（b）五源河文化体育中心项目；

（c）奉星跨公路桥项目；（d）南京东路 18 号加固项目

20.5　计算软件

Grida 软件融合了国内外众多商业软件的优点，集参数化建模、线性/非线性静力计算、屈曲分析、模态分析、动力响应分析、优化设计、找形找力、截面实时渲染、自动生成 CAD 图纸等功能于一体，主要应用于螺栓球网架，（预应力）管桁架、索膜等空间结构领域，如图 20-8 所示。

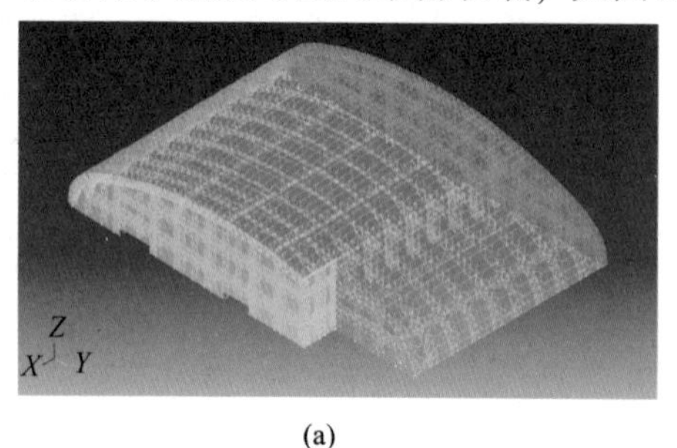

(a)

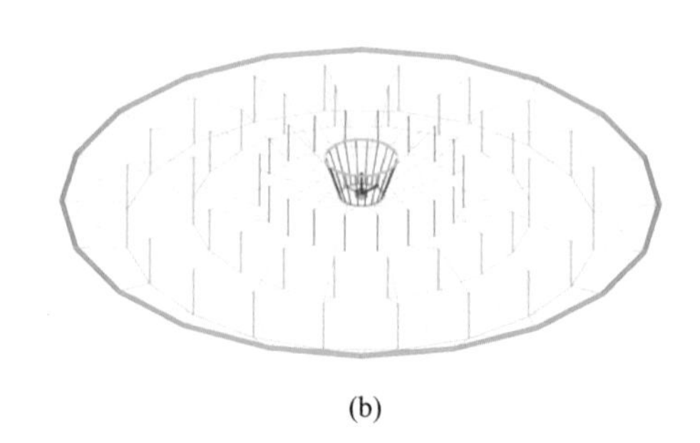

(b)

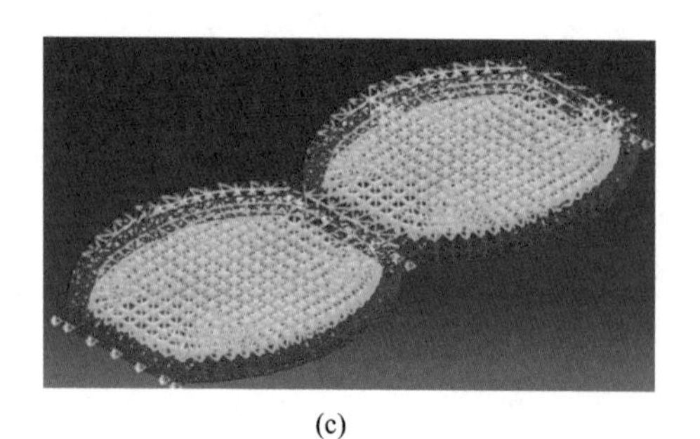

(c)

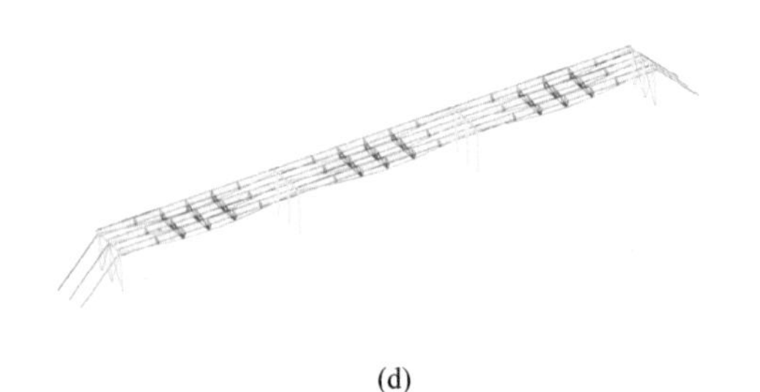

(d)

图 20-8　Grida 工程应用

（a）桁架结构；（b）悬索结构；（c）网壳结构；（d）光伏结构

20.6　公众号平台

“计算结构工作室”公众号由企业、高校和设计院的同行业余组成，主要从事以下技术交流：复杂形态建筑数字建模、结构数字建模、结构体系优化；动力弹塑性分析、非线性稳定分析及抗连续倒塌分析；振动台试验及数值模拟、风洞试验及数值模拟；关键节点有限元计算、关键构件屈曲验算；防火设计、温度效应、施工分析；超限分析报告、结构分析计算书、施工图设计、深化设计；企业科研课题申报、研究方案编制、技术路线指导；土木工程专业硕博课题指导、试验方案设计及构件加工。公众号创立的初衷为合作伙伴对结构工程专业的热爱，希望利用业余时间做些行业交流的工作，同时为课题组的研究生寻求经费支持进行结构技术研究，同时寻找实际工程项目为研究生提供实践机会。

参考文献

[1] 中华人民共和国住房和城乡建设部．高层建筑混凝土结构技术规程：JGJ 3—2010［S］．北京：中国建筑工业出版社，2011.

[2] 中华人民共和国住房和城乡建设部，中华人民共和国国家质量监督检验检疫总局．工程结构设计基本术语标准：GB/T 50083—2014［S］．北京：中国建筑工业出版社，2014.

[3] 中华人民共和国住房和城乡建设部，中华人民共和国国家质量监督检验检疫总局．工程结构设计通用符号标准：GB/T 50132—2014［S］．北京：中国建筑工业出版社，2014.

[4] 中华人民共和国住房和城乡建设部，中华人民共和国国家质量监督检验检疫总局．建筑工程抗震设防分类标准：GB 50223—2008［S］．北京：中国建筑工业出版社，2008.

[5] 中华人民共和国住房和城乡建设部，国家市场监督管理总局．建筑结构可靠性设计统一标准：GB 50068—2018［S］．北京：中国建筑工业出版社，2018.

[6] 中华人民共和国住房和城乡建设部，中华人民共和国国家质量监督检验检疫总局．建筑结构荷载规范：GB 50009—2012［S］．北京：中国建筑工业出版社，2012.

[7] 中华人民共和国住房和城乡建设部，中华人民共和国国家质量监督检验检疫总局．建筑抗震设计规范：GB 50011—2010（2016 版）［S］．北京：中国建筑工业出版社，2016.

[8] 中华人民共和国住房和城乡建设部，中华人民共和国国家质量监督检验检疫总局．混凝土结构设计规范：GB 50010—2010（2015 版）［S］．北京：中国建筑工业出版社，2015.

[9] 中华人民共和国住房和城乡建设部，中华人民共和国国家质量监督检验检疫总局．高层建筑混凝土结构技术规程：JGJ 3—2010［S］．北京：中国建筑工业出版社，2010.

[10] 中华人民共和国住房和城乡建设部，中华人民共和国国家质量监督检验检疫总局．建筑设计防火规范：GB 50016—2014（2018 版）［S］．北京：中国计划出版社，2018.

[11] 中华人民共和国住房和城乡建设部，中华人民共和国国家质量监督检验检疫总局．建筑钢结构防火技术规范：GB 51249—2017［S］．北京：中国计划出版社，2017.

[12] 中华人民共和国住房和城乡建设部，中华人民共和国国家质量监督检验检疫总局．钢结构设计标准：GB 50017—2017［S］．北京：中国建筑工业出版社，2017.

[13] 中华人民共和国住房和城乡建设部．高层民用建筑钢结构技术规程：JGJ 99—2015［S］．北京：中国建筑工业出版社，2015.

[14] 中华人民共和国住房和城乡建设部．组合结构设计规范：JGJ 138—2016［S］．北京：中国建筑工业出版社，2016.

[15] 洪海波，陈学伟，郑宜．Y 型平面高层塔楼结构设计［J］．广东土木与建筑，2021，28（11）：25-29.

[16] 孙素文，尧国皇，刘波，等．阿尔及利亚某剧院结构设计［J］．广东土木与建筑，2020，27（9）：8-11，68.

[17] 梁宸宇，朱忠义，秦凯，等．北京新机场航站楼屋顶钢结构抗震设计研究［J］．钢结构（中英文），2020，35（5）：19-26.

[18] 李占伟，杨勇，江洋，等．北京信息科技大学图书馆中庭喇叭形网壳结构建模与设计［J］．钢结构（中英文），2021，36（5）：33-39.

[19] 吴丕．不规则超高层钢框架-混凝土核心筒混合结构施工仿真分析与监测［D］．广州：华南理工大学，2018.
[20] 陈曦，阎东东，苏宇坤，等．采用 BRB 伸臂桁架的某超高层钢结构抗震性能分析［J］．建筑结构，2021，51（8）：37-42.
[21] 王震，杨学林，冯永伟，等．超高层钢结构中斜交网格节点有限元分析及应用［J］．建筑结构，2019，49（10）：46-50，36.
[22] 谢春皓．超高层悬挂钢结构建筑施工模拟与监测研究［D］．哈尔滨：哈尔滨工业大学，2022.
[23] 谢俊乔，刘宜丰，夏循，等．成都天府国际机场指廊钢结构设计［J］．建筑结构，2020，50（19）：43-50.
[24] 马智刚，崔光海，汪静，等．大跨单层异形钢网壳整体稳定承载力分析［J］．钢结构（中英文），2021，36（8）：28-34.
[25] 饶品先．大跨度凯威特-联方型弦支穹顶结构在多维多点激励下的地震响应及动力稳定分析［D］．南昌：南昌大学，2016.
[26] 王媛，王文斌．大跨度空间张弦桁架结构抗连续倒塌性能研究［J］．结构工程师，2021（2）：45-53.
[27] 陈昭庆，赵军宾，闫科晔，等．大跨度气膜煤棚风致响应及风振系数试验研究［J］．建筑结构学报，2023，44（5）：18-27.
[28] 梁岩，魏莹莹，冯浩琪，等．大跨复杂斜撑钢结构施工全过程模拟分析［J/OL］．工业建筑：1-11［2023-09-20］．http：//kns. cnki. net/kcms/detail/11. 2068. tu. 20220414. 2058. 002. html.
[29] 刘小蔚，李志强，欧阳元文．大跨铝合金自由曲面网壳设计研究［J］．建筑结构，2023，53（4）：114-119.
[30] 黄铭枫，魏歆蕊，叶何凯，等．大跨越钢管塔双平臂抱杆的风致响应［J］．浙江大学学报（工学版），2021，55（7）：1351-1360.
[31] 赵广名，刘子龙，齐煜，等．大型雕塑结构设计实例分析［J］．钢结构，2012，27（4）：32-34，62.
[32] 吴春雷，吕恒柱，张伟玉，等．大型商业综合体塔楼结构抗震性能化设计［J］．建筑结构，2019（增刊2）：291-298.
[33] 钟炜辉，邱帅子，杨佳．地震作用下钢框架结构竖向连续倒塌可靠度分析［J］．建筑结构，2022，52（2）：98-103，48.
[34] 辛力，韩刚启，任同瑞，等．底部多层通高穿层柱超高层结构设计与分析［J］．建筑结构，2022，52（11）：72-78.
[35] 任志刚，李培鹏，王乾坤．复杂超高钢结构电视塔地震反应分析［J］．工业建筑，2016（1）：165-172，146.
[36] 安东凯，邹宏，石志民，等．复杂多层钢结构设计［J］．建筑结构，2009（10）：122-124，93.
[37] 刘美景，曾少儒，范圣刚．复杂高耸观光塔钢结构分析与设计［J］．钢结构（中英文），2021，36（2）：56-63.
[38] 皮凤梅，任文杰，陈博文，等．高层钢框架结构考虑 $P\text{-}\Delta$ 效应的弹性层间有害位移的简

化计算［J］. 建筑结构，2021，51（16）：64-68.
［39］黄建兴，陈祥，段然，等. 高地震设防烈度地区超高层钢板组合楼板施工技术［J］. 建筑技术，2021，52（12）：1460-1462.
［40］付仰强，张同亿，丁猛，等. 高烈度地震区某超高层结构减震分析与设计［J］. 建筑结构，2020，50（21）：84-88，105.
［41］蔡虬瑞. 高压输电塔风致响应及风振系数研究［D］. 长沙：长沙理工大学，2018.
［42］欧阳元文，尹建，刘小蔚，等. 观音圣坛圆通大厅单层斜交异形双曲铝合金结构设计与施工［J］. 施工技术，2021，50（10）：85-88.
［43］蒲师钰，赖庆文，袁德钦，等. 贵州省图书馆新馆暨贵阳市少儿图书馆楼盖舒适度及结构关键部位分析［J］. 建筑结构，2021（增刊2）：51.
［44］刘浩，赵建国，李鼎，等. 国家会展中心（天津）工程大跨度人行天桥设计［J］. 建筑结构，2022（16）：52.
［45］周磊，王俊伟，李晨，等. 国家会展中心（天津）工程四弦凹形桁架施工技术［J］. 建筑结构，2022（16）：52.
［46］尚庆鹏，陈明辉，王仙蔚，等. 国家技术转移郑州中心悬挑钢桁架结构抗连续倒塌设计［J］. 建筑结构，2018，48（12）：70-74.
［47］李强，赵凯，韩娜娜，等. 海口融创观光塔结构设计［J］. 建筑结构，2021，51（22）：32-36.
［48］安东亚，王瑞峰，陈怡，等. 杭州萧山国际机场 T4 航站楼多点地震激励响应分析［J］. 建筑结构，2021，51（23）：21-27.
［49］樊钦鑫，孙亚琦，邹翔，等. 淮州新城国际会展中心复杂钢结构设计［J］. 建筑结构，2021，51（13）：45-51.
［50］钟才敏，胡纯炀，魏康君，等. 黄金国际广场超限高层结构设计［J］. 建筑结构，2019，49（15）：38-43，87.
［51］包超，马肖彤，杜永峰，等. 基础隔震结构抗连续倒塌设计方法研究［J］. 建筑结构 2020，50（3）：52-58.
［52］刘传平，吴邑涛，杨兴据，等. 基于多尺度建模的高铁站雨棚结构抗连续倒塌分析［J］. 建筑科学与工程学报，2022（3）：39.
［53］赵中伟，陈志华，刘红波，等. 基于多尺度模型的大跨度钢结构弹塑性动力响应研究［J］. 地震工程与工程振动，2016，36（2）：165-172.
［54］石永久，王萌，王元清. 基于多尺度模型的钢框架抗震性能分析［J］. 工程力学，2011，28（12）：20-26.
［55］刘镇华，牛华伟，李红星，等. 基于刚性模型与气弹模型风洞试验对比的塔式定日镜风振响应研究［J］. 振动与冲击，2022（8）：41.
［56］陈健，邢克勇，赵春晓. 基于美标的超高烟囱在高风速下的横向风振分析［J］. 武汉大学学报：工学版，2018（A01）：420-423.
［57］余玮. 基于现场实测和风洞试验大型冷却塔风振特性和风振系数研究［D］. 南京：南京航空航天大学，2018.
［58］史健勇，孙旋，刘文利，等. 基于整体的大空间钢结构性能化防火设计方法研究［J］.

土木工程学报，2011，44（5）：69-78.
[59] 陈昭庆，赵军宾，闫科晔，等．截球形气膜结构气弹模型风洞试验研究［J］．建筑结构学报，2023，44（3）：137-147.
[60] 傅慧敏，郭青骅，卜龙瑰，等．京张高铁清河站结构设计［J］．建筑结构，2021，51（7）：105-114.
[61] 刘健，周家伟，汪儒灏，等．考虑板式节点刚度的大跨度铝合金单层网壳稳定承载力［J］．建筑结构学报，2022，43（增刊1）：10-19.
[62] 董廷顺，杨超，张战书．昆明某超高层钢结构减震设计与分析［J］．建筑结构，2018，48（5）：88-92.
[63] 李立树，陈光远．昆明某超高层公寓建筑钢结构减震设计［J］．建筑钢结构进展，2020，22（4）：110-119.
[64] 李志强，刘小蔚，欧阳元文．拉斐尔云廊大跨度铝合金屋盖结构施工模拟分析与方案对比［J］．建筑结构，2020，50（增刊2）：146-149.
[65] 李志强，欧阳元文，尹建．拉斐尔云廊折板拼接节点设计与分析［J］．建筑结构，2021，51（增刊2）：380-385.
[66] 吴小宾，陈强，冯远，等．乐山奥体中心体育场车辐式单，双层组合索网罩棚结构设计［J］．建筑结构学报，2022，43（1）：182-191.
[67] 王成虎．李自健美术馆钢结构施工过程数值分析［D］．长沙：湖南大学，2017.
[68] 张涛，苏凯，孙逸飞，等．龙湖国际中心北楼高空叠挑叠缩钢结构设计与施工一体化技术研究［J］．建筑结构，2022，52（增刊1）：2956-2960.
[69] 魏勇．鲁-台经贸中心展厅复杂钢结构设计［J］．建筑结构，2016，46（17）：24-30，67.
[70] 董胜龙．门座式起重机大拉杆的横向风振［J］．造船技术，2018（2）：47-51，70.
[71] 金天德，丁斌．蒙古国 Eco Tower 钢结构中美规范设计对比分析［J］．建筑结构，2021，51（13）：70-78.
[72] 康维，邓超，蒋友宝．某Z字形连廊结构抗连续倒塌性能评估［J］．建筑结构，2023，53（15）：53-59.
[73] 武诣霖．某钢桁架吊挂组合结构逆作法施工过程分析［J］．建筑施工，2023，45（3）：478-481.
[74] 何天森，何诚，巢斯．某高耸钢结构电视塔的结构分析与设计［J］．建筑结构，2021，51（增刊1）：1430-1432.
[75] 姜锐．某高铁客站钢结构抗连续倒塌分析［J］．铁道工程学报，2021（7）：60-65.
[76] 康钊，马明，李守奎，等．某高铁站大跨空间结构设计［J］．建筑科学，2021（7）：100-105.
[77] 卢雷，刘敏，徐怀兵，等．某观光塔风致振动调谐质量阻尼控制分析［J］．建筑结构，2016（增刊2）：338-342.
[78] 郭小农，欧阳辉，李政宁，等．某马鞍形双曲面铝合金板式节点网壳结构深化设计［J］．施工技术（中英文），2022，51（20）：128-132.
[79] 阮林旺，黄林，刘浩晋．某偏置连体大底盘双塔超限结构设计［J］．结构工程师，

2022，38（3）：179-189.

[80] 路江龙，王晨旭，沈晓明，等．某水乐园大跨度异形网壳结构设计研究［J］．建筑结构，2022，52（20）：120-127.

[81] 崔嘉慧，王强，邵冰，等．某铁路站房异形屋盖钢结构施工关键技术研究［J］．建筑钢结构进展，2022，24（10）：80-88.

[82] 周鸿屹．木结构钢填板螺栓连接节点力学性能试验研究与分析［D］．哈尔滨：哈尔滨工业大学，2019.

[83] 吕恒柱，张伟玉，张军，等．南京某商业广场基础选型与优化设计［J］．建筑结构，2020，50（2）：122-127.

[84] 张雪峰，尹建，欧阳元文，等．南京牛首山文化旅游区佛顶宫小穹顶大跨空间单层铝合金网壳结构设计［J］．建筑结构，2018，48（14）：19-23.

[85] 卜龙瑰，朱忠义，邢珏蕙，等．南通国际会议中心钢结构设计［J］．钢结构（中英文），2021，36（5）：1-6.

[86] 樊钦鑫，李冬，徐瑞，等．内蒙古自治区美术馆复杂钢结构设计［J］．建筑结构，2018，48（23）：85-91.

[87] 吴婷婷．宁波国际会展中心网架结构多维多点激励地震响应分析及隔震研究［D］．广州：华南理工大学，2011.

[88] 冯远，伍庶，韩克良，等．郫县体育中心屋盖铝合金单层网壳结构设计［J］．建筑结构，2018，48（14）：24-29.

[89] 张纪刚，张同波，欧进萍．青岛游泳跳水馆复杂异形网架结构抗震性及可靠性研究［J］．工程力学，2010，27（增刊1）：260-265.

[90] 朱绪平．三瓣型高耸钢塔风振特性分析［D］．北京：中国矿业大学，2013.

[91] 娄荣，陈威文，卓春笑，等．绍兴市游泳馆异形钢屋盖结构设计［J］．建筑结构，2013，43（11）：84-87.

[92] 林超伟，毛朝江．深湾汇云中心超高层吊挂钢结构施工仿真分析［J］．江苏建筑职业技术学院学报，2018，18（4）：13-17，50.

[93] 黄智豪．施工阶段超高层顶部钢结构位移跟踪与温度影响机理研究［D］．哈尔滨：哈尔滨工业大学，2022.

[94] 姜俊铭，刘洪亮，陈桥生．双侧贯通板式节点有限元研究［J］．钢结构（中英文），2022，37（1）：31-38.

[95] 鲍振洲，安琦，董雨昊．双向弦支组合楼盖结构静力性能及施工全过程分析［J］．钢结构（中英文），2022，37（8）：35-46.

[96] 谢明典，刘宜丰，冯中伟，等．四川大剧院结构设计［J］．建筑结构，2022，52（8）：1-7.

[97] 韩重庆，陶健雄，傅强，等．苏州第二图书馆结构设计［J］．建筑结构，2021，51（11）：39-46.

[98] 吕恒柱，黎德琳．宿迁苏宁广场办公楼超限结构设计［J］．建筑结构，2017，47（S2）：73-77.

[99] 芦燕，彭冠楚，张晓龙．泰姆科节点刚度对单层球面网壳稳定性能的影响［J］．建筑钢

结构进展，2023，25（1）：62-70，89.

［100］沈佳星．温州文化艺术大楼钢结构设计［J］．钢结构（中英文），2021，36（5）：40-46.

［101］叶蛟龙，范瑞凯．我国装配式钢结构应用现状分析［J］．工程建设与设计，2020（17）：13-15.

［102］阳小泉，赵雪峥．西安奥体中心体育馆整体结构分析与设计［J］．结构工程师，2022，38（3）：206-214.

［103］张林振，刘建飞，刘晗，等．襄阳科技馆钢结构设计［J］．建筑结构，2016，46（19）：35-39，75.

［104］李俊霖，韩纪升，郭奕雄，等．新疆大剧院结构设计［J］．建筑科学，2022，38（3）：166-173.

［105］牛春良．烟囱横向风振计算［J］．特种结构，2004（3）：60-62.

［106］李波．张拉索膜结构施工过程模拟分析研究［D］．北京：北京交通大学，2008.

［107］徐爱民，陈志强，马永兴，等．长沙机场T3航站楼雪荷载数值模拟及取值［J］．重庆大学学报，2022，45（12）：116-124.

［108］高鸣，田金．直接分析法在异形钢结构设计中的应用及其与计算长度系数法的对比［J］．建筑结构，2021，51（19）：121-125.

［109］吴雨琪，罗志锋，王帆，等．中南大学新校区体育馆钢屋盖设计与滑移施工分析［J］．建筑结构，2023，53（11）：13-19，53.

［110］马智刚，崔光海，李增超，等．周口店遗址第一地点（猿人洞）保护建筑结构设计［J］．建筑结构，2020，50（12）：64-69，76.